冶金专业教材和工具书经典传承国际传播工程

Project of the Inheritance and International Dissemination
of Classical Metallurgical Textbooks & Reference Books

普通高等教育"十四五"规划教材

冶金工业出版社

冶金设备及自动化

（第 2 版）

主　编　王立萍

副主编　廖桂兵　胡素影　滕华湘　白振华

扫码获得数字资源

北　京
冶金工业出版社
2025

内 容 提 要

本书重点介绍了冶金工业生产中炼铁、炼钢、连铸、炉外精炼、板带热轧及冷轧等主体生产工艺的基础自动化和过程自动化问题。书中详细阐述了最新的冶金自动化技术及其在复杂生产流程中的控制系统设计，收录了国内外钢铁工业中广泛应用的冶金自动化设备与系统实例，既聚焦于单个设备与操作单元的自动化控制，又强调了整个生产流程的系统集成与优化管理。

本书可作为高等院校机械、材料、冶金、自动化等相关专业的教学用书，也可供从事冶金自动化和冶金工程技术的科研、设计、生产维护等人员参考和使用。

图书在版编目(CIP)数据

冶金设备及自动化／王立萍主编. -- 2 版. -- 北京：
冶金工业出版社，2025.7. --（普通高等教育"十四五"
规划教材）. -- ISBN 978-7-5240-0211-6

Ⅰ. TF3

中国国家版本馆 CIP 数据核字第 2025KW0448 号

冶金设备及自动化（第 2 版）

出版发行 冶金工业出版社		**电　话**	(010)64027926
地　址 北京市东城区嵩祝院北巷 39 号		**邮　编**	100009
网　址 www.mip1953.com		**电子信箱**	service@ mip1953.com

责任编辑　郭冬艳　美术编辑　吕欣童　版式设计　郑小利
责任校对　梅雨晴　责任印制　范天娇
三河市双峰印刷装订有限公司印刷
2011 年 6 月第 1 版，2025 年 7 月第 2 版，2025 年 7 月第 1 次印刷
787mm×1092mm　1/16；17.5 印张；391 千字；266 页
定价 56.00 元

投稿电话　(010)64027932　投稿信箱　tougao@cnmip.com.cn
营销中心电话　(010)64044283
冶金工业出版社天猫旗舰店　yjgycbs.tmall.com
（本书如有印装质量问题，本社营销中心负责退换）

冶金专业教材和工具书
经典传承国际传播工程
总　序

　　钢铁工业是国民经济的重要基础产业，为我国经济的持续快速增长和国防现代化建设提供了重要支撑，做出了卓越贡献。当前，新一轮科技革命和产业变革深入发展，中国经济已进入高质量发展新时代，中国钢铁工业也进入了高质量发展的新时代。

　　高质量发展关键在科技创新，科技创新离不开高素质人才。党的二十大报告指出："教育、科技、人才是全面建设社会主义现代化国家的基础性、战略性支撑。必须坚持科技是第一生产力、人才是第一资源、创新是第一动力，深入实施科教兴国战略、人才强国战略、创新驱动发展战略，开辟发展新领域新赛道，不断塑造发展新动能新优势。"加强人才队伍建设，培养和造就一大批高素质、高水平人才是钢铁行业未来发展的一项重要任务。

　　随着社会的发展和时代的进步，钢铁技术创新和产业变革的步伐也一直在加速，不断推出的新产品、新技术、新流程、新业态已经彻底改变了钢铁业的面貌。钢铁行业必须加强对科技进步、教育发展及人才成长的趋势研判、规律认识和需求把握，深化人才培养体制机制改革，进一步完善相应的条件支撑，持续增强"第一资源"的保障能力。中国钢铁工业协会《"十四五"钢铁行业人力资源规划指导意见》提出，要重视创新型、复合型人才培养，重视企业家培养，重视钢铁上下游复合型人才培养。同时要科学管理，丰富绩效体系，进一步优化人才成长环境，造就一支能够支撑未来钢铁行业高质量发展的人才队伍。

高素质人才来源于高水平的教育和培训，并在丰富多彩的创新实践中历练成长。以科技创新为第一动力的发展模式，需要科技人才保持知识的更新频率，站在钢铁发展新前沿去思考未来，系统性地将基础理论学习和应用实践学习体系相结合。要深入推进职普融通、产教融合、科教融汇，建立高等教育+职业教育+继续教育和培训一体化行业人才培养体制机制，及时把钢铁科技创新成果转化为钢铁从业人员的知识和技能。

一流的专业教材是高水平教育培训的基础，做好专业知识的传承传播是当代中国钢铁人的使命。20世纪80年代，冶金工业出版社在原冶金工业部的领导支持下，组织出版了一批优秀的专业教材和工具书，代表了当时冶金科技的水平，形成了比较完备的知识体系，成为一个时代的经典。但是由于多方面的原因，这些专业教材和工具书没能及时修订，导致内容陈旧，跟不上新时代的要求。反映钢铁科技最新进展和教育教学最新要求的新经典教材的缺失，已经成为当前钢铁专业人才培养最明显的短板和痛点。

为总结、提炼、传播最新冶金科技成果，完成行业知识传承传播的历史任务，推动钢铁强国、教育强国、人才强国建设，中国钢铁工业协会、中国金属学会、冶金工业出版社于2022年7月发起了"冶金专业教材和工具书经典传承国际传播工程"（简称"经典工程"），组织相关高校、钢铁企业、科研单位参加，计划用5年左右时间，分批次完成约300种教材和工具书的修订再版和新编，以及部分教材和工具书的对外翻译出版工作。2022年11月15日在东北大学召开了工程启动会，率先启动了高等教育和职业教育教材部分工作。

"经典工程"得到了东北大学、北京科技大学、河北工业职业技术大学、山东工业职业学院等高校，中国宝武钢铁集团有限公司、鞍钢集团有限公司、首钢集团有限公司、河钢集团有限公司、江苏沙钢集团有限公司、中信泰富特钢集团股份有限公司、湖南钢铁集团有限公司、包头钢铁（集团）有限责任公司、安阳钢铁集团有限责任公司、中国五矿集团公司、北京建龙重工集团有限公司、福建省三钢（集团）有限责任公司、陕西钢铁集团有限公司、酒泉钢铁（集团）有限责任公司、中冶赛迪集团有限公司、连平县昕隆实业有限公司等单位的大力支持和资助。在各冶金院校和相关钢铁企业积极参与支持下，工程相关工作正在稳步推进。

征程万里，重任千钧。做好专业科技图书的传承传播，正是钢铁行业落实习近平总书记给北京科技大学老教授回信的重要指示精神，培养更多钢筋铁骨高素质人才，铸就科技强国、制造强国钢铁脊梁的一项重要举措，既是我国钢铁产业国际化发展的内在要求，也有助于我国国际传播能力建设、打造文化软实力。

让我们以党的二十大精神为指引，以党的二十大精神为强大动力，善始善终，慎终如始，做好工程相关工作，完成行业知识传承传播的使命任务，支撑中国钢铁工业高质量发展，为世界钢铁工业发展做出应有的贡献。

中国钢铁工业协会党委书记、执行会长

2023 年 11 月

第 2 版前言

《冶金设备及自动化》一书自 2011 年首次出版以来，经辽宁科技大学和其他相关冶金院校的机械、钢铁冶金、轧钢及自动化专业学生以及钢铁企业技术人员使用，获得了较好的评价。近年来，钢铁生产自动化有了新的发展，已逐步进入数字化和智能化时代，教材内容也应相应更新和深化。因此，在参考相关文献和广泛征求教材使用师生、钢铁企业的专家和校友、相关院校和设计研究院所等同仁提出的宝贵建议基础上，对第 1 版进行了一定程度和一定范围的修订。

本书保留了第 1 版的章节题目和结构，但各章均有内容上的补充和修订，特别补充了钢铁生产中炼铁、炼钢、带钢热连轧和冷轧带钢生产数字化和智能化的进展，又充实了一些新的内容和典型案例，使之更加符合读者的要求，更好地体现本书的先进性和实用性。

本书入选中国钢铁工业协会、中国金属学会和冶金工业出版社组织的"冶金专业教材和工具书经典传承国际传播工程"第一批立项教材，并于 2024 年获得辽宁科技大学教材出版立项资助。

本书由辽宁科技大学王立萍担任主编，辽宁科技大学廖桂兵、辽宁科技大学胡素影、首钢研究院滕华湘和燕山大学白振华担任副主编。其中，第 1 章和第 3 章第 3 节、第 4 节由王立萍负责编写，第 2 章由胡素影负责编写，第 3 章第 1 节和第 2 节由廖桂兵负责编写，第 4 章由滕华湘负责编写，第 5 章由白振华负责编写。

辽宁科技大学机械专业的本科生和研究生程廉升、陈浩、黄升磊、李佳怡、王瀚和孙太学等也为此书的修订做了一定的工作，在此谨向他们致以诚挚的感谢。

由于作者水平所限，书中难免存在不妥之处，敬请广大读者批评指正。

编　者

2024 年 12 月

第1版前言

冶金工业在我国国民经济的发展中占据很重要的地位，国民经济增长和钢材需求之间有着非常紧密的关系。我国已经成为世界的钢铁大国，但还不是钢铁强国，有许多技术经济指标还落后于发达国家。要缩小这些差距，除了进行产品结构的调整、新工艺流程的研究与开发和建立现代化企业管理制度以外，还要努力发展工业信息化，走新型工业化道路。

为了适应冶金行业对专业人才的需求，培养立足冶金、注重实践、踏实肯干、适应发展的应用型高级专门人才，普及冶金生产过程自动化的基本知识，编写了本书。

冶金过程的自动化涉及冶金工艺、冶金设备、冶金生产技术和自动控制等多学科知识，本书涵盖了钢铁生产中炼铁、炼钢、连铸、炉外精炼、热轧和冷轧等主体生产工艺的基础自动化与过程自动化两方面内容，介绍了当前国内外钢铁行业采用的典型冶金自动化设备与装置、冶金自动化技术和过程控制系统，并扼要介绍了常用的数学模型，对国际冶金自动化领域正在研究开发的方法、设备和数学模型及其研究进程状况也做了简要介绍。

本书由辽宁科技大学王立萍、胡素影编写，其中第1、4、5章由王立萍编写，第2、3章由胡素影编写。本书编写过程中参考了国内外有关书籍和资料，特别是较多地借鉴了管克智主编的《冶金机械自动化》和刘玠主编的《冶金过程自动化技术丛书》相关内容，谨向作者和出版社致以深深的谢意！对参与本书文字整理工作的辽宁科技大学机械专业的本科生朱长启、魏文杰、汪福强、王刚、聂慧雷和孙虎，也表示衷心的感谢！

本书有幸得到鞍钢集团自动化公司教授级高工王叙的审阅，他提出的许多宝贵意见和建议使书中内容更加准确完善，他渊博的知识和审慎的态度令人深深敬佩，在此表示诚挚的感谢！

　　由于水平所限，不足之处难免，敬请读者批评指正。

　　　　　　　　　　　　　　　　　　　　　　　　编　者
　　　　　　　　　　　　　　　　　　　　　　　　2010 年 12 月

目　　录

1 冶金生产自动化基础

1.1 冶金生产工艺流程概述

冶金是指从矿石或其他原料中提取金属或金属化合物，并用各种加工方法制成具有一定性能的金属材料的过程。冶金可分为黑色冶金和有色冶金两大类。冶金工业上习惯把铁、铬、锰以及它们的合金（主要指合金钢）称为黑色金属，黑色冶金即钢铁生产，其产量约占世界金属总产量的95%。本书所指的冶金只限于钢铁。

现代钢铁联合企业是最庞大的工业部门之一，它包括采矿、选矿、烧结、焦化、耐火材料、炼铁、炼钢、轧钢等一系列生产部门和运输、机修、动力等辅助部门。其中，炼铁、炼钢和轧钢生产过程是钢铁生产的主要环节，而炼钢环节，又分为转炉炼钢、电炉炼钢、炉外精炼和连铸四个过程。

现代炼铁方法分为高炉炼铁法和非高炉炼铁法。高炉炼铁是一个连续的、大规模的高温生产过程。铁矿石、熔剂和焦炭等按照确定的比例由上料设备运至炉顶，再由炉顶装料设备分批装入炉内，由风口向高炉吹入 1000~1300 ℃ 的热风，使炉内发生一系列物理化学变化，最后生成液态铁水。非高炉炼铁指高炉以外的炼铁方法，包括直接还原炼铁（DRI，Direct Reduction Ironmaking）、熔融还原炼铁、粒铁法、生铁水泥法和电炉炼铁等方法。虽然非高炉炼铁从 1770 年在英国第一个直接还原法专利出现距今已 250 多年，但目前在世界上可进行工业规模化生产的直接还原方法也只有十几种。非高炉炼铁在技术成熟程度、可靠性和生产能力等方面目前还不能与高炉炼铁相比，更谈不上取代，短期内只能作为高炉炼铁的补充。高炉炼铁法仍是目前炼铁的主要方法。

炼钢是通过冶炼降低生铁中的碳含量并去除有害杂质，再根据对钢性能的要求加入适量的合金元素，使其成为具有较高强度、韧性或其他特殊性能的钢。炼钢一般可分为转炉炼钢、平炉炼钢和电炉炼钢三种方法。氧气转炉炼钢法是当今国内外最主要的炼钢方法。电弧炉炼钢是利用电极与炉料间放电产生的电弧，使电能在弧光中转变为热能，借助辐射和电弧的直接作用加热并熔化金属炉料和炉渣，冶炼各种成分钢和合金的一种炼钢方法。为提高转炉钢的质量和扩大转炉冶炼的品种，转炉顶底复合吹炼炼钢加炉外精炼已成为氧气转炉炼钢生产的主要发展方向。平炉炼钢法因冶炼时间长、燃料耗损大、基建投资和生产费用高，已经被氧气转炉和电炉炼钢法所代替。

炉外精炼是把经转炉初炼过的钢液移到另一容器中（主要是钢包）进行精炼的炼钢过程，即在真空、惰性气氛或可控气氛的条件下脱氧、脱气、脱硫、脱磷、去除夹杂和夹杂变性、调整成分（微合金化和进行成分微调）及控制钢水温度等。钢水经过浇注（连续铸锭或模铸）成为钢坯或钢锭。近年来连续铸钢得到广泛应用，连续铸钢的具体流程为：钢水不断地通过水冷结晶器，凝成硬壳后从结晶器下方出口连续拉出，经喷水冷却全部凝固后切成坯料。

在钢的生产总量中，除了很少一部分钢材是用铸造或锻造等方法生产之外，90%以上的钢材是用轧制方法成材的。轧制产品的种类很多，一般按产品断面形状分为型钢和板带钢。型钢包括圆钢、方钢、扁钢、螺纹钢、角钢、工字钢、槽钢、H 型钢、钢轨等，圆钢可以进一步加工成无缝钢管、线材等。板带钢按厚度，分为特厚板、厚板、中板、薄板和极薄带五大类；按轧制方法，分为热轧带钢和冷轧板带钢。热轧是在再结晶温度以上进行的轧制，而冷轧是在再结晶温度以下进行的轧制。冷轧产品退火后可加工成普通冷轧板带，还可以加工成镀锌板、镀铝锌板、电镀锡板、彩涂板和电工钢板。

钢铁生产主要环节的工艺流程如图 1-1 所示。本书主要讲述钢铁生产中炼铁、炼钢、炉外精炼、连铸、热轧和冷轧生产过程的自动化技术。

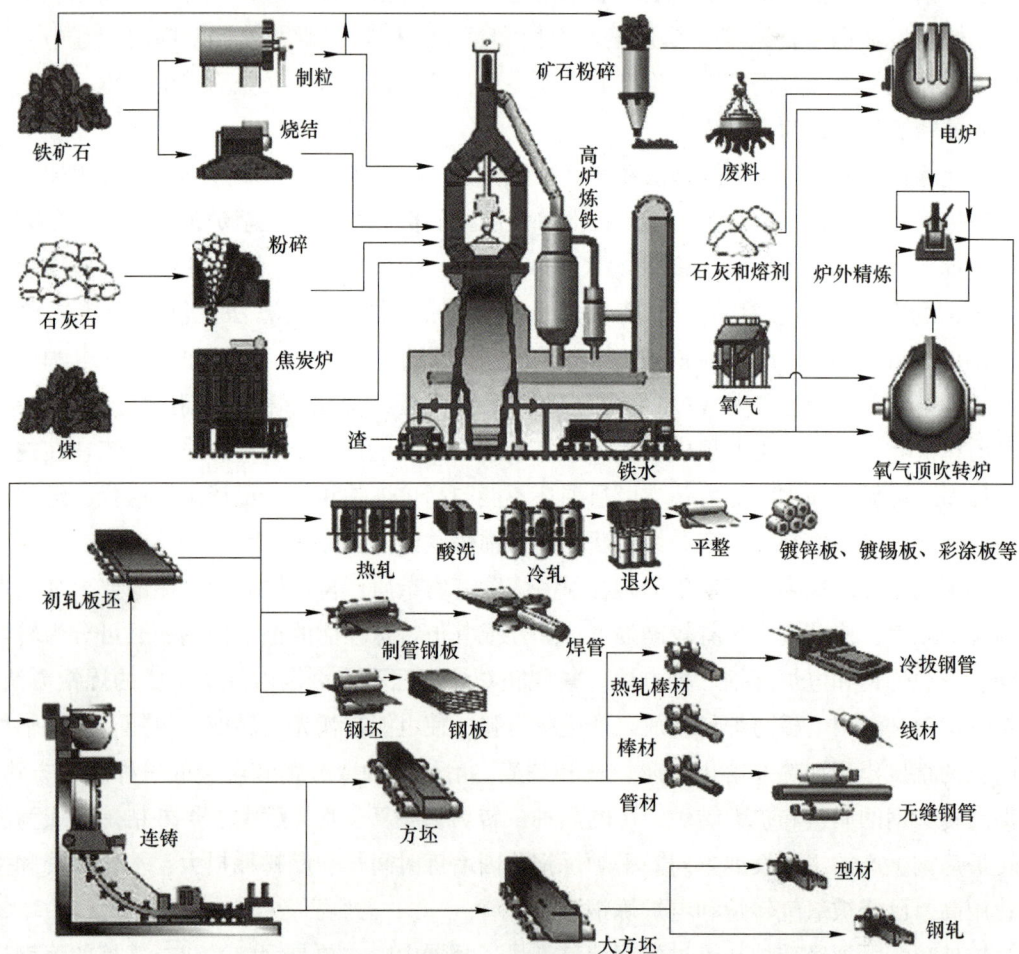

图 1-1　钢铁生产主要环节的工艺流程

1.2 冶金生产自动化系统的分级

冶金企业在国民经济中占有重要的地位，在产业经济时代，一个国家的冶金行业水平直接反映了该国的生产力水平。要使冶金企业能够高水平地持续生产，必须实现整体生产自动化，而自动化技术总是紧随着计算机技术的进步而发展的。

1962年，英国RTB钢铁公司将生产管理和过程控制相结合，形成了一个分级（L，Level）的计算机控制系统，该系统从下到上依次为生产过程级、生产控制级、生产管理级、全厂生产调度级。随着计算机技术的进步和冶金企业信息化的建设，冶金企业在生产、经营、战略各个范围内广泛采用集成（一体化）技术，使企业效益不断提高，冶金企业自动化分级控制系统的各级含义也逐渐明确。

1989年，美国普渡（Purdue）大学Williams教授提出Purdue模型，将流程工业自动化系统自下而上分为过程控制、过程优化、生产调度、企业管理和经营决策五个层次；国际标准化组织ISO在其技术报告中将传统冶金企业自动化系统分为L0～L5的递级结构，如图1-2所示，其中，L1～L5为冶金企业信息化建设的主要内容。

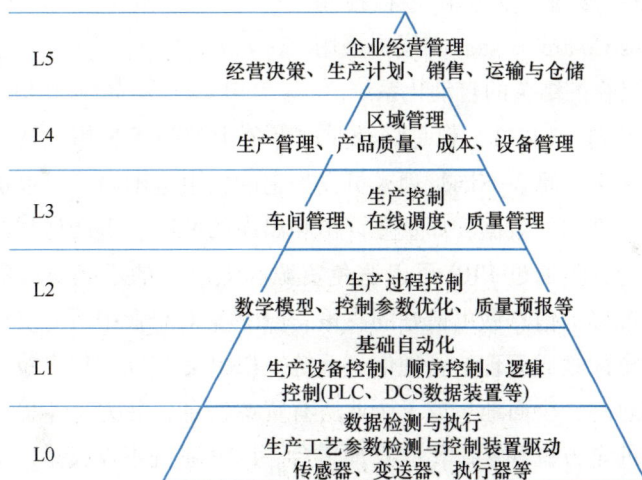

图1-2 传统冶金自动化系统的构成和分级

在图1-2所示的递级结构中，L1～L3面向生产过程控制，强调的是信息的时效性和准确性；L4、L5面向业务管理，强调的是信息的关联性和可管理性。

（1）企业经营管理级（L5），主要完成销售、研究和开发管理等，负责制定企业的长远发展规划、技术改造规划和年度综合计划等。

（2）区域管理级（L4），负责实施企业的职能、计划和调度生产，主要功能有生产管理、物料管理、设备管理、质量管理、成本消耗和维修管理等。其主要任务是按部门落实综合计划的内容，并负责日常的管理业务。

（3）生产控制级（L3），负责协调工序或车间的生产，合理分配资源，执行并负责完成企业管理级下达的生产任务，针对实际生产中出现的问题进行生产计划调度，并进行产品质量管理和控制。

（4）生产过程控制级（L2），主要负责控制和协调生产设备能力，实现对生产的直接控制，针对生产控制级下达的生产目标，通过数据模型优化生产过程控制参数。

（5）基础自动化级（L1），主要实现对设备的顺序控制、逻辑控制及进行简单的数学模型计算，并按照生产过程控制级的控制命令对设备进行相关参数的闭环控制。

（6）数据检测与执行级（L0），主要负责检测设备运行过程中的工艺参数，并根据基础自动化级指令对设备进行操作。执行级根据执行器工作能源的不同，可分为电动执行机构、液压执行机构和气动执行机构，如交直流电动机、液压缸、气缸等。

随着计算机技术的发展，冶金企业自动化分级控制结构也在发生着变化，目前，多数冶金企业信息化建设已不再采用 6 级结构，而将 L4、L5 整合为企业资源计划（ERP，Enterprise Resource Planning）层，将 L3 称为制造执行系统（MES，Manufacturing Execution System）层，将 L0~L2 统称为生产过程控制系统（PCS，Process Control System）层，采用如图 1-3 所示的分层管控结合的自动化系统。

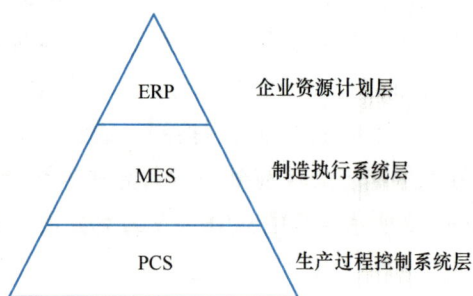

图 1-3　现代冶金企业自动化系统分级

（1）企业资源计划（ERP），就是将企业内部各个部门通过信息技术连接在一起，让企业的所有信息在网上共享。不同管理人员在一定的权限范围内，可以从网上获得与自身管理职责相关的其他部门的数据，如企业订单和出库的情况、生产计划的执行情况、库存的状况等。企业管理人员通过 ERP 可以避免资源和人事上的不必要浪费，高层管理者也可以根据这些及时准确的信息做出最好的决策。ERP 是对企业中所有资源，包括物流、资金流和信息流进行全面集成管理的管理信息系统。ERP 是建立在信息技术基础上，利用现代企业的先进管理思想，全面地集成了企业所有资源信息，并为企业提供决策、计划、控制与经营业绩评估的全方位和系统化的管理平台。ERP 系统不仅仅是信息系统，更是一种管理理论和管理思想。

（2）制造执行系统（MES），形成于 20 世纪 80 年代末，进入 20 世纪 90 年代后逐步成形并获得迅速发展。根据国际制造执行系统协会（MESA）的定义，MES 是企业面向车间的生产管理技术，用以提供生产活动中从下载订单到生产成品间的最优化信息。它利用实时准确的数据指导、响应和报告车间发生的各项活动，并对现场变化条件做出快速反应，努力减少非增值活动，以最终达到高效的车间生产。美国先进制造研究机构（AMR，Advanced Manufacturing Research）将 MES 定义为"位于上层的计划管理系统与底层的工业控制之间的面向车间层的管理信息系统"。MES 在计划管理层与底层控制之间架起了一座桥梁，填补了两者之间的空隙。其作为车间层的管理信息系统，同时又能够实时检测、监控设备层的运行状况。一方面，MES 可以对来自 ERP 系统的生产管理信息细化分解，将操作指令传递给底层控制；另一方面，MES 可以实时监控底层设备的运行状态，采集并分析处理状态数据，将控制系统与信息系统联系起来。

MES 系统是生产制造的信息化管理系统，是企业竞争软实力提升的充分体现。钢铁智能制造项目在国内钢企迅速发展，有很多行业示范工程，MES 系统中炼钢薄板板坯智能判定技术主要针对薄板板坯的炉次自动钢种判定、炉次钢种自动升级、炉次钢种自动降级、炉次交接坯的自动判定，不仅提高了炉次钢种判定及板坯钢种判定的及时性，也为板坯热装热送提供了有力保障，而且大大降低了人工进行炼钢炉次钢种改判及板坯钢种改判的工作强度。

攀钢的重庆钛业 MES 系统是国内硫酸法钛白行业首个 MES 系统，应用以来运行效果良好，数字化信息化管理效能日益显现。已建成的 MES 系统在工序生产的流程跟踪管控方面发挥了积极作用，为关键生产计划执行、调度排程跟踪、工序过程管理、生产成本分析、产品质量追溯、能源统计管理等工作提供了有力支持。

MES 系统可以生成各个环节记录，对出现的异常数据实现精准定位，并能自动生成多张报表，便于进行生产过程调节和指标分析优化。该系统还可以与公司财务一级核算系统、销售类管理系统等实现互联互通及流程无缝衔接。MES 系统的建立运行将为攀钢钒钛加速实现"数字钒钛"、推动高质量发展提供基础支撑。

（3）生产过程控制系统（PCS），包含与生产设备自动控制有关的所有内容。如果把 ERP 层和 MES 层划到传统的管理信息系统中，那么 PCS 层则属于典型的工厂自动化系统。生产过程自动化的发展过程，大致经历了以基地式控制器为主的模拟调节仪表、以单元组合模拟仪表构成的控制系统、计算机控制系统三个阶段。

目前，我国冶金生产过程计算机控制系统一般分为三级，即生产控制级（L3）、过程控制级（L2）和基础自动化级（L1）。

（1）生产控制级（L3）的基本任务是编制本厂生产计划，也包括协调上游及下游厂间的生产以及进行原料库管理及成品库管理。

（2）过程控制级（L2）的基本任务是面对整个生产线，并通过数学模型进行各个设备的设定计算，也包括为设定计算服务的跟踪、数据采集、模型自学习以及打印报表、人机界面、历史数据存储、报警等。

（3）基础自动化级（L1）的基本任务是顺序控制、设备控制和质量控制。

1.2.1 生产控制级

1.2.1.1 生产控制级系统的发展

20 世纪 70 年代前，钢铁企业生产管理系统的建设目标主要是进行工序管理优化，即建设生产级控制系统。

20 世纪 80 年代以来，围绕着节能而出现的连铸坯的热送、热装和直接轧制三种工艺，将炼钢、连铸到轧钢的各工序在高温下直接连接，集成一体，进行同期化生产。这一阶段建设的生产管理系统主要是进行工序间衔接集成，生产控制级系统开始支持热送、热装生产组织。

20 世纪 90 年代，通过对炼钢→连铸→热轧的集成生产管理方法进行研究和开发，实现了炼钢→连铸→热轧的一体化生产管理。尤其是连铸连轧生产线的生产控制级系统，实现了炼钢、连铸、热轧工序的同步管理与实时调度，充分发挥了生产线的效益。

1.2.1.2 生产控制级系统的特点

生产控制级系统有如下特点：

（1）生产控制级系统是冶金自动化系统的重要组成部分，它是衔接企业管理级系统（L4）和过程控制级系统（L2）的桥梁，实现了过程控制信息的时效性与生产管理信息关联性的匹配。生产控制级系统将上级系统下达的生产管理计划转换为可由现场执行的生产控制指令，并实时采集现场生产实绩信息，将之整合为上级管理系统所需的面向业务管理的生产实绩。

（2）实现工序管理优化。生产控制级系统对所管理的车间或工序的资源进行优化和调度，根据上级管理系统下达的生产计划并结合本车间或工序的实时情况，合理分配资源并优化作业顺序，以降低生产成本；或者按生产计划要求进行资源的使用优化，以保证计划的执行和生产过程物流的顺畅。

（3）对生产现场进行实时动态调度。生产级控制系统对工序或车间进行实时物流跟踪，监控设备的运行情况和计划执行情况。当生产过程中发生任何影响正常生产的情况，生产控制级系统将根据现场实际情况，由计算机自动或人机交互方式对生产过程进行实时调度，以使生产过程物流顺畅，并保证产品的交货周期，优化生产资源的利用。

（4）作为现场生产作业指挥中心。生产控制级系统一般是企业中各工序的生产作业指挥中心，生产现场作业调度人员和操作人员将通过生产控制级系统将生产指令下达给相应的各岗位或执行机构，同时实时采集生产过程中各相关信息，并将信息传递给生产现场的信息需求者，以利于他们根据生产实际情况进行操作。

1.2.1.3 生产控制的方法及其原理

生产控制的方法主要有最优化生产技术（OPT，Optimized Production Technology）、准时生产（JIT，Just In Time，又称看板系统或精益生产）和一体化生产控制策略。

A 最优化生产技术

最优化生产技术（OPT）是 20 世纪 70 年代末由以色列的学者 E. Goldratt 创立的。OPT 的基本原理是：对于要生产的产品，找出影响生产进度的最薄弱环节，集中主要精力保证最薄弱环节满负荷工作，不至于影响生产进度，以缩短生产周期、降低在制品库存。OPT 就是适应上述情形的一种生产计划与控制技术，已被许多西方企业采用，取得了明显的经济效益。

OPT 计划编制方法分两个层次，首先编制生产单元中关键件的生产计划；在确定关键件生产进度的前提下，再编制生产单元中非关键件的生产计划。OPT 计划编制流程参见图 1-4。

```
┌──────────┐  ┌──────────┐  ┌──────────┐  ┌──────────┐
│ 产品生产计划 │  │  产品结构  │  │  工艺路线  │  │  库存记录  │
└────┬─────┘  └────┬─────┘  └────┬─────┘  └────┬─────┘
     └─────────────┴──────┬──────┴─────────────┘
                          ▼
            ┌─────────────────────────┐
            │  估算零部件交货期、工序交货期   │
            └────────────┬────────────┘
                         ▼
            ┌─────────────────────────┐
            │   平衡生产能力并确定关键资源    │
            └────────────┬────────────┘
                         ▼
            ┌─────────────────────────┐
            │   确定关键工序及关键零部件     │
            └────────────┬────────────┘
          ┌──────────────┴──────────────┐
          ▼                             ▼
┌───────────────────┐       ┌───────────────────┐
│   编制关键件生产计划    │       │  编制非关键件生产计划   │
└─────────┬─────────┘       └───────────────────┘
          ▼
┌───────────────────┐
│   编制零部件的日计划    │
└───────────────────┘
```

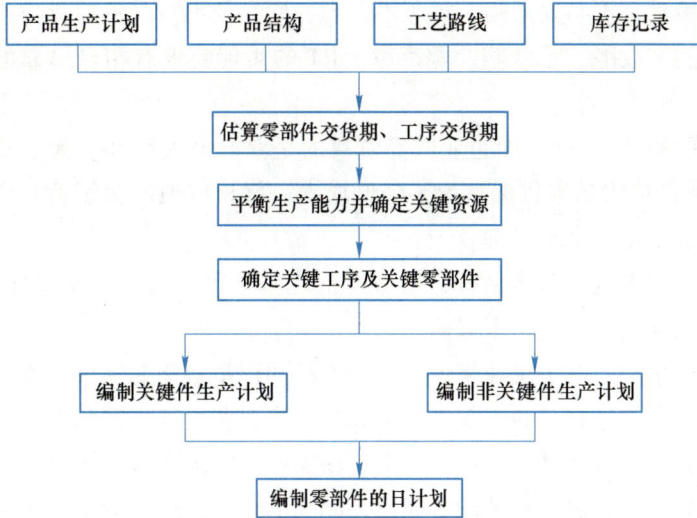

图 1-4 OPT 计划编制流程

OPT 系统的指导思想及其运行机理如下：

（1）追求物流平衡而不是能力平衡。因为物流平衡的目的是使企业的生产能力得到充分利用，并使生产过程各环节的生产能力实现平衡，实现物流的同步化，以求生产周期最短、在制品最少。

（2）在非瓶颈资源上节省时间是没有意义的。瓶颈资源是指限制整个生产系统生产率的薄弱环节。瓶颈资源工作的每一分钟都直接贡献于企业的产出量，所以在瓶颈资源上损失 1 h，就使整个系统损失 1 h。由于非瓶颈工序的负荷取决于通过瓶颈工序的物流量，非瓶颈资源的利用程度不由其本身决定，而由瓶颈资源的能力决定。因此，在非瓶颈资源上节省时间是没有意义的，而且为此还要付出诸如增加在制品库存量等不必要的代价。

（3）生产系统应合理设置缓冲环节。为了提高整个生产系统的产出量，保证瓶颈资源满负荷工作，系统中应设置缓冲环节。

（4）生产计划因势利导。为了使工件不在瓶颈工序之前过多地积压和在瓶颈工序之后能迅速成套，对瓶颈工序之前的工序按推动（Push）方式（以物料来推动生产运行）编制计划，而对瓶颈工序之后的工序则按拉动（Pull）方式（以最终产品的取出来拉动生产运行）编制计划。

（5）产品批量设计要量力而行。应根据不同目的分别确定合理的运输量和加工批量。批量的大小不是固定的，而是根据实际情况动态地变化的。

B 准时生产

准时生产（JIT）是由日本丰田公司于 20 世纪 70 年代推出的一种生产管理方法，它的基本思想可用一句话概括，即"只在需要的时候，生产所需的产品"。它的含义是不投入多余的生产要素，只是在适当的时间生产必要数量的市场急需的产品（或者下道工序急需的物料），并且所有的经营活动都要有益有效，具有经济性。它的基本原理是：杜绝在生产等工、多余劳动、不必要搬运、加工不合理、库存及不良品返修等方面的浪费，以降低生产成本，达到零故障、零缺陷、零库存。JIT 的实现要求有相当可靠的材料供应、生产、修理设备。

JIT 生产方式的最终目标，即企业的经营目的是获取最大利润。为了实现这个最终目的，"降低成本"就成为基本目标。为了降低成本，就相应地产生了适量生产、弹性配置作业人数以及保证质量三个子目标。

为了达到降低成本这一基本目标，对应于上述基本目标的三个子目标，JIT 生产方式的基本手段也可以概括为下面三个方面：

（1）适时适量生产。对于企业来说，各种产品的产量必须能够灵活地适应市场需求量的变化。否则由于生产过剩，会引起人员、设备、库存费用等一系列的浪费。而避免这些浪费的手段就是实施适时适量的生产，只在市场需要的时候生产市场需要的产品。

（2）弹性配置作业人数。在劳动费用越来越高的今天，降低劳动费用是降低成本的一个重要方面，达到这一目的的方法是"少人化"。所谓少人化，就是指根据生产量的变动弹性地增减各生产线的作业人数，以及尽量用较少的人力完成较多的生产。

（3）质量保证。历来认为，质量与成本之间是一种负相关关系，即要提高质量就得花人力、物力来加以保证。但是在 JIT 生产方式中却一反这一常规，其通过将质量管理贯穿于每一工序之中来实现提高质量与降低成本的一致性。

在实现适时适量生产中，具有极为重要意义的是作为其管理工具的看板。看板管理也可以说是 JIT 生产方式中最独特的部分，看板的主要机能是传递生产和运送的指令。在 JIT 生产方式中，生产的月度计划是集中制定的，同时传达到各个工厂以及协作企业；而与此相应的日生产指令只下达到最后一道工序或总装配线，对其他工序的生产指令则通过看板来实现。

C　一体化生产控制策略

一体化生产控制要求将炼钢→连铸→热轧三道工序视为一个整体，实现一体化管理；做到前后工序计划同步，物流运行准时化，充分利用高温的潜热，取消或减少再加热过程，降低能耗，减少烧损，缩短生产周期，减少在制品库存，增加企业效益和市场竞争力。

一体化管理是指炼钢→连铸→热轧生产的一体化管理，统一计划，统一调度，统一制定"列车时刻表"，以此指导炼钢→连铸→热轧生产，使物流连续高效运作。一体化管理是钢铁企业近期生产组织追求的目标。但一体化管理的实现并不只是管理和信息化问题，它与企业的生产工艺、设备条件、信息条件、管理条件等密切相关。

钢铁企业实现一体化有赖于以下条件：

（1）工艺条件。炼钢→连铸→热轧实现一体化生产，需要从工艺条件上进行研究与开发。炼钢要提高冶金钢种的命中率，能够按计划要求进行炼钢生产；同时，连铸工序能够按要求进行无缺陷板坯生产，并确保铸坯的内在质量与表面质量，以保证送到热轧工序的板坯是高温无缺陷板坯。

（2）设备条件。一体化生产还需要良好的设备条件进行保证，炼钢→连铸→热轧三大工序之间的设备需要进行良好的匹配，才能保证物流在三大工序之间高效流动，工序之间实现良好衔接。

（3）信息条件。一体化生产过程中，物流在炼钢→连铸→热轧三大工序之间高效流动，信息流与控制流应与物流同步才能保证物流的高效流动，生产过程信息及控制信息需要通过计算机网络在各工序之间进行高速、可靠、准确的传递，以便各工序根据得到的信息进行本工序的生产控制；同时，系统还应对生产过程进行必要的监控，监控生产过程中出现的各种问题，并根据具体情况对生产过程进行干预，以满足一体化生产过程中物流、信息流、能流之间的平衡。

（4）管理条件。一体化生产不同于传统的生产组织方式，需要设置专门的生产管理机构，站在企业整体的高度对三大工序之间的生产进行平衡，只有这样才能保证一体化生产过程的物流顺畅，该管理机构对一体化生产过程具有较强的生产控制能力。

1.2.1.4 生产控制级系统软硬件平台选择

生产控制级系统参与生产过程的控制，对系统的实时性、响应性、可靠性要求较高，同时对网络的传输速度要求也较高，因此，在系统规划与设计中应选用可靠性高、速度快的系统。目前，生产控制级系统多选用小型机作为主机，因为微机服务器稳定性较差，存在"莫名"原因宕机的危险。操作系统多采用稳定性、安全性好的 Unix 平台或类 Unix 平台；但也有少数系统从投资及使用方便性角度考虑选用基于 Intel 架构的服务器，操作系统使用 MS Windows 平台。常用数据库有 DB2 和 Oracle 等。

软件按规模来分，源代码行数为 5 万~10 万行的程序属于大型软件，达 100 万行左右的程序属于超大型软件。冶金企业生产控制级系统一般都属于大型软件，其各功能之间逻辑严密、相互配合，共同完成企业内某工序的生产管理。应用软件的开发工作量大，产品的质量将直接影响生产级控制系统运行的稳定性与可靠性，因此，生产级控制系统的开发必须利用软件工程的方法与技术，以保证最终软件产品的质量。目前国际上著名的钢铁工业 MES 产品有美国的 i2、英国的 Broner PPS 和德国的 PSI Metals。但是 MES 套装软件的应用效果往往受生产工艺装备（设备）运行以及企业管理水平的影响较大，所以相当多的企业采用定制开发 MES 的方法，建设自己的生产控制级信息系统。

软件工程是开发、运行、维护、修复软件的系统方法，具体的做法是用适当的工具表达用户的需求模型，由逻辑概念得到物理模型，再进行分析、编码及测试，并对全过程采用科学的项目管理方法进行控制。

在软件的开发过程中常使用的技术有：

（1）分析和设计的自顶向下的方法；

（2）软件的模块化开发；

（3）程序模板或程序库的广泛套用；

（4）支持和实施结构程序开发的协议和工具。

使用这些技术将帮助确保分析、设计、编码、测试都从软件系统的最高层做起，然后自然有序地一级级向下进行。

　　自然界中任何事物都存在生存期，软件同样也存在一个产生、成长、成熟与衰亡的过程。针对软件的生存期，可采用不同的项目系统管理方法。

1.2.2　过程控制级

1.2.2.1　过程控制级系统的硬件组成

　　过程控制级系统的硬件由服务器、外部设备、网络通信设备、人机界面（HMI，Human Machine Interface，也称人机接口）设备等构成。

　　服务器是过程控制级计算机系统的核心硬件。冶金自动化的工程一般具有周期长、投资大的特点。因此，应该选择水平先进、生产周期长的计算机硬件，以延长系统的运转时间，减少更新升级的次数；在能够满足生产过程和工艺发展需要的前提下，追求较高的性价比；要考虑到系统的可扩展性，为增加新的硬件提供便利的条件，为开发新的应用软件留有余地；要考虑到软件开发和维护手段方面，因为计算机硬件一旦发生故障就会造成停产，带来较大的经济损失。所以在进行系统配置时，除了对各种系统技术功能和使用性能指标合理评价外，要把系统的可靠性放在首位。

　　外部设备简称为"外设"，是计算机系统中输入、输出设备（包括外存储器）的统称，对数据和信息起着传输、转送和存储的作用，是计算机系统中的重要组成部分。外设一般包括显示器、鼠标、键盘、调制解调器、打印机等。

　　HMI 设备是安装在各个操作室和计算机室的计算机。通过 HMI，操作人员可以了解过程控制级的有关信息以及输入必要的数据和命令。

　　过程控制级计算机系统的通信网络比较简单，一般采用以太网连接，光口通信速度为1000 Mbit/s，电口通信速度为 10 Mbit/s、100 Mbit/s、1000 Mbit/s 自适应。

1.2.2.2　过程控制级系统的软件组成

　　过程控制级计算机的软件由系统软件、中间件（又称支持软件）、应用软件构成。

　　系统软件是面向计算机的软件，与应用对象无关。系统软件一般包括以下内容：操作系统、汇编语言、高级语言、数据库、通信网络软件、工具服务软件。系统软件中的主要部分是操作系统。操作系统是裸机之上的第一层软件，它是整个系统的控制管理中心，控制和管理计算机硬件和软件资源，合理地组织计算机工作流程，为其他软件提供运行环境。过程控制级系统常采用的操作系统有 OPEN VMS（针对 Alpha 计算机）、Windows NT/2000、Unix 等。

　　中间件是介于系统软件和应用软件之间的软件。支持软件是一种软件开发环境，是一组软件工具集合，它支持一定的软件开发方法或者按照一定的软件开发模型组织而成。

　　过程控制级计算机的应用软件是实时软件。实时软件是必须满足时间约束的软件，除了具有多道程序并发特性以外，还有以下特性：实时性，即如果没有其他进行竞争CPU（Central Processing Unit，中央处理器），某个进程必须能在规定的响应时间内执行完；在线性，即计算机作为整个冶金生产过程的一部分，生产过程不停，计算机工作也不能停；高可靠性，即可避免因为软件故障引起的生产事故或者设备事故的发生。

1.2.2.3 生产过程数学模型

对于现实世界的一个特定对象，为了一个特定的目的，根据特有的内在规律做出一些必要的简化假设，运用适当的数学工具可得到一个数学结构。数学模型则是由数字、字母或其他数学符号组成的，描述现实对象数学规律的数学公式、图形或算法。

数学模型具有以下特点：

（1）模型的逼真性和可行性。一般来说，总是希望模型尽可能地逼近研究对象。但是一个非常逼真的模型在数学上常常是难以处理的；另外，越逼真的数学模型常常越复杂。所以，建模时往往需要在模型的逼真性与可行性之间做出折中和抉择。

（2）模型的渐进性。稍微复杂一些的实际问题的建模通常不可能一次成功，要经过建模过程的反复迭代，包括由简到繁，也包括删繁就简，以获得越来越满意的模型。

（3）模型的鲁棒性。模型的结构和参数常常是由模型假设及对象的信息（如观测数据）确定的，而假设不可能特别准确，观测数据也是允许有误差的。一个好的数学模型应该具有下述意义的鲁棒性：当模型假设改变时，可以导出模型结构的相应变化；当观测数据有微小改变时，模型参数也只有相应的微小变化。

（4）模型的可转移性。模型是现实对象抽象化、理想化的产物，它不为对象的所属领域所独有，可以转移到其他领域，例如，在生态、经济、社会等领域内建模就常常借用物理领域中的模型。这种属性显示了模型应用的广泛性。

（5）模型的非预制性。虽然已经发展了许多应用广泛的数学模型，但是实际问题是多种多样的，不可能要求把各种模型做成预制品以供人们在建模时使用。

（6）模型的条理性。从建模的角度考虑问题可以促使人们对现实对象的分析更全面、更深入、更具条理性，这样，即使建立的模型由于种种原因尚未达到实用的程度，对问题的研究也是有利的。

（7）模型的局限性。模型的局限性具有两方面的含义：

1）由数学模型得到的结论虽然具有通用性和精确性，但是因为模型是将现实对象简化、理想化的产物，所以一旦将模型的结论应用于实际问题就回到了现实世界，那些被忽视、简化的因素必须考虑，于是结论的通用性和精确性只是相对的、近似的。

2）由于受人们认识能力和科学技术发展水平的限制，还有不少实际问题很难得到具有实用价值的数学模型。一些内部机理复杂、影响因素众多、测量手段不够完善、技艺性较强的生产过程，如冶炼过程，常常需要开发专家系统与建立数学模型相结合，才能获得较满意的应用效果。

数学模型可以按照不同的方式分类，按照模型的表现特性，可分为确定性模型和随机性模型（取决于是否考虑随机因素的影响）、静态模型和动态模型（取决于是否考虑时间因素引起的变化）、线性模型和非线性模型（取决于模型酝酿关系）、离散模型和连续模型；按照建模的目的，可分为描述模型、预报模型、优化模型、决策模型、控制模型等。

1.2.3　基础自动化级

基础自动化级从过程控制级接收设定数据，经过相应的运算处理后再下达给传动系统和执行机构。相反，基础自动化级还要从仪器仪表采集实时数据并反馈给过程控制级，以便于过程控制级进行自学习和统计处理。

1.2.3.1　基础自动化级的控制器

基础自动化级所采用的控制器多种多样，如智能化控制仪表、可编程控制器（PLC，Programmable Logic Controller）、通用工控机、专用计算机、分布式控制系统（DCS，Distributed Control System，也被称为集散控制系统）控制器、各种总线型控制器等，但我国冶金工业现场大量使用的基础自动化级数字控制器主要是 PLC。

可编程控制器是一台计算机，它是专为工业环境应用而设计制造的计算机。可编程控制器具有如下特点：

（1）用模块化结构，便于集成；

（2）I/O（Input/Output，输入输出）接口种类丰富，包括数字量（交流和直流）、模拟量（电压、电流、热电阻、热电偶等）、脉冲量、串行数据等；

（3）运算功能完善，除基本的逻辑运算、浮点算术运算外，还有三角运算、指数运算、定时器、计数器和 PID（Proportion Integration Differentiation，比例积分微分）运算等；

（4）编程方便，可靠性高，易于使用和维护；

（5）系统便于扩展，与外部连接极为方便；

（6）通信功能强大，配合不同通信模块（以太网模块、各种现场总线模块等）可以与各种通信网络实现互联；

（7）另外，通过不同的功能模块（如模糊控制模块、视觉模块、伺服控制模块等）还可完成更复杂的任务。

现在世界上比较著名的 PLC 生产厂商有美国的 GE 公司、AB 公司和罗克韦尔（Rochwell）公司，德国的西门子公司，法国的施耐德公司，日本的三菱公司、欧姆龙公司等。在我国冶金行业中广泛应用的产品有：GE 90-70 系列 PLC，GE 90-30 系列 PLC，GE PAC Systems™系列 PLC、GE Versa Max 系列 PLC，西门子公司 SIMATIC S7-400 PLC、SIMATIC S7-300 PLC、SIMATIC S7-200 PLC，Modicon TSX Quantum PLC，罗克韦尔公司 PLC 控制器，美国 AB 公司 Control Logic 5000 系列 PLC，用于轧钢的西门子高速 PLC、TDC 系列产品等。

2024 年 5 月，由鞍钢信息产业公司自主研发的国产化 PLC 控制系统在鞍钢股份硅钢拼焊机组成功落地应用，标志着鞍钢集团在关键技术领域取得了重大突破，为推动钢铁行业国产化工控方案规模化落地提供有力支撑。

工控系统是钢铁生产的关键环节，PLC 控制系统属于工控系统的一种。长期以来，鞍钢集团工控系统核心软硬件均为国外品牌产品，制约了企业高质量发展。鞍钢信息产业公司联合国内知名产学研单位，依托在研发钢铁行业全流程控制系统过程中积累的丰富经验，开展国产化工控系统研发，按照"应用系统自主可控、核心芯片国产化替代、操作系统全栈式国产化"三步走战略，形成钢铁行业软硬件国产化解决方案，其中包括国产化 PLC 控制系统。

该国产化 PLC 控制系统硬件性能强大，支持 IP40 标准，能够适用于钢铁行业复杂多变且相对恶劣的环境；采用全国产化嵌入式实时操作系统，CPU 单指令运算速度达到国际先进水平，并支持当前绝大部分主流工控网络通信协议。

该控制系统还支持云边端部署，可以打通工业互联网平台层、边缘设备层，构建云边端协同工作模式，实现控制、计算、网络、云服务技术的融合统一。

未来，该公司将进一步加大科技研发力度，并计划今年年中推出核心芯片国产化的鞍信品牌 PLC，全面提升鞍钢集团国产化工控系统产品力。

多 CPU 控制器一般是指在一个控制器中同时使用两块以上的 CPU 模板。每块 CPU 模板都可以轮流（申请）作为控制器内部总线的主站，占有背板总线，因此可以共享内存和相关的 I/O。第一个 CPU 除了完成控制任务外，一般还要兼作总线仲裁控制器，以协调其他各 CPU 对总线的访问。每个 CPU 可以单独完成各自的控制任务，运行周期也可以不同。

在生产过程中，一些快速被控对象，如电气和液压传动系统等设备控制和工艺参数控制的周期都非常短，一般为 6~20 ms，有些甚至达到 2~3 ms，这和以热工参数（温度、压力、流量）为主的生产过程相比，控制周期快 20~40 倍。而且现代的生产过程中控制功能众多且集中，以带钢热连轧精轧机组为例，7 个机架上集中了几十个机电设备的电气控制、20 多个位置或恒压力的液压控制、自动厚度控制（AGC，Automatic Gauge Control）、自动板形控制（ASC，Automatic Shape Control）、主速度（级联）控制、6 个活套高度和活套张力控制、精轧机组终轧温度控制、自动加减速及顺序控制等共近 55 个控制回路，因此要求采用多控制器，控制器内采用多处理器结构的高性能控制器，并且要求这些控制器能够支持多种通信协议和高速通信网络。

常见的几种多 CPU 高性能控制器有 GE VMIC 控制器、SIMADYN D 控制器、SIMATIC TDC 控制器。

1.2.3.2 基础自动化级通信

基础自动化级通信具有通信类型多、实时性好、稳定性高、数据量少、连接设备多等特点。

串行通信是最常见的通信方式。它是指通信的发送方和接收方之间数据信息的传输是在单根数据线上，以每次一个二进制的 0 或 1 为最小单位进行传输。串行通信的特点是数据按位顺序传送，最少只需一根传输线即可完成，成本低；但传输速度慢。串行通信的距离可以从几米到几千米。RS-232、RS-422 与 RS-485 都是串行数据接口标准。

以太网是目前应用最广泛的一种网络。以太网是开放式广域网，可以用于复杂和广泛的、对实时性要求不高的通信系统。工业上使用的以太网称为工业以太网，它符合国际标准 IEEE 802.3，使用屏蔽同轴电缆、屏蔽双绞线和光纤等几种通信介质。由于工业现场环境比较恶劣，电磁干扰很强，因此对通信电缆的屏蔽性能要求很高，普通的屏蔽已经无法满足需要，必须使用专业屏蔽电缆。其拓扑结构可以是总线型、环型或星型，传输速率为 10 Mit/s、100 Mit/s、1000 Mit/s。目前工业上一般用 100 Mit/s，采用电气网络时，两个终端间最大距离为 4.6 km，如果使用光纤可达几十千米。

在工业控制系统中，以太网可以用于区域控制器之间或控制级之间，或与人机界面之间的通信。

现场总线是应用于生产现场、在微机化测量与控制设备之间实现双向串行多节点数字通信的系统，是一种开放的、数字化的、多点通信的底层控制网络。

目前，世界上许多控制系统集成和制造商都采用超高速网络来满足高速控制和高速数据交换的要求。它不占用 CPU 时间，也无须其他软件支持，是工业领域中一种最先进的、最快速的、实时的网络解决方案。具有代表性的是美国 GE VMIC 公司的"内存映象网"和德国西门子公司的"全局数据内存网"两种超高速网络。

本地 I/O 与远程 I/O 控制器的 I/O，按信号的接入途径可以分为本地 I/O 和远程 I/O 两大类。所谓本地 I/O，是指其 I/O 接口模板与主控制器 CPU 模板插在同一机箱中或本地扩展机箱中的 I/O 信号。本地 I/O 可以由一个主机箱和多个扩展 I/O 机箱组成，主机箱与扩展机箱间通过并行总线扩展电缆相连。远程 I/O 是指现场信号首先进入控制器的远程 I/O 站（与主控制器柜不在同一个地点），然后再通过网络将信号送入主控制器。

随着现场总线技术的发展，基于总线技术的远程 I/O 逐渐发展起来。几乎世界上所有的 PLC 和控制器的集成制造商都推出了各自的适用于不同现场总线的网络接口模板。根据总线形式不同，可以配置不同的网络接口模块，而 I/O 模块是通用的，不受总线类型的限制，因此可以将不同总线的 I/O 信号都接入到同一个主控制器中。

现在许多智能仪表也都可以配置网络接口模板，如编码器、调节阀、流量计等，可以直接经过现场总线网络与主控制器建立连接，克服了模拟信号易受环境干扰的问题，并解决了测量值和反馈值的精确传输问题。

这些总线 I/O 产品的体积都比较小，而且在设计时就考虑到维护的方便性，在现场不用拆线就可以更换故障模块。为了适应工业现场的恶劣环境，许多现场总线 I/O 产品的防护等级都可以达到防尘、防水、抗震动、抗电磁干扰的 IP67 标准。有些还具有自诊断功能，可以向系统发出诊断信息，帮助技术人员进行排障和查错。

目前世界上比较典型的几种远程 I/O 产品有：西门子公司的 ET 200 系列、罗克韦尔自动化（Rockwell Automation）、尼克斯电气（Phoenix Contact）、欧姆龙（OMRON）、施耐德电气（Schneider Electric）Modicon M580、贝加莱（B&R，ABB 集团）X20 系统、三菱电机（Mitsubishi Electric）CC-Link IE、倍福（Beckhoff）Ether CAT I/O、万可（WAGO）T50/T50 XTR 系列等。

1.2.3.3　网络技术

计算机网络是用通信线路将分散在不同地点并具有独立功能的多台计算机系统互相连接，按照网络协议进行数据通信，实现资源共享的信息系统。

企业根据自己的需求建立的计算机网络系统，即为企业网。企业网中的一个重要分支是工业企业网，它是工业企业的管理和信息基础设施，是为满足工业企业获取、分析信息和决策，实现工业企业规模经营和灵活经营，降低生产成本，提高企业经营效益的要求而建立的。同时，工业企业网也是计算机技术、网络与通信技术和控制技术在企业中的融合和应用。

企业网的概念在20世纪80年代便已提出，是指在企业和与企业相关的范围内，为了实现资源共享、优化调度和辅助管理决策，通过系统集成的途径而建立的网络环境，是一个企业的信息基础设施。企业网是网络化企业组织的管理理念的体现，它是一种哲理。在当前意义上，企业网的主流实现形式基本上是以 Intranet 为中心，以 Extranet 为补充，依托于 Internet 而建立的。

工业企业网是企业网中的一个重要分支，是指应用于工业领域的企业网，是工业企业的管理和信息基础设施。它在体系结构上包括信息管理系统和网络控制系统，体现了工业企业管理控制一体化（或称为信息控制一体化）的发展方向和组织模式。网络控制系统作为工业企业网中一个不可或缺的组成部分，除完成现场生产系统的监控之外，还实时地收集现场信息与数据，并向信息管理系统传送。网络控制系统是在控制网络的基础上实现的控制系统。

工业企业网技术是一种综合的集成技术，它涉及计算机技术、通信技术、多媒体技术、管理技术、控制技术和现场总线技术等。应用需求的提高和相关技术的发展，要求企业网能同时处理数据、声音、图像、视频等多媒体信息，满足企业从管理决策到现场控制自上而下的应用需求，实现对多种媒体、多种功能的集成。

从功能来讲，工业企业网的结构可分为信息网和控制网上、下两层。

（1）信息网。信息网位于工业企业网的上层，是企业数据共享和传输的载体。它需满足如下要求：

1）是高速通信网；

2）能够实现多媒体的传输；

3）与 Internet 能互联；

4）是一个开放系统；

5）满足数据安全性要求；

6）技术上易于扩展和升级。

（2）控制网。控制网位于工业企业网的下层，与信息网紧密地集成在一起，服从信息网的操作，同时又具有独立性和完整性。它的实现既可沿用工业以太网，也可采用自动化领域的新技术——现场总线技术，还可将两者结合应用。

信息网络与控制网络互联的意义及逻辑结构。传统的企业模型具有分层递阶结构，然而随着信息网络技术的不断发展，企业为适应日益激烈的市场竞争的需要，已提出分布化、扁平化和智能化的要求。一是要求企业减少中间层次，使得上层管理与底层控制的信息直接联系；二是扩大企业集团内不同企业之间的信息联系；三是根据市场变化，动态调整决策、管理和制造的功能分配。将信息网络和控制网络互联主要从以下几点考虑：

1）将测控网络连入更大的网络系统中，如 Intranet、Extranet 和 Internet；

2）提高生产效率和控制质量，减少停机维护和维修的时间；

3）实现集中管理和高层监控；

4）实现异地诊断和维护；

5）利用更为及时的信息提高控制管理决策水平。

信息网络与控制网络之间是连接层，连接层为在控制网络和信息网络应用程序之间进行一致性连接起着关键作用。它负责将控制网络的信息表达成应用程序可以理解的格式，在解决实际问题时，为了最大限度地利用现有的工具和标准，用户希望采用开放策略解决互联问题，各种标准化工作的展开和进展对控制网络的发展是极为有利的。

工业企业网为企业综合自动化服务。信息网络一般处理企业管理与决策信息，位于企业中上层，具有综合、信息量大等特征。控制网络处理企业实时控制信息，位于企业中下层，具有协议简单、容错性强、安全可靠、成本低廉等特征。

局域网（LAN，Local Area Network）是指将有限区域内的各种数据通信设备通过媒体等互联在一起，在网络操作系统的支持下，实现资源共享、信息交换的通信网络。

目前，高速以太网主要包括快速以太网（East Ethernet）、千兆以太网（Gigabit Ethernet）、万兆以太网（10 Gigabit Ethernet）、40 千兆以太网（40 Gigabit Ethernet）和 100 千兆以太网（100 Gigabit Etherent），应用最广泛的类型是 100Base-TX（广泛应用于企业网域网和家庭网络），100Base-T（在企业网络和数据中心中非常常见）和 10 G BASE-T（逐渐成为数据中心和高性能网络的主流选择）。

ATM 作为电信网的一种新技术，不仅适用于高速信息传送和对 QOS（Quality of Service，服务质量）的支持，还具备了综合多种业务的能力以及动态带宽分配与连接管理能力，对已有技术具有兼容性。

Intranet 是 Internal Internet 的缩写，称为企业内联网。它是应用 Internet 中的 Web 浏览器、Web 服务器、超文本标记语言（HTML，Hyper Text Mark-up Language）、超文本传送协议（HTTP，Hyper Text Transfer Protocol）、TCP/IP（Transmission Control Protocol/Internet Protocol）网络协议和防火墙等先进技术建立，供企业内部进行信息访问的独立网络。

Extranet 是 Intranet 的延伸和扩展。Intranet 的着眼点在于企业内部，是一种与外部世界完全隔离的内部网络；而 Extranet 是一个使用 Intranet 技术，使企业与其客户和其他相关企业相连以完成共同目标的交互式合作网络。Extranet 中的信息交流着眼于企业与外部，即企业与客户、企业与贸易伙伴之间的信息交流。

Extranet 与 Intranet 相比，它不是新建的物理网络，而只是利用公用网和已有 Intranet 组织的一种虚拟的"专用"网络，通过不定期访问控制和路由表连接若干个 Intranet，利用 Intranet 技术将企业与供应商、合作伙伴、相关企业、客户连接在一起，促进彼此间的联系与交流。同时，与 Intranet 一样，企业内部一侧的防火墙提供充分的访问控制，使得访问者只能看到其被允许看到的信息。

在国家政策和现实需求下，5G 和工业互联网已经与钢铁行业中的许多方面结合应用，为实现钢铁行业各环节从分散化、自动化向集中化、智能化、绿色化方向发展起到积极的作用。但是，目前 5G 与工业互联网基本上都停留在生产辅助环节，目前尚未进入真正的生产核心环节，信息化和工业化尚未真正深度融合。新的网络融合技术架构，包括可编程逻辑控制器云化技术，支撑 PLC 云化部署的 5G-时间敏感网络（Time Sensitive Networking，TSN）端到端低时延、确定性网络关键技术。

1.2.3.4　人机界面

人机界面（Human Machine Interface，HMI）是现代计算机控制系统的一个主要特点。它采用大屏幕高分辨率显示器显示过程工艺数据，画面内容丰富，可以动态地显示数字、棒图、模拟表、趋势图等，结合薄膜键盘、触摸屏、鼠标器、跟踪球等设备，使得生产现场的操作工人、维护人员和技术人员可以方便地进行操作。HMI 一般具有下列功能：

（1）操作员可以在任意时刻通过 HMI 监视生产过程的有关参数，包括过程变量、基准值、控制器输出值和反馈值等；

（2）具有过程数据的实时显示和历史记录功能；

（3）能够完成系统报警显示功能；

（4）应用多媒体技术使得画面更加生动活泼，还可以提供语音功能。

过程控制级系统通常需要高可靠性、实时性和稳定性，目前常采用的操作系统有实时操作系统（RTOS）、嵌入式 Linux 、Windows Embedded 以及专有操作系统（INTEGRITY 和 μC/OS-Ⅱ等），这些操作系统各有优势，选择时需根据具体应用需求进行权衡。

一般人机界面软件至少应该具有下述基本功能：

（1）集成化的开发环境；

（2）增强的图形功能；

（3）报警组态；

（4）趋势图功能；

（5）数据库连接能力；

（6）画面模板及向导；

（7）项目管理功能；

（8）开放的软件结构；

（9）演示系统；

（10）提供多种通信驱动，可以与多种品牌的控制器建立通信连接。

更进一步的，人机界面软件还应该具有下述增强功能：

（1）内嵌高级编程语言，如 C 语言、VB 等；

（2）支持 Active X；

（3）全面支持 OPC［OLE for Process Control，用于过程控制的 OLE（Object Linking and Embedding，对象连接与嵌入）］技术；

（4）具有交叉索引功能；

（5）支持分布式数据库、C/S（Client/Server，客户机/服务器网）网络结构；

（6）提供多重冗余结构；

（7）具有灵活的专业报表生成工具；

（8）支持多国语言。

目前国外常用的人机界面（HMI）软件主要包括 iemens TIA Portal（WinCC）、Rockwell FactoryTalk View、Wonderware System Platform（AVEVA）、GE Digital iFIX、Schneider Electric Vijeo Citect、Inductive Automation Ignition、Proficy HMI/SCADA（GE Digital）、Kepware KEPServerEX、Maple Systems EZ HMI、CODESYS Visualization。

目前国内常用的人机界面（HMI）软件中组态王、力控、易控高端应用，MCGS、和利时 HMI 用于中端应用，信捷、步科、华富惠通具有较好的性价比，台达、汇川具有硬件集成特点。选择 HMI 软件时，需根据项目需求、硬件兼容性、预算和开发复杂度综合考虑。

1.2.3.5　电气传动控制系统

由于生产技术的发展，特别是精密机械加工和冶金、交通等工业生产过程的进步，在启制动、正反转以及调速范围、静态特性和动态响应方面对调速电气传动、伺服传动以及位置控制等都提出了更高的要求。

直流电动机比交流电动机在技术上更容易满足上述要求。直流调速传动系统把三相交流电源转换为电压电流可调的直流电源，直接向直流电动机供电，完成调速任务。在直流电动机中，磁场由流过定子励磁线圈的电流产生。该磁场总是与电枢线圈产生的磁场相垂直，这种状态称为磁场定向，它能产生最大的转矩。不管电动机转子在何位置，电刷换向器装置都始终保证以上两磁场互相垂直。一旦完成磁场定向，直流电动机的转矩就很容易地通过改变电枢电流及保持励磁电流恒定来控制。直流传动的优点是：转矩和速度这两个变量是由电枢电流直接进行控制的，转矩是内环控制，速度是外环控制；具有精确、快速的转矩控制和高效的速度响应，并且控制简单。

目前，实际应用更为广泛的是交流电动机的交流传动系统。交流传动逐步具备了宽调速范围、高稳态精度、快速响应及四象限运行等良好的技术性能，并实现了交流调速装置的产品系列化。随着交流调节技术的迅猛发展，交流调速将逐步取代直流调速。

交流电动机又分为同步交流电动机和异步交流电动机，相应地就产生了同步交流电动机调速系统和异步交流电动机调速系统。

同步电动机只能依靠改变频率来进行调速，而根据频率控制方式的不同，可把同步电动机调速系统分为他控式和自控式两种类型。如果用独立的变频装置作为同步电动机的变频电源进行调速，则称为他控式同步电动机调速系统，其大多用于类似永磁同步电动机的小容量场合。采用频率闭环方式的同步电动机调速系统则称为自控式同步电动机调速系统，它是用电动机轴上安装的位置检测器来控制变频装置触发脉冲，使同步电动机工作在自同步状态。自控式同步电动机调速系统又可细分为负载换向自控式同步电动机调速系统和交变频供电的自控式同步电动机调速系统。

在异步电动机中，从定子传入转子的电磁功率可以分成两部分：一部分是拖动负载的有效功率；另一部分是转差功率，与转差率成正比，它的去向（是消耗掉还是回馈给电网）是调速系统效率高低的标志。按照转差功率处理方式的不同，异步电动机调速系统可分成三大类：

（1）转差功率消耗型调速系统。这种调速系统的全部转差功率都被消耗掉，用增加转差功率的消耗来换取转速的降低，因而效率也随之降低。例如，降电压调速、电磁转差离合器调速及绕线异步电动机转子串电阻调速方法都属于这一类。

（2）转差功率回馈型调速系统。这种调速系统的大部分转差功率通过变流装置回馈给电网或者加以利用，转速越低，回馈的功率越多，但是增设的装置也要多消耗一部分功率。绕线异步电动机转子反馈调速即属于这一类。

（3）转差功率不变型调速系统。在这种调速系统中，转差功率仍旧消耗在转子里，但不论转速高低，转差功率都基本不变。例如，变极对数调速、变频调速方法即属于这一类。

1.2.3.6 液压传动控制

液压控制系统有连续控制型和离散控制型两大类，前者主要是伺服控制系统；后者主要是开关控制系统，实现液压传动系统的启停工作以至完成复杂的循环。液压伺服系统可以用图 1-5 所示的方块图来表达。

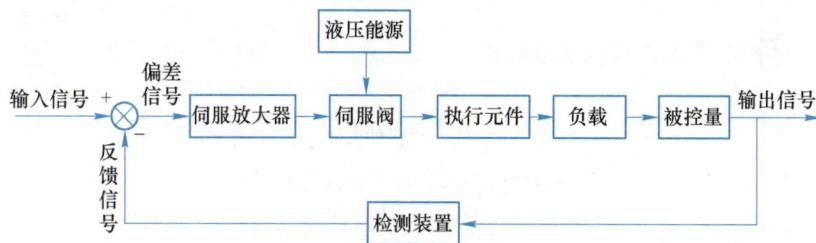

图 1-5 液压伺服系统方块图

由图 1-5 可见，液压伺服系统的工作原理是把输入信号（一般为机械位移或电压）与被控制量的反馈信号进行比较，将其差值传送给控制装置，以变更液压执行元件的输入压力或流量，使负载向着减小信号偏差的方向动作。

液压伺服系统通常由以下几部分组成：

（1）控制装置（伺服放大器和伺服阀等），接受输入信号和反馈信号，通过比较、放大和转换后变成液压参量，对执行元件进行控制。

（2）执行装置（液压缸或发动机），接受控制驱动负载。

（3）反馈装置（检测装置），通过传感器（位移、速度、压力或力传感器）将被控制量检测出来，通过放大校正后反馈到输入端去。

（4）能源装置（定量泵站或变量泵站），为系统提供驱动负载所需的功率。

通常，液压伺服系统按照被控制的物理量，可分为位置伺服系统、速度伺服系统、压力伺服系统、负载力伺服系统和转矩伺服系统。衡量液压伺服系统的性能主要有以下几个技术指标：稳定性、灵敏度、瞬态响应、频率响应、稳态精度和综合性能指标。

电液伺服系统综合了电气和液压两方面的特长，具有控制精度高、响应速度快、输出功率大、信号处理灵活和易于实现各种参量的反馈等优点，因而被广泛应用于国民经济和军事工业的各个技术领域。

1.3 冶金生产计算机控制的分类和基本特点

1.3.1 冶金生产计算机控制的分类

冶金生产过程按其工艺流程特点，可以分成冶炼生产过程和轧钢生产过程。冶金生产过程按控制方法可分为两大类过程：

（1）以热工系统为基本控制对象或以数据采集调度及热工参数控制为基本内容的"慢过程"，属于这一类的有原料准备、炼铁、炼钢及连铸过程；

（2）以机电液压系统为基本控制对象及以快速闭环控制为基本内容的"快过程"，属于这一类的有各类轧钢生产过程，特别是带钢冷、热连轧生产线。

上述两大类过程所采用的计算机控制系统（主要是其基础自动化级）是完全不同的，这是由上述两大类生产过程所具有的不同特点所决定的。

1.3.2 冶金生产计算机控制的基本特点

冶金生产过程按控制对象可分为冶炼和轧钢两大类过程，这两大类过程计算机控制具有不同的特点。

1.3.2.1 冶炼过程计算机控制的基本特点

冶炼过程计算机控制的基本特点如下：

（1）由于对象是热工系统，以温度、压力、流量等热工参数为主，惯性大，控制相对来说较慢，数据采集及调度也不需要快，温度采样周期在 1 s 到几十秒，PID 控制周期在 5 s 左右，压力控制和流量控制采样周期通常在 100 ms 到 1 s，PID 控制周期在 100 ms 到 200 ms，因此可称为"慢过程"；

（2）热工系统往往要求控制系统可靠性高，不仅需采用冗余系统，在 I/O 上还必须留有人工设定的能力；

（3）毫伏级模拟信号较多，控制机构往往是阀门等；

（4）冶炼过程计算机控制系统基本上属于仪表控制系统范畴。

1.3.2.2 轧钢过程计算机控制的基本特点

轧钢过程计算机控制的基本特点如下：

（1）要求快速控制。由于控制对象是机电、液压系统，因此要求快速控制，现代轧机设备控制及工艺参数控制周期一般为 1~10 ms，液压位置控制或液压恒压力控制系统要求控制回路的周期为 2~3 ms，机电设备控制或工艺参数自动控制（厚度、宽度等）周期则也应小于 20 ms（温度控制周期可以适当放慢）。液压自动厚度控制系统，采样控制周期仅为 2 ms，冷轧一些关键控制功能（如厚度控制、张力控制、板形控制）的数据更新时间要求为 1~2 ms。

（2）控制功能众多而且集中。以带钢热连轧精轧机组为例，7 个机架总共有将近 55 个控制回路，因此要求采用多控制器、多处理器结构。

（3）功能间相互影响。例如，当自动厚度控制系统调整压下控制厚度时，必将使轧制力变化，从而改变轧辊弯曲变形而影响辊缝形状，最终影响出口断面形状和带钢平直度（板形）；而当自动板形控制系统调整弯辊控制断面形状及平直度时，必将改变辊缝形状而影响出口厚度。

（4）多个功能需共享输入和输出模块。例如，AGC 和 APC（Automatic Position Control，自动位置控制）都是输出控制信号控制电动压下或液压压下，活套高度控制和主速度级联都是控制主电动机速度。

前两个特点要求系统采用处理能力强的快速 CPU，并采用多 CPU 控制器及多控制器系统；而后两个特点则要求系统具有快速通信能力。因此，具有快速处理能力、多个 CPU（多个控制器及控制器内有多个 CPU）以及 CPU 与 CPU、控制器与控制器间快速通信能力，将是配置轧钢，特别是带钢热连轧分布式计算机控制系统所需考虑的特点，由此必将构造出一类配置特殊的计算机控制系统。

1.4 钢铁企业的数字化和智能化

在"工业 4.0"和智能制造新形势下，不断将移动互联网、大数据、云计算、物联网等新技术融入钢铁生产过程的各个环节，已成为钢铁企业发展的重要方向。"工业 4.0"的核心是智能制造，智能制造是钢铁行业转型升级的现实需要，也是钢铁行业高质量发展的有力保障。钢铁行业在基础自动化、过程自动化和企业经营管理系统等方面取得很大进步，为钢铁行业智能制造奠定了较好的基础。

"工业 4.0"的实施主要包括两个方面的内容：一是"智能工厂"，重点是智能化生产系统及过程，以及网络化分布式生产设施的实现，即将工艺流程数字化；二是"智能生产"，主要涉及整个企业的生产物流管理、人机互动以及 3D 技术在工业生产过程中的应用等，将人的真实需求、效用通过数字化反馈到产品与服务系统的设计中。智能制造和智能运营已经开始在部分先进钢铁企业得以实现，并取得了成功。

POSCO（韩国）以智能数据中心（PosFrame）为基础，致力于建设智能工厂。PosFrame 不仅可以存储从现场收集的各种数据，而且可以有效地管理从连续运行的过程中生成的数据。通过对数据的准确分析，该平台可以提高生产效率，预测产品质量，识别产品缺陷，防止设备故障并优化现场环境，从而有助于提高钢铁生产的竞争力。中国宝武集团是钢铁厂智能制造和智能运营坚定的拥护者和实践者。2019 年 1 月，宝武集团韶钢智慧中心正式投入使用。韶钢智慧中心汇聚了原本分散在韶钢铁区及能介区的 8 大工序、30

个系统、42 个中控室、436 个操作岗位工人要做的工作，管控面积辐射半个厂区。在该项目中进行了十大技术创新，在全球首创整合铁区和能介全部单元的控制与决策，实现距离 5 km 以上跨工序、跨区域、远距离、大规模集控、无边界协同和大数据决策。

2019 年 12 月，宝武集团湛江钢铁全球首例基于人工智能技术，以无人机车为核心的智慧铁水运输系统在宝武集团湛江钢铁正式上线运行。该系统使用了实时自学习自适应高精度控制模型，并结合全天候环境感知、数字孪生等技术，能够实现机车运输的全天候环境感知、全障碍物精准识别，实现机车自动摘挂钩、恶劣环境精准定位等，投运后将极大地改善工人作业环境，解放劳动生产力，提高铁水运输效率，大幅降低钢厂铁水运输成本。园区物流运输实现安全、高效、可靠、无人化运转。针对园区物流场景，构建全流程物流体系，可覆盖原料输入、生产运输、成品输出全区域；贯穿计划、移送、仓储全流程，提供完整的智慧园区物流解决方案。

2020 年 1 月，宝武集团武钢铁区智慧操控中心和热轧智慧操控中心也正式投入使用。2021 年 7 月，攀钢西昌钢钒运行保障中心分析检测作业区智慧分析中心，机器人正按照指令对铁水试样进行检测，随后检测数据自动上传至检化验管理系统，发至各生产单位。这是鞍钢集团首套钢铁渣化学成分智能检测系统，收样、制样、检测可一键完成，全过程实现无人化操作，检测水平及智能化程度达到国内先进水平。2023 年 2 月，鞍钢股份智慧运营一体化决策支持系统管理驾驶舱模块正式上线投运。该模块旨在"用数字说话、让数字说话""用数据论证、用数据决策、快速反应、配优资源"，以企业关键经营指标为基础，通过移动 APP 或 PC 登入使用，用数据和图示等多种方式对相关生产经营关键信息进行直观展示，为决策提供依据，进一步提升管理效率。

钢铁厂的数字化转型在产业链优化、人员劳动强度和环境改善、质量控制、辅助设计等方面正在发挥积极的作用。钢铁工业数字化工厂整体方案按照企业实际需求和市场技术发展趋势进行统筹规划、分步实施。数字化工厂整体解决方案，从数字化装备（包括数字化的低压盘柜、现场仪表、变频、电机、DCS、EMS、部分 PLC 等），数字化设计平台、数字化交付（包括机械、电气、仪表、公辅和厂房）、数字化运营、数字化维护和数字化资产管理着手，在结构化数据的支撑下，实现企业生产全流程可视化、信息技术（Information Technology，IT）与运营技术（Operation Technology，OT）的融合，采用人工智能和大数据技术充分发掘和使用数据的价值，进一步实现系统和过程的优化，提升智能制造能力，并有效减少浪费、提高效率和安全性。

近十年来，传感器技术、计算能力和相关软件服务的迅速发展使数据量呈指数级增长。中国钢铁行业正在进行的从产量到质量的转型与工业 4.0 和相关数字化技术的支持和推动息息相关。上海宝信软件股份有限公司工业互联网研究院/大数据中心提出了以"数据中心、数据集成、数据分层、数据目录"构成的一种新数据架构，具有很好的通用性和普适性，可以满足不同规模的钢铁企业全域数据管理需求，对提升钢铁企业全域数据管理具有一定的参考价值和意义。中国宝武集团建设了自己的企业云平台，宝武集团私有云投运以来，为集团内各子公司提供了近百套 PaaS 服务环境，同时，云中心也开始试点对外提供云服务。

近年来，国内很多有前瞻性的钢铁企业纷纷开始探索数字工厂的建设之路，宝钢1580智能热轧车间通过打造车间级的数字孪生平台，同时融合无人天车技术、智能轧制控制模型、数字化设备运维技术，大幅提高了车间的物流效率，提升了产品质量，打造了钢铁行业数字化工厂的智慧车间示范。河钢唐钢新区从项目筹备期就开始同步建设钢铁行业首个全流程的数字化工厂案例，工程设计之初就通过数字化平台进行总图、公辅管线以及各工艺单元的三维设计，以数字化设计为源头，同时充分结合 BIM、GIS、AR/VR、数字化交付等技术建设全流程虚拟钢铁工厂。通过创新数据组织和展示方式，集成展示工厂设计和建设信息、全流程生产制造信息、设备运维信息，实现了"数字化设计-数字化交付-数字化运维"的全面贯通。

数字化工厂系统整体定位应位于企业的各级生产管理系统之上，结合企业的公司级管控中心进行建设和管理，辅助企业的生产、能源、设备、物流、安环等主要业务部门基于统一的数字化平台实现智能管控。图 1-6 所示为数字化工厂整体系统架构图。新一代的数字化工厂规划应该分智能装备层、智能车间层和智能管理层三层进行建设。智能装备包含各工序现场的智能机器人、智慧天车、机器视觉设备等内容；智能车间包含各工序的专家控制模型、控制系统，车间级的集控中心等；智能管理层应覆盖企业的生产、能源、设备等各管理业务板块，其中数字化工厂平台是智能管理层的核心，依托数字化设计和交付的三维数字工厂和大数据分析平台整体规划建设，从各业务管理系统整体抽取数据，最终打造覆盖工厂建设全生命周期（规划、设计、建设）和全业务的数字化管控平台。

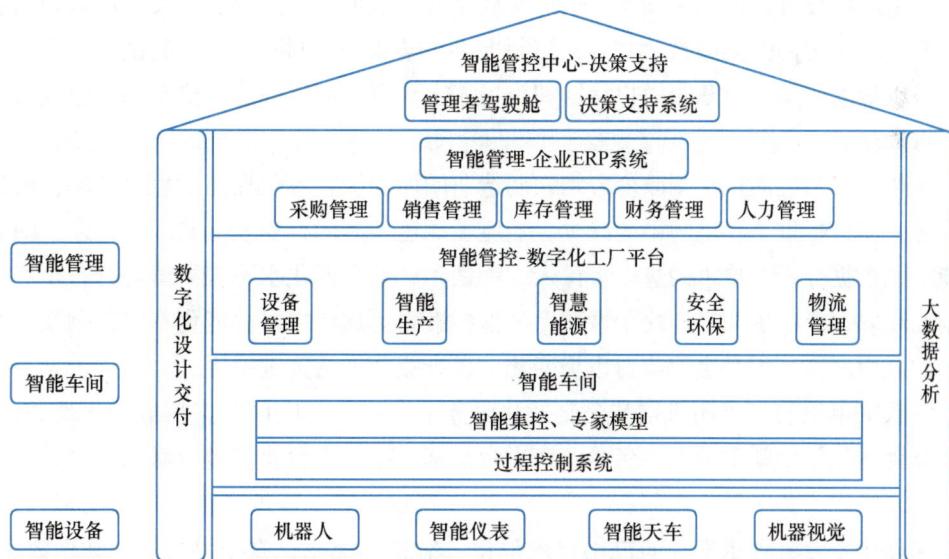

图 1-6 数字化工厂整体系统架构图

智能化在钢铁制造过程中的应用日益广泛，核心体现在自动化控制系统、机器人技术、智能传感技术等方面。例如，连铸过程中采用计算机控制技术，可以精确调节冷却速率和结晶器振动频率，从而保证铸坯的内外质量。此外，装备有视觉识别系统的机器人被用于炉前操作，减少人工干预，并提升作业安全性。智能传感器在温度、压力等关键参数监测中发挥着重要作用，确保冶炼过程的稳定进行。这些应用极大提升了生产的自动化水平，降低了人力成本，增强了工艺的可控性与灵活性。智能化技术在钢铁生产过程中的应用，已成为推动该行业向更高效率、更低耗能、更加环保和可持续发展方向演进的重要力量。

在钢铁制造业，新一代信息技术尤其是人工智能（Artificial Intelligence，AI）的融合应用正在开辟革命性的生产手段和商业模式。人工智能的预测能力使得对生产需求的预测更为准确，利用机器学习，AI 系统能够分析市场趋势、历史订单数据以及季节性波动等信息，预测未来的产品需求量。通过这些预测，钢铁企业可以优化生产计划，合理安排原料采购，降低库存成本，进而提升企业的市场反应速度和资源配置的灵活性。

人工智能在生产过程控制中发挥着关键作用，AI 系统可通过实时分析生产过程数据，例如炉温、压力、材料性质等，自动调整生产参数以保持最优生产状态。随着深度学习技术的进步，这些系统还能从复杂数据中发现模式，进行故障诊断和异常检测，减少生产事故和提高设备稳定运行时间。同时，人工智能在产品质量控制上不断取得突破，通过利用图像识别和传感器技术，AI 能够对产品的外观和内部结构实施全面检查，远超人眼和传统仪器的分辨能力。结合机器学习算法 AI 系统可以准确地识别出微小的缺陷，保证产品质量。

随着信息技术的迅猛发展，大数据已成为现代钢铁制造业的一个重要组成部分。大数据分析对于优化生产过程至关重要，通过建立复杂的数学模型和机器学习算法，大数据系统能够对生产流程进行模拟和预测。通过对成品检验数据的深入分析，大数据系统能够识别出影响产品质量的关键因素，并为其控制提供科学依据。同时，在产品设计阶段，大数据分析可以帮助研发人员基于用户反馈和市场需求预测，更精确地定位产品性能改进方向和创新点。

智能化技术的应用正深刻改变着钢铁制造业的面貌，它不仅提高了生产效率，改善了产品质量，而且促进了环境污染的减少，响应了绿色生产的行业发展趋势。未来，随着人工智能、大数据分析等技术的进一步深入，钢铁生产的智能化水平将持续提升，生产过程更加精准高效，产品更加多样化个性化，环保标准将更加严格。智能化不仅是钢铁行业技术进步的必由之路，也是企业应对市场变化、提升竞争力的关键手段。

河钢数字申报的"集团级钢铁企业公共服务平台构建及应用"案例成功入选 2022 年全国智慧企业建设创新案例入围名单，该平台是基于河钢平台化管理战略思想设计的综合管控平台，实现了各个系统之间统一平台、统一登录、统一审批、统一信息发布与查阅，以提升信息化综合管理水平，通过用户规范化、信息标准化、服务个性化、管理数字化、经营一体化，实现协同运营，并支撑数字化管控。

随着数字孪生技术逐渐发展，近五年来，数字孪生体在世界各地的众多钢铁厂落地生根。国内多地的钢铁厂纷纷开发了自己的数字孪生模型和系统。例如柳钢集团有限公司的数字孪生系统覆盖了包含料场、烧结、球团、炼铁等环节的炼铁全流程，集成了工厂综合展示、生产过程仿真监控、工艺参数优化设计、多级配料优化、产品质量管理、设备智能运维、智能安全管理等功能。山东某钢铁厂也开发了包含烧结、锅炉、氧气管道的智能应用程序，通过不断地监控、分析进行控制和优化。欧洲多地的钢铁厂引入数字孪生技术，俄罗斯、德国等国家的许多钢铁企业都开发了自己的数字孪生应用。多地的钢铁厂共同合作，来自芬兰、法国、德国、挪威、塞尔维亚、西班牙、土耳其 7 个国家的包含工厂、技术供应商和学术研究机构的 13 家合作单位共同参与了欧盟 Congni Twin 项目，旨在通过数字孪生提高钢铁、有色金属等行业生产加工过程的效率。该项目中的一个案例是土耳其的NOKSEL 公司，通过建立螺旋钢管金属板辊系统数据驱动和模型驱动的数字孪生体，达到了消除预报错误、降低能耗的效果。日本方面对于高炉机理的研究起步很早，新日铁住金公司、日本钢铁工程控股公司等也都积极寻求数字孪生提供解决方案。

复习思考题

1-1　解释下列缩略词：ERP、MES、PCS、OPT、JIT、PLC、APC、AGC、ASC、HMI、DCS。

1-2　现代钢铁联合企业是最庞大的工业部门，它包括哪些生产部门和辅助部门？

1-3　钢铁生产流程包括哪些主要环节？

1-4　现代炼铁方法分为哪两种，哪种是目前炼铁的主要方法？

1-5　炼钢的目的是什么？

1-6　炼钢一般可分为哪三种方法，当今国内外最主要的炼钢方法是哪一种？

1-7　电弧炉炼钢的原理是什么？

1-8　炉外精炼的目的是什么？

1-9　国际标准化组织 ISO 在其技术报告中将冶金企业自动化系统分为几级结构？

1-10　目前我国冶金生产过程计算机控制系统一般分为哪几级，各级分工有哪些？

1-11　钢铁冶金生产过程控制系统的生产控制级有哪些特点？

1-12　钢铁冶金生产控制的方法主要有哪些？

1-13　钢铁冶金最优化生产技术的基本原理是什么？

1-14　OPT 系统的指导思想及其运行机理是什么？

1-15　钢铁冶金生产中的瓶颈资源是指什么？

1-16　JIT 的基本思想用一句话概括怎么表达？

1-17　JIT 的基本原理是什么？

1-18　JIT 生产方式的基本手段可以概括为哪三个方面？

1-19　钢铁企业实现一体化有赖于哪些条件？

1-20　钢铁冶金生产过程控制系统的过程控制级的硬件主要由哪些设备构成？

1-21　选择钢铁冶金生产过程控制系统的过程控制级计算机硬件的原则有哪些？

1-22　钢铁冶金生产过程控制系统的过程控制级计算机的软件由哪些构成？

1-23　钢铁冶金生产过程控制系统的系统软件一般包括哪些内容？

1-24　钢铁冶金过程控制级系统常采用的操作系统有哪些？

1-25　钢铁冶金生产过程数学模型的特点有哪些？

1-26　按照建模目的分类，钢铁冶金生产过程数学模型可分为哪几类？

1-27　钢铁冶金生产过程控制系统的基础自动化级所采用的控制器有哪些，我国冶金工业现场大量使用的基础自动化级数字控制器主要是哪种？

1-28　现在世界上比较著名的用于钢铁冶金生产自动控制的PLC生产厂商有哪些？

1-29　常见的用于钢铁冶金生产自动控制系统的几种多CPU高性能控制器有哪些？

1-30　钢铁冶金生产基础自动化级通信具有哪些特点，最常见的通信方式是哪种？

1-31　目前在钢铁冶金生产自动控制系统中应用最广泛的一种网络是哪种？

1-32　什么是现场总线？

1-33　目前世界许多控制系统集成和制造商都采用什么网络来满足高速控制和高速数据交换的要求？

1-34　现在工业生产中比较常用的国外的人机界面软件有哪些？

1-35　目前实际应用更为广泛的是哪种拖动系统，为什么？

1-36　液压控制系统有哪两大类，前者主要是什么控制系统，后者主要是什么控制系统？

1-37　冶金生产计算机控制的分类和基本特点有哪些？

2 炼铁生产自动化

高炉（Blast Furance，BF）可以说是最早开展自动化的冶炼设备，真正使用自动化技术和装置是在第二次世界大战前后，当时自动化主要是指过程量（热工参数）的检测和控制，即使用仪表作为以保证生产正常和节约原料为目的的热管理，并使用一些单回路控制器；电气传动则只是远距离控制和继电器联锁，以后才作为上料、配料等控制。至此，自动化实质上包括仪测仪控和电气传动两大部分，但彼此是分立的，很少关联。

1958 年，钢铁工业首次利用电子计算机，最开始也是用于高炉。由于计算机需要更多的信息和输出控制，致使仪表、电控和计算机的紧密结合，出现初期的一体化系统。

20 世纪 60 年代末，日本人在新日铁君津厂实现 AOL（All Online System）系统，至此确立了多级计算机系统 CIMS（Computer Integrated Manufacturing Systems，计算机集成制造系统）的雏形，形成管理控制一体化系统。

20 世纪 70 年代中，微型机工业化，以微机为核心的 PLC 发展，代替了传统的硬线逻辑系统，至此电力传动逐渐改为 PLC 控制；另外，PPC（Programmable Process Controller，可编程序过程控制器，我国业内习惯称为集散系统）出现，其也逐渐代替模拟式仪表用于数据采集和自动控制。

到 20 世纪 80 年代初，PLC 已发展为功能齐全，抗干扰能力高，使用面向用户语言，具有带显示器和连接打字机功能；PPC 已发展为有近百种模块，供过程量控制和处理。此外，还开发了操作员操作显示装置，其内存较大，显示功能极强，可分级显示，易于显示工艺流程的参数以及易懂、易看、易解析的画面。

当今钢铁厂的自动化系统已成为基本上在中控室集中操作，以大型图像监视器（178 cm）监视全厂情况，由计算机控制与组织生产而达到高效、高产、高质、低耗目标的综合管理控制一体化系统。

计算机技术的进步，使大规模处理工作得以进行；冶金理论、控制理论、机械制造技术、图像处理技术等的进步，使常规控制可转化为模型控制、智能控制。常规数学模型又进而由控制模型扩展为模拟和预测模型、安全模型、控制模型和其他一般模型的多目标控制和操作指导，并与智能控制结合成为多科学交叉的模型和控制方法。智能控制则除了模糊控制、专家系统、神经网络外，进而使用遗传算法，专家系统进入闭环控制阶段，使高炉进入第三代自动化操作。

目前，我国高炉已经基本完成大型化改造，新建高炉或经过大修的高炉，基本具备完整的基础自动化系统，配置基础自动化 PLC 系统（L1）、过程控制系统（L2）、MES 系统（L3）、ERP 系统（L4）。一些大型企业建设了以高炉为核心兼顾其他工序的数据中心，通过高炉大数据智能互联平台的建设，构成以高炉工序为核心的覆盖其他附属工序的大数据平台，实现数据互联互通，具备在数据平台基础上二次开发工艺机理、大数据、机器学习、专家系统的基础，具备改变高炉传统的依靠操作者经验判断为主的生产和管理模式，可以实现高炉生产智能化和智慧化模式的转变。

宝钢湛江钢铁炼铁厂自 2015 年 9 月投产以来，认真贯彻公司"简单、高效、低成本、高质量"的管理理念，在稳定生产、提升指标、降低成本的同时，致力于铁前各工序智慧制造的升级改造，在数字化原料场、智慧烧结、焦炉四大车无人化、高炉炉前作业自动化等方面开展了一系列的探索和实践，取得了很好的效果，助力公司早日建成世界最高效率的绿色碳钢制造基地。

总之，高炉自动化的趋势是迈向"无人化"。日本钢管公司的烧结厂已实现无人化，其 5 号高炉应用专家系统操作已实现连续两周无人自动操作；新日铁也在改善其专家系统，为最难实现自动化和岗位人员最多的出铁场研制了一人操作多个机械的声音控制系统，把岗位人员由 3 人降为 1 人。

推动高炉炼铁冶金行业的智能化转型，已成为顺应新时代发展趋势的必然选择，尤其在工业大数据时代背景下，高炉炼铁冶金行业正式迈入智能化发展进程，其中大数据、人工智能、云计算等技术，不但能帮助钢铁企业实现智能化、绿色化、低能耗、高效益等目标，还能打破高炉钢铁冶金行业面临的信息孤岛问题。在人工智能支持下可以积极构建高炉炼铁大数据平台，保证高炉生产水平。在低碳环保理念下高炉炼铁冶金行业还需要紧抓工业转型的新机遇，推动高炉炼铁冶金行业流程绿色化，在提高炼铁资源利用率的同时，打造协同化、智能化的高炉炼铁冶金工艺。

虽然非高炉炼铁已有多年的历史，但直接还原炼铁的工业化是从 20 世纪 60 年代才开始的，特别是熔融还原炼铁还未大规模工业化；而且由于高炉炼铁技术经济指标好、工艺简单且可靠、产量大、效益高、能耗低，这种方法生产的铁占世界铁总产量的 90% 以上，因此，炼铁自动化的研究、发展与应用都集中在高炉，非高炉炼铁的自动化主要集中在满足生产操作所需。

2.1 高炉炼铁生产工艺简述

高炉炼铁生产是冶金（钢铁）工业最主要的环节。高炉冶炼是把铁矿石还原成生铁的连续生产过程，铁矿石、焦炭和熔剂等固体原料按规定的配料比，由炉顶装料装置从炉顶（有料钟型和无料钟型两种）分批送入高炉，并使炉喉料面保持一定的高度，焦炭和矿石在炉内形成交替分层结构。从鼓风机来的冷风经热风炉后形成热风，从高炉风口鼓入。随着焦炭燃烧，产生的热煤气流由下而上运动，而炉料则由上而下运动，矿石料在下降过程中逐步被还原、熔化成铁和渣，聚集在炉缸中，定期从铁口、渣口放出。高炉生产是连续进行的，一代高炉（从开炉到大修停炉为一代）能连续生产几年到十几年。典型高炉炼铁工艺流程及其主要设备如图 2-1 所示。

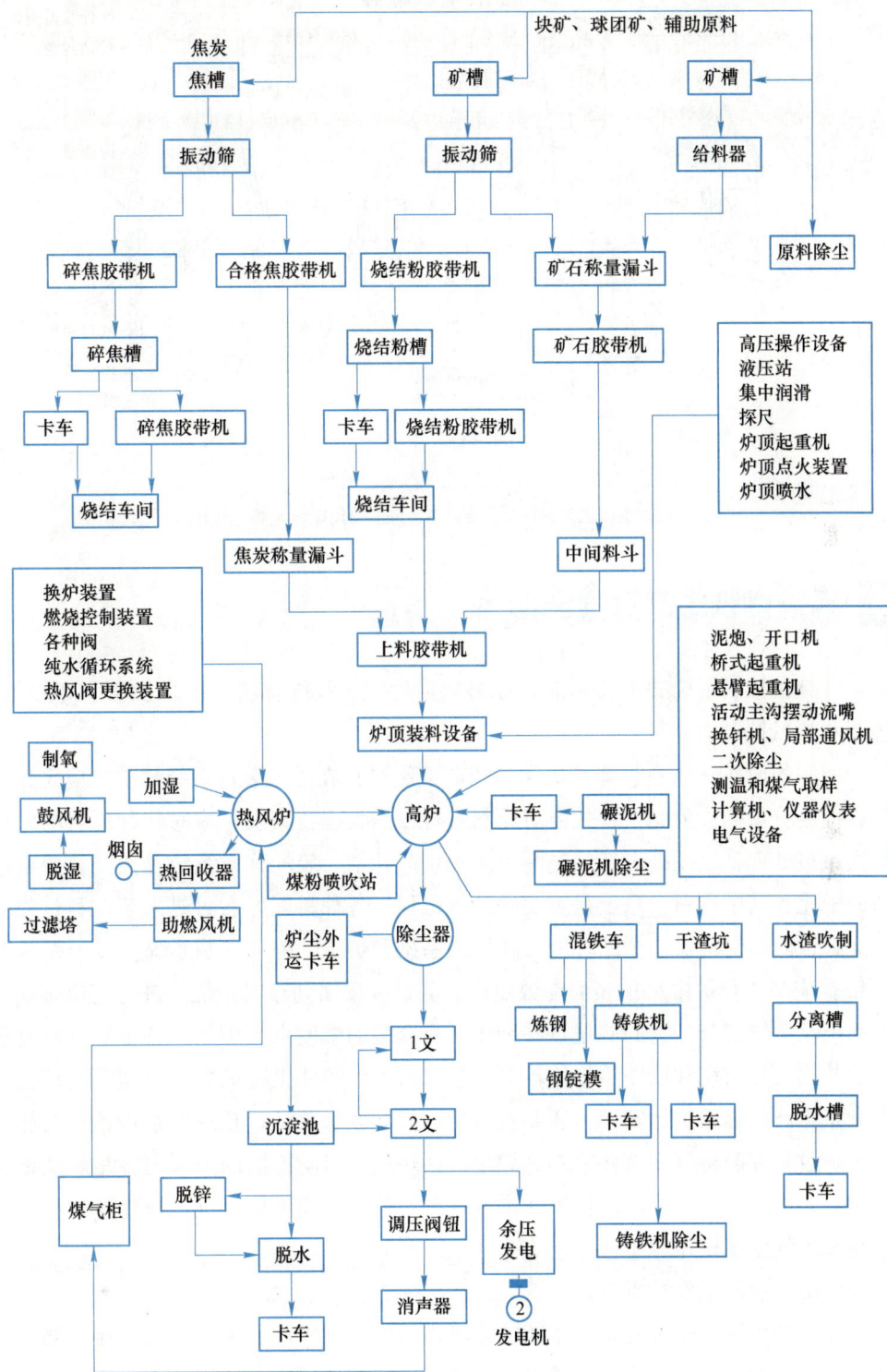

图 2-1 典型高炉炼铁工艺流程及其主要设备示意框图

高炉主体工艺流程如图 2-2 所示。

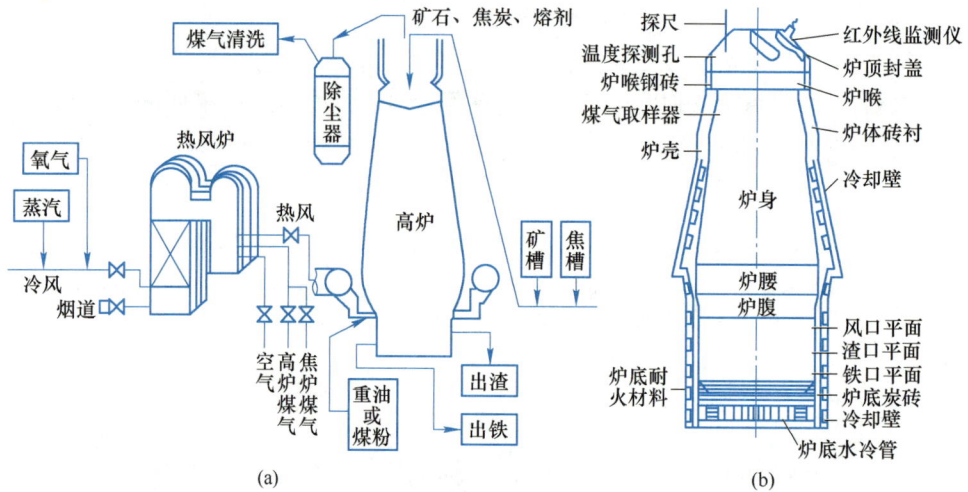

图 2-2　高炉主体工艺流程示意图
（a）高炉主体工艺流程及主要设备；（b）现代高炉内型剖面图

2.2　高炉炼铁生产过程自动化

高炉计算机控制系统的主要功能有原料数据处理、装配称料、炉顶控制和布料控制、炉体控制和热风炉自动控制。

高炉所用的原料（矿石、烧结矿和球团矿、焦炭）在进入装料系统之前，应先分析一下它的各种成分指标，为此，首先要对原料进行数据处理；其次，应对每种原料的库存量进行监视预报处理，以便提出新的进料方案和生产计划。装配称料系统是按工艺要求进行各种料的配比，其中称料子系统是重要的计量过程，各种料配好后可进入装配料过程。有料钟和无料钟的高炉均需一个闭环的布料控制系统和炉顶的辅助控制系统。对于无料钟的高炉系统，应当进行炉中料顶表面参数监视、测量并反馈到布料系统，进行定位布料。炉体控制系统是关键部分，它的测量点特别多，有众多的温度点、炉压、各种炉内成分分析等工艺参数均要被监视和反馈给炉体控制系统；另外，炉体工况的数学模型既有理论难度又需要大量生产实际的统计知识，还要有实用的控制效果验证。热风炉是钢铁厂的能耗大户，热风炉过程控制得好坏直接影响高炉生产。热风炉自动控制的主要内容是燃烧控制和换炉控制，对废气、氧含量、最佳燃烧进行控制。其数学模型由煤气流量计算模型、拱顶温度模型和废气温度模型等子模型组成。

高炉炉况控制的主要特点有：

（1）高炉的生铁冶炼过程是在密闭状态下进行的，过程参数大多不能直接观测，只能间接测量过程的输入、输出变量，通过这些变量来间接认识冶炼过程，建立炉况模型；

（2）生铁冶炼是一个在高温下进行的复杂的物理、化学与气体动力学过程，不均匀性与非线性都比较大；

（3）过程时间常数非常大，不能采用常规的反馈控制方法，需要采用预报、前馈等先进的控制理论；

（4）影响高炉冶炼的过程变量多，在生产中要结合许多操作人员的知识和经验进行综合判断，以提高炉况控制的准确性。

高炉冶炼过程是个大滞后、多变量、非线性、分布参数的复杂控制系统，从而决定了高炉炉况控制的复杂性和多样性。

炉况控制模型是基于炉内的物质平衡与热平衡、测量风口前端温度和高炉操作的响应，根据预报理论预报以后出铁硅含量和铁水温度的变化，以及铁水硅含量和铁水温度预报值与目标值之差而建立的。计算机根据此炉况模型计算出控制铁水硅含量和铁水温度所需的各种操作因子并显示在显示器上，供操作人员综合判断后采取操作。例如，在诸多操作因子中选择了送风湿度、送风温度、矿石量、焦炭量、煤粉量五个操作因子。

2.2.1　高炉数学模型

高炉数学模型的出发点是把高炉过程和热风炉状态以工艺或控制理论描述，算出操作量以进行在线控制或操作指导，它是高炉操作优化的主要手段和过程自动化级的灵魂。对高炉数学模型的研究在 20 世纪 40 年代就已开始，例如，苏联在 1942 年就利用炉顶煤气分析数据来计算热能指数，并用以控制马格尼托哥尔斯克厂高炉的热状态；1954 年在亚速钢厂高炉，用模拟式解算装置在线计算热能指数。但要使数学模型有一定精度并能应用，就需做大量复杂运算，故直到数字式电子计算机出现后才达到实用化。

高炉数学模型有许多分类方法。按其使用功能，可分为长期、中期和短期三种。长期主要是针对原燃料供应或钢铁产品市场需求的变化，调整企业经营方针或生产计划；或者是针对企业内部总体需求的平衡变化等对高炉生产效率、消耗、质量和成本等产生的影响，进行分析和评估，做出高炉操作制度等方面的重大变更决策。中期主要是对某一时期内高炉状态的趋势变化进行预测和分析，如炉热水平发展趋势、软熔带及异常炉况变化和发生的趋势进行预测和预报等，使操作人员及时调整炉况。短期主要是针对炉热水平的跟踪与调控，进行防止恶化和生铁质量控制等，如炉热指数模型、铁水硅含量预报、布料控制模型等。按建模方法，高炉数学模型可分为统计模型、机理模型、统计和机理综合模型、智能模型等；按对传热和传质现象的处理方法，其可分为热化学模型和动力学模型；按所考虑的空间坐标维数和时间变量，其可分为一维、二维和三维模型以及静态模型和动态模型等；按性质，其可分为一般模型（如配料优化模型、炼铁工艺计算模型、数据有效性和可靠检验模型等）、模拟模型（又称仿真模型，如风口区模拟模型、碳比-直接还原度（C-DRD，Direct Reduction Degree）模型、里斯特操作线等）、控制模型（用以作为在线控制或操作指导的模型，如热风炉流量设定模型、炉况预报模型、布料控制模型等）。高炉数学模型按性质分类也有其他方法，如奥钢联则分为维护模型、研究模型和控制模型。

建立高炉数学模型主要有以下五种方法：

（1）研究炉内物理化学变化过程建立的机理模型，如根据热平衡计算的铁水硅含量及温度模型、基于冶炼过程动力学宏观过程的动力学动态模型、煤气流动-传热综合模型、布料模型等。

（2）将高炉视为一个多输入、单输出或多输出系统而建立输入输出变量间关系的统计模型，例如按硅含量时序数据建立的硅含量预报动态模型。

（3）根据高炉从非稳态到恒稳态的过渡过程传递函数而建立的动态控制模型。

（4）基于人工智能建立的模型。

（5）混合模型，即基于多种建模方法交叉建立的模型。

目前高炉常用的主要数学模型有：数据有效性和可靠性检验模型、配料计算与优化数学模型、炉热判定模型、高炉炉况预测数学模型、无料钟布料控制数学模型、热风炉控制数学模型、软熔带形状推断数学模型、高炉操作预测模型、热风炉操作预测模型。

2.2.1.1   数据有效性和可靠性检验模型

数据有效性和可靠性检验模型对数学模型来说是至关重要的，不准确的数据可能导致数学模型得出荒谬的结果，因此对数据的有效性（研究指出，它主要是检测仪表系统造成的误差）、可靠性和一致性要进行检验。

2.2.1.2   配料计算与优化数学模型

由于生铁的成本大部分取决于原料，故合理配料是降低成本的主要途径。人工计算不仅费时，而且当操作改变时要很快和合理地改变配料是困难的，但用线性规划和电子计算机则可很容易地获得最佳的、成本最低的原料配比。

2.2.1.3   炉热判定模型

炉热判定模型是新日铁于20世纪70年代开发的。它包括6个子模型，共输入25个量，如喷煤量，压缩空气流量、温度和湿度，送风流量以及加湿前后的湿度、温度和压力，焦炭成分，炉顶煤气成分，铁水温度、硅含量以及成分，每批料中焦比、石灰石装入量和碳含量，矿渣比，生铁生成量，炉尘量，风口前端温度，操作动作量等。

炉热判定模型的6个子模型包括：炉热指数计算模型、根据炉热指数建立的铁水硅含量和铁水温度预报模型、根据高炉过去操作响应建立的铁水硅含量和铁水温度预报模型、基准动作单位数计算模型、基准动作单位数修正模型以及实际动作量计算模型。

这里将炉热判定模型的6个子模型归并成3个子模型加以介绍，即炉热指数计算模型、铁水硅含量和铁水温度预报模型、基准动作单位数计算模型。

高炉炉内反应模式如图2-3所示。

建立炉热指数计算模型时，把高炉过程分为上、下两部分，即间接还原带和直接还原带，使用炉顶煤气成分和送风条件等操作数据进行风口燃烧带的物料平衡计算后，通过解风口燃烧带和直接还原带的热平衡计算式的联立方程，求出炉热指数 T_c（理论焦炭燃烧温度）和理论火焰温度 T_f。

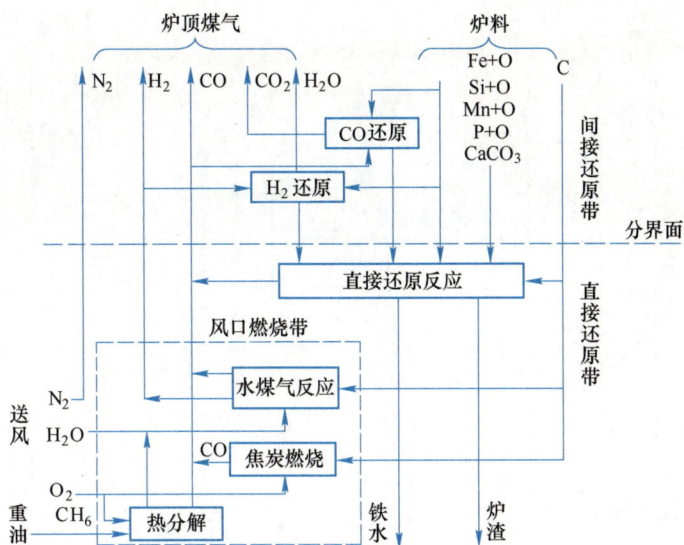

图 2-3 高炉炉内反应模式

风口燃烧带的反应模式如图 2-4 所示，图中 $a \sim e$ 分别表示风口燃烧带所发生的化学反应。

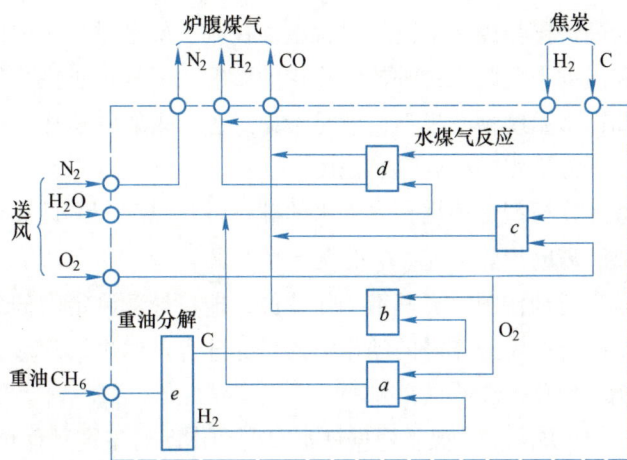

图 2-4 风口燃烧带的反应模式

直接还原带的反应模式如图 2-5 所示，图中 $f \sim j$ 分别表示风口燃烧带所发生的化学反应。

铁水硅含量和铁水温度预报模型包括两种：根据炉热指数的铁水硅含量和铁水温度预测模型，以及根据过去操作因子变化产生动作响应的铁水硅含量和铁水温度预测模型。

根据炉热指数的铁水硅含量和铁水温度预测模型是以炉热指数 T_c 的变化量 ΔT_c 与铁水中硅含量的变化量 $\Delta w(\mathrm{Si})$ 在一定操作条件下成直线相关关系为前提条件，由 T_c 值预测现在高炉下部铁水的硅含量。铁水温度预测模型也采用相同原理。此外，风口前端热电偶测

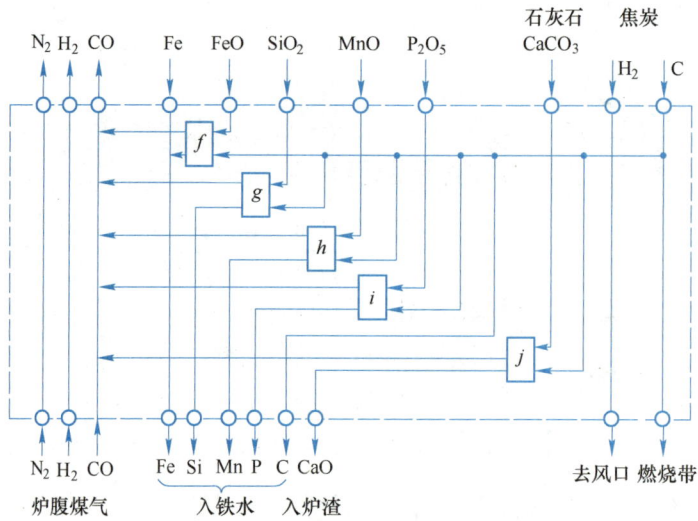

图 2-5   直接还原带的反应模式

得的温度也表征风口附近的热信息，其变化量与铁水硅含量和铁水温度的变化量之间也有类似于 T_c 与铁水硅含量和铁水温度之间存在的相关关系，故本模型也包括由风口前端温度预测现在高炉下部铁水的硅含量和温度。

生产中通过改变高炉操作因子对高炉过程施加控制，要经过一定时间以后才会在高炉下部铁水的硅含量和温度中反映出这种控制作用的影响。根据过去操作因子变化产生动作响应的铁水硅含量和铁水温度预测模型，就是考虑过去所采取的操作因子变化所产生的响应量，预测现在高炉下部铁水的硅含量和温度。

基准动作单位数计算模型是根据预测铁水的硅含量和温度，来计算为使铁水中硅含量和温度值接近目标值所需的炉热动作。它分为 5 个步骤：

（1）根据铁水硅含量动作图计算基准动作单位，即将最新测定的硅含量值与预测硅含量值以及目标硅含量值与本模型作好的动作图的目标硅含量值进行比较，求现在需要的炉热动作量（即基准动作单位）；

（2）与步骤（1）中方法相类似，根据铁水温度动作图对基准动作单位数进行修正；

（3）根据最新二次出铁的铁水中实际硫含量平均值，对基准动作单位进行修正；

（4）根据铁水中硅含量和温度的最近三次预测值，把变化趋势分成 9 种图形，通过图形的组合求出修正量，修正基准动作单位；

（5）由三个基准动作单位选择一个基准动作单位，其方法是根据检测端的设备状况（炉顶煤气成分分析仪、风口前端温度计）及达到两个基准动作单位数时动作方向检查，选择一个基准动作单位数，只有两个都异常时才选择过去动作响应预测的基准动作单位数。

近年来，基于神经网络时间序列模型的高炉铁水硅含量智能预报、基于大数据技术的高炉铁水硅含量预测、基于粗糙集理论与神经网络的铁水硅含量预测和高炉铁水硅含量变动量调控决策的智能推荐模型等智能化模型逐渐在生产中推广应用，可有效提高炉热判定模型的精度。

2.2.1.4 高炉炉况预测数学模型

高炉炉况预测数学模型大致有两类：第一类以 Reichardt 的分段热平衡计算为代表，最早有法国钢铁研究院的高炉数学模型，但它仅在高炉操作稳定时有效，在炉况不正常时不适用；第二类是以多个参数判断炉况，初期有 1962 年美国内陆钢铁公司的高炉数学模型，它计算 6 个表征炉况的指数，借此进行炉况综合判断，近年来发展成用理论推断炉内状况并与实践经验评价相结合，从而把各参数定量化来综合判断，这种方法在实践中可获得比较好的结果。第二类模型发展迅速并已实用化，这类模型有日本川崎钢铁公司（川崎制铁）的炉况判定系统（GO-STOP），新日铁的高炉操作管理系统（AGOS）、高炉冶炼状态预测模型（BRIGHT），日本钢管福山厂的不稳定状态炉况预测系统（FLAG）、炉况诊断系统（PILOT）。有人曾尝试运用现代控制理论（如系统辨识理论、多输入输出理论）来预测炉况，但均未能实用化。

随着计算机等技术的发展，海量数据的获得更加方便，数据驱动的方法引起了越来越多人的关注。目前，基于数据驱动思想建立的高炉预测模型主要有：自回归模型、非线性时间序列分析模型、神经网络模型、改进型 EMD-Elman 神经网络模型等。这些模型有各自的优缺点，在不同的生产条件下都起到过一定的积极作用。

2.2.1.5 无料钟布料控制数学模型

使用无料钟炉顶的高炉通常是采用改变溜槽倾角的方法，使物料布落在预定的料环位置上以达到希望的煤气流分布。可利用理论计算方法，也可采用开炉前实测法以获得倾角与落料位置之间的关系。卢森堡 PW 公司推荐按等容积和等高度计算，将高炉料面分为 11 个料环，每个料环对应一个溜槽倾角。因高炉料面高度会变化，所以按三个料线考虑，在布料控制系统中存有反映三个高度的料环位置（编号 1~11）和对应倾角的表格以备选用。上述 11 个料环位置的划分是按矩形截面、等容积、等高度计算来确定的。

现在发达国家的高炉大都运用数学模型进行布料，国内也进行许多研究和实践。目前数学模型有两类：一类是仅计算炉料落下轨迹，预测布料及下降情况，以此作为操作员的操作依据和指导；另一类是进一步执行闭环控制。

RABIT 炉料分布模型是日本钢铁公司开发的机理模型。该模型计算炉料布入高炉后形成的料面形状、堆角、粒度分布、矿焦层厚度比、焦炭层的崩塌和混合料层的形成以及料层中煤气流的分布等。

无料钟小高炉布料模型是南昌钢铁公司开发的一种机理模型。操作者运用该模型可定性和定量地了解、分析和控制炉料在高炉炉内的初始分布，有针对性地运用上部调剂手段解决生产中遇到的难题，实际运行效果良好。

高炉布料仿真模型实现了数学模型的可视化，还简化了数学模型复杂的计算过程，可简洁明了地计算出料流落点、料层厚度、径向矿焦比等布料数据。

2.2.1.6 热风炉控制数学模型

热风炉控制数学模型有多种，各公司观点不尽相同。但总的一点是保护设备，并要使送风的炉子加热到规定能量水准而设定所需的煤气流量，以获得最经济条件。

在冶金行业节能低碳环保大趋势下，基于深度神经网络的热风炉烟温预测模型、热风炉煤气消耗量灰色预测模型、热风炉煤气消耗量中期预测模型、热风炉混合逻辑动态模型以及基于自适应算法的热风炉阶段控制燃烧模型等得到开发和应用。

2.2.1.7 软熔带形状推断数学模型

软熔带的位置和形状与炉况密切相关，它不仅制约着高炉内气、液、固体的流动状态，而且影响着炉内的传热、传质，对高炉操作极为重要。由于直接测量软熔带位置和形状有困难，多采用间接检测而运用数学模型推断的方法。高炉炉内反应区分布如图 2-6 所示。

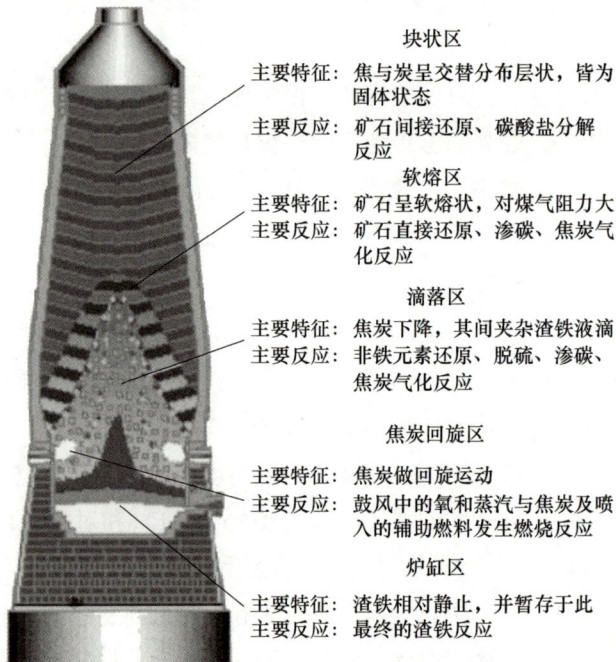

图 2-6　高炉炉内反应区分布示意图

推算软熔带位置和形状的数学模型一般有静压模型和热模型两种。静压模型是根据测量炉壁静压力建立的数学模型。热模型是根据测量炉顶径向的煤气温度和煤气成分，来计算炉内温度分布的数学模型。

推算软熔带位置和形状的静压模型使用高炉二次元气体流动模型，预先用回归方法确定了软熔带根部位置与炉壁静压力之间的关系式，然后通过测量炉壁静压力的分布即可判断软熔带根部的位置，并推算出软熔带的位置和形状。推算软熔带位置和形状的热模型，由决定炉顶边界条件和根据这种边界条件计算炉内的温度分布两部分组成。

2.2.1.8 高炉操作预测模型

在高炉操作中，希望稳定、节能降耗、提高出铁合格率，但实际中往往要根据当时条件改变操作，这就需要预测改变操作对炉况、利用系数、燃料比以及其他冶炼指标的影响以便决策，即需要模拟高炉现象来求解。这类模型有宝钢从日本引进的高炉操作预测模型、瑞典钢铁公司的 KTH 高炉模拟和预报模型，芬兰罗得洛基高炉的炉身模拟也是使用 KTH 模型。

近年来，我国在高炉预测模型研究方面也取得了一些进展，基于 GA-XGBoost（Genetic Algorithm，遗传算法；Extreme Gradient Boosting，极限梯度提升算法）算法的高炉可解释铁水产量预测模型、数据驱动的多时间尺度高炉煤气利用率模型预测控制、基于 SSA（Sparrow Search Algorithm，麻雀搜索算法）优化的 XGBoost-BP（BP，Back Propagation，反向传播）融合模型的高炉压差预测、基于 KPCA-CNN-LSTM（KPCA，Kernel Principal Component Analysis，核主成分分析；CNN，Convolutional Neural Networks，卷积神经网络；LSTM，Long Short-Term Memory，长短期记忆网络）模型的高炉透气性指数预测、基于冶炼强度分类的高炉煤气利用率时间序列预测模型、基于多时间尺度的高炉透气性指数多步预测模型、高炉喷吹氢气的预测数学模型、基于理论分析和智能算法的高炉炉缸活性预测模型、高炉综合炉料熔滴性能及其预测模型以及基于多模态分数阶 Lévy 退化预测模型的高炉剩余寿命预测等研究得到工业验证。

2.2.1.9 热风炉操作预测模型

热风炉操作预测模型给操作者提供一种手段，当高炉操作中某些操作因子（冷风温度、送风温度等）发生变化时，通过该模型的离线计算可以预测由于其变化而引起的格子砖温度分布变化，计算出应投入的煤气量；也可通过本模型评价现行热风炉操作的热效率，或定量地掌握改善的效果；还可通过该模型反映热风炉余热回收设备和混合煤气等情况。

2.2.2 人工智能在高炉中的应用

人工智能涉及范围很广，包括智能信息处理系统（包括模糊控制、专家系统和神经元网络等）、智能机器人、自然语言识别等。但在高炉中主要是应用智能信息处理系统，特别是集中对专家系统进行开发和应用，成功例子也较多。由于高炉过程复杂，很难以数学模型准确地描述，特别是在炉子难行的时候往往仍靠熟练操作工操作。为此，把有经验的熟练操作人员的操作诀窍用计算机执行，使没有经验的操作工借此也能良好操作高炉。人工智能首先用于高炉并卓有成效，根据日本某些钢铁厂报道，使用人工智能判断炉况的命中率可达 99.5%。

高炉人工智能的应用大致分为下列几个阶段：

（1）1980 年以前。由于理论建立的数学模型仅在高炉操作稳定时有效，而在炉况异常时不适用，采用理论推断与实践经验评价相结合的模型获得较好的结果。这类模型有日本各个钢铁公司的炉况综合判断系统，如日本川崎钢铁公司的 GO-STOP、新日铁的 AGOS 和

BRIGHT、日本钢管福山厂的 FLAG 和 PILOT 等。但这类系统只用了实践经验的知识而没有推理等，原则上还不能称为专家系统，仅是开始使用人工智能的雏形。

（2）1980—1993 年。1980 年，丹麦 F. L. Smith 公司在水泥窑使用模糊控制并获得成功和推广，证明在大规模工业生产中人工智能是适用的。日本首先大力开发人工智能在高炉中的应用。这时期的特点主要是建立单项（如异常炉况诊断、炉热诊断等）或少数功能（炉热预报和炉况预报还包括短期、中期、长期诊断以及突发性异常预报，休风指导与设备故障指导等功能）以及仅作为操作指导的专家系统，并大多为与常规数学模型结合的混合系统。

这类系统经多年开发，发展成积累知识更多（如新日铁君津厂的 ALIS 系统，其数据 14000 条，规则约 1500 条；而大分厂的 SAFAIA 系统，其数据 28000 条，规则约 5000 条）、准确性更高（如新日铁大分厂的 SAFAIA 系统，炉况预报命中率为 98%；君津厂的 ALIS 系统，炉况预报命中率为 99.5%）并与更多新技术结合（如 SAFAIA 系统使用神经元网络来识别、记录曲线模式，作为专家系统的辅助功能；德国蒂森钢铁公司 THYBAC 系统中的高炉诊断与预测专家系统，通过自学习神经元网络来显示 Kohonen 特征图形；瑞典钢铁公司更采用神经元网络系统来预报铁水硅含量）的系统，为以后阶段创造了条件。这类系统有日本各大公司的人工智能系统、韩国浦项钢铁公司的风压变化预报专家系统（硬件使用 AGO 型 AI 处理器，开发工具为 EIXAX Ⅱ，它进行风压预报并诊断高炉下部不活跃区和不稳定的煤气流，以指导高炉操作）、英国英钢联的高炉专家系统（使用 ART 开发工具并为 Rercar 高炉开发，已于 1989 年投运，它可预报崩料、悬料等异常炉况）、德国蒂森钢铁公司 THYBAC 系统中的高炉诊断与预测专家系统、意大利 ILVA 公司的高炉专家系统（在其塔兰托厂使用）、比利时国家研究中心 CRM 的高炉专家系统 ACCESS（预报炉况、诊断结瘤以及渣皮脱落）和马里蒂姆钢铁公司的 MODTT 专家系统、瑞典钢铁公司的铁水硅含量预报神经元网络系统和勤奥厂的 MASMESTER 炉热预报专家系统、澳大利亚 BHP 公司的高炉工长指导系统、美国美钢联 Mon Valley 厂的高炉专家系统等。我国 20 世纪 80 年代中期，太钢的模糊辨识铁水硅含量预报系统（1984 年底投运，1985 年 6 月由冶金部科技司组织鉴定并通过，使用 BCM-Ⅲ型微型计算机，硅预报命中率约为 70%，年经济效益约为 275 万元）、宣钢的炉况判断专家系统，首钢的高炉冶炼专家系统，宝钢的炉况判断专家系统，石钢的炉况及炉热判断专家系统，马钢的炉况及炉热判断专家系统，鞍钢 10 号高炉的炉况及炉热判断专家系统、11 高炉的人工智能系统，杭钢、济钢、莱芜等 380 m³ 级小高炉的炼铁优化专家系统，台湾中钢公司的高炉专家系统（使用 PC286 计算机及 Goldwork 开发工具，预报炉况和炉热以及诊断冷却器漏水故障等）都属于这类系统。除炉况及炉热诊断以外，还有针对高炉其他过程的专家系统，如日本新日铁的高炉炉顶余压发电操作支援系统，由于 TRT（Top Gas Recovery Turbine，高炉煤气余压透平发电装置）的阀门开关等设备很多，出故障后不易找出原因，往往要停车几个小时，但使用本系统后只需几分钟就可找出故障点而加以排除；又如川崎制铁的水渣作业专家系统、热风炉燃烧控制混合型专家系统、炉料装入及分布专家系统等；在许多工序（如热风炉等）还使用模糊控制。可以说，自从日本钢管公司的 BAISYS 系统于 1986 年 2 月在其福山厂的高炉运行以来，世界各公司纷纷在其高炉开发和使用人工智能，而且规模越来越大，使用了中型计算机和网络，不仅用于高炉炉况诊断还用于辅助工艺线，如水渣控制和 TRT 等。

（3）1993—1998 年。这时期的特点主要是把多个数学模型和冶炼操作和评价的多种甚至全部实际操作经验与专家知识综合起来，建立综合的、多目标的或全面的专家系统，但仍然是操作指导性质。这类系统有芬兰罗德洛基专家系统、日本川崎专家系统、奥钢联高炉自动化系统等。

（4）1998—2017 年。这时期的特点主要是闭环控制。这类系统有奥钢联近年来开发的 VAIron 高炉自动化系统。为了用现代技术提升传统产业，实现炉况判断自动化和操作标准化，从人工智能、知识工程和模糊数学的理论出发，我国学者开发了一个用于高炉各种炉况故障判断与操作指导的综合专家系统。该系统用 C++Builder 实现并与现场生产画面结合，采用菜单操作方式，人-机界面方便灵活。在仿真系统上通过现场生产数据的调试与运行表明，该系统准确可靠，能给出高炉各种故障状态的预报和相应的操作指导。

鞍钢技术专家采用高炉参数预处理、指数化计算及参数自学习等技术构成炉况评价模型；并依据高炉专家操作知识、特征指数及推理机判断并预报可能出现的异常炉况；通过模式识别得到煤气流模式的参数，能够判断当前煤气流的分布模式，利用炉身温度、高炉专家知识，通过寻优确定新的布料制度，模拟专家对高炉布料的调剂操作提供指导性建议；同时还应用边界元建立高炉炉缸温度场系统对高炉生产过程进行管理、炉缸侵蚀进行监视。该项目已在鞍钢 II 高炉、新 I 高炉成功应用，技术成熟，适合在 2000 m³ 以上的高炉上应用。高炉冶炼过程诊断和操作决策支持人工智能系统是在国家"八五"和"九五"重点科技攻关项目的基础上，由东北大学信息科学与工程学院软件研究所和鞍山钢铁集团公司的科研人员，根据国内高炉冶炼的实际情况，借鉴国外高炉专家系统的经验，联合开发成功的。该系统技术先进，功能齐全，运行稳定，命中率高。系统运行环境为工作站或 PC 机，Unix 或 Windows 2000 操作系统。系统依据高炉实时监控系统的传感器数据和化验数据，以每 2 min 为一个诊断周期，利用人工智能方法，对高炉冶炼过程的状态进行快速实时的判断和预报，并给出相应的操作指导，辅助高炉操作人员对当前高炉炉况做出正确的判断和相应的操作决策，以保证高炉生产稳定顺行。

（5）2017—2024 年。钢铁行业正面临智能化转型，特别是传统高炉炼铁冶金工艺涉及大量密集型数据信息，在一定程度上加大了化验数据、计量检测的难度。而人工智能、大数据等关键技术不但能高效化处理高炉生产中的海量数据信息，还能科学分析潜在规律，并对传统高炉炼铁冶金流程进行优化与完善，充分发挥数据分析、数据挖掘等功能。基于人工智能构建数据炼铁平台，提出科学预测高炉铁水硅含量及高炉铁水温度和炉温等优化策略，采用人工智能图像识别技术应用在高炉风口监测中，基于人工智能算法进行高炉布料数值模拟、高炉节能减排算法研究和高炉冶炼焦炭质量预测等，为高炉炼铁产业的绿色化、环保化转型奠定良好基础。

2.2.2.1   人工智能系统的开发工具

普通冯·诺尔曼计算机（即目前常规的电子计算机）主要是做加、减、乘、除等数学运算，而人工智能（如专家系统）则是反映人类逻辑思维方式，更常用的是产生式规则，即"如果（前提）……则（结论）……"，因此专家系统有知识库和推理机等。所以在电子计算机实现专家系统时，都必须先构成专家系统的知识库和推理机以及接口和其他说明结构等，即先构成所谓的骨架，又称壳（Shell）或开发工具，只有这样才能由领域（如工艺人员等）工程师填入规则。开发专家系统时往往花很长时间开发这一骨架，国外这种骨架已经由过去依靠专家系统开发人员使用如 LISP 等人工智能语言或 C 语言编写骨架，转为使用专门队伍开发的商品化的开发工具。日本的钢铁公司还开发了钢铁工业专用的、用日语表示的、快速推理的专家系统开发工具 FAIN，如川崎制铁的 K-Engine 等。神经元也有它的开发工具，如美国的 Nshell 等。使用这些开发工具将大大加快 AI 系统的开发、提高质量以及改善可靠性，国外开发 AI 系统时都购买和使用开发工具。

2.2.2.2   专家系统的知识获取和规则编制

这部分是至关重要的，即建立知识库和编写规则。在实际操作中应解决下列三个问题：

（1）工作方法；

（2）知识来源；

（3）如何把知识变成专家系统可用的规则，并使之能有效推理和获得高的命中率。

由于领域专家往往不了解对工艺的要求，很难一下子提出满足知识专家构成专家系统所需的知识。此外，有些很熟练的操作员对处理操作问题及故障问题很有经验，但往往难以提出一整套完整的知识。因此，最好是双方（领域专家和知识专家）向对方的知识靠拢，首先知识专家深入工艺和操作实际，提出初步知识框架，然后向领域专家请教、提出问题并进行讨论、删改与增添。

2.2.3   数字孪生技术在高炉中的应用

将数字孪生应用到钢铁领域，通过工业实体流程在信息空间中的高保真映射，以及数字孪生虚拟表示和物理实体的实时交互，可以实现生产过程实时监测与精准控制、能量流和物质流的调度优化、设备与产品全生命周期管理等功能，从而提高整个钢铁行业的生产质量，保障生产全流程的安全稳定运行。钢铁行业数字孪生目前主要应用在烧结、炼铁、炼钢、连铸、轧钢等环节。钢铁行业等流程工业的长流程、连续运作、内部运行状态变化复杂等特性决定了模型精度在数字孪生模型开发过程中的重要性。因此，对于钢铁行业数字孪生体，多维度高保真模型的开发至关重要，模型精度的高低直接决定了一个数字孪生模型成功与否。

根据模型描述的对象特征的差异进行划分，数字孪生模型可分为几何、物理、行为、规则 4 个维度。几何模型描述物理实体的几何形状和装配关系。物理模型反映物理实体内部的物理属性、特征和约束。行为模型表示物理实体响应于内部和外部机制的动态行为。

规则模型则结合了历史数据，通过挖掘可以利用的隐性知识，使数字孪生模型更加智能。只有兼顾 4 个维度，才能达到对物理实体完整的映射。

对于数字孪生几何模型，常用的方法有点云、建筑信息建模等，辅以一系列建模软件如 SolidWorks、Unity3D 等构筑三维模型。对于更加重要的反映内部运行规律的物理、行为、规则维度，常见的建模方法可分为基于机理、基于数据和基于知识的建模。

基于机理的建模是指根据系统内部的物理和化学变化规律建立模型，包括但不限于传热、传质、动量传递、化学反应以及相关动力学理论等。按照模拟对象的描述方法可分为连续流模型和离散模型等。以钢铁行业中最复杂的操作单元——高炉炼铁为例进行介绍。从 1970 年提出高炉一维模型开始，到后来的二维、三维模型，这些早期发展起来的模型都属于连续流模型，其特点是将气、液、固三相视为完全互穿的连续介质，对于炉料颗粒的运动采用基于动力学理论扩展得到的准流体方程，并由包含了适当本构关系和相与相之间的相互作用项的守恒方程进行描述，包括质量守恒、动量守恒、能量守恒等。后来提出的四相流模型同样如此，只是将粉末相加入其中。连续流模型能够在前期计算资源有限的情况下，对于高炉内部主体的流动情况和热化学性质提供不错的模拟结果，并能够针对大部分重要的局部现象如液态渣和铁的排放、软熔带的形成等提供较为准确的预测结果。

连续流模型是当前高炉炼铁的主要模拟方法，但离散元方法（Discrete Element Method，DEM）能在固体的模拟上提供更好的模拟精度。相较于连续流方法将固体看成准流体，DEM 将固相还原为离散的颗粒，通过牛顿第二定律和拉格朗日法表示固体颗粒的运动规律。DEM 对于每个颗粒都进行模拟的特性，使其在炉顶装料、炉腔内停滞区的形成等现象上能够给出准确的展示，并能够对高炉内部的不连续异常现象给出合理的解释。其他的离散方法还包括粒子方法，例如移动粒子半隐式方法（Moving Particlesemi-implicit，MPS）等。MPS 是一种用于分析不可压缩自由表面流的技术，其中液相由有限数量的准粒子的集合表示，该方法能有效地描述液相作为分散相的运动情况。由于采用 DEM 计算整个高炉中所有颗粒所需计算负荷太大，目前 DEM 方法主要应用于高炉局部现象的模拟。如果使用 DEM 描述固体，并结合计算流体动力学（Computational Fluid Dynamics，CFD）求解连续流模型中的气、液相的控制方程，便得到了 CFD-DEM，这种结合能够提高模拟高炉内颗粒流动的计算效率，使全高炉范围的 DEM 模拟成为可能，同时对于某些局部现象如风口回旋区的形成也具有更好的模拟效果。中尺度平均理论的提出也有望克服 DEM 和连续流模型的缺点，这种方法通过使用平均程序，离散粒子系统可以转化为相应的连续系统，从而建立基于连续模型的质量、线动量和角动量平衡方程，对连续流模型作出改进。针对不同的建模目标，其他不同体系的方法也可迁移使用，例如采用生物学中代谢网络的方法建立高炉炼铁的微观数学模型，提供了一种估算碳排放的方法。对于高炉炼铁的机理模型的研究，国外的日本新日铁住金公司、美国普渡大学、俄罗斯乌拉尔联邦大学，国内的北京科技大学等都做出了很大的贡献，具有丰富的研究成果。

基于数据的建模是指利用采集到的海量工业数据，结合各种智能算法如支持向量机、遗传算法等进行建模，目前在质量预测、故障诊断、调度优化等方面成果较多，有着不错的模拟效果。采用一种变种群规模的自适应遗传算法，对一家拥有 5 台烧结机和 7 座高炉的炼铁厂的原料供应计划进行了优化，炼铁过程的平均焦比降低了 13.96kg/t。在钢铁行业大多数工艺环节内部机理尚未完全明朗的情况下，基于数据和知识的建模方法能够为数字孪生的开发另辟蹊径，从不同的角度为钢铁行业的数字孪生建模提供适宜的选择和令人满意的结果。

2.3　高炉炼铁生产基础自动化

2.3.1　高炉炼铁专用检测仪表

高炉是密闭机组，检测仪表是至关重要的。高炉检测仪表和传感器大致可分为：

(1) 检测高炉排出气体的成分、温度、压力等的常规传感器；

(2) 检测炉顶处装入原料的分布、温度、压力和气体成分等的传感器；

(3) 检测炉喉处原料、气体的流动、温度、压力、成分等的传感器；

(4) 检测炉腹风口部位焦炭、熔融物、气体的流动、温度、压力、成分等的传感器；

(5) 检测渣、铁的温度、成分的传感器。

高炉检测内容包括以下几个方面：炉内状况检测、渣铁状态检测、各风口热风流量分布检测、热风温度检测、风口及冷却壁等漏水的检测、高炉炉衬和炉底耐火材料烧损检测、焦炭水分检测和煤粉喷吹量检测。

2.3.1.1　炉内状况检测

炉内状况检测包括：料线检测、料面形状检测、炉喉温度检测、炉喉煤气流速检测、料面上炉料粒度检测、高炉炉顶煤气成分分析、炉身静压力检测、风口前端温度测量、风口回旋区状况监测。

(1) 料线检测。现代高炉均装有 2~5 根探尺，装料时由卷扬机将其提起，检测时其被下放或随料面自然下降，探尺的位移信号经自整角机接收器，带动记录仪表指针进行记录；或经脉冲发生器，送 DCS 进行处理。此外，还设有另一套自整角机，用于观测下料速度。由于自整角机接收器有跟随误差，为此近年来采用 S/D 变换方式，即直接把自整角机转角（料线值）变换成数字量以指示料线值，经时间处理后还可输出下料速度值，这种仪表还设有最高、最低料线等报警功能。

(2) 料面形状检测。为了测量整个料面形状，通常采用机械式、微波式、激光式和放射线式四种方法。料面仪在设计时充分考虑了辐射的防护问题，关闭时容器周围最大照射量率（指单位时间内的照射量）仅为 1.4 C/(kg·s)。因此不会对进行短暂作业的操作人员造成危害。

近年来，国内外出现了基于激光和雷达的料面成像技术，合成孔径雷达（Synthetic Aperture Radar, SAR）前视凝视高分辨率成像（Forward-looking Staring High-Resolution Imaging, FSHI）方法，具有点云高精度主动抗干扰成像特点，并成功应用于国内大型高炉。

（3）炉喉温度检测。一般在沿炉喉料面上半径方向的不同部位装设热电偶以测量径向各点温度，为了防止磨损而设计专门的装置，一般在高炉四个方向各装一根，其中一根稍长，可以测量中心温度，这种装置称为十字测温装置。十字测温装置四个方向一般共测17点（小高炉）或21点、25点（大中型高炉）。炉顶十字测温装置能使高炉工长了解炉内煤气流分布的状况，指导高炉操作；但在生产实践中也发现一些弊端，例如：安装在炉喉的十字测温杆阻挡了下落的炉料，使料面上形成了十字形沟槽，会影响高炉布料圆周的均匀性；十字测温装置测量的是料面以上煤气流的温度，由于煤气流在上升过程中发生混合，与料面对应位置的温度有差别；十字测温装置不仅存在温度变化滞后问题，而且只能测量炉喉两条直径上的温度分布情况，不能检测其他位置的状况；此外，十字测温装置设备庞大，安装维护困难，设备费和维修费用较高。因此，近年来大多使用红外摄像的热成像仪来测量炉顶料面温度分布。

考虑高炉状态参数的多时间尺度特征，浙江大学提出一种基于高炉状态参数多时间尺度特征的炉喉温度监测方法。针对高炉内部环境复杂，反映煤气流发展状态的料面温度特征难以提取的问题，中南大学从工艺机理的角度分析了料面红外图像、十字测温、上升管温度、炉墙温度等与料面温度场之间的关系，根据煤气流分布特点，提出了一种高炉料面区域温度特征提取方法，分别对高炉中心区域和边缘区域的特征进行提取。

（4）炉喉煤气流速检测。炉喉煤气流速检测仪表主要有三种，即皮托管、热线式相关煤气流速仪、超声波煤气流速仪。

东北大学以首钢京唐钢铁厂 5500 m^3 高炉炉喉煤气流为研究对象，结合生产工艺要求、系统组成，针对十字测温只能取得几个离散的温度值、红外摄像机不能有效检测料面边缘温度和矿焦比需要假设条件、三种方法都存在局限性的情况，为了弥补单一信息的缺陷，提出了对三种不同的特征信息计算的温度结果进行融合的思想，最终实现了相对完整、准确的炉喉煤气流检测。

（5）料面上炉料粒度检测。料面上炉料粒度检测采用粒度仪系统。粒度仪除可检测料面上炉料粒度分布之外，还有以下几种用途：监测料面形状，检测高炉中心有无流态化现象发生，监视高炉中心部位红热焦炭的状况。

针对现有炉料粒度在线检测方法易受矿石纹理和光照影响而导致检测精度不高的问题，中南大学提出一种基于凹凸性和密度引导点云分割的高炉炉料粒度检测方法，实验结果表明，本文点云分割算法的准确率上优于其他分割方法，粒径表征方法能有效的实现炉料粒度统计，两者验证了该炉料粒度检测方法的有效性。

（6）高炉炉顶煤气成分分析。高炉炉顶煤气成分通常为：H_2 1% ~ 2%，CO 20% ~ 30%，CO_2 15% ~ 20%，N_2 50% ~ 60%；温度为 150 ~ 300 ℃，含尘量为 5 ~ 10 g/m^3。一般分析出煤气中 CO_2、CO 和 H_2 的含量即可了解炉内反应情况。红外线分析仪可确定炉顶煤气中 CO 和 CO_2 的含量，还可利用连续采样的气体色谱分析仪周期测定煤气中 CO、CO_2、H_2、N_2 的含量，或者采用质谱法分析高炉煤气。炉喉煤气成分分布直接反映炉内不同直径处的反应，故常在大型高炉炉喉的料面下径向插入（或固定安装）采样探杆，采集、分析炉内气样。

宝钢应用 MK-Ⅱ光纤控压密闭微波快速消解系统和 P-4010 等离子体发射光谱仪等主要测试设备，并且由有丰富经验的专业测试人员进行测试工作。最终获得了包括主要成分 Fe_2O_3、CaO、MgO、Na_2O 等 10 种主要化合物的含量以及 28 种金属和非金属元素的含量。从测试结果中可以看出不管是 BFG(Blust Furnace Gas，高炉煤气) 还是 LDG(Linz-Donawitz Gas，转炉煤气) 其灰尘的组成中均是 Fe_2O_3 占绝对多数（分别为 71.4% 和 72.91%）。但在余下的成分中二者的组成发生了变化 BFG 灰尘中依次是 Na_2O（7.41%）、SiO_2（7.32%）、Al_2O_3（3.75%）和 CaO（3.05%）而 LDG 灰尘中依次为 CaO（8.9%）、MgO（3.61%）、Na_2O（3.45%）。这可能与高炉和转炉的炉内反应气氛有关。

另外由于各种成分的密度不一样因此在燃气输送过程中会出现不同程度的沉降现象如果要非常精确地测定分析气流流线场内的含尘组分变化情况必须借助于气体动力学流场理论并结合计算机技术才能完成。

（7）炉身静压力检测。在高炉不同高度测量炉身静压力可以较早得知炉况变化，并能较准确地判断局部管道和悬料位置，以便及时采取措施。现代高炉一般在 3~5 个水平面上装设 2~4 个取压口，以测量炉身静压力。炉身静压力检测的主要困难在于取压口不可靠，因为该处不仅高温、多粉尘且易结焦堵塞。

（8）风口前端温度测量。高炉炉缸热状态难以直接测量，故利用嵌入高炉风口前端上部沟槽里的镍铬-镍硅铠装热电偶来测量风口前端附近的热状态，根据该风口水箱壁前端温度，按统计回归公式可求出对应的风口区域温度。

（9）风口回旋区状况监测。在风口窥视孔前设置工业电视或亮度计，可在中控室远程控制使该设置沿轨道移动，并可选择任一风口进行检测，经数据处理，分析吹入燃料量和黑色区面积之间的关系，可以得出喷吹燃烧好坏的评价以及风口前焦粒直径分布和焦炭状态等信息。

风口异常情况的图像识别方法可以解决风口异常类别差异性过小的问题，利用深度卷积神经网络模型开发的高炉风口图像智能诊断预警系统，可以实现了风口挂渣、漏水、落大块、烧穿、断煤、休风、料快、亮度状态信息的诊断及报警功能。该系统在南京钢铁公司第二炼铁厂稳定运行效果良好，提高了高炉生产的智能化水平，具有推广应用价值。

（10）测量炉内状况的各种探测器。为了了解炉内状况，还要测量炉内轴向和径向各个水平的煤气成分、温度等参数，以便为改善高炉操作提供依据。在高炉的各个部位装设可移动的探测器，平时在炉外，约每班检测一次，或在需要时插入炉内进行检测。测量炉内状况的各种探测器有：炉喉径向探测器、炉身径向探测器、炉顶垂直探测器、炉腹探测器、风口探测器和三维探测器等。

2.3.1.2 渣铁状态检测

渣铁状态检测包括：炉渣流量检测、铁水温度检测、鱼雷罐车液面检测、铁水硅含量检测、鱼雷罐车及铁水罐等砌体形状检测、混铁车车号监测和炉缸铁水液位检测。重庆大学基于图像识别技术，利用 Python 语言，在 Anaconda 环境下进行了高炉渣流量测量程序的开发。接触式铁水测温技术包括快速热电偶和黑体空腔，红外测温技术是一种非接触在线检测铁水温度的手段。基于红外测温原理和不同的红外探测器，可以设计不同的测温设备，包括红外测温仪、比色测温仪、红外热成像仪等。

2.3.1.3 各风口热风流量分布检测

风口前回旋区情况、煤气流分布以及砌体局部烧损，均与各风口进风流量是否均衡密切相关。现代大型高炉都设有连续检测各风口进风量的装置。图 2-7 给出了常用的几种各送风支管流量的测量方法。

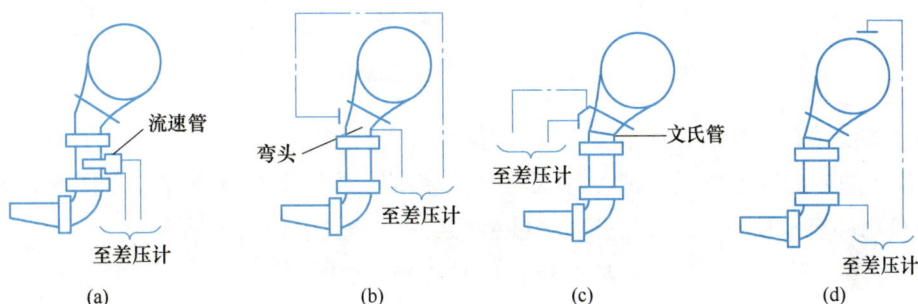

图 2-7 各送风支管流量的测量方法
（a）流速管或涡轮流量计法；（b）弯头法；（c）文氏管或喷嘴法；（d）差压法

喷嘴法是苏联于 20 世纪 50 年代开发的，它使用耐热钢制成喷嘴以测量各支管热风流量。我国宝钢也使用这种方法。

2.3.1.4 热风温度检测

热风温度检测的传统方法是使用铂铑-铂热电偶和能快速更换的安装方式，但其由于风温越来越高而难以适应。因此，国外使用辐射高温计来测量热风温度，但热风管内热风温度分布与管道、耐火砌体厚度和热传导系数等有关；此外，为了测得真实温度还需测量离开砖体表面一定距离的温度。为此，德国西门子公司使用对准砖，该砖设在热风管内，用辐射高温计测量砖表面温度，从而获得与热风真实温度一致的温度。

2.3.1.5 风口及冷却壁等漏水的检测

风口及冷却壁等漏水的检测包括风口破损诊断和炉身冷却系统破损诊断。

大型高炉有 20~40 个风口，若风口破损，水便会流入炉内，可能发展成重大事故。风口冷却水流量大、速度快，故风口前端易发生针孔状破损，这是人眼所难以观察到的，必须借助于高精度的仪表才能发现风口初期的微量漏水。以往曾经使用过冷却水温度上升法、气体捕集法、监视炉顶氢气含量法、音响法以及分析排水中 CO 含量法，但效果都不好。现在采用的，也是最有效的方法是如图 2-8 所示的冷却水进出口流量差法，监视流量差及出口水量，当低于下限时报警。所用设备有两种：一是电磁流量计，但一般采用特殊双管电磁流量计，它把两个电磁流量计并在一起，使用同一磁路、同一供电电源以抵消电压波动和其他影响，最近由于计算机技术的进步和仪表精度的提高，许多补正可在计算机中进行，从而趋向于使用单独的电磁流量计；二是使用卡尔曼流量计来测量进出口水量差，以进行风口检测。

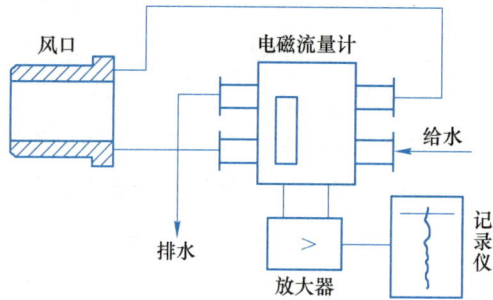

图 2-8　采用冷却水进出口流量差法的风口检漏系统

由于炉身冷却水箱数量很多，难以采用测量进出水流量差的方法。目前，可用测量水中 CO 含量的方法进行监视，把冷却水箱分成多列并装设多个分析器，以便判定漏水部分；也可用补充水量的方法，当补充水量超过某一极限流量时视为漏水。

2.3.1.6　高炉炉衬和炉底耐火材料烧损检测

高炉炉衬和炉底耐火材料烧损检测最初采用同位素法和热电偶法，但由于埋入传感器数量有限，难以检测出局部侵蚀。为此，利用红外摄像机或热场传感器测出整个炉体中各异常部位并绘成温度曲线，根据测出数值进行热传导运算，求出各处侵蚀情况。

我国宝钢 1 号高炉在炉身、炉底表面装设 166 个热电偶测量温度，以此来监视砌体烧损情况，并使用多路转换器以减少测量线路的电缆芯数。首钢高炉使用 SHM（Structural Health Monitoring，结构健康监测）法监测高炉炉缸侵蚀情况，它实质上是装设多层热电偶监视温度，例如该厂 1 号高炉从第 5 层炭砖开始到第 10 层炭砖为止，装设 6 层共 44 个测温点，而 3 号高炉则装设 7 层共 78 个测温点以监视温度，并利用能量守恒定律和有关边界条件以及热参数建立相应的节点有限差分方程，利用计算机通过迭代法算出各部位的温度，然后根据傅里叶传热基本方程画出高炉炉缸部位 1150 ℃的等温线，从而绘出炉缸受侵蚀形貌。

国外也使用类似的方法，如澳大利亚 BHP 公司 3 号高炉在 1985 年大修时，于炉缸中埋置三排八层共 140 根热电偶；法国钢铁研究院（IR-SID）和索拉克公司敦克尔刻厂 4 号高炉采用设置多层成对热电偶的方法；美国内陆钢铁厂 7 号高炉的炉缸边墙中沿高度方向设有 5 层热电偶，每层沿圆周方向均匀地埋设 8 个或 10 个热电偶。

但是因为没有在炉底埋设热电偶，所以无法应用许多高效在线炉缸侵蚀数学模型。

2.3.1.7　焦炭水分检测

一般是用中子水分计来测量焦炭水分的，但由于焦炭堆积密度变化，仪表运算精度差。日本钢铁公司开发的新型焦炭水分计原理如图 2-9 所示，采用 ^{252}Cf 射源，其中子与 γ 射线的平均能量为 2 MeV，水分测量范围为 0~15%，密度为 0~1 g/cm^3。当装载焦炭容积厚度在 1000 mm 以下时，料斗壁厚在 9 mm 以下，接收器与料斗间隙约为 100 mm，测量精度为 ±0.5%。

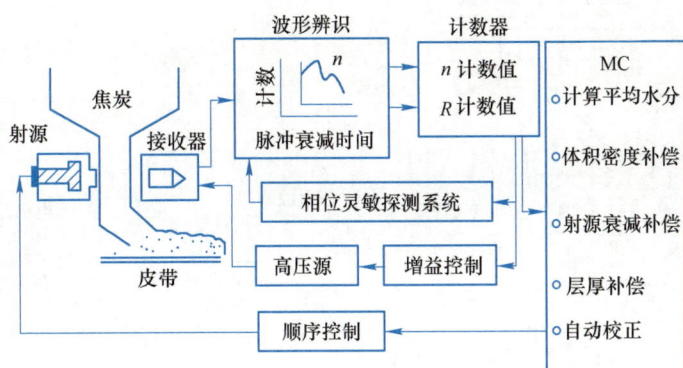

图 2-9 日本钢铁公司开发的新型焦炭水分计原理

2.3.1.8 煤粉喷吹量检测

现代高炉都喷吹煤粉等以降低焦比,有的喷吹煤粉,有的喷吹重油或重油与煤粉的混合物。对于前者喷吹量的检测属于气、固两相流量测量,对于后者则为液、固两相流量测量。

对于喷吹煤粉总量的测量,采用电子秤法已经得到解决;但对于喷进各风口支管的两相流量的测量,则是目前各国致力于解决的问题。下列几种方法已获得小范围内的应用:

(1)利用多普勒超声效应、测量油和煤粉混合物流量的装置;

(2)电容相关法单支管煤粉流量计;

(3)电容噪声法单支管煤粉流量计。

2.3.2 高炉炼铁仪表控制系统

2.3.2.1 高炉本体检测仪表控制系统

A 高压操作自动控制系统

高压操作自动控制系统见图 2-10,其功能如下:

(1)放散自动控制。当炉顶压力超过报警上限时,自动报警;当超过报警定值10%、15%、20%时,分别将相应的放散阀自动开启并泄压。

(2)炉顶压力控制。炉顶压力控制系统是一个负反馈系统,由于炉顶压力很高,煤气管道直径很大,调节阀是成组式的(即由 3~5 个阀组成)。由于煤气含尘量大,除取压口采用连续吹扫以外,还在炉顶、上升管和除尘器三处取压,并用手动或高值选择器选择最高压力作为控制信号。

(3)均排压自动控制。胶带输送机首先将原料送入上料斗存储。原料要进入高炉必须首先克服上料斗与称量料斗之间的差压,因而上密封阀开启之前先要将称量料斗中的煤气放掉,称为排压。排压时,排出的煤气经旋风除尘及均压煤气回收设施进行再回收,在放散管上设有压力计,当压力低于设定值时,发出回收结束指令;在放散管上同时也设有压

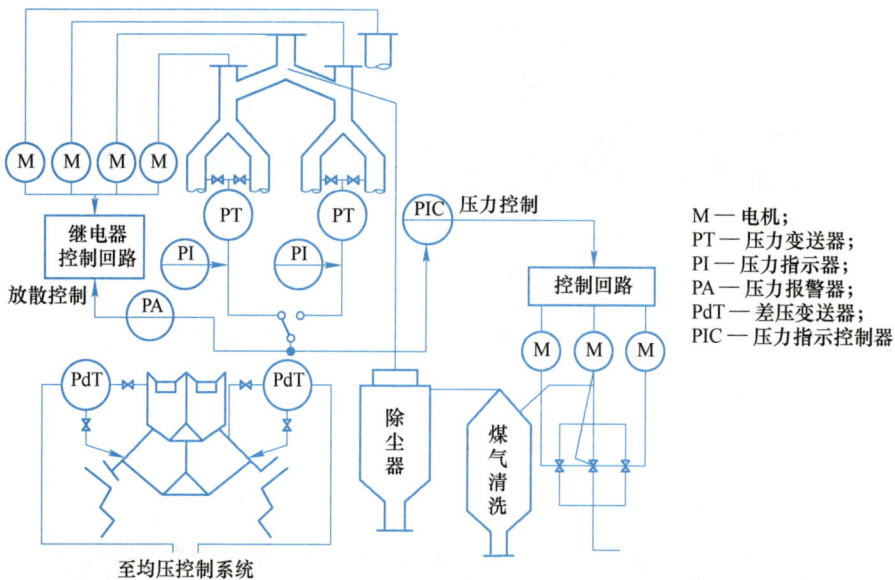

图 2-10   高压操作自动控制系统

M — 电机；
PT — 压力变送器；
PI — 压力指示器；
PA — 压力报警器；
PdT — 差压变送器；
PIC — 压力指示控制器

力开关，当压力接近大气压时接点闭合，发出放散结束指令。排压以一次回收、二次放散方式工作。放散结束指令送电控系统，打开上密封阀。上密封阀打开后，原料进入称量料斗，关闭上密封阀。原料要进入高炉还必须克服称量料斗与高炉之间的差压，因而下密封阀开启之前再将煤气充入称量料斗中，称为均压。在密封的称量料斗中充入半净煤气进行一次均压，由于半净煤气经过清洗后压力低于炉顶原煤气压力，故均压到一定程度后即充氮气进行二次均压。二次均压调节采用自力式调节阀，以炉顶煤气上升管的压力代替炉内压力，设定为控制压力。当煤气上升管压力与称量料斗之间的差压低于设定值时，发出均压结束信号，送电控系统打开下密封阀。均压时，均压煤气经旋风除尘器后进入料斗，将排压时沉积的灰尘强制吹回料斗中。另外，二次均压也可以转为定时控制，即充氮气一定时间后发出均压结束信号，在均压、排压过程中，电控系统将根据仪表发出的指令进行电控阀的开闭控制。

（4）无料钟炉顶监控。无料钟炉顶压力控制系统与一般料钟炉顶相同，其均压系统也类似，只是用闸阀代替大、小钟而已。并罐无料钟炉顶是左、右料罐轮流工作，故其程控系统有所不同。无料钟炉顶是用可旋转且角度可调的溜槽布料，因而布料灵活、均匀，可实现环形布料、螺旋布料、扇形布料、定点布料等多种方式。为此，溜槽分别由两台电动机驱动，一台使溜槽旋转，另一台使溜槽成不同的倾角，并分别配置有旋转自动控制系统（控制转速和位置）和倾角位置自动控制系统，且采用 PLC 或电子计算机进行设定和控制。在布料方式已经确定的情况下，重要问题是要对料流调节阀的开度进行控制，以保证其放料不致过早放空或到程序完结时仍未排净。现在大多用自学习系统来控制其开度，当设定某一开度时，若布料程序完结而炉料不是正好排净，则自学习系统会修正下次布料时料流调节阀的开度。炉料是否放空是由声响检测仪或同位素料位计来测定的。第三代无料钟炉顶由于其结构足以准确称量料斗中炉料的重量，可以按重量（加上压力影响补正）来确定排料状况并控制料流调节阀的开度，例如单环布料，在溜槽转动时，计算机将检查炉料是否按规定减少并在单环完结时正好放完，如果不是其将修正料流调节阀的开度。由于并罐无料钟炉顶的两罐不在炉子中心线上，对布料有影响，故新一代无料钟炉顶是串罐形式，其监测及自动控制系统见图 2-11。

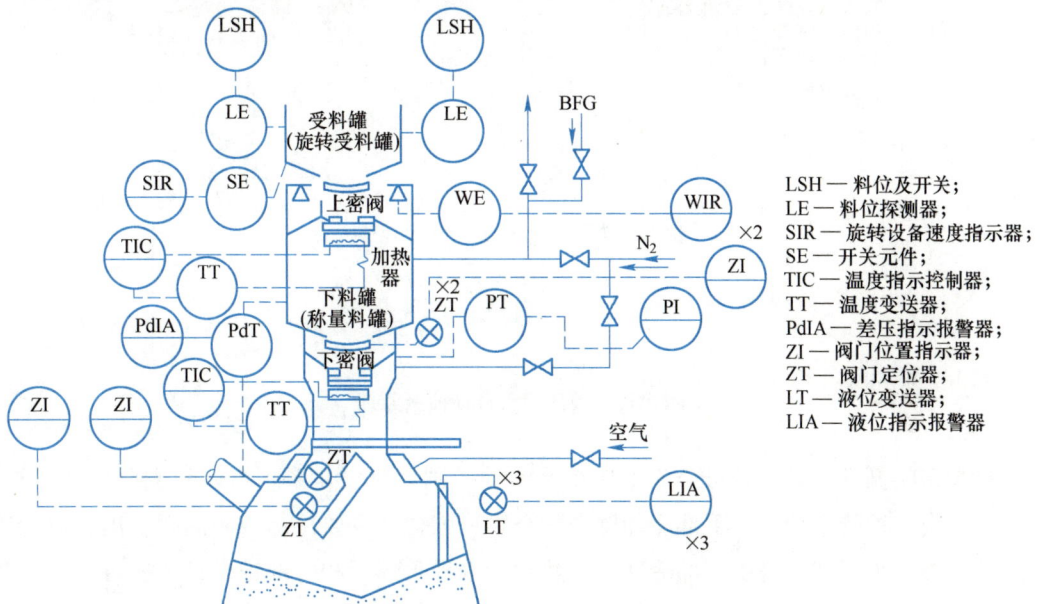

图 2-11　串罐式无料钟炉顶监测及自动控制系统

无料钟炉顶压力控制系统包括：

1）监控部分，即三点料线检测及高炉崩料报警、密封阀加热检测及控制两点、下料罐与炉顶压差检测两点、炉顶压力检测一点、罐旋转速度检测一点、下料罐内物料重量检测一点，这些信号均送 DCS。

2）监测冷却水系统部分（图 2-11 中未列出），它主要监测齿轮箱冷却水槽的上、下限水位及其与循环水泵自动联锁，冷却水箱水位及其与补水阀自动联锁，齿轮箱及冷却水温度越限报警等。

B　炉顶洒水自动控制

炉顶洒水自动控制原理见图 2-12。现代大型高炉在炉顶设有多个洒水喷嘴。当炉顶上升管或煤气封罩内温度异常（一般为超过 400 ℃）时，由顺控回路打开洒水阀 V_1 和 V_2，关闭 V_3，向炉顶设备洒水降温；当炉顶温度正常时，关闭 V_1 和 V_2，打开 V_3。

C　炉身冷却控制系统

为了提高热交换效率，实现高炉高效、低耗、长寿的目标，大中型高炉炉身冷却技术大多采用冷却壁冷却方式、冷却壁结合冷却板的混合冷却方式以及冷却水密闭循环方式。

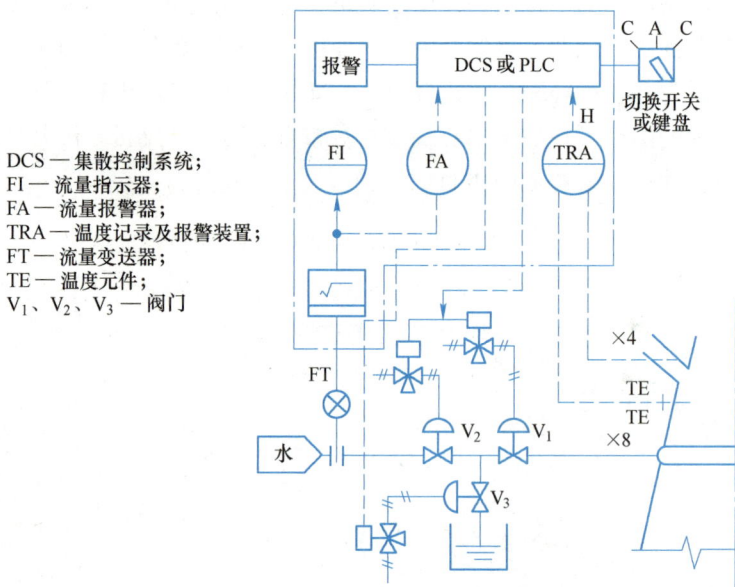

DCS — 集散控制系统；
FI — 流量指示器；
FA — 流量报警器；
TRA — 温度记录及报警装置；
FT — 流量变送器；
TE — 温度元件；
V_1、V_2、V_3 — 阀门

图 2-12   炉顶洒水自动控制原理

高炉密闭循环冷却系统可分为本体系及自动控制系统强化系。本体系主要冷却炉缸、风口、炉腹、炉腰和炉身中下部冷却壁中的竖管。强化系主要冷却炉底周围、出铁口的冷却壁，炉腹、炉腰和炉身中下部冷却壁的凸台、水平角部管和背部蛇形管，还可冷却炉身上部。密闭循环水的路径为：水处理系统提供的软水（或纯水）经循环水泵加压后，由给水环管沿圆周上划分的四个区域进行水量分配，冷却水进入冷却设备后从下至上冷却高炉全身。排水首先到达各区的排水集管，然后经每区设置的膨胀罐返回热交换器，至循环泵站。

（1）密闭循环水运行监视。密闭循环水运行监视系统如图 2-13 所示。在泵的出口设有压力计，以监视系统水压是否处于规定的范围之内。当水压过低时，流速下降，热量堆集，损坏炉体设备，因此必须联锁启动备用泵。若压力在某规定时间内还未恢复或继续降至低低点，则通知电控系统转入紧急冷却方式。可将高炉大致划分成炉缸、出铁口和炉腹、

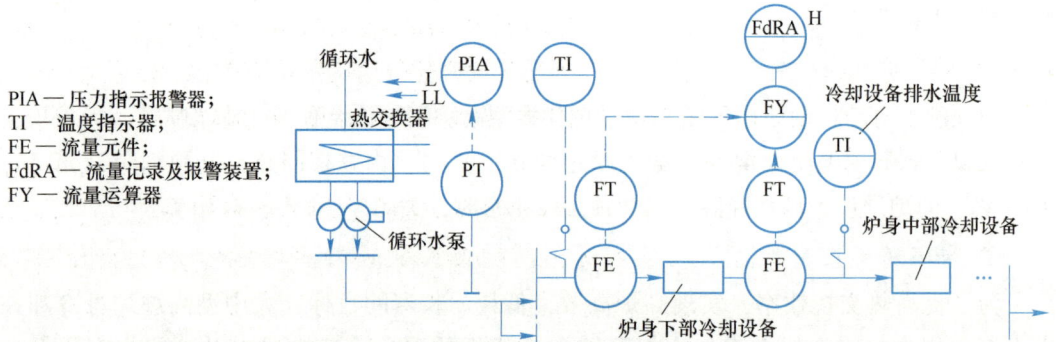

PIA — 压力指示报警器；
TI — 温度指示器；
FE — 流量元件；
FdRA — 流量记录及报警装置；
FY — 流量运算器

图 2-13   密闭循环水运行监视系统

炉腰、炉身中下部、炉口等多段，对流量、温度进行监视并计算和监视热负荷，以便合理调配水量，防止炉体过冷或过热以及相邻区域冷却不均匀，同时流量计还具有冷却壁检漏功能。

（2）膨胀罐水位控制。膨胀罐水位控制系统如图2-14所示。循环水在膨胀罐内短暂停留后，又回到循环水泵。由于蒸发、污水排放以及物理、化学侵蚀等引起漏水，造成膨胀罐水位降低，此时需进行补水。在水位处于低点或低低点时，调节器启动，投入自动并调节补水量，使水位恢复，调节器偏差消失；当调节阀处于关闭状态时，调节器转入手动状态，等待下一次启动信号的到来。补水分为两种情况：

1）当造成水位下降的原因不是连续漏水时，补水量较小，调节器在补水初期做了限幅处理，补水调节阀打开成小开度，水位迅速上升到正常水位。

2）当造成水位下降的原因是连续漏水时，补水量较大，此时将补水调节阀打开成小开度，水位并不一定迅速上升，延时一定时间后若检测到水位仍未恢复正常，调节器则解除限幅、投入自动，最终使补水量与泄漏量平衡。

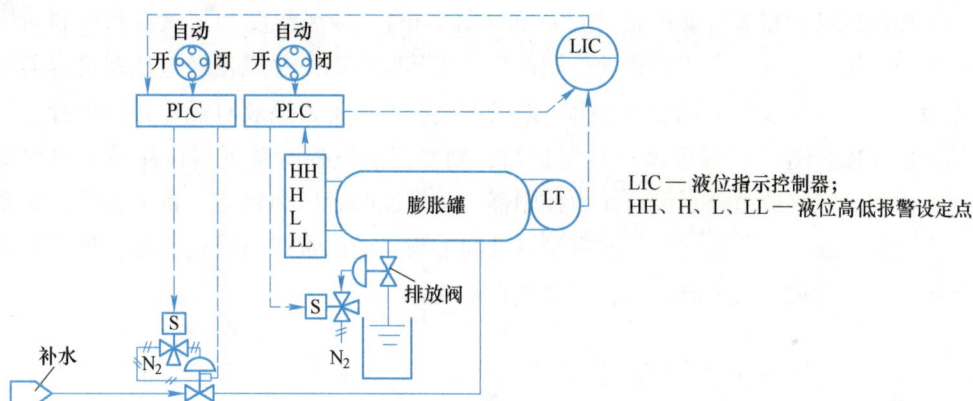

图 2-14　膨胀罐水位控制系统

LIC — 液位指示控制器；
HH、H、L、LL — 液位高低报警设定点

补水调节器应带有手动、自动切换功能。由于温度升高、补水量过多等，造成膨胀罐水位升高，此时 PLC 自动开启排放阀；水位下降到正常水位后，排放阀关闭。当水质被污染时，手动打开排放阀。通过排放掉部分污水、补充新水的方法，可提高循环水水质，使之达到水质要求。

（3）膨胀罐压力控制。膨胀罐压力控制系统如图2-15所示。由于高炉炉体温度较高，溶解在循环水中的氧气会对冷却设备内的冷却水管产生强烈的氧化作用。为阻止氧气进入，在膨胀罐内充入氮气，使罐内压力高于罐外压力，以隔绝循环水与

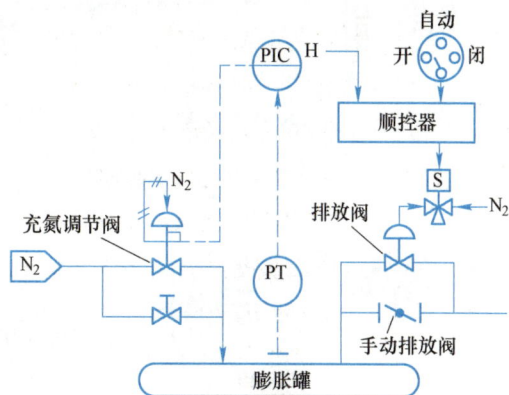

图 2-15　膨胀罐压力控制系统

空气的接触。在膨胀罐顶部设有压力计,通过调节充氮量可维持膨胀罐内压力在几百帕上下。另外,为了将罐内的水蒸气排出,将手动蝶阀开启成一小开度进行排放,此时若要维持罐内压力,必须连续地充氮气;同时,罐内氮气的压力不必很精确,允许有一定的波动,可选择带有死区的调节器。只有在压力出现较大波动时才改变调节阀的开度。若罐内水位发生急剧升高或充入氮气的压力波动过大时,罐内压力可能会出现陡然上升的现象,此时顺控器自动打开排放阀泄压。压力恢复至正常后,自动关闭排放阀。

2.3.2.2 热风炉检测仪表控制系统

热风炉的作用是把鼓风加热到要求的温度,它是按"蓄热"原理工作的热交换器。在燃烧室里燃烧煤气,高温废气通过格子砖并使之蓄热,当格子砖充分加热后,热风炉就可改为送风。此时,有关的燃烧各阀关闭,送风各阀打开,冷风经格子砖而被加热并送出。高炉一般装有 3~4 座热风炉,在"单炉送风"时,两座或三座热风炉在加热,一座在送风,轮流更换;在"并联送风"时,两座在加热,两座在送风。

热风炉自动控制包括下列几项:

(1) 冷风湿度和富氧自动控制(其系统见图 2-16)。冷风湿度和富氧自动控制系统均是串级控制系统,各有一个流量自动控制回路,而其定值则由总风量经过比率设定器来设定,即喷入蒸汽量和氧量与风量成比例。对于湿度,冷风管道还装有氯化锂湿度计,其与湿度控制器 MIC 相连。当湿度偏离规定值时,则修正蒸汽控制系统以保持鼓风中湿度恒定。在蒸汽和氧气管道里分别设有压力控制器,以保证两者压力稳定。富氧自动控制系统还设有自动切断装置,当氧气压力或氧量过低和过高、送风量或风压过低时,该装置自动切断氧流,并把管道中残余氧放出,用氮气自动吹除。

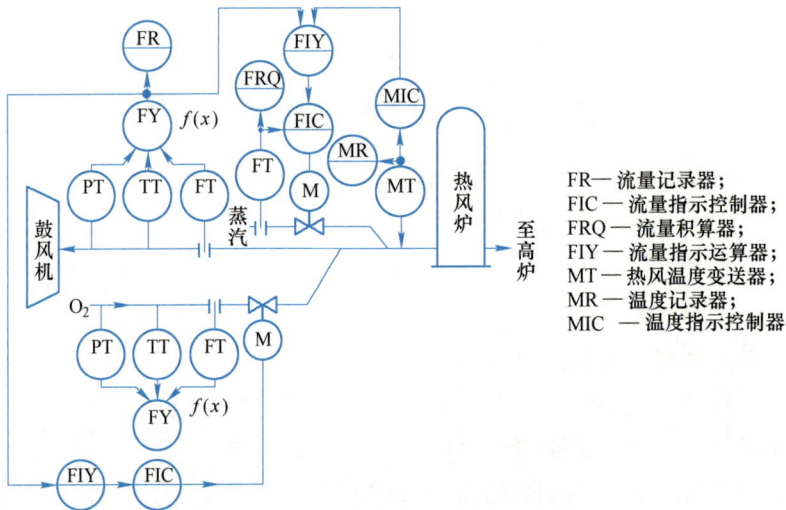

图 2-16 冷风湿度和富氧自动控制系统

(2) 热风温度自动控制。从鼓风机来的风温为 150~200 ℃,经过热风炉的风温可高于 1300 ℃;而高炉所需的热风温度为 1000~1250 ℃,而且温度必须稳定。单炉送风时,其温度控制根据混风调节阀配置的不同而异，有两种方式：一种是控制公用混风调节阀的位置（如图 2-17（a）所示），改变混入的冷风量以保持所需的热风温度，该系统还设有高值选择器和手动设定器，用以避免在换炉时出现过高的风温，预先打开混风调节阀；另一种是控制每座热风炉的混风调节阀（如图 2-17（b）所示），用一台风温控制器切换工作，不送风的热风炉其混风调节阀的开度由手动设定器设定。并联送风也有两种方式，即热并联和冷并联。一般先送风的炉子输出风温较低，而后送风的炉子输出风温较高，故在热并联时，调节两个炉子的冷风调节阀以改变两个炉子输出热风量的比例，即可维持规定的风温（如图 2-17（c）所示）。在冷并联时，两个炉子的冷风调节阀全开，与单炉送风类似，控制混风管道的混风调节阀开度以改变混入冷风量，可保持风温稳定。在实际高炉中都设计成可进行多种选择，既能单炉送风又能并联送风。

TC — 温度控制器；
TIR — 温度指示记录器；

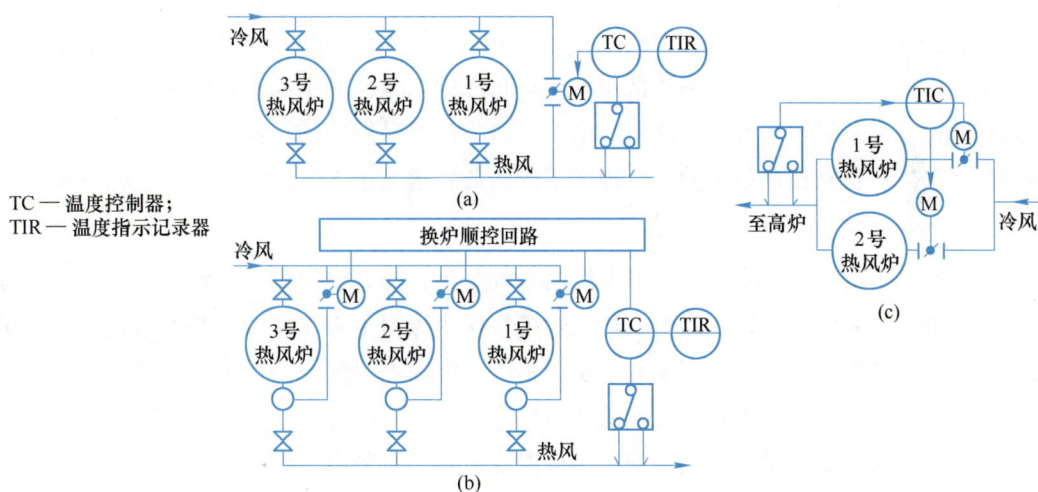

图 2-17　热风温度自动控制系统

（a）带公用混风调节阀的单炉送风；（b）每个热风炉带混风调节阀的单炉送风；（c）热关联送风

（3）热风炉燃烧控制。热风炉燃烧控制系统主要包括拱顶温度控制、废气温度控制、空燃比控制和废气中氧含量分析。

2.3.2.3　喷吹煤粉检测仪表控制系统

A　概述

喷吹煤粉工艺主要由制粉系统和喷吹系统两大部分组成，其流程见图 2-18。

制粉系统主要工艺设备有干燥炉、磨煤机、煤粉收集设施及排风机。原煤由给煤机送至磨煤机，制成符合要求粒度的煤粉。通过排风机将煤粉引入煤粉收集设施并使其储存在煤粉仓中，供喷吹使用，目前基本上都采用全负压系统，并且引入了热风炉废气作为煤粉的干燥气体及输粉气体。

喷吹系统主要由煤粉仓、中间罐（计量罐）和喷吹罐等组成。但其有不同的工艺流程，如有重叠罐（或称串罐）及并列罐（或称并罐）的布置形式，有上出料和下出料、多管路和单管路加分配器的喷吹方式。不同的工艺具有不同的特点，图 2-18 所示为重叠

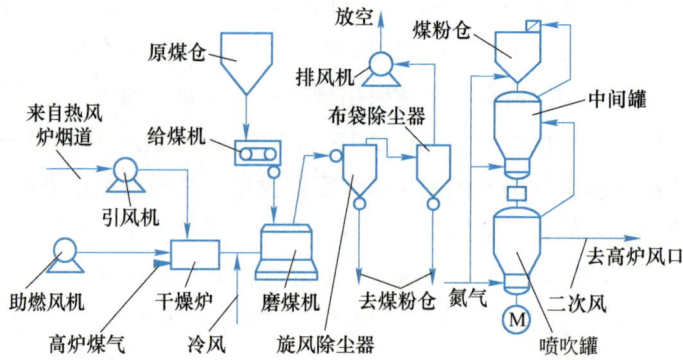

图 2-18 喷吹煤粉工艺流程

罐上出料多管路喷吹工艺流程。中间罐在常压下从煤粉仓中受粉，达到一定重量后对其进行加压、均压，当喷吹罐煤粉到达低位时，煤粉从中间罐倒入喷吹罐，经流化后，由二次风通过输粉管道将煤粉送入高炉燃烧。由于煤粉为易燃易爆物质，同时工艺过程又为气固两相流状态，对自动控制系统的设计提出了较高的要求。

B 制粉系统检测和自动控制

（1）制粉干燥炉和磨煤机出口温度控制系统。为了提高整个制粉系统的防爆能力，即降低系统干燥气和氧的含量，故引入热风炉废气作为煤粉干燥气体及煤粉输送气体。由于热风炉废气温度变化较大，因而设置干燥炉，产生的高温烟气与热风炉废气混合。干燥炉燃烧高炉煤气，并由比值控制系统使助燃空气与高炉煤气成比例，由出口温度控制器控制干燥炉燃烧的高炉煤气量，以使干燥炉出口温度恒定。在制粉系统中，由于受磨煤机负荷及原煤干湿程度变化的影响，尽管干燥炉出口温度稳定，磨煤机出口风粉温度也是变化的，如果温度太低，干燥气结露，煤粉就会凝结，影响煤粉的正常生产。因此，可将干燥炉出口温度控制作为副环，而将磨煤机出口风粉温度控制作为主环，组成串级控制系统，如图 2-19 所示。该系统由于以改变干燥炉燃烧状态作为控制手段，而干燥炉燃烧产生的烟气占整个干燥气的比例通常为 5~10，对风量的影响不大。

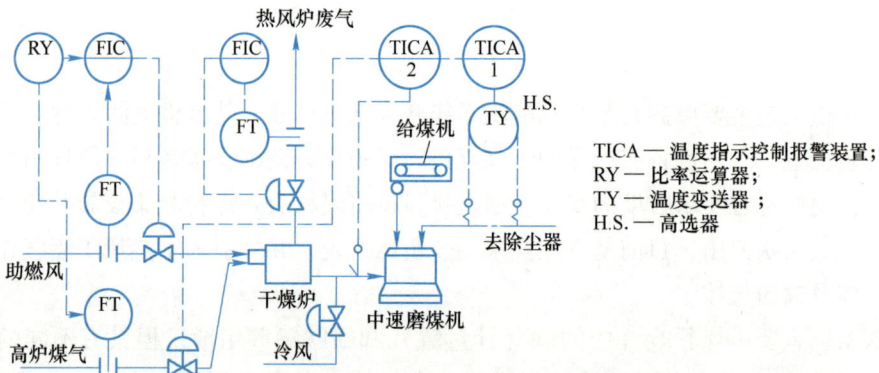

TICA—温度指示控制报警装置；
RY—比率运算器；
TY—温度变送器；
H.S.—高选器

图 2-19 制粉干燥炉和磨煤机出口温度控制系统

（2）磨煤机负荷自动控制系统。磨煤机负荷自动控制是在保证喷吹要求的煤粉细度前提下，使磨煤机在最经济的工况下运行，即中速磨煤机在最佳的转速下运行。磨煤机的负荷控制通常都是通过调节给煤机的给煤量来实现的。被调量磨煤机的负荷由于不能直接测量，通常都是以磨煤机前、后差压或磨煤机电动机的功率来反映，两者的选择应与磨煤机制造厂协商。给煤机给煤量的调节因给煤装置的不同而不同，目前常用的有以下四种给煤装置：

1）圆盘给煤机，主要是通过转数变化来调节给煤量，要配置电动机调速装置。

2）皮带给煤机，给煤量是通过改变皮带的运输速度，也就是改变皮带给煤机的转速来调节的，要配置电动机调速装置。

3）链条刮板给煤机，这是一种带机械无级调速装置的给煤机，调节精度较高，要配置电动机执行机构、气动长行程或角行程执行机构来调节机械无级变速装置的变速比，从而改变链条刮板给煤机的速度以调节给煤量。

4）电磁振动给煤机，这是利用电磁振动原理，通过改变给煤机的振动幅度来调节给煤量的。

（3）磨煤机前负压控制系统（见图 2-20）。使用中速磨煤机制粉时，由于煤粉的细度与通风量之间成比例关系，因此要保持磨煤机的风量不变，则煤粉的细度不变。在流动阻力不变的情况下，保持磨煤机入口负压稳定便能达到风量恒定的目的。实际上，负压的控制就是煤粉细度的控制，同时也能防止煤粉外泄。磨煤机的负压控制可以风量作为调节变量，通过控制排风机转速来实现，但这一方式需配备

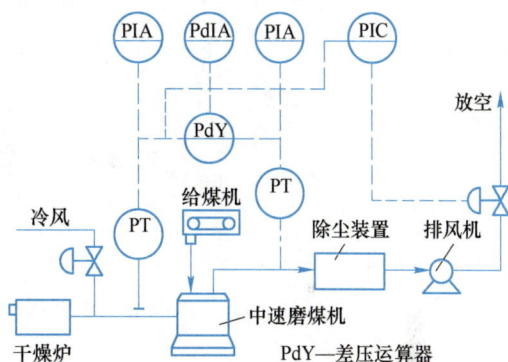

图 2-20 磨煤机前负压控制系统

变频调速装置，一次投资成本大且控制较为复杂，故在排风机后设一调节阀以改变排风机排出的风量，从而实现磨煤机前负压控制。

C 喷吹系统检测和自动控制

喷吹系统按工艺布置有串罐式和并罐式两种，但其检测和自动控制项目差别不大，而电气传动控制则因工艺布置不同而不同。以串罐式为例（见图 2-21）进行介绍，其检测和自动控制如下：

（1）煤粉仓监视系统。由于煤粉温度和碳氧浓度是引起火灾和爆炸的因素，要监视煤粉仓料位、CO 浓度以及温度。

（2）中间罐和喷吹罐的重量和压力控制。由于中间罐和喷吹罐内压力变化对重量值有影响，从而采用压力补正法补偿其对重量的影响。中间罐重量受喷吹罐压力影响，故采用正压力补正；而喷吹罐重量受中间罐压力的反作用力影响，故采用负压力补正。由于中间罐要从煤粉仓受入煤粉并向喷吹罐投入煤粉，所以需要对中间罐进行排压或加压、均压。

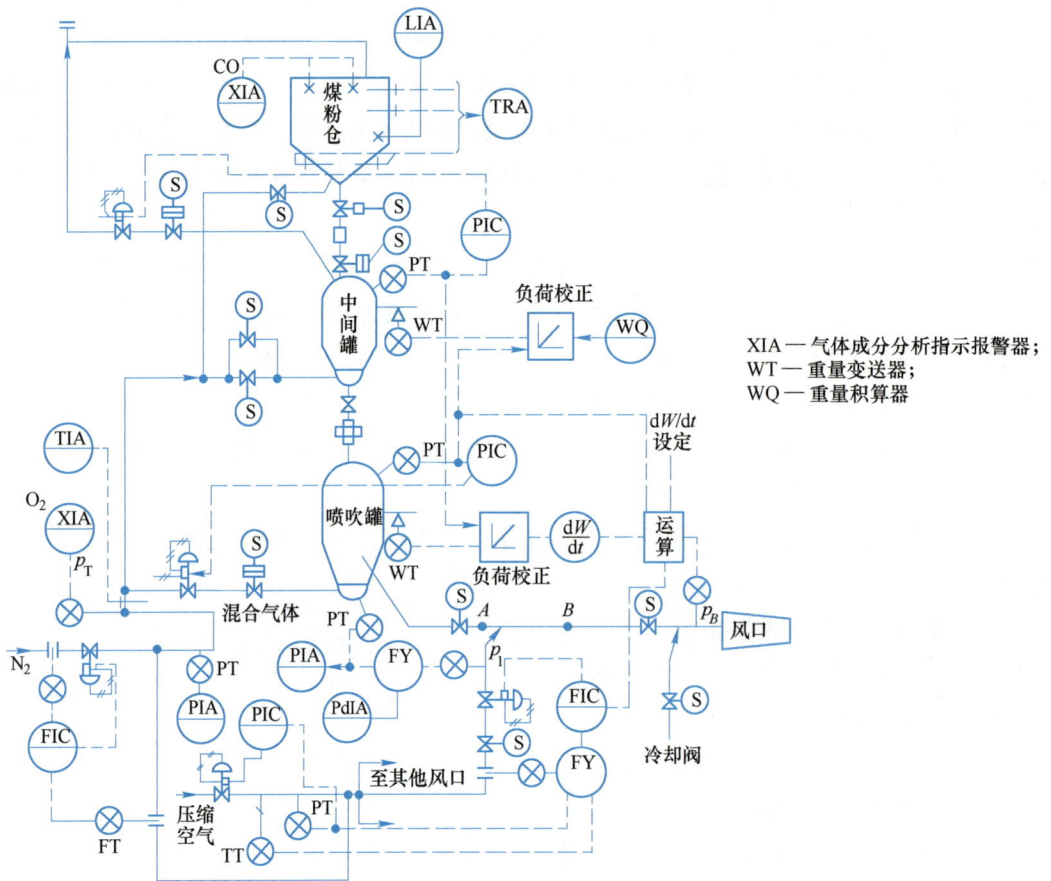

图 2-21 喷吹煤粉自动控制系统图

当其与喷吹罐均压后，压力很高，故对中间罐的压力排放采用压力控制系统。喷吹罐在喷吹过程中，由于其内气体与煤粉一起从喷吹罐下部的喷嘴管道吹到高炉内，喷吹罐内压力要靠从其下部吹进混合气体以保持压力稳定。对喷吹罐初次加压时，在等待喷吹、开始喷吹的加压过程中，使调节阀处于一定开度，该开度值可在显示器上设定；而在喷吹过程中则自动控制。在喷吹罐受入煤粉时，为使煤粉易于落入，经小加压阀向中间罐吹进气体以进行中间罐加压，此时喷吹罐加压调节阀处于保持状态，并由小排气调节阀进行调节。当喷吹罐压力低于正常喷吹压力时，显示器和操作台报警，并同时通过顺序控制停止自动喷吹。

（3）煤粉吹入量控制。煤粉吹入量的控制是通过控制每根管道的载气流量来实现的，有两种方式可任意选用：1）各风口喷吹量任意分配的个别控制方式；2）各风口喷吹量均等分配的全体控制方式。

（4）煤粉输送管道闭塞检测。如图 2-21 所示，测量喷吹罐下部压力 p_T 和载流气体管道压力 p_1，若 p_T-p_1 急增并超过某规定值，意味着煤粉在 A 点阻塞（喷嘴阻塞），输送管道中煤粉不流动；若 p_T-p_1 出现负值，则煤粉在 B 点阻塞（输送管阻塞），此时不仅影响喷吹罐压力控制，而且一旦喷枪无气体流动就会烧坏，故要迅速打开冷却阀、关闭喷枪阀以保护喷枪并报警。

（5）气体混合控制。为了防爆，必须采用低氧浓度的气体（空气与氮气混合）作为喷吹罐及中间罐的加压气体，为此要设置氮流量控制回路。为了稳定氮和压缩空气压力，各自设有压力调节回路，并当压力过低时报警和停止自动喷吹。

（6）其他检测。如仪表空气、冷却空气和混合气体等的温度、流量、压力等检测。

D 喷煤安全联锁系统

煤粉是易燃易爆物质，尤其是烟煤，因此煤粉的制备及喷吹整个过程都应有安全联锁保障；同时，由于喷煤与高炉有着密切的关系，通常情况下不能随意停喷。因此，保证喷煤安全、稳定非常重要。为了消除火源，必须防止产生静电，要求工艺设备有可靠的接地；另外，在极端情况下为了不致造成重大损失，工艺应设置必要的防爆膜，以控制事故发生在局部。

2.3.2.4 煤气净化检测和自动控制系统

煤气净化系统有湿法和干法之分。

A 湿法煤气净化控制系统

大中型高炉大都采用湿法煤气净化系统，它由重力除尘器后的一级文氏管洗涤器（1VS）、二级文氏管洗涤器（2VS）组成。由重力除尘器来的煤气进入1VS进行煤气的粗除尘，通过1VS后再进入2VS做进一步除尘。在高炉休风时为了切断炉顶煤气，在1VS设有水封切断阀操作，除此以外，1VS、2VS的控制方式相同。其控制系统如下：

（1）文氏管洗涤器水位控制系统（见图2-22）。文氏管（VS）水位控制是通过水位控制阀、紧急排水阀、紧急切断阀来实现的。为了提高文氏管水位检测的可靠性，每级文氏管均设置了两台隔膜密封型压差变送器，其输出信号通过水位选择开关来选择，选择的信号输入文氏管水位调节器（LIC）及三个报警设定器（LA）。水位调节器的输出信号直接送到油压执行器上的电液转换器（I/H），这样，调节器即按指定水位控制水位调节阀。当由于某种原因水位控制不好，使水位上升或下降超过报警设定器的上、下限设定值时，可通过顺控回路分别打开紧急排水阀或关闭紧急切断阀。1VS的两台变送器中，一台变送器由于用作水封时的水位检测，因而扩大了量程，但为了还能用于水位控制，需对该变送器的量程进行压缩处理。因此，将该变送器的输出接到一个匹配器上，以便和另一台变送器进行量程配合。1VS还设有一台水封报警设定器，当水封水位异常时，通过顺控回路报警。水封设有"水封/通常"切换开关，此开关由"水封"转为"通常"后，在水封水位到通常水位的下降过程中不报警。

（2）文氏管洗涤器压差控制系统。1VS、2VS喉口分别设有可调闸板，以控制1VS、2VS煤气入口和出口的压差一定。文氏管喉口压差是通过煤气入口处的喉口阀来控制的（见图2-23）。压差信号经过调节器和电气设备来控制喉口阀动作。在电气设备中把调节器的输出信号和阀位信号通过平衡继电器进行比较，然后输出一个信号使电动机正转或反转，以此来驱动喉口阀开大或关小。这样，从调节器的输出到喉口阀的动作就出现了滞后，为了消除这一不工作区，应选择带有死区的 PID 调节器。一般是由调节器来控制文氏管的煤气压差，但在需要进行手动操作时，调节器的输出要跟踪手动操作器的输出。为了防止 1VS 煤气入口和出口（2VS 煤气入口）的检测点被灰尘堵塞，要进行氮气吹扫；同时，需要对检测出的喉口压差进行补正。

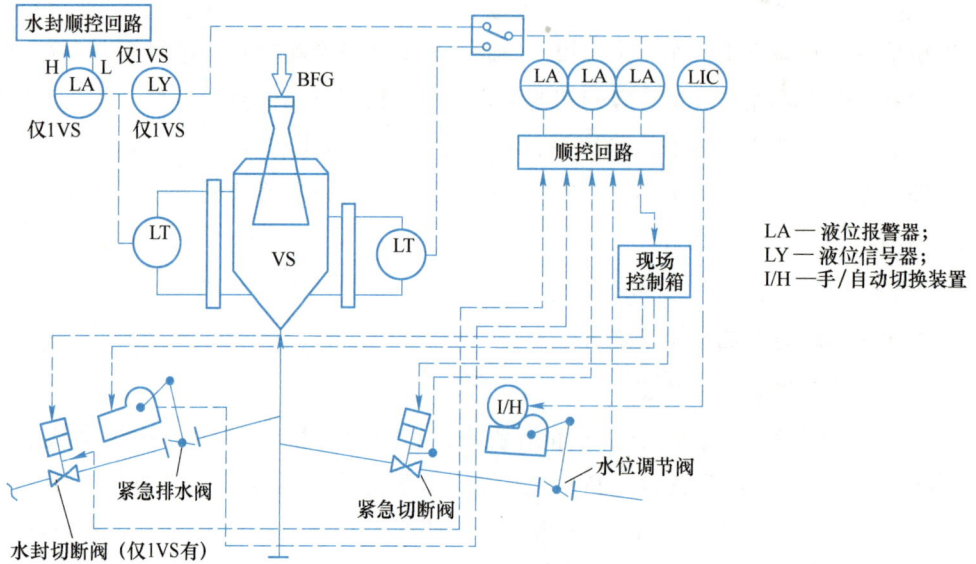

图 2-22 文氏管洗涤器水位控制系统

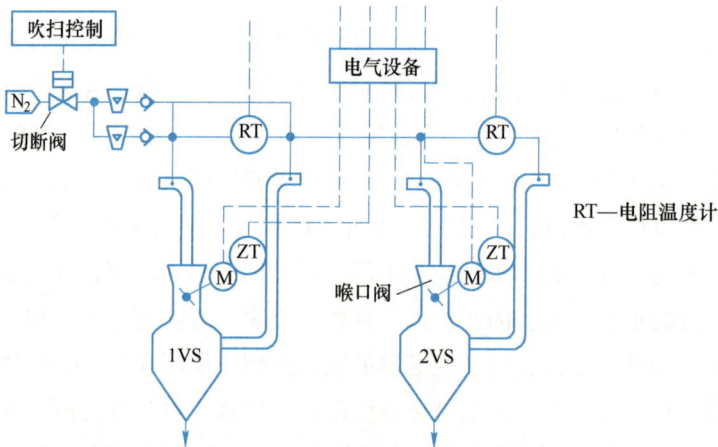

图 2-23 文氏管洗涤器压差控制系统

B 干法煤气净化控制系统

目前工业应用的干法煤气除尘方法有两种，即布袋除尘和电气除尘，下面以布袋除尘为例进行介绍。

布袋除尘器具有除尘效率高、运行稳定、节能、投资省、生产运行费用低和解决环保问题等优点。布袋除尘器的除尘效率在 99% 以上，阻力损失小于 500 Pa，净煤气含尘量可达到 5 mg/m³ 以下。布袋除尘器的高效率和低压力损失是毋庸置疑的，但其目前主要用于小型高炉（国内 350 m³ 级以下高炉的煤气除尘，90% 以上采用布袋除尘技术）而未能在大型高炉煤气除尘中占主导地位（太钢、攀钢、首钢等 1000~2000 m³ 高炉也在试用布袋除尘器，经过改进和完善，其运行效率大幅度提高），主要原因在于设备的可靠性和对高炉操作参数变化的不适应性两方面。

布袋除尘系统由重力除尘器（和湿法的相同）、温度调节器和布袋箱体组成。温度调节器是为了保证布袋除尘器能够正常地工作而对煤气温度进行控制，一般要求进入布袋前的煤气温度高于 80 ℃、低于 200 ℃。因此，在重力除尘器与布袋箱体之间设置了煤气升降温调节器。其工作原理是：当煤气温度低时，利用高炉自身净煤气燃烧以加热散热管，再将热量传给煤气达到升温的目的。当煤气温度过高时，利用风机鼓冷风以冷却散热管，使煤气温度降低，有些厂也采用喷雾降温的方法。对于小高炉，煤气经过重力除尘器后一般温度不会过高，故大都不设温度调节器。

布袋箱体有多个（见图 2-24），其工作原理是：含尘煤气进入布袋，布袋以其微细的织孔对煤气进行过滤，煤气中的尘粒附着在织孔和布袋上，并逐渐形成灰膜，当煤气通过布袋和灰膜时得到净化，随着过滤的不断进行，黏附在布袋上的灰尘增厚，为使黏附在布袋上的灰尘脱落，将净煤气从与含尘煤气相反的方向引入布袋进行"反吹"，反吹（近年来又发展为脉冲振动除尘法）后的灰尘降落在吊挂布袋的箱体中，经灰斗、卸灰及输灰装置排出外运。

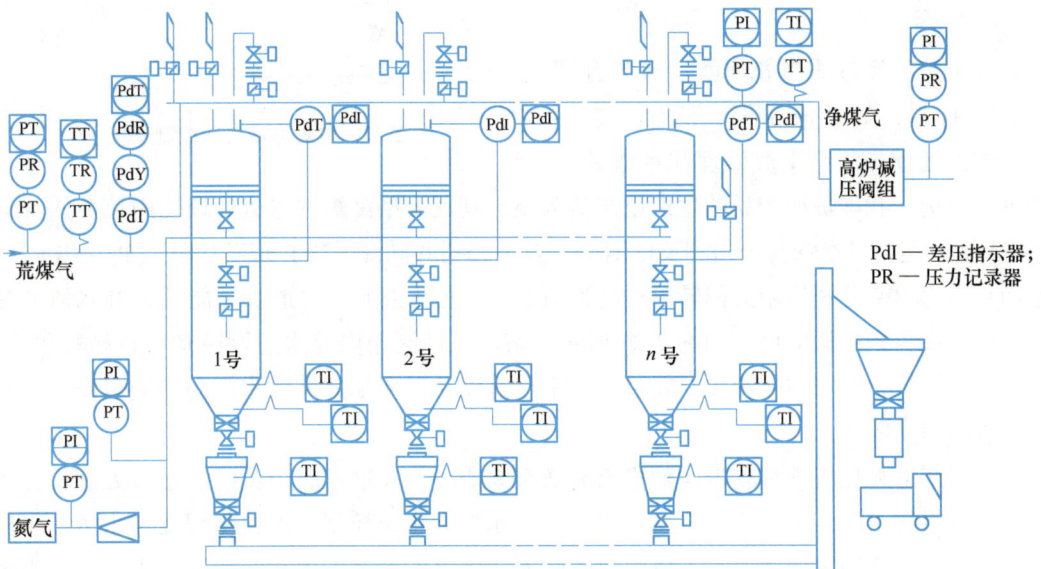

图 2-24　布袋除尘监测系统

布袋除尘的控制包括监测和反吹两大部分。布袋除尘监测参数包括：荒煤气温度和压力，荒煤气和净煤气之间的压差，氮气总管减压阀前、后压力，净煤气总管压力和温度，减压阀组后净煤气总管压力，布袋箱体进、出口煤气之间的压差，箱体灰斗料位（即积灰高度，通过测温来表示），中间灰仓料位等。

此外，还设有煤气管路粉尘检漏装置。每个布袋箱体和煤气出口总管各设一个检漏探头，共用一台数据处理及显示器组成检漏系统，本装置由国内内蒙古电力研究所生产，并于 1995 年 8 月 8 日由呼和浩特市环保监测中心站对该检测仪进行检测对比，监测取样点设在 1 号箱体上，共进行了三次破袋和多次反吹试验。从检测数据可以看出，一旦净煤气粉尘含量超过报警值（$10 \ mg/m^3$），检漏仪立即发出声光报警，表示"布袋已破"。该煤气布袋除尘系统自动连续检漏仪在呼和浩特炼铁厂经过一年多的实际运行，已基本达到了安全、及时、准确检测布袋运行状况的目的，而且操作者在操作室就能发现破袋的目标，改善了检测条件，提高了煤气质量。

2.3.2.5 原料检测仪表控制系统

原料称量包括块矿、烧结矿、杂矿和焦炭的称量，有关各种炉料重量的设定值是按工艺需要由人工或计算机来设定的。图 2-25 示出了焦炭称量自动控制系统，当称量料斗进料重量达 95% 时，给料器减速；当重量达 100% 时，自动停车；当达 105% 时，发出报警信号。

2.3.2.6 高炉水渣检测和自动控制系统

高炉炉渣经过适当处理就可成为有用的建筑材料，如矿渣水泥、渣砖、渣棉等，炉渣处理方法有干渣处理和水渣处理

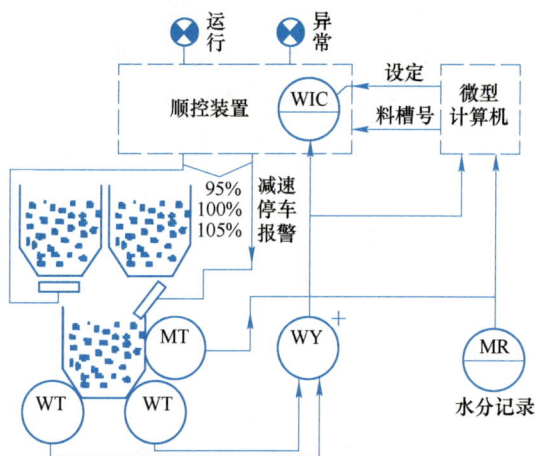

图 2-25　焦炭称量自动控制系统

两种。目前，我国炉渣产品的生产以水渣为主。现代大型高炉的水渣处理均用拉萨法（即 RASA 法，是由日本钢管公司和英国 RASA 贸易公司共同开发的）或英巴法（即 INBA 法，是由卢森堡 PW 公司研制的回转筒过滤冲渣法）。英巴法由于占地少、能耗低和水渣质量高等优点而得到广泛应用，如图 2-26 所示，熔渣在冲制箱内经水急剧冷却、机械粒化后，沿转鼓转轴进入脱水转鼓脱水，转鼓边沿上设有网孔以便于向外滤水，向内通以高压水和空气吹扫以防阻塞。

滤水后的粒化渣落到胶带运输机上，送至集渣斗。宝钢三高炉英巴法水渣处理检测和自动控制系统见图 2-27，主要有水量、压力、水温和水位控制。因粒化程度与水量、水压有关而设低限报警，转鼓里的水位可反映转速，国内外大多采用吹气法测量水位。转鼓转速影响成品渣的质量，若太快，脱水不充分，渣中含水太多；若太慢，转鼓容易过载。驱

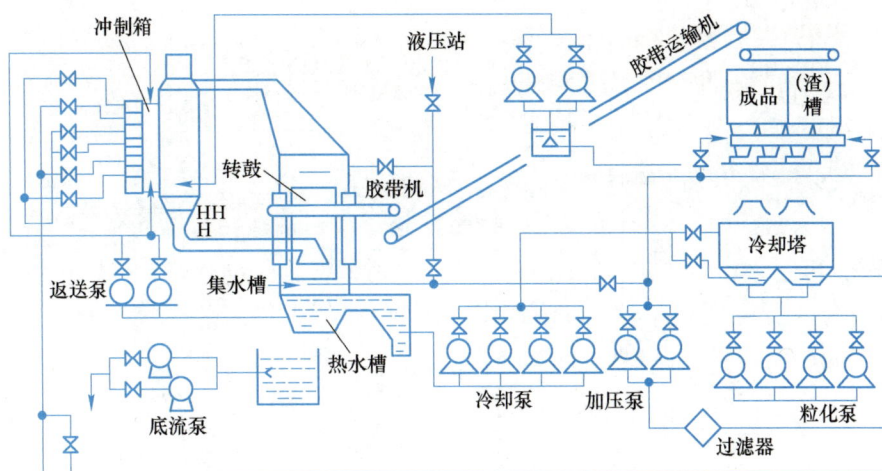

图 2-26　英巴法制水渣工艺及设备流程示意图

动转鼓旋转的装置有电动机和液压马达两种，卢森堡 PW 公司采用液压马达，液压马达的油压力反映了负载的大小，根据油压和转鼓内的水位控制转速。

2.3.2.7　给排水检测和自动控制系统

炼铁厂的给水主要用于高炉热风炉的冷却、高炉的清洗、鼓风机的冷却、铸铁机及其产品的冷却、炉渣的粒化处理及水力输送等方面。此外，还有一些用水量较少或间断用水的地方，如煤气水封用水等。

根据其在使用过程中的作用，水可大致分为以下四种：

（1）设备间接冷却用水，主要是净循环水、纯水循环系统，作用对象是高炉炉体，包括炉腹、炉腰、炉身和风口冷却等。净循环水由于在冷却塔喷淋等过程中会破坏各种离子物质的平衡，形成水垢和腐蚀管道，需加药平衡。

（2）设备及产品冷却直接用水，其用途包括高炉炉缸的喷水冷却、高炉生产后期的炉壳直接喷水冷却、铸铁机及铸铁块的喷水冷却等。

（3）生产工艺过程用水，如高炉煤气洗涤用水及水冲渣用水等。

（4）其他杂用水。

高炉冶炼是连续生产过程，给水对高炉炉体的冷却是至关重要的。高炉给排水的特点是循环率高、串级使用、安全供水以及循环水的水质稳定。

高炉给排水自动化包括检测和电气传动控制两大部分。煤气净化有湿法和干法之分，大型高炉大都使用湿法除尘，小型高炉则大都使用干法除尘，且大、小型高炉给排水管路规模不同，给排水检测也有很大的区别，但主要是数量和检测点不同。给排水的检测主要是指温度、流量、压力、水位等参数的检测。

图 2-28 及图 2-29 示出了高炉给排水的代表性检测系统，对于湿法除尘，还设有沉淀池等设备及水位、一文送水管电导率计、沉淀池出水口 pH 值等检测系统。

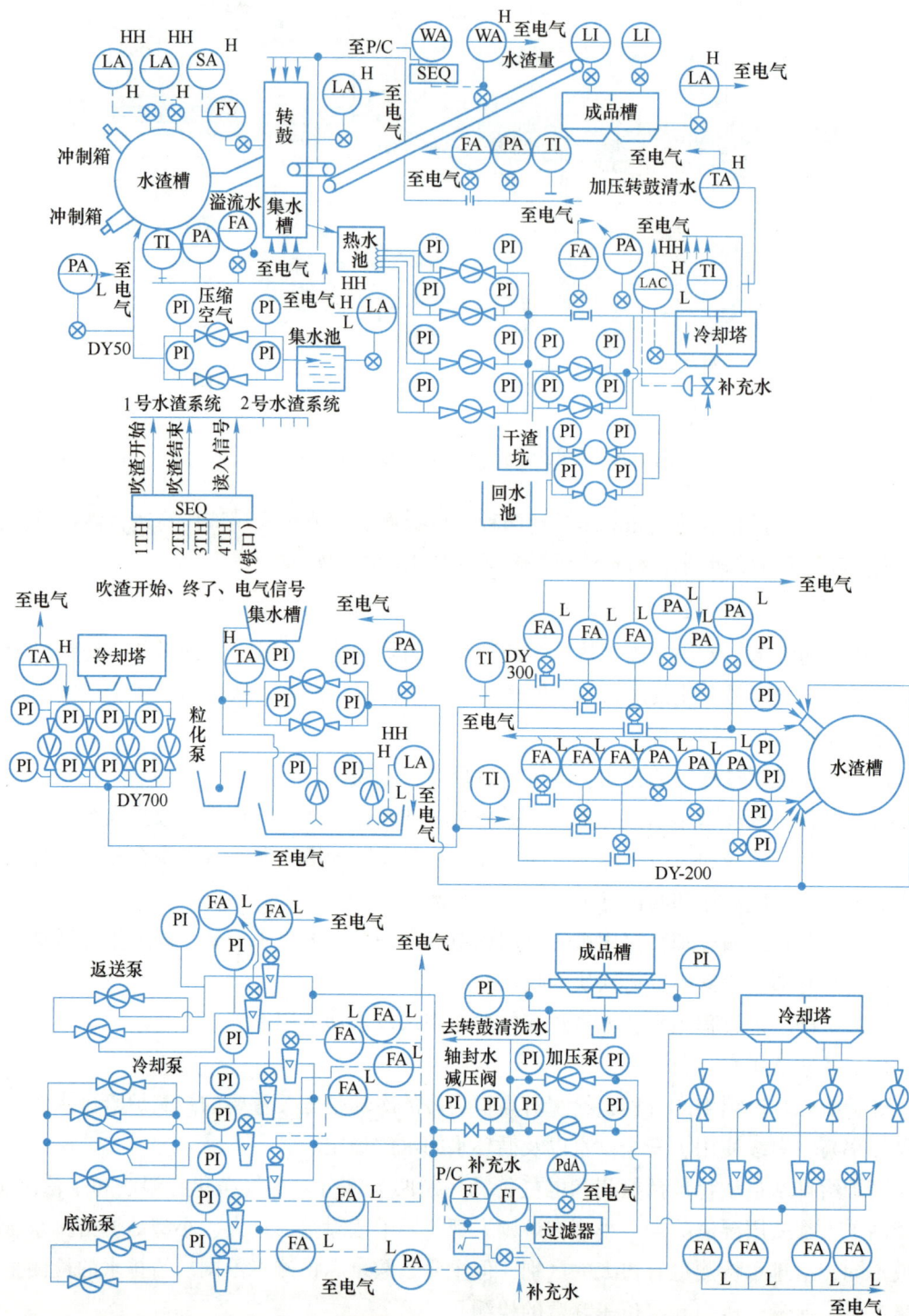

图 2-27 宝钢三高炉英巴法水渣处理检测和自动控制系统

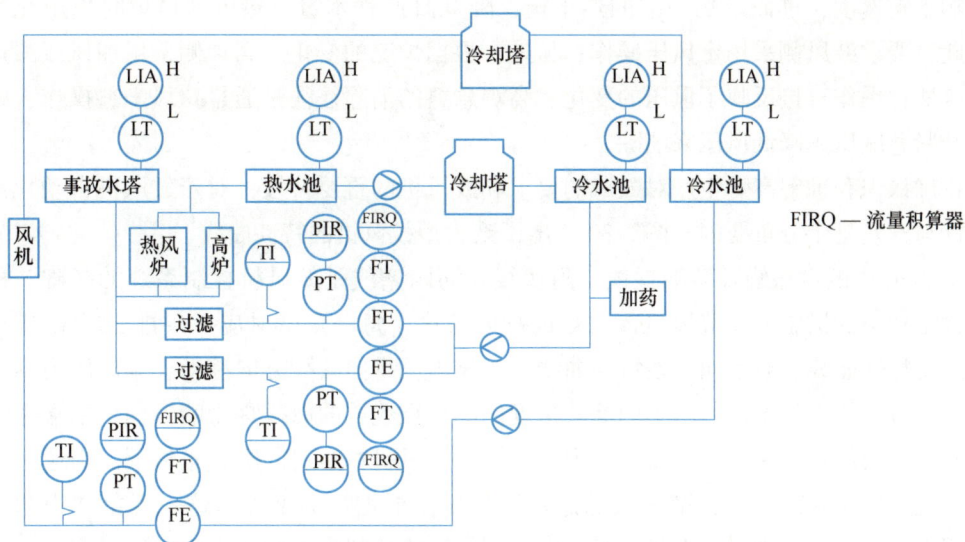

图 2-28　循环水检测系统

2.3.2.8　高炉炉顶余压透平发电装置检测和自动控制系统

回收高压的高炉炉顶压力具有很大的经济意义，如一座 4000 m^3 高炉可回收能量17 MW，为鼓风机耗能的 1/4~1/3。

高炉炉顶压力的回收方法通常是利用高压煤气推动透平进行发电，主要有以下三种：

（1）部分回收方式，使通过透平的煤气流量比高炉最小煤气流量还要小，炉顶压力由减压阀组来控制。

（2）全部回收方式，高炉炉顶压力由透平调速阀控制。

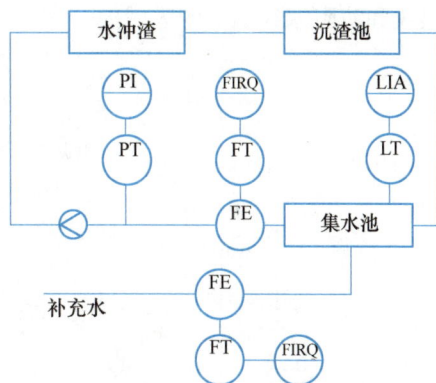

图 2-29　水冲渣给排水检测系统

（3）平均回收方式，使通过透平的最大设计煤气流量为高炉煤气量波动幅度的平均值，炉顶压力由透平调速阀和高炉减压阀组来共同协调控制。

2.3.2.9　高炉鼓风机检测仪表自动控制系统

大型高炉采用轴流式风机，与离心式风机相比，它具有容量大、重量轻、占地面积小的优点；而且其特性曲线较陡，负载压力波动时风量接近不变，更适合于高炉定风量操作。高炉鼓风机过去主要由汽轮机驱动，近年来大多用同步电动机驱动。

高炉生产操作与鼓风操作有着十分密切的关系。高炉生产要求比较稳定地供风，以满足冶炼所需要的氧量；为了托住炉内料柱和克服料柱的气阻，要求有一定的风压；高炉正常生产时要求定风量操作，以保证高炉炉内温度和煤气流稳定，若风量有较大的波动会直接影响下料速度，进而影响炉缸的热平衡，降低日产铁水量。热风炉换炉时采用充风操作，此时要求鼓风侧采用定风压操作；另外，根据炉况的变化，高炉侧采用加风或减风操作，这两种操作直接反映了风压的变化。高炉悬料的消除往往是通过拉风坐料操作，即通过打开紧急减压阀降低风压来消除。

正确认识和理解高炉生产对鼓风的要求和鼓风机的重要特性，对于鼓风机自动化系统的设计与开发是十分重要的。图 2-30 示出了某大型鼓风机的特性曲线。

图 2-30 中的喘振线及防喘振线、阻塞线及防阻塞线是鼓风机控制系统的基础。控制风机输出功率的措施是调节风机入口处的静叶角度，每一角度对应一条排出风量-排出压力的静态特性曲线。对于同一条特性曲线，当排出风量向减少方向移动、排出压力到达一个临界点时，将发生喘振。由不同静叶角度的临界点连成的曲线称为喘振线，以喘振线为界，左上方为风机的喘振区，右下方为非喘振区。风机在给定的吸气条件下，当通过第一级的气流速度达到声速时，第一级的流量不随压差的增加而增加，这一现象称为初级阻塞。同理，在末级当排气压力降低时，气流因膨胀流速超过声速而发生末级阻塞现象。风机产生阻塞时流量压力各点的连线称为阻塞线，阻塞线右下方为阻塞区，左上方为非阻塞区。风机不能在喘振区和阻塞区运行，因为在喘振区鼓风机会发生危险的振荡，阻塞时叶片前后压差很大，这对鼓风机的安全运行不利。为使风机安全运行，工作点应当处于由防喘振线和防阻塞线围成的区域内。

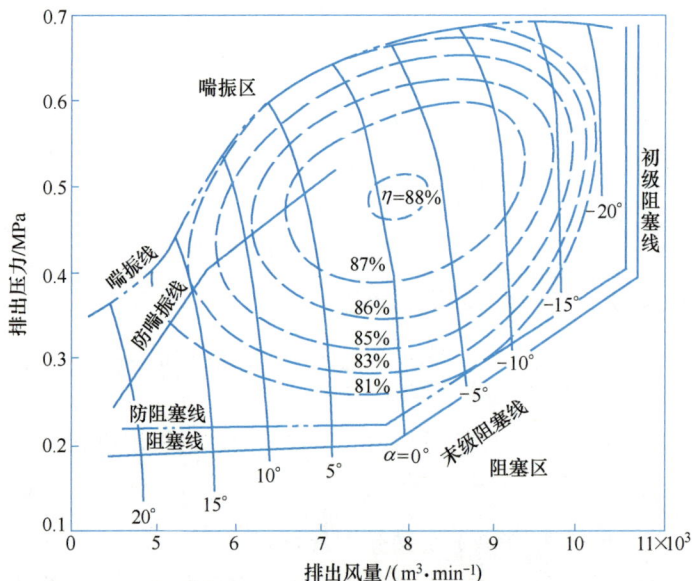

图 2-30 某大型鼓风机的特性曲线

α—静叶角度；η—效率

（1）防喘振控制系统（见图 2-31）。防喘振控制的实质是使风机运行在对应流量下的喘振线下方，当由于某种原因风机运行工况点接近该线时，自动发出报警信号以提醒操作人员注意。在图 2-31（a）中，吸入风量经温压补偿后进入折线函数单元 FX，按照防喘振线表示的函数关系计算出相应流量下的最高排出压力，作为控制器的设定值 SV，而排出压力作为测量值 PV，当 PV 值不小于 SV 值时放风阀就打开。放风阀的动作原理如图 2-31（b）所示。对于大型鼓风站，由于放风量变化范围大，而且要求动作快，应设置主、副放风阀。当设置有主、副放风阀时，应实行分程控制，分程的取值范围视工艺要求而定。副放风阀采用快速响应的小型阀，容量小，响应要求快，以求得放风的平稳。只有在紧急状态，如喘振已经或将要产生时才启动主放风阀。对大型高炉的轴流式鼓风机而言，其分程取值可设为调节器输出的 40%。根据分程取值范围，由图 2-31（a）中的 FB 实现分程控制。喘振的主要现象是排出压力变化极大，即 $\Delta p/\Delta t$ 大于规定值，此时应根据联锁切换到紧急放风状态。

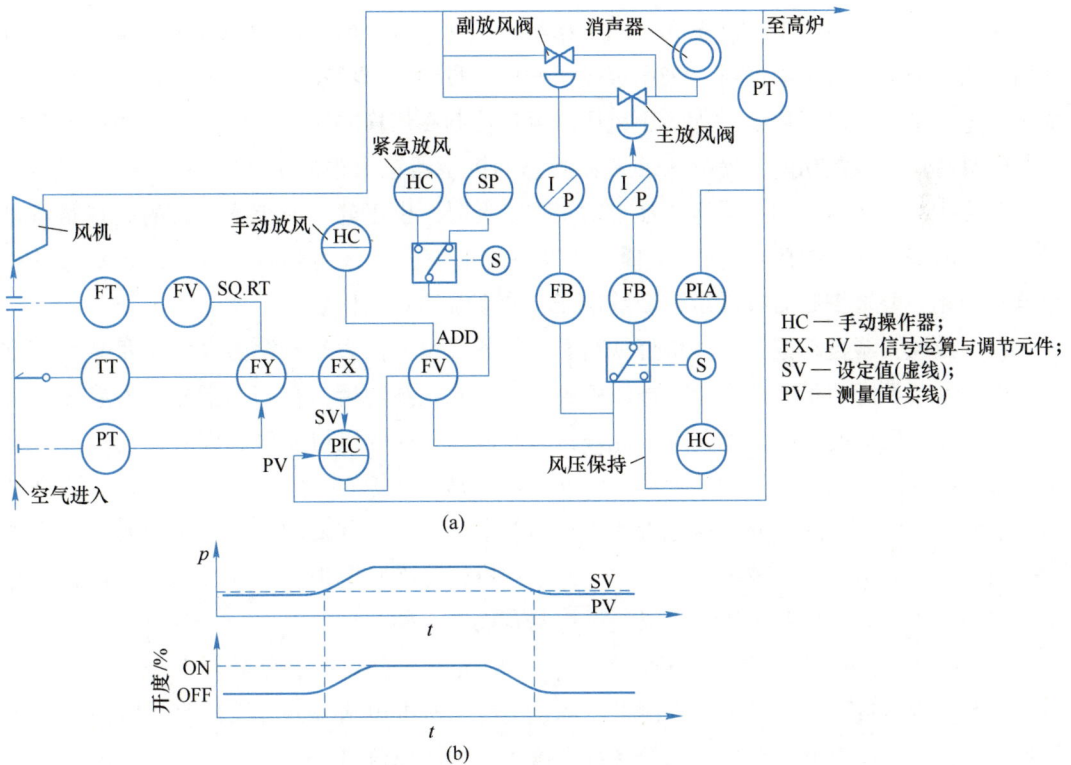

图 2-31　防喘振控制
（a）系统图；（b）放风阀动作曲线

　　（2）防阻塞控制系统。吸入风量经温压补偿后，作出相应流量下的最低压力与风机出口压力的函数关系，将得出的相应流量的最低压力作为防阻塞控制器的设定值，风机排出压力作为测量值。当风机正常运行时，测量压力（PV 值）大于设定压力（SV 值），防阻塞阀打开；当风机工作点低于设定压力时，自动关闭阻塞阀，从而使风机恢复正常工作。

　　（3）风压保持控制系统。在非正常运行的情况下，如电动机突然跳闸而使鼓风机失去动力，或根据联锁要求开启放风阀而使风机处于紧急放风状态时，风压将急速下降，高炉煤气在原有压力的作用下有可能倒流进入风机管网系统，引起爆炸事故。为防止煤气倒流，应提供一段时间的安全风压，使高炉能及时进行休风操作，防止事故发生，这就是通常所说的风压保持控制。当管网压力低于安全设定值时，发出报警信号，并按联锁条件使放风阀接受 HC 的安全设定值，以保持整个管网系统在安全压力值。

（4）紧急放风减压控制系统。当高炉运行异常时需要立即降低风压，如人工坐料，根据高炉操作所需的风压改变风压控制器的设定值以进行减压控制。正常运行时，风压控制器的设定值高于风机排出压力值，因此放风减压阀处于全闭状态。

（5）定风量、定风压控制系统。定风量操作时，以风机吸入或排出风量作为测量值；定风压操作时，以风机排出压力作为测量值，由选择开关进行选择。调节风机的静叶角度，以进行风压或风量的控制。定风量、定风压控制系统具有三种不同的工作状态，即定风量工作状态、定风压工作状态和自动工作状态。正常生产时，高炉要求定风量操作。当热风炉换炉或高炉人工坐料时，采用定风压操作。自动工作状态就是按照高炉生产周期性地进行定风量、定风压切换。为防止风压、风量控制在切换时产生冲击干扰，要求两个控制器均具有输出跟踪功能，使处于非工作状态的控制器输出跟踪工作状态的控制器输出，以达到无扰动切换的目的。同样，在自动工作状态时，由于处于非工作状态的控制器随着风机状态的变化使 PV 值不等于 SV 值，存在一定的偏差，在切换后风量会改变。为了防止这种变化，要求控制器有设定值跟踪功能，使系统稳定工作。

（6）鼓风脱湿自动控制。高炉炼铁需要很大的风量，而大气所含的水分（即湿度）随着昼夜和季节不同而不断地变化。鼓风中的水分被吹入高炉后，在高温下分解为氢气和氧气，这一吸热反应使炉内温度下降。此外，湿度波动造成的风口前区温度变化也成为高炉生产不稳定的因素之一。湿度的变化对生铁质量、燃料比等有着较大的影响，因此需预先除去部分鼓风中所含的水分，这是近代大型高炉生产操作中重要的一环。现代大型高炉主要采用冷冻或吸附方法使鼓风脱湿，如宝钢采用机前冷冻脱湿工艺，空气经过过滤器在脱湿器内脱去水分后送往鼓风机。鼓风脱湿控制有以下 3 种：

1）冷冻机运转台数控制。在满负荷时，冷冻机全部启动；当负荷减少时，自动减少运转台数。冷冻负荷大小可由仪表测量，测量出冷冻机进出水温差并乘以水量即得出冷冻机负荷，将其与设定值比较，由顺控系统启停相应的冷冻机。

2）脱湿器温度控制。由于湿度与温度有一定关系，控制脱湿器的出口温度就间接地控制了湿度，通过 TIC 控制冷水或盐水调节阀来达到。当设定器 HC 的输入信号高于 SET 设定值时接点闭合，反之接点断开。操作人员拟选定冷水冷却时，应提高 HC 定值，使 SET 输出接点闭合，冷水调节阀处于受控状态，而盐水调节阀处于保位状态；当降低 HC 定值时，受控阀将为盐水阀，而冷水阀则处于保位状态。

3）冷冻机压力控制。由 PLC 执行，为扩大压力调节范围，采用分程控制。

（7）安全联锁装置。安全联锁装置有以下 3 种：

1）静翼角度联锁。当风机运行在定风量或定风压状态，若系统参数超过设定值的上、下限时，为确保安全生产，风机静叶被锁在原来的角度位置，参与联锁的具体条件和内容应视风机的具体条件而定。

2）氮注入联锁。当风机突然停电或因发生喘振而导致停机时，必须立即切断氧气阀（当风机入口设有富氧系统时）并注入氮气，以防止发生爆炸事故。发生喘振时，除一部分能量转换为机械能外，另一部分能量转换为热能，这样会使风机内温度升高，烧坏叶片。风机在运行时，若吸入压差过低、排出压力变化大或吸入氮气，经一定时间后自动关闭氮气注入阀。

3）富氧系统联锁。该装置只适用于风机入口设有富氧系统的场合。在发生喘振等异常情况时，需要立即切断氧气阀，同时注入氮气，以确保系统安全运行。

2.3.3　高炉炼铁电气传动控制

2.3.3.1　上料设备顺序控制系统

上料设备包括称量配料、向装料设备上料等设备。称量配料设备要求按高炉每批料中矿石、燃料、熔剂等的需要量进行称量和配料。称量设备有固定式的称量料斗、跑动式的称量皮带或称量车，现代高炉都是使用固定式的称量料斗。

原料从储料槽中通过可控闸门放料到称量装置上，按要求计量称量并配料后送往炉顶上料设备；从称量装置取料后，再经上料设备送往高炉炉顶，并装入炉顶装料设备。

上料设备分为料车式、料罐式及胶带式三种。料罐式上料设备是将炉顶装料设备和上料设备统一为一体的上料设备，其因上料速度缓慢已被淘汰。新建的现代大中型高炉都是采用胶带式上料设备，小型高炉及 20 世纪 60 年代以前建设的大中型高炉则使用料车式上料设备。

上料设备顺序控制系统是高炉自动化最重要的一环，如 4000 m^3 级高炉日产铁近万吨，装入原燃料近 2000 t，每运送一批炉料有近百台设备同时动作，故要求顺序控制系统绝对可靠、准确无误地运行。

A　胶带式上料设备顺序控制系统

图 2-32 示出了重钢 1200 m^3 高炉槽下、上料、炉顶系统的布置。

按设定图表称量焦炭、烧结矿和杂矿。焦炭称量过程为：被选取焦炭槽的振动筛动作，焦炭卸入 Y101 号胶带运输机，运送到焦炭转换溜槽（该槽可左右移动），将焦炭卸入左或右（1C、2C）焦炭中间料槽，该中间料槽装有称重压头用于称量，当达到给定重量的 95% 时振动筛减速，达 100% 时振动筛停止，记下实际重量，至此称量完毕，等候放料指令以便放料。振动筛筛下的粉焦由粉焦胶带运输机 Y102、Y103 送至碎焦仓。

同样，选取某烧结矿槽后，开动两台振动给料机，经烧结矿振动筛把烧结矿卸入称量料斗，当重量达设定值的 95% 时先停一台给料机，达 100% 时停另一台给料机和振动筛，至此称量完毕。杂矿称重与烧结矿类似，但无振动筛。通常，除空置或检修某个料槽外，各矿槽的称量料斗都是装满称重完毕的炉料而待机卸料的。放料时打开该料斗的排出闸门，矿石落入胶带运输机，当该料斗重量降到设定重量值的 5% 时就认为放料完毕，关闭排料闸门，并记下放出量及其与规定值之差，将此差值（未放出残余量）加在下次称量值

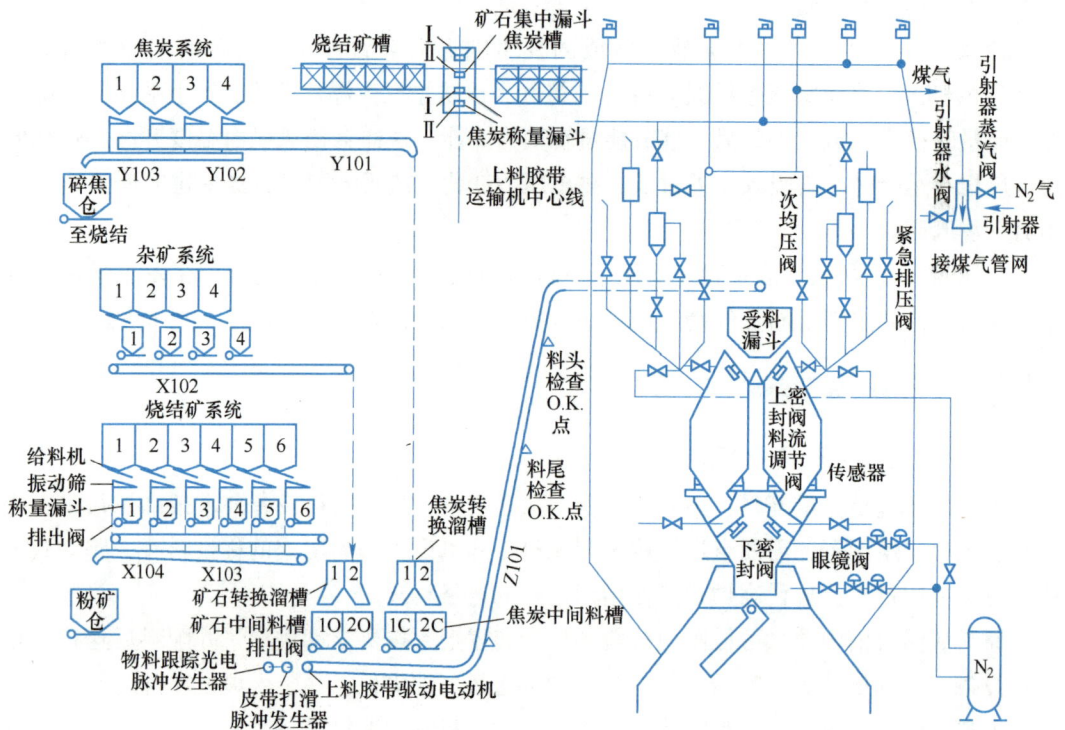

图 2-32 重钢 1200 m³ 高炉槽下、上料、炉顶系统的布置

上以补正批重误差。胶带运输机把矿石送至矿石转换溜槽而卸入矿石中间料槽,当按设定把炉料送至中间料槽后,将按规定顺序分别把矿石和焦炭中间料槽的排出阀门打开,从而把炉料放入主胶带运输机 Z101 上并运至炉顶。主胶带运输机在不同位置设有料头、料尾检测 O. K. 点,带有接点信号器,有压头式和布帘式两种,后者是利用胶片做成可转动的帘,当炉料到来时触及帘使之转动,从而带动微动开关发出接点信号。该批炉料料头到达炉顶料头检测 O. K. 点后,若炉顶设备未准备好,则停止主胶带运输机。料尾检测 O. K. 点主要是检查即将入炉的该批料是否结束,并作为记录料批之用。

重钢 1200 m³ 高炉上料系统的工艺要求为:

(1) 装料制度有 M、N、P、Q 四种基本形式,即 CC↓OO↓、C↓C↓O↓O↓、C↓C↓OO↓、CC↓O↓O↓("C"表示焦炭,"O"表示矿石);

(2) 小批周期程序,用来确定每批料中焦炭和矿石的上料顺序,并作为控制槽下放料的方式,其设 A、B 两种程序,各有 10 个位置可供选择,每个位置可任选 C1、C2、O1、O2 越位及空行;

(3) 装料周期程序,设 20 个位置,即最多 20 批,每个位置可任选 M、N、P、Q 四种装料程序中的任一种或越过,并允许在程序上加"空焦",恢复时继续回到中断前的正常料批周期程序;

(4) 放料程序,用来控制槽下设备的动作顺序,是根据高炉装料指令及预先选定的小批周期程序进行工作的，可分 A（块矿 4→3，烧结矿 1→2→3→4→5→6，熔剂 2→1）和 B（块矿 1→2，烧结矿 1→2→3→4→5→6，熔剂 3→4）两种排料方式，配料时只需填入各种炉料设定值。

槽下配料、放料和上料自动控制就是执行上述工艺要求，而且能方便选择和设定顺序及称量值等。现代高炉的上述系统均由 PLC 执行，通常由两台 PLC 来实现，一台执行本控制系统（简称槽下 PLC），另一台执行无料钟炉顶控制。

槽下 PLC 的功能如下：

（1）执行装料制度、小批周期程序、装料周期程序、放料程序和配料。它的软件是先编制成周期程序表（见表 2-1 及表 2-2），在显示器由操作人员用键盘填入符号"√"，再由 PLC 执行。

表 2-1　小批周期程序表

批数	A						B					
	C1	C2	O1	O2	越位	空行	C1	C2	O1	O2	越位	空行
001	✓	✓						✓	✓			
002			✓	✓								
⋮												
010									✓			

表 2-2　料批周期程序表

批数	M	N	P	Q	越位	批数	M	N	P	Q	越位
001	✓					011	✓				
002	✓					012		✓			
⋮						⋮					
010					✓	020		✓			

（2）运转控制。按上述功能设定顺序以控制槽下各设备（给料器、振动筛、排出闸门、转换溜槽和胶带运输机等）的动作顺序，如启停和开闭等，并执行各设备间联锁。把原料从槽下运送到炉顶的胶带运输机 Z101 是由四个电动机驱动的（见图 2-33），正常工作时四台电动机同时运转，当其中一台出故障时，其他电动机仍可正常运转，电动机启动顺序如下。

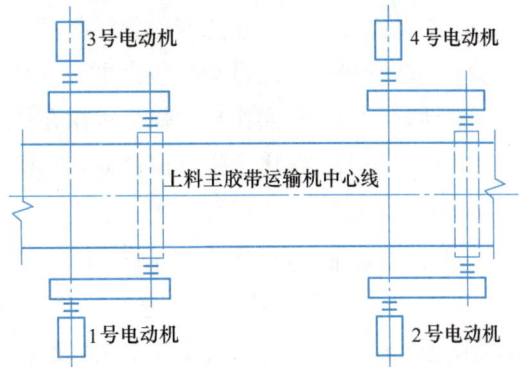

图 2-33　上料主胶带运输机的电动机布置示意图

1）四台电动机同时运转时，电动机启动顺序为：1 号→2 号→3 号→4 号；

2）当 4 号电动机出现故障时，电动机启动顺序为：1 号→2 号→3 号；

3）当3号电动机出现故障时，电动机启动顺序为：1号→2号→4号；

4）当2号电动机出现故障时，电动机启动顺序为：1号→4号→3号；

5）当1号电动机出现故障时，电动机启动顺序为：3号→2号→4号。

每台电动机启动间隔为3s，1号电动机启动3s后启动2号；当2号启动2s后制动器（抱闸）全部松开，再过1s后启动3号；又过3s后启动4号。当4号出现故障时，1号电动机启动3s后启动2号；2s后，1号、2号、3号制动器松开，再过1s后启动3号。其余类推。上料主胶带运输机是按单独程序运行的。

（3）原料跟踪。为了监视槽下、上料系统各设备运行情况以及跟踪矿、焦等原料走行及其位置，通常设有这些系统的模拟盘或由显示器屏幕显示，这些动态显示通常由各设备的启停和位置开关来传送。对于焦、矿等位置动态跟踪，可由两种方法来达到：一是硬件法，依靠各胶带运输机装设的脉冲发生器随运输机转动发出脉冲以及各闸门放料开始时间，判别原料到达的位置；二是软件法，当放料后即计时，模拟胶带运输机运转速度而计算原料到达的位置。

（4）料批重量和焦炭水分补正。由仪表系统和PLC共同执行，互为备用。

（5）通信。与炉顶PLC以及过程计算机、DCS等通信。

（6）显示打印。这包括各种工艺设备等画面以及装料报表和故障报警打印。

为了使装料胶带和炉顶系统的动作顺序具有更好的一致性而发出动作及点检指令，故设有A、B两种计数器，前者控制设备为探尺、下密封阀等；后者控制设备为上密封阀，移动受料斗，一次和二次均、排压阀等。两计数器计数步进为1s，进行下述控制：料线测定，确定各料斗内、上料主胶带、炉顶料斗内有无炉料，各设备动作及均、排压控制，点检，使装料系统有条不紊地依次通过放料料斗、装料主胶带、炉顶设备，将炉料装入炉内。

当探尺到达规定料线时，解除"等待装料"并变为"装料OK"，由A计数器控制矿石集中料斗的排料闸门和炉顶设备等进行装料。

整个系统各设备的操作方式有以下四种：

（1）自动操作，按预先选择的装料程序使各设备自动运行；

（2）半自动操作，以自动操作为主，仅对必要设备改为手动操作；

（3）遥控手动，在操作台上执行，仅在休风、处理事故和试运转时使用；

（4）机旁手动，仅用于生产前试运转、矿槽内清扫、处理紧急事故等。

B　料车式上料设备顺序控制系统

a　上料设备布置及其顺序控制

图2-34为料车式上料设备示意图，其配料与胶带式上料设备类似，矿仓内的物料经振动筛或振动给料机后，按料单规定送称量料斗称量以后放料，由相应的皮带送到地坑带称量的料斗内；焦炭没有中间称量料斗，直接送地坑焦炭称量料斗称量。地坑有左焦、左矿、右焦、右矿4个称量料斗。两台料车按生产要求，交替地将槽下各种物料由料车卷扬机沿斜桥提升到炉顶可移动受料小车内，先经炉顶上密封阀、储料阀、料流调节阀、下密封阀，再经布料溜槽，将物料均匀地布到炉内。

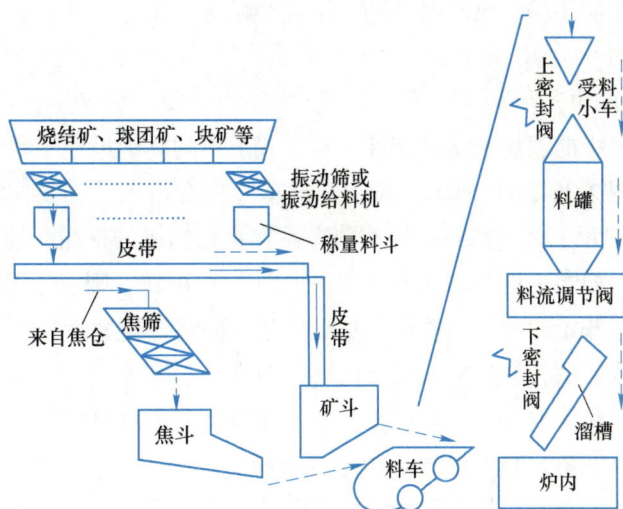

图 2-34 料车式上料设备示意图

对于小高炉，烧结矿、球团矿、焦炭均由振动筛来给料，杂矿则由振动给料机来给料，与胶带式上料设备类似，但由两个电动机驱动，各称量料斗以及地坑中左焦、左矿、右焦、右矿 4 个称量料斗的放料闸门的开闭是由液压驱动的，由电液推杆来开闭。

图 2-34 示出的料车式上料设备是典型的布置，某些高炉，特别是旧的高炉往往由于地方所限，每个矿槽不设各自的称量料斗，而是由地坑中左矿、右矿称量料斗来完成称量。

综上所述，料车式上料设备中的配料和炉顶与胶带式上料设备中的配料和炉顶类似，故整个上料设备的顺序控制与胶带式上料设备相类似，相应设备的联锁也是相同的；主要的不同在于料坑和料车部分，料车式上料设备用斜桥料车代替上料胶带运输机，但"等待装料"等都是类似的。与胶带式上料系统类似，程序的关键是料批程序，它用来确定每批料中矿石和焦的装料顺序，并作为下称量料斗供料的方式。

以某钢铁公司 2 号 350 m³ 高炉的程序控制系统为例，它设 A、B、C、D 四种料批程序，每料批程序设 6 个车次位置，且每批料最多只能由 6 车组成，每种料批程序 6 个位置中的任一位置均可选择各种供料方式、空行中的任一项。料批周期程序用来确定按 A、B、C、D 四种不同料批的组合而形成的一个大循环过程。料批周期程序设 10 个位置，每个位置可任选四种料批中的任意一种，并允许能在周期程序之外附加焦（也与大中型高炉胶带机上料相同，在显示器上显示表格，可选，然后由 PLC 执行），恢复时应继续到中断前的正常料批周期程序。配料程序用来确定每车料的组成，亦即控制槽下设备的动作，然后把待装炉料放入左焦、左矿、右焦、右矿中，最后再放进料车中运送到炉顶。现就左焦、左矿、右焦、右矿选中哪一个放入料车的程序段作以介绍。当料单设定中没有空车时，若料批指针指向焦，由于焦炭不分左右，则若左车到底且左焦斗满、延时时间到，发左焦选中信号，右车相同。若料批指针指向矿，由于矿石种类不同而有左右之分，当指向左边的矿时，若左车到底且左矿斗满、延时时间到，则发左矿选中信号；此时若是右车到底，则发空车信号，右边相同。

　　b　上料卷扬机的电气传动

　　(1) 料车式上料中的卷扬机运动特性。料车式上料的高炉采用平衡式高炉卷扬机。卷扬机的运动系统如图 2-35 (a) 所示，当一个料车（如右料车）在料车坑内时，另一个料车（左料车）就在炉顶上处于翻倒位置。料车系在主卷扬机的钢绳两端。每个料车的两根钢绳绕过三个导轮，如卷筒沿顺时针方向（"向前"）旋转，则右方钢绳将绕上，而左方钢绳则松下。两料车开始运动并当右料车达到炉顶上的终端位置时，左料车就降到料车坑内并停下装载。装载好后，卷扬机向反方向（"向后"）启动，左料车升到炉顶，右料车降到车坑内。为了把料从料车卸入受料小车中，在斜桥上部两根向下弯的主轨外侧敷设两段辅轨，辅轨与主轨平衡。卸料辅轨起初与主轨位于同一平面，然后向上升到主轨上面。当料车达到轨道的卸料段时，料车前轮沿主轨前进；料车后轮的外凸缘两边都有轮缘，因此它用外轮缘沿辅轨前进。这时，料车车身后端抬起，把物料倒入受料小车中。空料车在车身重量的作用下落到主轨道上，并且开始下降。卷扬机运行是可逆的，其运动曲线应分加速、等速和制动三段（见图 2-35 (b)）来研究。这时，必须考虑料车卷扬机的下述工作特点：空料车由翻倒位置回到轨道的直线段上是依靠本身重量实现的，所以钢绳和卷扬机的速度应与料车下降的速度相符；否则，若卷扬机速度太大，则卷下的绳段可能松弛并随后发生不希望出现的冲击，这种冲击能使料车翻倒或使钢绳断裂。故当荷载料车驶近卸料曲轨段时，速度应降到 1 m/s（见图 2-35 (b)），以免在车轮走上该曲轨段时发生冲击，因为在此段上料车的位置是不稳定的，可能脱轨和翻倒。此后速度则降到 0.5 m/s，这时电动机断电，并且机械制动器发生作用，使卷扬机在卸料料车的终端位置上准确停下。

　　(2) 变频调速的应用。料车式上料卷扬机过去都是使用直流电动机驱动的，电动机功率因高炉容量的不同而不同（为 100~600 kW）。近年来大都使用交流电动机驱动，使用数字式变频调速，一般使用两台，一用一备，由 PLC 控制（作为配料、上料顺序控制的一部分，即在料线下降到规定值时向 PLC 发出上料和装入信号）。有三种设定速度以适应上述料车式上料中卷扬机的运动特性，按不同位置输入 PLC，全自动时 PLC 将输出相应的控制信号，送数字式变频调速以改变速度。图 2-36 示出了 300~400 m³ 级高炉（如沙钢、北台、平山等钢铁厂的高炉）上料卷扬机的变频调速系统，料车交流电动机为 380 V、三相、220 kW，使用一台 380 V、三相、5.5 kW 的冷却风机和两台 380 V、三相、0.55 kW 的料车制动器。采用西门子公司的 6SE70 全数字交流变频调速供电装置，一备一用，通过电源切换柜的三刀双掷刀开关完成备用切换，并采用能耗制动方式，配置制动单元和相应的制动电阻。在每个变频器采用一台小 PLC 来完成基本联锁及控制，减少主 PLC 与变频器之间的接线，使料车的控制自成系统，以提高整个系统的可靠性。由 6SE70 装置中的抱闸专用控制功能来实现料车运行中的抱闸控制及联锁控制。

　　料车定位由绝对值编码器来完成，信号是格雷码，以开关量的形式送给 PLC；速度反馈采用增量式编码器，脉冲信号送给变频器。变频器通过 Profbus-DP 与 PLC 联网。高炉

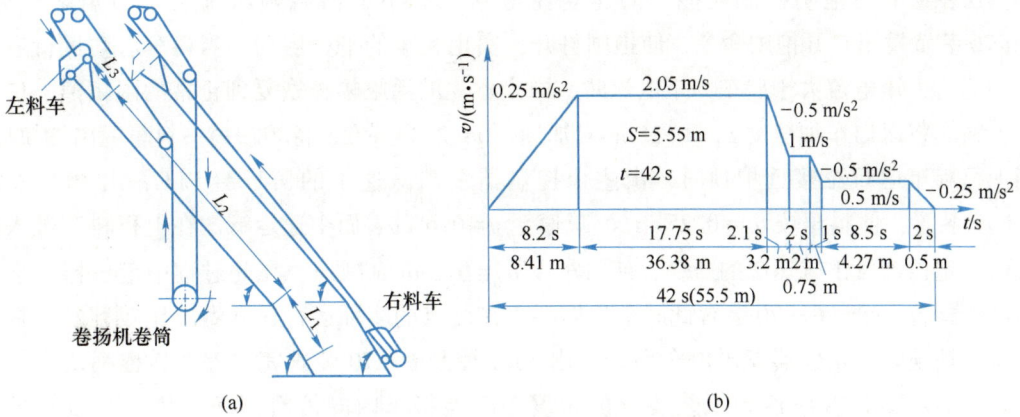

图 2-35　料车式上料中的卷扬机运动特性

（a）上料卷扬机的运动系统；（b）某高炉卷扬机的运动曲线

L_1—料车在料车坑中的最低位置（与右侧料车位置对应）；L_2—斜桥直线段；L_3—卸料段

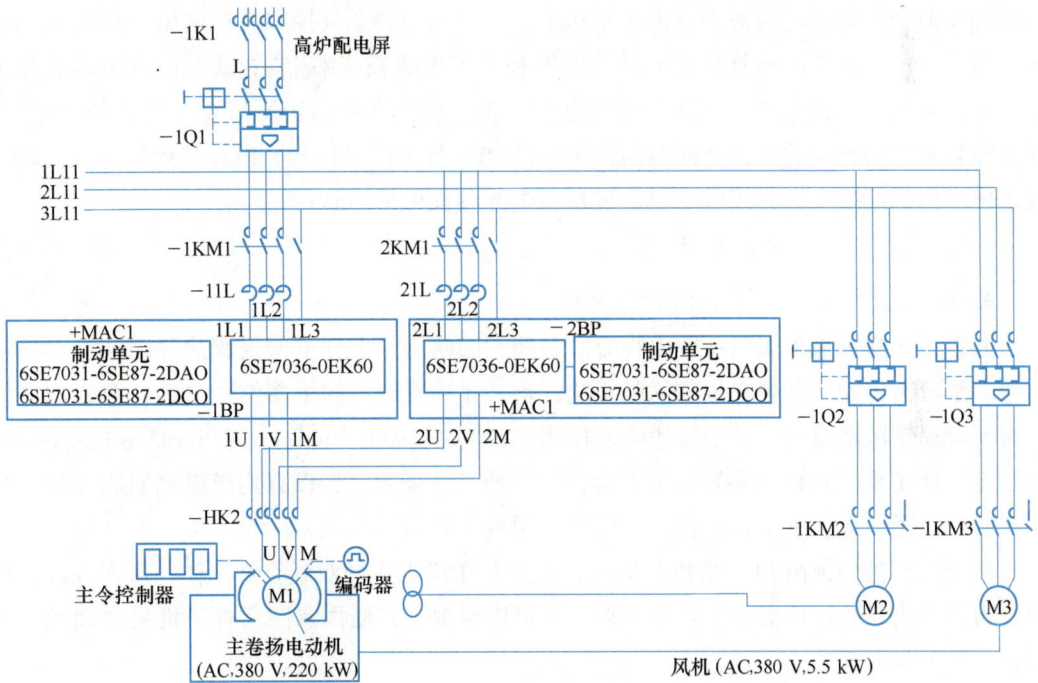

图 2-36　300~400 m³ 级高炉上料卷扬机的变频调速系统

卷扬料车的传统定位方式是采用机械式的主令控制器，由于在实际使用中有很多问题（如定位精度差，现场环境恶劣，机械触点容易氧化，位置发生变化后必须休风、跑几次空车以调整料车位置），故采用电子式编码器与 PLC 结合的方法对料车进行定位，通过数字面板来调整料车位置，如料车位置发生变化，只需在数字面板上改变料车位置的数值即可完成对料车的定位。以下将简述料车运行过程。料车在料坑底部（另一料车在顶部），待料装好后闭合闸门，由主 PLC 发出命令给变频柜，6SE70 装置在接到开车命令后解封。通过

6SE70 装置中的抱闸控制功能,由建立在抱闸状态下的活限幅给出启车力矩电流后,6SE70 装置发出打开抱闸命令,使抱闸打开,实现料车的平稳启动。当料车启动运行后所需的运行力矩电流大于启车力矩电流时,原来建立的活限幅将恢复到正常的限幅值。启车后,料车将以启车加速度 $a_1 = 0.25$ m/s² 加速至 $v = 2.45$ m/s。待炉顶另一料车退出辅轨后,当上行料车运行至接近炉顶时,由主令控制器发出减速 1 的信号给 PLC,由 PLC 发给 6SE70 装置,使料车按 $a_2 = 0.25$ m/s² 减速至 $v = 0.6$ m/s 而中速运行。在上行料车进入辅轨前,定位器发出减速 2 的命令,使料车以 $a_3 = 0.2$ m/s² 减速,在此过程中定位器还会发出低速检查命令,6SE70 装置此时会根据料车在此点的实际运行速度做出比较判断。料车运行至炉顶时,定位器发出停车命令,由 PLC 控制 6SE70 装置完成停车,抱闸闭合,此时料车的停车位置应达到工艺要求的角度,既能将车内的炉料倒净,又不会撞击极限弹簧。

(3)料车运行保护。料车运行保护包括速度检测、设备异常检测、松绳检测等。有松绳现象出现时,松绳开关会立刻给 PLC 发出信号,PLC 收到松绳信号以后立刻给供电装置发出停车命令,并同时向抱闸发出停车命令。一旦出现料车失控和飞车现象(所有使用卷扬上料的厂家,最担心的就是发生料车失控和飞车事故),测速装置就会向供电装置发出真实的速度信号,供电装置对速度信号进行鉴别,若发现与给定所需要的反馈信号不符,那么该装置就会自动关闭,并同时向控制它的 PLC 发出故障信号,PLC 接到信号以后马上发出停车抱闸的指令,并按程序设定进行断电等其他保护措施。

2.3.3.2 无料钟炉顶自动控制系统

A 并罐式无料钟炉顶自动控制系统

并罐式无料钟炉顶阀门系统中料流调节阀,眼睛阀,上、下密封阀的开闭和受料漏斗的移动是液力传动,并装有位置伺服系统;均、排压系统各阀采用气动驱动;布料溜槽的回转和倾动是电动驱动,其中溜槽倾动使用 VVVF(Variable Voltage and Variable Frequency,变压变频调速系统)调速装置,为了避免均压放散污染大气,设有均压煤气回收设施。为保证密封效果,上、下密封阀在工作周期内用氮气吹扫。

整个无料钟炉顶由 PLC 来执行控制,可进行单罐工作和双罐交替工作,可实现以探尺到位为启动信号的炉顶槽下全自动上料,也可以根据工长操作意图实现一批料自动或一罐料自动等分步上料。

为适应高压炉顶的需要,料罐均、排压系统设有高压操作或常压操作选择以及均压回收和排压放散等。操作方式分为"自动""手动"和"机旁"三种操作方式。控制功能如下:

(1)数据采集功能。PLC 将采集均、排压系统阀门和上、下密封阀及其吹扫阀,移动受料斗小车等启动状态的信号。

(2)布料方式控制。采用 PLC 控制,可实现单环、多环、定点、扇形等多种布料方式,且各种方式可交替采用,操作人员可在显示器上设定布料周期表,周期最长达 16 批布料,每批布料可任意选择单环 1~8、多环 1 或多环 2 等。若希望取消某批事先选好的布料方式或修改周期，可以在周期表的对应位置上预置为"越位"，则当布料批数计数到该位置时，程序自动越位。单环布料是指在布料过程中，布料溜槽的倾动角停留在某个溜槽事先选定的某一角度上连续回转，直至一罐料全部布完并在炉内形成一个环形料带。多环布料时，溜槽不停地旋转，然后开启料流调节阀，溜槽倾动角在布料过程中按设定的每圈炉料重量控制。有两种多环布料方式，即多环1（改变一次溜槽倾动角）和多环2（溜槽每旋转一圈改变一次溜槽倾动角）。溜槽倾动角共有11个位置，位置间的角度差是不等的，主要是保证每圈下料量相近。定点布料是将炉料集中布到炉喉某一固定位置，扇形布料是将炉料布到炉喉某扇形区域，这两种布料方式均供工长处理特殊炉况之用。由于排料量在开始和末期较少而在中期较快，所以要布料均匀就必须在布料过程中使料流调节阀的开度能自动变化（见图2-37），即将排料量校正到图2-37（a）中的虚线位置；但这样的控制系统比较复杂，且炉料从溜槽溜下时呈松散状态，因此没有必要追求每个环节的精确性，而只需采取措施消除在连续布料中误差的累积。故目前高炉操作中，只在每批料的初始布料点每布完一批料就步进60°时把料流调节阀设定到某一开度，使选用的布料方式（单环或多环）终结时将料排完，如出现超前或拖后现象，则通过自学习系统在下次布料时修正调节阀开度。

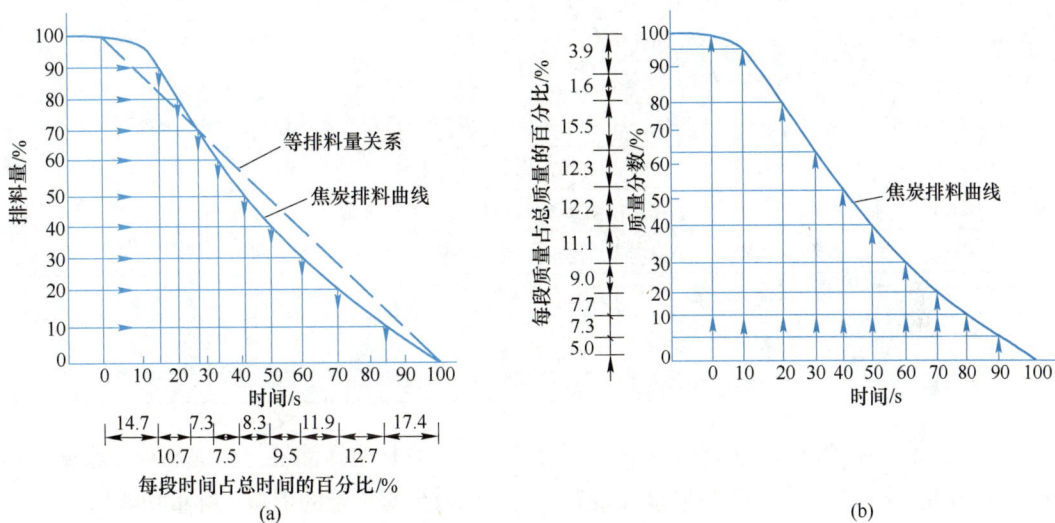

图2-37 排料量与时间的关系
（a）按等重量布料；（b）按时间布料

（3）探尺控制。探尺控制分为点动检测和连续检测方式，并控制探尺下降和提升。当测得料线低于某一设定值时，炉顶装料设备动作，向炉内装料，同时槽下和上料开始工作。

（4）设备顺序控制。料线达到某一预定值后，自动提升探尺，装料设备溜槽转动并按设定布料形式向炉喉布料（包括料流调节阀和下密封阀开启等），炉料卸完后关闭料流调节阀和下密封阀。料罐均压放散后，接收下一批炉料。

（5）监视和报警。在显示器上显示工艺流程、主要参数，当出现布料阀门启闭故障时（包括过电流、线路故障、启闭超时和不到位等）报警。

（6）通信。通信包括向槽下发出炉顶准备好的信号、接收料头料尾信号及胶带运输机上的炉料跟踪信号等。

B　串罐式无料钟炉顶自动控制系统

串罐式无料钟炉顶的操作方式与并罐式类似，不同点在于：

（1）设备运转顺序。串罐式无料钟炉顶因物料流向单一，各主要设备沿料流方向，按简单不变顺序逐一动作。

（2）设备联锁。设备联锁见表2-3。

表 2-3　串罐式无料钟炉顶设备联锁一览表

设　备　动　作	运　转　条　件
旋转受料罐 RH 旋转	设备无故障，UMG 关，RH 罐空
上料闸开	USV 开，RH 有料，WH 罐（称量料罐）空
UMG（上料闸）关	RH 排空
USV（上密封阀）开	WH 排空完；LSV、PEV（一次均压阀）、SEV（二次均压阀）关，RV 开，放松确认开关及压力开关接通
USV（上密封阀）关	UMG 关，WH 罐满，放松确认开关及压力开关接通
LMG（下料流阀）开	探尺已提起，WH 罐满，LSV 开，溜槽倾动到位，溜槽在旋转中，溜槽旋转过下料点
LMG（下料流阀）关	WH 罐空
LSV（下密封阀）开	USV 及 PEV 关，SEV 开，RV 关，WH 罐已降压，放松确认压力开关及确认开关接通
LSV（下密封阀）关	LMG 关，放松确认压力开关及确认开关接通
溜槽回转	探尺在上部，溜槽倾动在待机位置以下，设备无故障，溜槽不选择检修状态
溜槽倾动上抬	WH 罐空，LMG 及 LSV 关，设备无故障，溜槽不选择检修状态
溜槽倾动下降	设备无故障，溜槽不选择检修状态
探尺提升	没有故障
放下探尺	LMG 关，溜槽处于待机位置以下，没有故障

（3）称重。称量料罐装有三个称量传感器和一个声音排空探测器。为提高称量精度，称量料罐采用悬挂式，在有关设备连接处设有波纹管以减少对称量的影响。称重功能如下：

1）去皮重。

2）核料重。在称量料罐装完料并出现零料流信号后，将称得的料重与槽下送来的料重比较，如差重不大于±2 t，则关 USV，均压。

3）超装检查。称量料罐装料时，不断地把所称重量与设定值比较，如发生超装、超重，则不允许关 USV，并报警。

4）压力补偿。PLC 设有压力补偿环节，用于补偿高炉炉顶压力对密封称量料罐的上托力以保证称量精度，在 WH 罐已装完料、USV 已关而 LMG 未开且未排料时，因煤气压力变化引起的上托力波动将被压力补偿环节所消除，故此时测得的物料重量应不变，如物料重量示值出现波动且差值达 1 t 以上，则报警。

2.3.3.3 热风炉换炉自动控制系统

热风炉是利用燃烧蓄热来预热高炉鼓风的热交换装置，有内燃式、外燃式和顶燃式三种。每座高炉设置 3 座或 4 座热风炉交替进行燃烧和加热鼓风作业。当一座热风炉经过一段时间送风，输出的热风不能维持所需温度时就需换炉，使用另一座燃烧加热好的热风炉送风，而原送风的热风炉则转为重新燃烧加热。故每座热风炉在运转过程中都有三种状态，即燃烧加热期、闷炉（即有关燃烧及送风的各个阀门均关闭）期和送风期。热风炉操作方式有单炉送风和并联送风，后者又分为冷并联和热并联。

热风炉换炉要按规定顺序进行。例如，由"燃烧"转为"送风"的顺序为：关煤气、空气切断阀和燃烧阀→开煤气放散阀，延时若干秒后关闭→关烟道阀（"闷炉状态"）→开冷风旁通阀灌入冷风→延时若干秒后开热风阀→开冷风阀→关冷风旁通阀。而由"送风"转为"燃烧"的顺序则为：关冷风阀→关热风阀→开废气阀→延时若干秒均压后开烟道阀→关废气阀→开煤气切断阀、燃烧阀（煤气调节阀微开，点火后全开→开空气燃烧阀）。各阀顺序动作并有联锁，特别要防止在各燃烧阀未全关时开启与送风有关的各阀或其相反动作。

现代大型高炉的热风炉的换炉都是自动进行的。20 世纪 50 年代，由继电器组成的硬线逻辑系统定时自动驱动各阀门的电动机来执行热风炉换炉。70 年代中期以后，则用可编程序逻辑控制器（PLC）来执行。使用 PLC 时，为防止输出板被击穿，直接使某一阀门误动作而发生事故，故除 PLC 内软件联锁外，关键地方还需加继电器联锁，例如，燃烧各阀不关闭时送风各阀不能开启，它由燃烧各阀全闭极限开关和继电器硬件实行联锁，以保证万无一失。

PLC 自动换炉系统还可以连接显示器以显示热风炉流程图、各阀状态以及故障报警（电动机过载、各阀门超限和动作超时）等，并可连接打印机以打印各种日报、故障报警等报表。

2.3.3.4 煤粉喷吹电气传动控制系统

煤粉喷吹装置因设备配置不同分为串罐式和并罐式两种。

A 串罐式煤粉喷吹装置的电气传动控制系统

串罐式煤粉喷吹装置的电气传动控制系统分为煤粉装入和喷吹两部分。前者主要完成喷吹开始前吹入过程中的煤粉装入，设有"自动""手动"控制方式；后者设有"自动""手动"和"强制手动"（仅供检修和调试用）三种操作方式，三种操作均在中控室操作台上进行，并由 PLC 或 DCS 控制系统来完成。

a 自动控制方式

如图 2-38 所示，煤粉中间罐压力为零（近似于大气压力且有煤粉），此时若不在自动排气状态下，只要操作人员按下"自动装入"按钮，整个煤粉装入过程就会自动进行，即：打开大排气电磁阀，大排气调节阀全开，打开投入阀，称中间罐重量（Q_1），称完后打开投入前阀和煤粉罐的空气阀，并在设定时间内监视中间罐的重量，如在规定时间内重量没有达到规定值，则发出装入异常报警信号；如达到设定重量则关闭煤粉罐的空气阀和投入前阀，延时 10 s 后，关闭投入阀、大排气电磁阀和大排气调节阀，称中间罐重量（Q_2）和计算出装入煤粉量（Q_2-Q_1），并送计算机。打开中间罐的大加压阀，在规定时间内自动完成中间罐与喷吹罐的均压，用喷吹罐压力减去中间罐压力，若小于某一设定值（一般为 5～10 kPa）就可认为均压完成。如在规定时间内没有完成均压，系统将发出均压异常报警信号；若均压正常，则关闭大加压阀，打开中间罐与喷吹罐之间的均压阀，然后打开中间阀、小加压阀，再打开小排气电磁阀。小排气电磁阀置于自动时，若在规定时间内未装到喷吹罐设定重量，则发出投入异常报警信号；若达到时，则关闭均压阀、中间阀、小加压阀、小排气电磁阀和调节阀，打开大排气阀，当大排气阀置于自动时，如没有按下"装入停止"按钮，则系统将开始第二次装入。在生产中只要条件满足，煤粉装入过程即可反复循环。

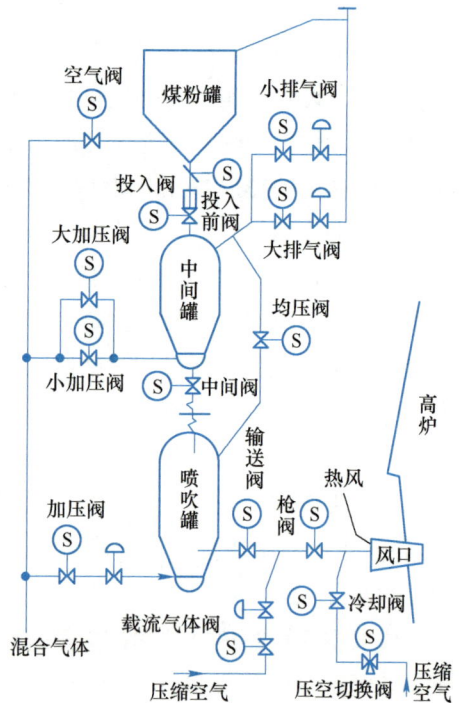

图 2-38　煤粉喷吹站设备布置图

b　手动控制方式

采用手动控制方式时，可按自动装入的顺序手动操作各阀门按钮，以把煤粉装入中间罐和喷吹罐中。当煤粉罐内煤粉料位低于设定煤粉料位时，喷吹系统将向制粉系统发出送煤粉信号。

煤粉在喷吹前必须满足下列条件：喷吹罐必须装满煤粉，罐压力高于保证喷吹设定值，载气压力高于喷吹设定值，这些条件满足后就可喷吹。

当喷吹系统在自动吹入方式下，喷吹条件具备后，按"自动"按钮，当"吹入可"灯亮后，按工长喷吹命令选择要喷吹的管道编号，按下相应编号的"吹扫"按钮，于是该编号管道中的载气电磁阀打开，载气调节阀自动置于吹扫角度，枪阀自动打开，之后自动关闭冷却阀，此时该管道处于吹扫状态；若再按下该管道编号"喷吹"按钮，则该编号管道输送阀自动打开，进入自动喷吹状态，吹入煤粉量由载气流量调节器定值来决定。

当喷吹系统在个别喷吹方式下，按下"总体喷吹"按钮，则转入总体喷吹方式，所有喷吹中管道的载气调节器进入串级控制状态，按设定总喷吹量平均分配，以作为各管道的设定值。

当喷吹罐内煤粉重量或喷吹罐和中间罐内煤粉重量同时低于某设定值时，将发出煤粉空信号并自动停止喷吹，关闭输送阀，转入吹扫状态。

在喷吹中按"一齐休止"按钮，则关闭输送阀，转入吹扫状态。打开冷却阀，之后关闭枪阀、载流气体阀，则进入休止状态。在喷吹中，当喷吹条件不满足或按下"非常停止"按钮时，各喷吹管道便自动关闭输送阀，开冷却阀，关枪阀和载气电磁阀，使管道处于休止状态并报警。当喷吹中喷吹管道堵塞时，喷吹管道将顺序自动转入休止状态，并发出管道堵塞报警信号。

B 并罐式煤粉喷吹装置的电气传动控制系统

并罐式煤粉喷吹装置的电气传动控制系统和串罐式煤粉喷吹装置的电气传动控制系统类似，也是分为煤粉装入和喷吹两部分。两者控制功能也类似，只是布置不同，各阀动作顺序也不同。

2.3.3.5 煤气布袋除尘净化系统的电气传动控制系统

目前，我国高炉煤气干法布袋除尘工艺有两种结构形式：一是喷气型布袋除尘器，又称为脉冲式除尘器；二是大布袋滤型布袋除尘器。前者采用压缩气喷吹进行反吹，自动化程度高，过负荷比大布袋滤型布袋除尘器高，相对体积小，效率高，喷气气源采用氮气或其他非氧化气体。后者被大多数布袋除尘高炉所采用，箱体内装圆筒形布袋若干条，为内滤式。一座高炉由 3~6 个除尘器箱体组成，有的也采用 8~10 个箱体。一般采用玻璃纤维滤袋，直径分 230 mm、250 mm、300 mm 三种。

A 脉冲式布袋除尘器煤气净化系统的电气传动控制系统

脉冲式布袋除尘器煤气净化系统如图 2-39 所示，这种系统被大多数新建小型高炉采用，其电气传动控制系统主要是"反吹"顺序控制，一般由 PLC 执行。有关煤气干法除尘"反吹"时序如下：荒煤气通过管道进入干法除尘箱体后经 1.5 h（时间由现场操作员设定），由于布袋已积灰很多，这就需要进行"反吹"除尘处理，这时要关闭荒煤气进气阀和净煤气出气阀，打开反吹脉冲阀，进行反吹。时间为每个反吹脉冲阀 0.4 s，当第一个罐的反吹结束时，进行第二个罐的反吹。同时，打开箱体的卸灰阀和氮气包卸灰，把灰卸到中间灰仓，延时 10 min。时间到，关闭 1 号干法除尘箱体卸灰阀，并打开 1 号干法除尘箱体荒煤气进气阀和净煤气出气阀，依次完成所有除尘箱体的反吹。当最后的除尘箱体反吹结束后，时间接近 1.5 h，进行中间灰仓的卸灰过程。打开 8 号中间灰仓卸灰阀，卸灰时间是 10 min，同时打开埋刮板机、斗提机。在打开 8 号中间灰仓卸灰阀后 20 s，打开 7 号中间灰仓卸灰阀卸灰，卸灰时间与 8 号中间灰仓相同，依次完成所有中间灰仓的卸灰过程。

B 大布袋滤型布袋除尘器煤气净化系统的电气传动控制系统

与脉冲式布袋除尘器煤气净化系统的电气传动控制系统类似，大布袋滤型布袋除尘器煤气净化系统的电气传动控制系统也主要是"反吹"顺序控制，一般由 PLC 执行。现以石家庄钢铁厂 2 号高炉布袋除尘器为例，它共有 10 个过滤箱体，呈双排布置，其中 3 个可作为二次过滤箱体使用；采用净煤气放散反吹，反吹时箱体自动切换，循环使用，反吹间隔由压差值或定时决定。选用二次过滤箱体的目的是，最大限度地减少净煤气中粉尘排放对大气的污染。

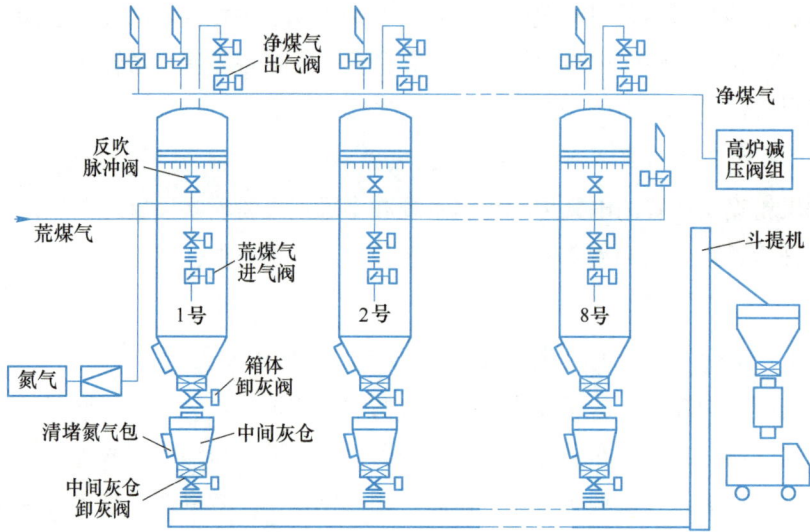

图 2-39　脉冲式布袋除尘器煤气净化系统示意图

该工艺对控制系统的要求如下：

（1）除自动控制外，另备有一套手动操作系统，手动-自动可无扰动切换。

（2）反吹开始前可预先设置二次过滤箱体，并且可以任选 3 个二次过滤箱体中的 2 个，没被选中的作为一般箱体使用。

（3）反吹开始、结束及二次过滤箱体选择后，均有信号指示。

（4）反吹步骤为（以 N_1、N_{10} 作二次过滤箱体为例）：1）选择二次过滤箱体，选中指示灯亮后，运行 PLC；2）N_1 先被置为二次过滤箱体；3）依次反吹 $N_2 \sim N_{10}$ 各箱体；4）N_1 恢复正常箱体状态；5）N_{10} 被置为二次过滤箱体；6）再依次反吹 $N_1 \sim N_9$ 各箱体；7）N_{10} 恢复正常箱体状态。至此，反吹的一个循环完成，重复执行上述过程三次即完成全部反吹操作，等待下次反吹开始。

其程序如下：

（1）由于受高炉操作的影响，荒、净煤气压力检测系统可能发生故障，又由于除尘器本身设备的影响，将造成荒、净煤气压差值波动较大。因此，不宜采用荒、净煤气压差值来作为控制反吹的主控指令，而是用定时器作为控制反吹的基准，以使控制达到稳定、可靠。

（2）布袋除尘器的工艺特点为属于典型的顺序控制类型。石家庄钢铁厂使用日本三菱 Melsec F2-60MR 型 PLC，并选用鼓形控制器来执行控制。当箱体选择完成后，运行程序。此时，计数器被初始化脉冲复位，鼓形控制器开始运行，反吹开始。以选中图 2-40 中的 B 为例，当 N_1 被置为二次过滤箱体后，反吹 $N_2 \sim N_8$；当反吹完 N_9、N_{10} 后，N_1 复位，N_{10} 被置为二次过滤箱体，此时继续反吹 $N_2 \sim N_8$ 后，再反吹 N_9、N_1，至 N_{10} 复位时一个循环结束，计数器减 1。当三个循环后，计数器输出接点动作，使鼓形控制器停止运行，反吹结束，处于等待状态。同时，计数器使定时器开始定时，2 h 后计数器被定时器复位，又触发鼓形控制器运行，开始下一次反吹循环。

（3）本程序设定的反吹间隔时间为 2 h，布袋压扁时间为 15 s，撑圆时间为 5 s。二次过滤箱体各阀复位 10 s 后开始反吹，最后一个箱体吹完后 10 s，二次过滤箱体复位，反吹时间、反吹次数以及压扁、撑圆时间在试运行后应逐步调整到最佳值，直到满足工艺要求为止。

（4）生产过程中如需对单箱体独立操作，可切换到手动操作器操作。

（5）未到反吹时间而需要临时反吹时，可先按"STOP"按钮再重新运行 PLC，这时 PLC 将从启动时刻开始计时。

（6）系统设有工作状态监视。设置在仪表盘上的一组（红、绿、黄）指示灯用来监视箱体选择及 PLC 电源指示；荒、净煤气压差表用来监视反吹，反吹时操作人员可以根据荒、净煤气压差值的变化判断反吹是否处于正常状态。

该程序步数约为 280 步，本系统于 1995 年 7 月投运至今效果良好。

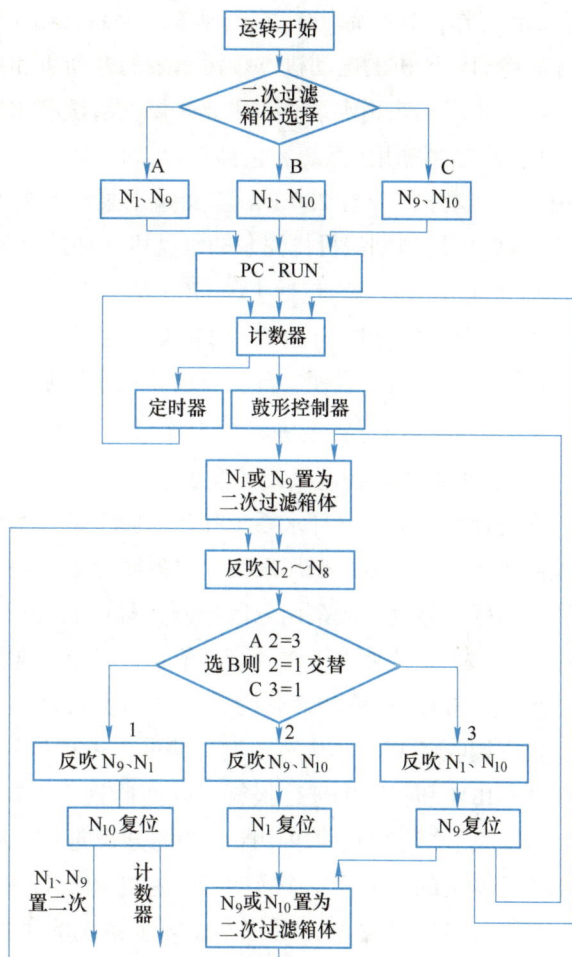

图 2-40　布袋除尘器的顺序控制

2.3.3.6　给排水电气传动控制系统

高炉给排水电气传动控制主要是电气联锁、自动启动和顺序控制，下面将以宝钢高炉的给排水电气传动控制系统为例进行介绍。宝钢高炉（含 1 号、2 号、3 号高炉）的给排水主要有三大系统：

（1）净循环水系统，主要是设备间接冷却水，用于炉体（炉腹、炉腰、炉身和风口等）和高炉辅助设备的冷却。主要电气设备有：3 台 560 kW 炉体供水泵（双吸涡卷泵，2 台工作，1 台备用）的电动机、3 台 453 kW 风口高压送水泵的电动机、2 台 551.25 kW 安全供水柴油机泵（双吸涡卷泵）的电动机、3 台 220 kW 冷却塔扬送泵的电动机、3 台 90 kW 冷却塔风机的电动机、2 台 260 kW 炉身上部冷却循环水泵（双离心泵）的电动机、2 台 7.5 kW 排污泵（单吸离心泵）的电动机、加药（防腐剂、防垢剂）自动定量供给机等。

（2）设备产品的直接冷却水，主要是用于高炉炉缸喷水冷却以及高炉生产后期的炉壳直接喷水冷却、铸铁机及铸铁块的冷却等。主要电气设备有：3 台 165 kW 炉缸喷水送水泵（双吸离心泵，2 台工作，1 台备用）的电动机、3 台155 kW 冷却塔扬水泵（双吸离心泵，2台工作，1台备用）的电动机、1台155 kW炉缸喷水柴油机泵的电动机、2台30 kW冷却塔风机的电动机、排污水泵的电动机和加药设备等。

（3）生产工艺用水系统，主要是煤气清洗和水渣用水。电气设备有：

1）煤气清洗用水系统，包括3台250 kW一文送水泵（双吸离心泵，2台工作，1台备用）的电动机、3台280 kW二文送水泵（双吸离心泵，其中1台备用）的电动机、4台5.5 kW沉淀池刮泥机排泥泵的电动机、加药（NaOH凝剂、防垢剂等）设备给料器；

2）水渣用水系统，包括4台170 kW给水泵的电动机、4台370 kW水渣泵的电动机、4台110 kW中继泵的电动机、3台170 kW冷却塔泵的电动机、3台260 kW搅拌泵的电动机。

以下将叙述电气联锁、自动启动和顺序控制的情况。

A　水处理PLC控制系统及其配置

a　水处理PLC控制系统的配置

水处理系统分为循环水系统和污泥脱水系统两大部分。循环水系统分为三个系统，分别控制所有高压水泵、低压水泵、电磁阀和电动阀。为保证高炉正常可靠运行，电控系统应具有高度可靠性，故采用分散控制、集中管理的PLC控制方式，即采用多台PLC分别使循环水三个系统独立工作、互不依赖，各PLC联网以便集中管理。整个系统共配有8台S5-115U型PLC。0号PLC作为上位机（主站），通过采用SINECL1网络将各PLC联网通信，负责接收各PLC（从站）发出的设备运行信号和故障信号，并通过模拟屏、操作台、显示器、IBM和打印机进行报警、画面监视（8幅）打印。0号PLC选用DI = 64，DO = 480。同时，主站PLC可以中断广播的方式向所有从站PLC发出控制指令，使各从站PLC中断执行本机的正常程序而转向接收主机PLC发来的信号。

1号、2号、3号PLC是三个循环水系统的主控PLC，负责控制各系统中全部工艺设备的运转、停止、切换和联锁工作。1~3号PLC选用DI = 384，DO = 96。为了进一步提高控制系统的可靠性，考虑到PLC本身硬件和软件偶尔出现事故，系统中配置了4号、5号、6号PLC，分别作为1号、2号、3号主控PLC的并联后备，当一台主控PLC停机时，其并联的一台后备PLC仍能正常运行。其中，4号、5号PLC选用DI = 256，DO = 64；6号PLC选用DI = 288，DO = 64。后备PLC选用输入、输出点（I/O）比主控PLC少，主要考虑在保证系统运行可靠的情况下节省投资，故让后备PLC只用来控制系统中的主要设备（如高压送水泵及出口电动阀等）。7号PLC为污泥脱水系统用的PLC，负责污泥脱水水泵、真空脱水机以及电动阀和电磁阀的运转、停止、联动。因系统的可靠性要求不高，不采用双机后备的控制方式。7号PLC选用DI = 576，DO = 288。

为了保证系统的可靠性，当控制系统DC24 V电源断电时，设置蓄电池装置向各PLC的I/O板提供不间断供电。当控制系统AC220 V电源出现故障时，设置UPS装置向各PLC的主机提供不间断供电。

循环水系统的操作方式有电气室操作台集中操作和现场操作点单独操作，优先权设置在现场。污泥脱水系统的操作方式有电气室（脱水机）操作台单动和联动操作以及现场单体操作。

b　循环水系统 1~6 号 PLC 的水泵控制与程序

根据高炉循环水工艺要求，水泵的运行必须满足以下条件：

(1) 无电气故障信号；

(2) 水槽水位在启动水位以上；

(3) 水泵泵体为充满水状态；

(4) 水泵出口电动阀在关闭位置。

水泵启动 5 s 之后，系统应自动发出电动阀开指令，并监视电动阀在 5 min 内是否离开全闭位置，否则发出故障报警信号并立即停止水泵。电动阀在运转过程中可随时进行手动干预，在任一位置上进行停止、开运转或闭运转操作。进行水泵停机操作时，PLC 先发出电动阀闭运转指令，同时监视电动阀在 5 min 之内是否达到关闭位置，在 PLC 接收到电动阀全闭信号的同时即停止水泵。

为使两台并联 PLC 的运行状态保持一致，程序中应避免使用 R-S 触发器作为自保联锁，而应采用运转反馈信号进行自保联锁。这样，无论哪台 PLC 在控制过程中停机后再次启动，都能保证两台 PLC 的输入、输出状态一致。

c　脱水系统 7 号 PLC 的泥浆泵控制与程序

脱水系统不是双机后备控制方式，因此软件编制不必考虑双机配合问题。程序中有单动和联动两种控制方式，并要求在联动操作的任一时刻选择单动操作时，各工艺设备保持原运行状态不变。该程序编有 4 套泥浆泵联动链和 2 套脱水机联动链。

B　水渣处理 PLC 控制系统及其配置

a　水渣处理 PLC 控制系统的配置

水渣工艺设备由水渣处理设施、粒化水闭路循环系统及液压站三大部分组成。主要工艺设备包括冲制箱、集料斗、冷水池、热水池、冷却塔、成品槽、过滤转鼓以及皮带机等。电气设备包括各类电动机 27 台、气动阀门 27 个。高炉熔渣与铁水分离后经熔渣沟流入水渣冲制区，冲制箱喷出高速水流使熔渣水淬冷却，形成颗粒状水渣。水渣经转鼓过滤脱水，落在皮带机上运至成品槽。粒化水闭路循环系统可以使冲制过水渣的水经转鼓过滤，送至冷却塔冷却后反复使用。脱水转鼓采用液压马达驱动、链条齿轮传动，可调速及正反转。转鼓的速度控制由液压站完成。

水渣处理又分为 INBA1、INBA2，分别控制高压水泵、低压水泵和电动机、气动阀门等。因为高炉水渣具有较高的经济价值，应尽量减少干渣的发放，所以要求水渣处理控制系统有较高的可靠性。全控制系统共配置两台 S5-115U 型 PLC，1 号 PLC 负责控制 INBA1 系统全部工艺设备的运转、停止、切换和联锁工作，2 号 PLC 则负责控制 INBA2 系统全部工艺设备的运转、停止、切换和联锁工作。公共部分和液压站系统由 1 号、2 号 PLC 共同完成控制，负责闭路循环水设备的工作和备用泵（备用泵在冲制水流量低或水渣流量达 4.5 t/min 以上时，也当工作泵使用）的运行、停止和故障切换，同时控制脱水转鼓的速度并进行渣量计算。此外，1 号、2 号 PLC 还负责整个系统的故障监视及报警，并通过模拟屏的刻字牌进行轻重故障的报警显示，通过打印机实现故障内容实时输出。为了保证系统的可靠性，1号、2号PLC的主机和I/O板的电源采用两套蓄电池装置分别供电，当控制系统DC24 V电源发生故障时，蓄电池提供不间断供电。

系统的操作方式分为电气室操作间操作台自动操作和现场操作点手动单体操作，优先设置在电气室操作间。考虑到设备试运转和检修时的方便，在现场设置了机旁手动操作，这种操作方式是通过继电器线路来实现，而不是通过PLC控制系统。

为了既满足高炉又能产出干渣，还配置了两套采用继电器控制的干渣处理系统，控制低压水泵和阀门。

b　水渣处理PLC控制系统简介

水渣处理PLC控制系统功能可分为三大部分：故障显示及报警、闭路循环水系统及皮带机的控制、脱水转鼓的速度控制及渣量计算。

（1）故障显示及报警。由于冲渣作业过程全部是自动完成的，因此需要建立一套比较详细的故障监视及报警系统，为此，共建立了230多个轻、重故障报警点。为了使操作工能迅速、准确地找到故障点，报警显示共分为三级。第一、二级在模拟屏上通过信号灯及光字牌进行显示，其作用有两个：一是可区分轻、重报警；二是能告诉操作工故障发生在哪些范围之内，如可以指示出故障是发生在粒化泵回路还是冷却泵回路，或是发生在皮带机系统等。第三级显示通过打印机实时输出，如果某台电动机出了故障，根据打印机输出可以马上分辨出故障的种类，如是主回路开关跳闸还是热继电器动作，或是由于工艺联锁的需要而跳闸等。这样，有利于迅速发现故障，节省时间。

（2）闭路循环水系统及皮带机的控制。水渣控制系统是一个高度自动化的系统，全部设备按照一定的启动、停止顺序由PLC统一完成控制，其间人工不能进行干预。为了减少启动次数，提高启动的成功率，在程序中首先需对100多个启动条件进行判断并综合为37个标志位，当所有条件均满足时系统才能启动。水渣系统的启动、停止是一个顺序动作的过程，为此，程序中专门编了一个启动、停止顺序链，其作用有两个：一是规定了设备的启动、停止顺序；二是一旦某个设备不能正常启动，则顺序链终止在某个环节上，也就是说，使已经启动的设备保持运转，未运转的设备不再启动。这时，需要操作停止按钮使已经运转的设备停下来，并进行第二次启动。一旦所有设备都正常运转，则发出信号通知炉前可以进行冲渣作业。正常的冲渣作业过程通过一套复杂的监控程序进行控制，其主要作用包括：监视设备运行状态，出现故障时判断故障类型，根据工艺要求启动备用设备以及在某些设备出现故障时自动完成故障切换。闭路循环水系统主要由粒化泵及冷却泵两大泵组组成。每个泵组设3台泵，正常时启动2台高压泵，第3台低压泵作为备用。如果出现冲制水流量低或水渣流量达到4.5 t/min以上时，第3台低压泵启动。当某台高压泵出现故障时需进行从高压泵到低压泵的切换，同时在程序中还要保证任何时候两大泵组之间运转设备的平衡，即如果粒化泵组是1台、2台或3台泵在运转，那么冷却泵组也要保证相同数量的泵运转，反之亦然。皮带机的控制有一特殊要求，即当3号皮带机停止后，2号皮带机、1号皮带机及脱水转鼓也要依次停止，以此类推。但是当3号皮带机进行运转方向切换时，其余皮带及转鼓则保持运转。

（3）脱水转鼓的速度控制及渣量计算。转鼓由液压马达驱动，液压压力的变化直接反映转鼓内负载的变化。转鼓的速度要根据转鼓内的渣流量及水位进行调节，渣量越大，转鼓的速度也应越高。PLC 根据液压压力及转鼓内水位的变化计算出速度给定值，经控制放大器调节变量泵的开度，改变液压压力以达到调速的目的。转鼓速度过高会导致成品渣脱水不充分，含水率上升；过低则会导致成品渣堆积，使转鼓过载。

2.3.3.7 出铁场除尘电气传动控制系统

炼铁厂粉尘治理设备主要采用布袋除尘器、电气除尘器和湿式除尘器。除尘方法是在粉尘地点（如槽下、料车、出铁场等）设置顶吸罩，控制蝶阀和吸尘管道，由风机将粉尘抽至除尘器除尘。出铁场除尘电气传动控制系统分为挡板控制和风机控制两部分。

2.3.3.8 高炉炉顶余压透平发电装置电气传动控制系统

高炉炉顶余压透平发电装置（TRT）全部有关电气传动控制，在现代高炉中均使用 PLC 来执行。

A 透平机组自动启动

在透平启动前，电子调速器设定如下：

（1）TCV 开度设定器设定在下限（0%），使 TCV 全闭；

（2）转速设定器设定为最小（15%）；

（3）负荷设定器设定在下限（68%），在同步投入时，为防止透平机运行而需给发电机加一个初负荷；

（4）负荷限制器设定在上限（87.2%）。

透平按下列顺序启动：将运转方式转换开关 COS 置于"自动"位置→操作点选择置于"中央"位置→将 SV/TCV 选择 COS 置于"TCV"位置→盘车以 5 r/min 速度带动透平→按"启动"按钮，启动顺控使之投入→使紧急切断阀的旁通阀全开→使紧急切断阀全开→使旁通阀全闭→电子调速器开度设定值从 0% 升至 100%，TCV 徐徐打开，透平转速上升→转速达 15% 时自动切换到转速控制回路，盘车自动脱离透平→转速达 50% 时，运行 2 min →转速达 80% 时，运行 2 min →转速达 90% 时，将同步选择 COS 置于"自动"位置，此时发电机转速已接近同步转速，准备并网。但还必须满足下列条件：

（1）发电机端电压应与电网电压大小相等、方向相反；

（2）发电机的电压频率应与电网频率基本一致；

（3）发电机电压的相位应与电网电压的相位相同。

在发电机转速达 98% 时，带有自动电压平衡、自动调速和自动同步投入装置的自动同步装置动作，进行发电机电压和转速的调整。

自动电压平衡装置的作用是当发电机并网时使两电压平衡，它通过输出继电器接点的断续动作使励磁调整用电动机运转，从而改变励磁晶闸管控制角的大小，使电压迅速平衡。

自动调速装置的作用是当发电机并网时使两频率一致，当同步投入装置误动作时可防止断路器误投入。本装置还进行频率差的同步检测，并通过转速开关通断将信号送调速回路，由于调速回路晶闸管通断，使输出继电器断续动作。输出继电器的接点送至透平机组的启、停程控系统，以变更透平转速控制的设定，迅速使两者频率一致。

自动同步投入装置是当发电机并网条件满足时发出同步投入指令，断路器自动合闸，同时转速设定值瞬时上升为 104.3%，透平的控制则由转速控制切换为负荷控制。与此同时，来自透平机组启、停程控系统的开关信号将发电机切换为"速度降"运行，这时发电机运行在 6.8% 的负荷，然后发电机负荷设定信号自动"增"，直至 87.2% 为止。

正常情况下，当发电机负荷达到额定负荷时，透平的控制就由负荷控制转为炉压控制；但若高炉煤气不足，这种切换会提前进行，发电机便达不到额定负荷。

B 透平机组紧急停车

TRT 设备停车程序中有 18 个过程参量和状态，这些过程参量和状态正常与否将关系到 TRT 的安全。当这些参量和状态异常或操作停车按钮时，紧急切断阀立即全闭，母线断路器为开路，紧急开放阀打开，透平机组紧急停车。同时，电子调速器的输出信号下降到 0 而紧急关闭 TCV。这时为了准备下次启动，要将转速设定值、负荷设定值和开度设定值全部减小到下限。

C 透平机组正常自动停车

当需要透平机组正常自动停车时，操作顺序如下：透平停车"CS"（控制型凸轮开关）→发电机负荷设定信号自动"减"→发电机负荷下降→负荷下降到 6.8% 时，断路器自动断开→发电机"解列"→转速设定瞬时设定到复位转数 98%→转速控制回路从"速度降"切换到"同步"状态，透平做空载运行→到达定时器设定时间后，98% 设定信号中断，出现 15% 转速设定指令，透平转速开始下降，透平转速设定值以慢的变化速度从 98% 转速下降到 15%→电子调速器输出信号减小，TCV 逐渐关闭→开度设定值减少，TCV 进一步关闭直至全关→透平转速达15% 以下时，紧急切断阀全闭，炉压控制回路切换到"SV"侧→透平完全停止。

2024 年，昆钢利用网络延伸方式和电力控制系统实现了高炉鼓风机和 TRT 发电机组的集中监控，为高炉鼓风机和 TRT 运维模式调整提供了技术保证，使高炉鼓风机和 TRT 人力资源分配更为合理，可形成监控组和巡检维护组，模式调整后监控组主要负责所管辖高炉鼓风机和 TRT 的运行监视工作，静叶控制高炉顶压调整工作，事故紧急情况下的设备紧急操作等在监控机上完成。巡检维护组主要负责所管辖高炉鼓风机和 TRT 设备巡视和维护等管理工作，如日常检修监护，现场阀门操作，现场机械辅助修护，现场 6S 管理等工作。无论是监控组还是巡检维护组，工作强度和工作压力都有所降低，高炉鼓风机和 TRT 运行管理工作的效率和质量得到了提升。

2.3.3.9 高炉出铁场各机械吹笛控制

出铁场的特点是高温、粉尘多、振动大和操作人员多。出铁或堵铁口时，必须控制开口机、换钎机、起重机或泥炮等，需要三个人同时操作，其中，一个人用无线装置遥控开口机或泥炮，一个人用无线装置控制起重机进行吊铁沟盖板等作业，另一个人用铁钎去捅出铁口。

针对这种恶劣环境，最适合的是开发"一人控制"系统，即使用吹笛方法，长、短笛声或其组合可不受噪声影响而准确传达，靠吹气的气压变化可使笛发出特异的长短组合的声音，而噪声却无法使笛发声。不同的长短笛声组合可使机械动作不同。

2.3.4 监控画面

监控画面也称为人机界面（HMI），其主要特点如下：

（1）画面易懂、易看、易解释；

（2）现场设备的所有状态用图形显示，并带主要工艺参数动态显示和及时刷新；

（3）常用操作显示画面简洁明了，只显示重要过程参数，需要时再切换到"全信息"显示画面；

（4）报警信息出现时可附带闪光和语音提示（语音可关闭）；

（5）所有设备设置完善的、高优先级的手动操作功能；

（6）具有方便操作和监视的综合性画面，该画面具有工艺流程、主要工艺参数、指标、报警、趋势等，操作员借此基本可监视生产过程。

高炉监控画面主要包括：槽下、上料、炉顶系统 HMI，热风炉系统 HMI，高炉本体监控系统 HMI，煤粉喷吹系统 HMI 及煤气净化、水渣处理、水处理、除尘等 HMI。

（1）槽下、上料、炉顶系统 HMI（见图 2-41），主要画面包括：各种工艺流程及主要工艺参数画面、操作画面（含各设备单体操作）、料单传送画面、布料单传送画面、探尺手动画面、液压站画面、工艺参数趋势记录画面、故障报警及记录画面、装料记录画面等。

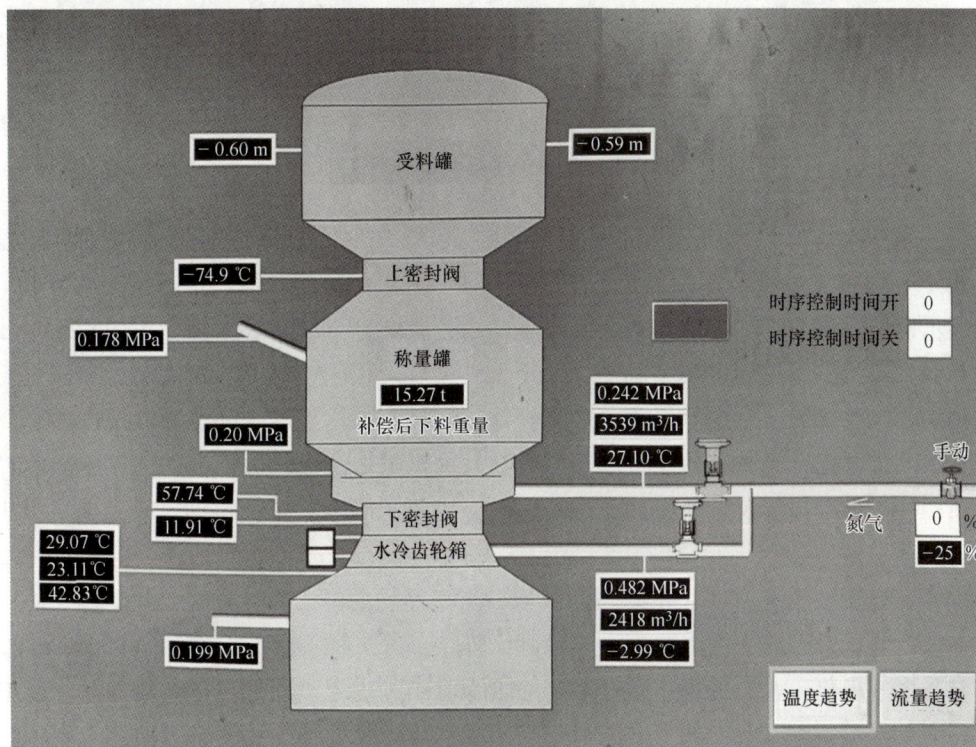

图 2-41 炉顶系统 HMI 主要画面

（2）热风炉系统 HMI，主要画面（见图 2-42）包括：热风炉工艺流程及主要工艺参数画面、操作画面（含各个热风炉及单体设备，如各个阀门等的操作）、各热风炉工艺参数趋势记录画面、故障报警及记录画面、助燃风机及废热回收等设备画面、液压站画面、各控制回路设定参数及 PID 参数画面、生产报表显示画面等。

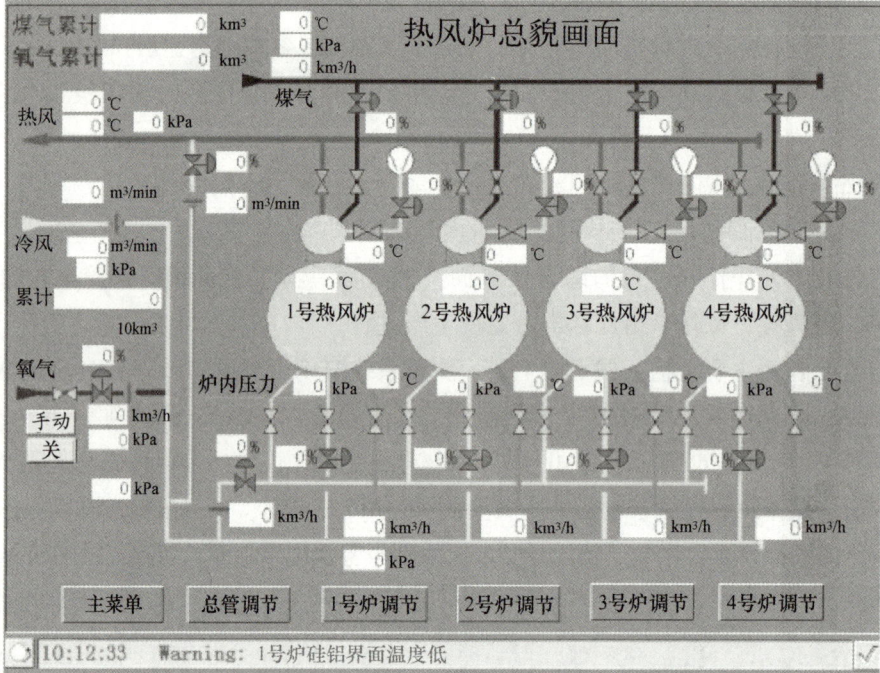

图 2-42　热风炉系统 HMI 主要画面

（3）高炉本体监控系统 HMI，主要画面（见图 2-43）包括：高炉上料工艺流程显示（槽下、上料、炉顶等）及主要工艺参数画面，并可以由此画面调出上料有关料单、布料单显示窗口；高炉本体特殊参数实时显示画面，主要显示与高炉密切相关的特殊参数的实时趋势；高炉本体过程检测主画面，如顶压、风量、风压、风温、料线、冷却等主要参数检测画面，并含趋势及报警画面；高炉炉体、炉缸、炉基等温度和冷却状况画面；高炉炉喉十字测温画面；高炉其他参数画面以及与鼓风机联络信号画面；高炉工艺参数趋势记录画面；高炉故障报警及记录画面；高炉生产报表显示画面；各控制回路设定参数及 PID 参数画面等。

（4）煤粉喷吹系统 HMI，主要画面包括工艺流程及主要工艺参数画面、操作画面、各工艺参数趋势记录画面、故障报警及记录画面等。

（5）煤气净化、水渣处理、水处理、除尘等 HMI，主要画面包括工艺流程及主要工艺参数画面、操作画面、各工艺参数趋势记录画面、故障报警及记录画面等。

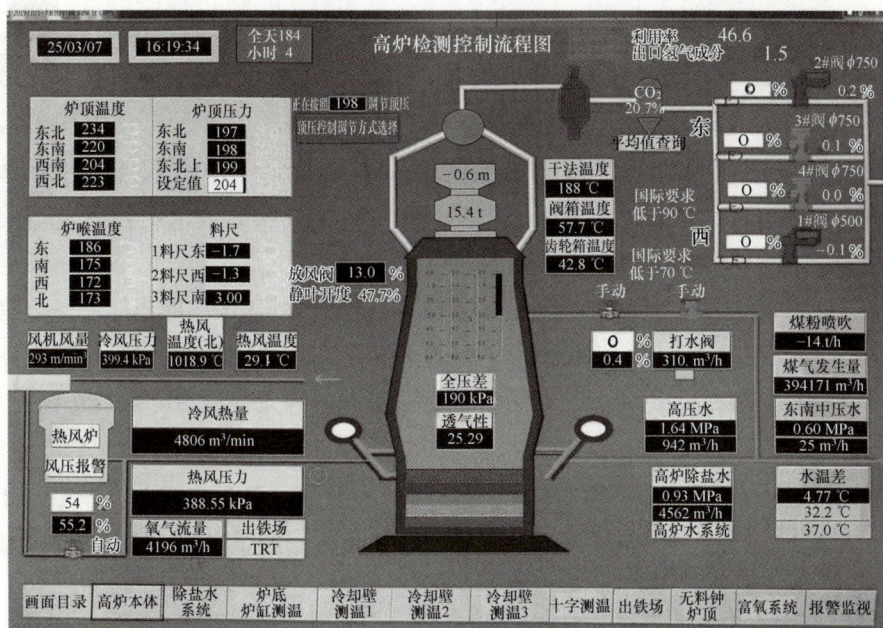

图 2-43 高炉本体监控系统 HMI 主要画面

2.4 非高炉炼铁生产自动化

高炉炼铁需要焦炭，但焦煤资源不足，生产焦炭要建设炼焦系列设备而需大量投资。电炉→连铸→轧钢的短流程与烧结（原料、焦化）→高炉→转炉→连铸→轧钢的长流程相比，具有基建投资少、建设速度快以及满足资源综合利用和环境保护要求等优点，因此近年来非高炉炼铁方法发展较快。

在炼铁生产的发展过程中，最早出现的方法是直接还原法。在当时的历史条件下（我国约 2000 年前，欧洲约 600 年前），由于技术水平不高和设备简陋，只能在较低温度下用炭还原铁矿石，产生固体海绵铁。我国最早的直接还原法出现在战国时代（公元前 6 世纪），但它是铁和杂质相互混合，得到的海绵铁只能锻打成形，要多次锻打才能排出杂质，从而提高强度。近代直接还原法是 1870 年由英国人提出的 Chenot 法，至今已有 140 多年历史了，但直到 20 世纪 60 年代其才发展成为有意义的工业生产方法。近代直接还原法是指含铁原料在固体状态下被气、固还原剂还原成固体海绵铁的冶炼方法。直接还原的工艺可用设备来区分，也可用还原剂种类来区分。目前，直接还原法大都以气基为主，其产量占直接还原总产量的 90%以上，其中占市场主导地位的是 Midrex 工艺和 HYL 工艺；而煤基直接还原法产量只占直接还原总产量的 8.2%，其中又以 SN/RN 法为主。

熔融还原是指一切不用高炉冶炼液态生铁的方法，即渣、铁在高温的熔融状态下，用碳把铁氧化物还原成金属铁的非高炉炼铁方法，其产品是液态生铁。熔融还原是世界冶金的两大前沿技术（熔融还原与近终形连铸）之一，它的最大特点是不用焦炭炼铁，因此，它对面临缺乏优质焦煤问题的钢铁工业具有重大意义。熔融还原法与高炉冶炼相比，还有能耗低、投资省、效率高和污染低等优点。目前，熔融还原已开发二三十种工艺。1988年，由奥地利和德国共同开发的 Corex 工艺首先实现工业化。正在开发的熔融还原工艺有日本的 MOS 工艺、澳大利亚的 HIsmelt 工艺、美国的 AISI 工艺、俄罗斯的 PFV 工艺等，它们都可望在近期内实现工业化。

20 世纪 90 年代中，天津钢管公司从英国戴维公司引进 DRI 工艺的成套设备，建成直接还原工厂。此前，我国基本上一直处于开发和试验阶段，在工业试验的基础上，在登封、喀佐、莱芜等地建设小规模的试验厂。我国熔融还原工艺的开发也从 20 世纪 80 年代初开始，目前已完成两大流程的基础研究，并已决定引进 Corex 工艺，拟在浙江宁波北仑港筹建新厂。

我国的非高炉炼铁技术目前以熔融还原炼铁技术为主，宝钢的 Corex 工艺与山东墨龙的 HIsmelt 工艺均是典型的熔融还原炼铁技术，也是目前国内非高炉炼铁技术的热点工艺。

2.4.1　直接还原自动化

直接还原自动化包括煤基直接还原自动化和气基直接还原自动化。

2.4.1.1　煤基直接还原自动化

A　工艺流程简述

直接还原铁厂主要工艺流程如图 2-44 所示。铁矿石、煤和石灰石按规定配比从入料口加入回转窑，回转窑慢速旋转，原料被加热和还原；供煤燃烧所需的空气由设在窑壳上的风管轴向吹入窑内；除煤作为工艺过程的热源和还原剂外，还有一部分煤粉从窑的出料端喷入窑内。从入料口喂入的原料经窑内预热段、还原段，从回转窑出料口排出直接还原铁（DRI）产品，进入冷却筒内冷却，然后输送到筛分、磁选系统，把产品和残碳、灰分等非磁性物分开，并按粒度分级入仓，细颗粒的 DRI 粉经压块后供炼钢使用。回转窑生产过程中，从窑尾排出的高温废烟气经余热锅炉产生蒸气，以回收显热；同时，废气被冷却，降温后的废气经布袋除尘器进行净化，由风机抽出，再经烟囱排出。

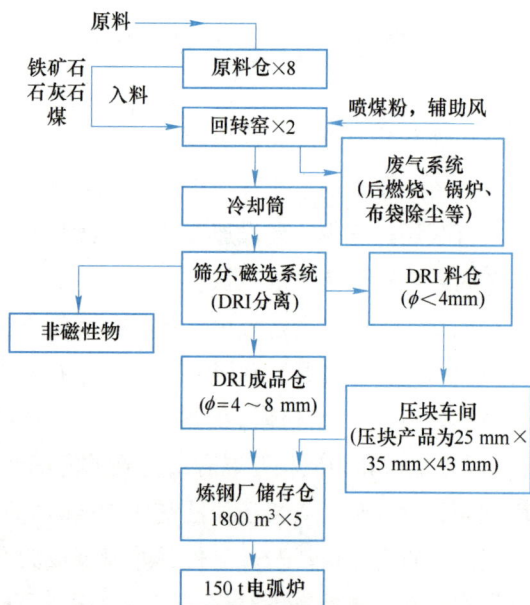

图 2-44　直接还原铁厂主要工艺流程

B　自动化系统结构

天津钢管公司直接还原铁厂有两条年产 15 万吨煤基直接还原铁的生产线。该厂的过程量检测和控制（通常称为仪表）以及电力传动控制主要由美国贝利公司出品的 INFI90 型 DCS 来完成，压块车间则使用德国西门子公司的 S5-115U 型 PLC，原料厂使用美国 GE 公司的 GE9070PLC，窑主传动及称重给料器控制则自成系统。如图 2-45 所示，以高速通信环路为中心共挂 12 个节点：PCU（过程控制单元）占 6 个节点，分别为 PCU1.1（1 号窑仪表及电控）、PCU2.1（2 号窑仪表及电控）、PCU1.2（1 号窑废气仪表及电控）、PCU2.2（2 号窑废气仪表及电控）、PCU7.1（1 号、2 号窑产品筛选仪表及电控）和 PCU7.0（1 号、2 号窑公用部分）。

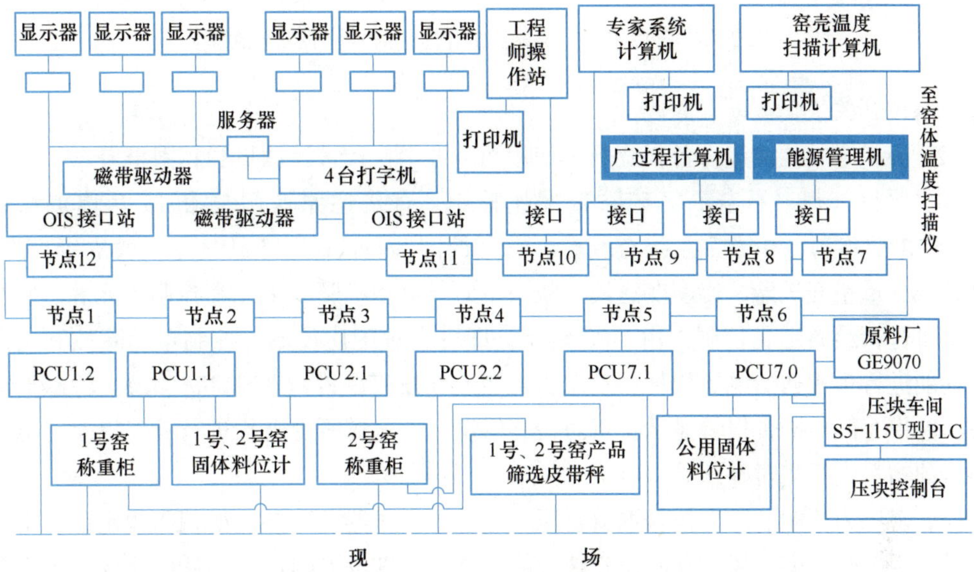

图 2-45　天津钢管公司直接还原铁厂自动化系统

两个操作员接口站（OIS-41 型，每窑 1 台，能互为冗余，共有 6 台彩色显示器、4 台打印机、2 台 9 轨道磁带机、6 个薄膜键盘和报警选择盘以及鼠标；OIS 采用 X 窗口技术以供操作员对整个窑的生产状况进行监视，能显示各种动、静态画面和报警，进行状态监视和诊断，改变控制参数，进行系统参数整定和组态，显示趋势和跳闸记录、特定记录，进行档案储存及恢复、数据库管理等）占节点 11 和 12，工程师操作站（EWS）、专家系统计算机、厂过程计算机和能源管理机分别占节点 10、9、8 和 7。

C　自动化系统主要功能

a　日用料仓、供料、窑和冷却筒系统

日用料仓、供料、窑和冷却筒系统的工艺流程如图 2-46 所示，其自动化功能如下：

（1）各设备顺序控制、联锁、自动启停、事故报警。各电动机均有三种操作方式，即 DCS 全自动、选择启动和机旁手动。各胶带运输机均设有防跑偏装置和速度开关，各料仓

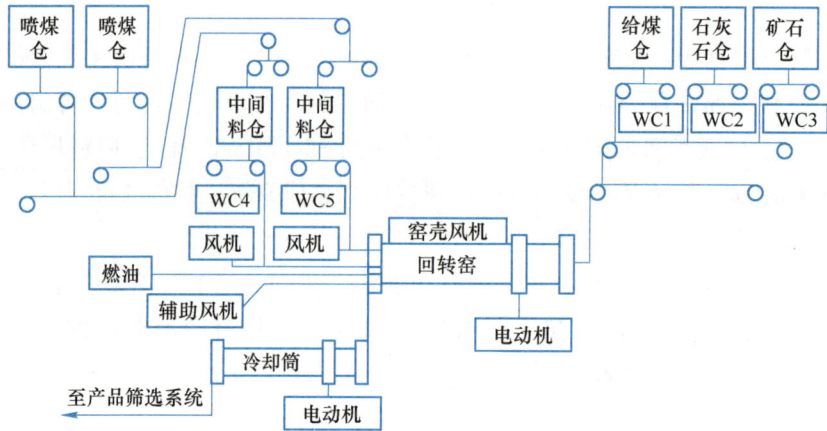

图 2-46   日用料仓、供料、窑和冷却筒系统的工艺流程

均装设料位开关。

（2）各料仓料位测量。各料仓料位使用超声波料位计进行测量和越限报警。

（3）原料（煤、石灰石、矿石）配比控制。直接还原铁厂共有 13 套称重给料系统（MULTICONT），每条窑系统有 6 套，它是德国 Schenck 厂产品，与一般皮带秤类似，包括秤架、重量变送器、速度变送器、数采单元、电动机驱动单元和控制单元等。它自成一体，可进行给料定量控制，由 DCS 给定，即可实现配比控制。控制单元除控制功能之外，还能进行远程初始电子校秤、动态去皮、连续皮带跟踪（跑偏和打滑）、传感器故障监视，并带有简单语音报警显示；可对传感器温度和电缆所受干扰进行补正以及对测量与出料点的物料进行实时补正等。

（4）窑压力控制。压力信号取自窑尾，经压力变送器送 DCS。如偏离规定值，由 DCS 处理后，输出改变废气风机百叶窗和液力耦合器油勺管位置的信号，从而改变抽出烟气量而使窑压回到规定值。

（5）窑温测量与控制。窑温测量与控制是最关键的，因为直接还原铁的质量和产量很大程度上取决于窑内还原气氛、温度及其分布以及高温区长度等。一般希望回转窑有较高的操作温度，但其温度上限又与物料固相有关，如果窑内某一部位供热太多，物料会过热而产生结圈，影响生产。为了既获得高的生产指标又避免结圈，最主要的是精确测量温度并将其控制在合理水平。窑的各段温度是通过 12 根热电偶和滑环，经温度变送器送 DCS，操作员根据相应画面能观察到窑各段温度，当某段不符合工艺要求时，可通过人工去改变该段窑壳风机（窑壳上装有 10 台窑壳风机）进口文氏管挡板的开度，以满足工艺要求。操作员还可在 OIS 上看到各窑壳风机进口挡板的开度。调节窑壳风机喷入风量与窑头喷煤相结合，可控制沿窑长度的温度分布。此外，如果窑内某段供风过多，则影响该段气氛，甚至使局部氧化过热，造成窑结。

（6）喷煤量及喷煤一次风量控制。喷煤量由 MULTICONT 称重控制系统控制，并由 DCS 给定。喷煤一次风量控制系统是一个普通的单参数负反馈系统，由一次风管上的流量孔板测量风量，经压差变送器送 PCU1.1 （或 PCU2.1）与 OIS-41，并与 PCU1.1 （PCU2.1）的设定值进行比较，如有偏差，由 PCU1.1 （PCU2.1）输出改变流量调节阀位置的信号，使流量回到给定值。

（7）回转窑转速控制。回转窑转速控制系统是一个自成体系的直接数字控制系统，由其电动机控制中心控制驱动回转窑转动的 300 kW 直流电动机的转速。它是一个三环控制系统，内环为电压环，中间环为电流环，外环为速度环。电动机的转速设定值可由 DCS 的 OIS-41 设定。

（8）数据采集。大量模拟信号（温度、压力、流量、料位等）和开关量信号（料仓料位计开关、传送带跑偏开关和速度开关、电动机状态等）进入 PCU1.1 （PCU2.1），并发出例外报告，在 OIS 对应画面上指示、报警等。

（9）画面显示。整个自动化系统的全部画面共分两大类，即工厂全貌画面和工厂详细画面。

（10）打印报表。

b 产品筛选系统

产品筛选系统的自动化功能如下：

（1）各设备顺序控制、联锁、自动启停、事故报警。各电动机均有三种操作方式，即 DCS 全自动、选择启动和机旁手动。各胶带运输机均设有防跑偏装置和速度开关，各料仓均装设料位开关，斗式提升机及螺旋输送装有速度开关，双向溜槽设有料位开关和位置开关。

（2）各料仓料位测量。各料仓料位使用超声波料位计进行测量和越限报警。

（3）缓冲仓给料定量控制。当筛分和磁选系统出故障时，物料经双通溜槽把冷却筒过来的直接还原铁产品送缓冲仓；当筛分和磁选系统恢复工作时，缓冲仓内的物料经称重给料系统定量给料到胶带运输机，再由斗式提升机送回筛选系统。

c 废气系统

废气系统包括后燃烧室（向回转窑尾排出的高温气体加入助燃空气，使烟气中的 CO 和煤中的挥发分充分燃烧，并设有气水雾化喷洒装置以防止温度过高）、余热锅炉（回收废气的显热）、布袋除尘器（净化废气）和废气风机（把洁净废气抽出并经烟囱排出），其自动化功能有：

（1）后燃烧室助燃空气流量控制。助燃空气上下共分两路，由一台风机供风，每路设有流量孔板和风量调节阀，由 DCS 执行控制。风机入口还设有挡板和位置指示，可在 OIS-41 进行监视和远距离控制。

（2）后燃烧室温度控制。后燃烧室温度控制的目的是将后燃烧室温度控制在 900～1000℃之间，共有三个温度控制回路，分别控制燃烧室上、下部到锅炉总管的温度，它分别由三个控制回路组成，其中一个为高压水支管流量控制回路（由流量变送器、调节阀、DCS 组成），保持流量稳定，其定值由测量燃烧室温度调节器串级控制，而雾化用的压缩空气支管也设有流量控制回路，其定值由高压水支管流量变送器的流量来设定，使之成比例控制。高压水和压缩空气总管、支管均设有流量和压力测量。此外还设有 CO 和氧分析器分析废气成分。

（3）后燃烧室放散控制。后燃烧室设有气动水封放散阀，该阀在事故和停电时自动打开，把废气直接排到大气以保证安全，水封槽还配有低水位报警装置。

（4）余热锅炉汽包水位控制。余热锅炉汽包水位采用水位信号（取负）、水量信号（取负）和蒸汽信号（取正）三冲量控制方式。

（5）余热锅炉外送蒸汽温度控制和越限报警。该控制系统测量过热蒸汽出口温度，通过控制喷入冷却水量来恒定过热蒸汽温度。

（6）余热锅炉外送蒸汽压力控制及除氧器水位和压力控制。该控制系统是一般的 PID 负反馈系统。

（7）余热锅炉工艺参数采集与监视。

（8）布袋除尘器及引风机工艺参数采集与监视。该功能包括对进口烟气温度、清灰反吹风量、布袋除尘器压差、出口总管温度和压力、引风机液力耦合器冷却水量、废气排出前的 CO 和氧等进行分析。

（9）布袋除尘器及引风机顺序控制、启停、联锁、保护、越限报警。该功能包括：布袋除尘器清灰反吹，灰粉经螺旋输送机、提升机送入灰仓；布袋除尘器进口烟气越限报警，再高时可打开放散阀，并切断进口蝶阀，关闭提升阀，以进行保护；引风机液力耦合器、引风机、反吹风机和电动机轴承温度越限联锁等。

d 公用系统

公用系统包括柴油系统（供烤窑和点燃喷煤用，包括油箱、油泵、油枪、输送站和管线等，只有油箱设有油位开关、低限报警、联锁和油泵出口压力等仪表）、压缩空气系统（包括仪表用空气和生产用空气，只装有总管压力仪表）、蒸汽系统（只在总管设有自力式压力调节阀、压力和温度检测以及流量计量等装置）以及给水系统。给水系统主要供设备冷却之用，是循环的，冷却后的水流到热水井，再用泵打回到冷却塔以供再使用，新水只补充损失。该系统的监视点比较多，主要有：新水的流量、温度和压力以及回水池水位控制，回水池水位开关及低限报警，各个水泵出口压力，并联后管道压力，各个水井水位和越限报警，回到冷却塔的回水温度，水泵电气传动方面的联锁和控制等。压块车间（使用西门子 S5-115U 型 PLC 控制）和原料厂（使用美国 GE 公司 GE9070 型 HC 控制）的自动化功能主要是各设备的顺序控制、联锁等，其主要设备状态均有相关信号经 RS232C 进入 PCU，该 PCU 以例外报告形式送至 OIS-41 加以显示。

此外，还有一个特殊仪表，即回转窑窑体扫描测温仪，为丹麦 F. L. Smith 公司产品，原来用于水泥回转窑，并得到很好的效果。它放置于距窑 30~50 m 处，接收与窑轴线平行平面（直径为 25 cm）上的"点"辐射红外线，扫描仪每秒对窑的全长扫描 8 次，这样，在窑转动一周时可完成 200~300 次的扫描，从而得出窑表面各处详细及完整的温度情况，计算机读取这些数值并储存起来，将该温度组成的数组作为窑表面温度的分布情况，在显示器上以实际曲线显示出来。窑表面温度测量对窑的合理操作、防止窑体损坏、降低费用很有帮助，在水泥工业已证明，其经济效益显著。

D 专家系统

专家系统即为装在一台 PC 机中的一个软件包，它接受原材料的特性参数和生产要求数据，自动生成用于称重给料系统和窑温分布控制的推荐值，操作员根据这些设定值下装到 INF1-90 的 PCU 上。此软件包包括：

（1）用于称重给料系统和窑温分布的预测算法；

（2）窑壳风机设定算法；

（3）产品筛选最佳回收率算法；

（4）产品含硫预测算法。

2.4.1.2 气基直接还原自动化

A 工艺流程简述

墨西哥拉·卡德那斯特鲁查斯黑色冶金公司直接还原厂，简称西卡察厂（Sicartsa），原采用高炉-转炉流程，年产钢水 1.3 Mt；二期工程则采用直接还原-电炉工艺，于 1983 年建成并生产，年产钢水 2 Mt；现在是采用 HYL-Ⅲ工艺的直接还原厂。它主要由还原煤气发生装置（包括天然气-蒸汽重整炉、热回收装置、蒸汽发生系统和裂化煤气冷却塔）和还原装置（由包括反应器、过程煤气加热器、循环煤气压缩机和冷却塔的还原回路以及包括反应器冷却区段、煤气循环和冷却塔的冷却回路组成）组成，前者的还原煤气进入后者，并把铁矿石还原成海绵铁。西卡察厂直接还原的工艺流程如图 2-47 所示。

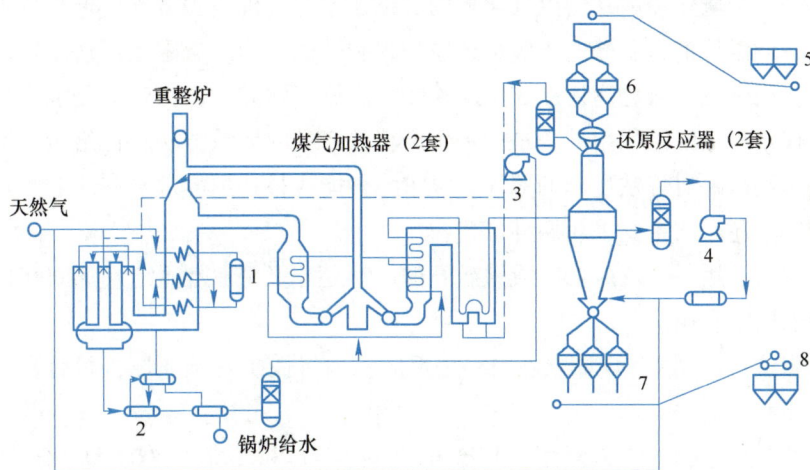

图 2-47 西卡察厂直接还原的工艺流程

1—脱硫器；2—蒸汽发生器；3—还原煤气压缩机；4—冷却煤气压缩机；5—矿石储料仓；
6—上料；7—卸料；8—直接还原铁储仓

B 自动化系统主要功能

a 重整炉区

重整炉区的自动化系统功能包括：

（1）测定和控制进入催化管的天然气碳含量对蒸汽的比例；

（2）监测重整炉辐射段出口烟气温度，并反馈调节至重整炉烧嘴的燃料进入量；

（3）若补充气产生变化，控制烧嘴以保持正确的空气-燃料比例；

（4）蒸汽发生器和工厂其他部分的安全联锁。

b　还原区

还原区的自动化系统功能包括：

（1）进入反应器的还原煤气流量控制；

（2）用尾气管上的压力顺序阀（定压阀）来控制反应器内的压力；

（3）控制进入冷却塔的水量，以保持净化尾气温度为规定值；

（4）在部分负荷运转时，进行还原煤气和冷却煤气压缩机旁路控制；

（5）物料输入和运出控制；

（6）物料处理系统，包括振动给料器、带式输送器、上料仓和皮带秤以及各个闸门和阀门的顺序控制与安全联锁。

2.4.2　熔融还原自动化

2.4.2.1　工艺流程简述

Corex 工艺是以块矿或球团矿为原料，在竖炉内经过高温煤气预还原，得到具有较高金属化率的炉料后，由螺旋给料机输送至熔融气化炉。熔融气化炉的主要能量来源是块煤与氧气的燃烧，金属化炉料在熔融气化炉内被终还原并实现渣铁分离，产生的大量高温煤气经过除尘、调温等措施后被通入竖炉还原炉料和外供使用。熔融还原法是在高温渣铁的熔融状态下，用碳把铁氧化物还原成金属铁的非高炉炼铁方法，其产品是液态生铁。直接还原的意义在于提供废钢代用品，是一种生产特殊产品的炼铁方法；而熔融还原的意义在于摆脱冶金焦炭短缺对炼铁生产的羁绊，寻求一种能代替高炉的常规炼铁生产方法。

现阶段熔融还原法主要采用两种形式：

（1）一步法。用一个反应器完成铁矿石的高温还原及渣铁熔化，生成的 CO 排出反应器以外再加以回收利用。

（2）二步法。先利用 CO 能量在第一个反应器内将铁矿石预还原，然后在第二个反应器内补充还原和熔化。

目前世界上共有 6 套 C-2000 型（年产 65 万吨/年）和 2 套 C-3000 型（年产 150 万吨/年）熔融还原炼铁生产装置，其中印度 4 套、南非 1 套、韩国 1 套 C-2000 型生产装置，中国宝钢于 2007 年引进了 2 套大型 C-3000 生产装置。目前，韩国的 C-2000 型已经转成 Finex 工艺，宝钢 C-3000 装置 1 座迁至八钢，1 座停产。我国近几年经过对 Corex 的多项重大改造，铁水成本基本接近 2500 m³ 高炉成本区间，无论在产量和成本上均处于世界领先。

Corex 工艺在我国的不断发展过程中，在不断地寻求设备大型化的过程中同时对入炉原料品质、设备以及操作水平的要求也随之增加，科研工作者也对其进行了大量的优化研究。

熔融还原炼铁技术的与高炉相比，降低对焦煤的依赖性是其重要的优势之一，但是目前 Corex 工艺并没有完全实现非焦冶炼，在 Corex 工艺运行过程中仍需要在气化竖炉和熔融气化炉内添加少量的小块焦炭，改善炉料的透气性以及提高熔融气化炉内半焦床层的强度和稳定性。焦炭的加入量一般占总燃料的 10%~20%，其余为块煤。在冶炼过程中煤焦的粉化性能影响着炉内的透气与骨架作用，而其反应性能的差异也将对熔融气化炉内生铁的渗碳能力以及炉缸活跃性产生较大的影响，这些都直接影响着 Corex 工艺的生产效率以及炉缸碳砖的侵蚀过程。CorexC3000 风口取样发现，熔融气化炉内煤焦的平均粉化率超过 60%，死料柱中心的粉化率甚至超过 80%，块煤在受热分解过程中促进了溶损反应的发生，得到的半焦强度较低，进而劣化了炉内的透气透液性。通过预热提高入炉煤焦转化率达到 30% 以上，可以有效减少块煤粉化，也降低了炉内热量消耗。顶装焦、捣固焦和气煤焦 3 种焦炭样品与铁水接触的过程中主要发生渗碳反应，其中气煤焦的渗碳速率最快，渗碳活化能最小，这有利于降低渣中（FeO）的含量，减少其对碳砖的侵蚀；其次是顶装焦；捣固焦的最慢，同时其渗碳活化能最高，不利于 Corex 工艺的高效生产和长寿。

Corex 工艺竖炉内煤气还原铁矿石的过程中，煤气的利用率以及矿石的金属化率也是影响 Corex 工艺的能耗以及生产效率的重要因素。煤气分布合理，利用率高，矿石的金属化率高，有利于降低燃料消耗并提高生产效率。竖炉内炉料还原率、气体还原势和温度厂的分布相似，上部区域中心高，下部区域边缘高；在预还原竖炉下部，煤气利用率较低且径向梯度较大，炉壁处的利用率低于中心处；在预还原竖炉上部，煤气利用率较高，在径向上梯度不大，中心处略高于炉壁处。

Corex 工艺经过宝钢的多年探索与实践，在生产技术上已经成熟。并且为了提高 Corex 工艺在我国的成本竞争力与生存能力，在炉料结构的普适性上做了一些尝试。例如，在保证炉况顺行的情况下，尝试使用低价燃料和尝试处理各种厂内固废、社会危废等。但是，目前 Corex 工艺仍需要在实现非焦冶炼及大量固废处理上增强工艺与设备的创新能力，深入探索其涉及的理论问题，进一步实现节能减排。同时，为保证设备的长期稳定顺行，探索竖炉炉料还原与粘连机制，优化给料设备，提高生产效率；以及全氧生产条件下，实现高温煤气与化工产品的高效转化等也是 Corex 工艺需要努力的方向。

2.4.2.2　国外熔融还原自动化

南非伊斯科尔公司的 C1000 型 Corex 熔融还原工艺系统是 Corex 法熔融还原自动化的典型例子，图 2-48 示出了它的炉子本体系统。

这个熔融还原的炼铁系统是拆除原 1 号高炉后在其原址建成的，建设中利用原有的高炉进料线、矿槽、铁水线、渣线和水处理等设施，主车间占地 60000 m^2，炼铁车间包括炉子本体系统、煤干燥系统、上料系统、渣铁系统、除尘及水处理系统。由于上料系统、渣铁系统、除尘及水处理系统的设备与高炉类似，现着重说明炉子本体系统和煤干燥系统。

A　炉子本体系统

炉子本体系统包括：竖炉顶部受料（矿、熔剂等）密封串罐、还原竖炉和海绵铁排料螺旋机组；受煤密封串罐、加煤螺旋机组和熔化气化炉；粉尘返吹和煤气处理系统，含荒煤气放散和调温除尘、冷却煤气洗涤加压、还原煤气管路、炉顶煤气洗涤和输出以及煤气

洗涤污水管路等。上述设备除冷却煤
气加压机设在地面外，其他均设置在
Corex 塔的高层钢结构内。主塔顶部由
上料小车卸料，经串罐密封料罐、布
料管装入竖炉。还原竖炉高 17 m，上
部直径 5 m，下部直径 5.5 m，炉内衬
有耐火材料。炉顶温度约 215℃，压力
为 0.24 MPa。竖炉底部以上约 5 m 处
为还原煤气入口围管，有 36 个均匀分
布的煤气入口，将还原煤气鼓入竖炉，
煤气入口温度为 850℃，压力为
0.32 MPa，还原煤气含 CO 73%、
H_2 23.1%，煤气量约为 76000 m^3/h。
铁矿石在竖炉内停留 6~8 h，即可还原
成金属化率达 93% 的海绵铁，然后，
由竖炉底部的 6 台直径为 900 mm、由
液压驱动的螺旋机将热态海绵铁排到
熔化气化炉中；与此同时，另一上煤

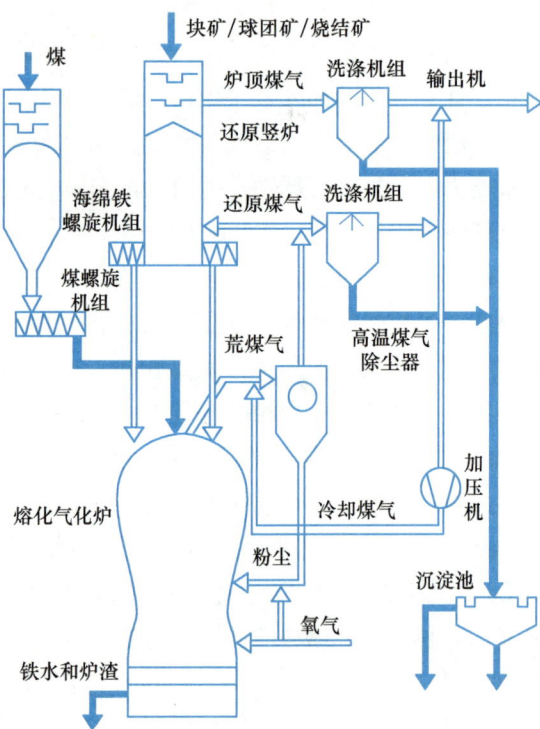

图 2-48　C1000 型 Corex 熔融还原工艺的炉子本体系统

小车把煤从东侧塔顶部经螺旋机加入熔化气化炉顶部。熔化气化炉高 22.8 m，上部球
顶直径为 10 m，下部炉缸直径为 5.5 m，炉外淋水冷却，底部以上约 4 m 处有 20 个氧
气风口，风口以上约 4 m 处为除尘器粉尘喷入口，炉顶有一外径为 1200 mm 的荒煤气放
散管。

B　煤干燥系统

Corex 炉用煤，需经配煤（满足固定碳、挥发分含量要求，挥发分低则炉温高，但煤
气量不足，成分满足不了要求；反之，则煤气量足、性能好，但炉温下降）、破碎（要求
煤的粒度小于 50 mm）和烘干准备（使入炉煤的水分小于 5%）。

C　自动化系统

整个自动化系统由 5 套 PLC 执行，其中，3 套用于 Corex 炉，2 套用于煤干燥控制。
Corex 法熔融还原自动化包括下列三大部分：

a　电气传动控制

电气传动控制主要包括：

（1）矿槽配料自动控制。

（2）Corex 炉上料顺序控制与联锁。按工艺要求进行顺序控制，主塔顶部接受上料小
车卸入的铁矿石和白云石，每小时约 6 批料，批料包括 11 t 铁矿石和 4 t 白云石；串罐密
封料罐则按还原竖炉的料位信号，通过 12 根布料管向竖炉加料。

（3）熔化气化炉供煤顺序控制与联锁。在海绵铁落入熔化气化炉时，东侧塔顶的串罐

密封罐接受上煤小车供煤，先经一开一备的双螺旋机，再经单螺旋加煤机将煤加入熔化气化炉顶部。

（4）荒煤气放散控制。

（5）干煤仓上料控制。

（6）配煤控制。

（7）配煤胶带运输机、破碎、筛分、跳汰干燥机等顺序控制与联锁以及故障报警等。

b　检测及自动控制

检测及自动控制主要包括：

（1）数据采集。数据采集包括对煤的入炉水分、熔化气化炉煤气成分、固定床高度以及炉内压力温度等进行监测。

（2）海绵铁的金属化率和加入速度控制。根据海绵铁金属化率是否达到要求的93%，控制螺旋机转速以调节加入速度，即调节铁矿石在竖炉中的停留时间和产量。

（3）加煤速度控制。按煤气参数和固定床高度调整供氧量，如煤气中氧含量大于3%，就报警并自动切断氧气。

（4）熔化气化炉温度和煤气化控制。温度应控制在1000~1050℃之间，低于850℃会有焦油析出，高于1100℃则会引起粉尘黏结，因此，高于或低于上述温度范围都会造成热旋风除尘器和煤气管道堵塞，故采用调节供煤量、供氧量和炉压的方法来调节炉温。

（5）固定床高度控制。固定床正常高度为2~3 m，如低于2 m，说明炉温向凉，应调节加煤量和供氧量以调整高度；如太高，将使风口热区对上部的影响作用减小，且易烧坏粉尘喷嘴。

（6）炉内压力控制。如炉温偏低，可调节还原竖炉炉顶煤气文氏管调压阀，升高炉内压力以使炉温升高。

（7）熔化气化炉煤气成分控制。应控制气化正常，煤气成分稳定。如气化有问题，则首先反映为CO_2含量上升，表征炉温向凉，此时应首先调高压力或者调整煤量、氧量。正常时，竖炉煤气中CO_2含量约为35%。

（8）辅料和炉渣成分控制。

上述控制均为一般负反馈、串级或比值控制，其定值由操作员设定。

c　监控部分

监控部分由工作站执行，包括数据采集、数据显示（含趋势曲线、历史数据、报警数据、工艺流程动态画面等）、数据记录（包括打印班报和日报、显示屏幕硬拷贝、报警等）、数据通信、配煤优化数学模型（包括配加焦分等配料计算、以成本最低为目标函数的线性规划模型等）等。

2.4.2.3　国内熔融还原自动化

国内熔融还原厂除了筹备引进（如在浙江宁波北仑港筹建厂等，由于韩国投建的较大型熔融还原厂耗资大、效益不高，故正在论证中）外，主要是进行试验。下面将介绍我国某试验厂的熔融还原自动化系统。该自动化系统的配置包括基础自动化和过程自动化两级,用一台由德国西门子公司生产的 S5-115U 型 PLC 进行喷煤控制,另一台 S5-115U 型 PLC 则进行熔融还原炉系统的控制。过程机使用一台 Compaq586,同时带有相应的通信及支持软件。

(1) 基础自动化内容如下:

1) 炉气压力、温度和成分(CO、CO_2、H_2、N_2、H_2O)检测。

2) 循环水进、出口的压力、温度和流量检测。

3) 两路氧气和搅拌用压力、枪前压力和温度以及流量测控。

4) 炉衬温度测量。

5) 料罐重量称量及加料速度控制。

6) 喷吹系统测控。喷吹系统测控包括:氮气源压力和温度,上、下罐压力和重量,4 路喷吹支管补气压力和流量的检测和调节,以及喷吹罐各阀顺序控制。

7) 氧气安全控制。如压力降低越限时自动切断、炉内压力大于氧枪或喷煤枪压力时自动切断喷枪等。

8) 上料顺序控制。

(2) 过程自动化内容如下:

1) 技术计算和模型运算。

2) 数据显示和专门显示。数据显示和专门显示包括趋势曲线和带工艺流程的工艺参数动态显示。

3) 数据存储及打印。全部数据每分钟记录一次并作为历史数据存盘,还能根据要求以不同时间间隔打印。

4) 报警。可声响报警,并能在显示器上显示和自动打印。报警范围包括氧气总管低压、氧煤枪和纯氧枪温度过高、氧煤枪堵塞以及烧坏等。

2.4.3　Hismelt 工艺

Hismelt 工艺是一种直接使用粉矿、粉煤的铁浴熔融还原炼铁工艺。Hismelt 工艺的核心部分是熔融还原炉(SRV 炉)。铁矿粉在回转窑中被预热和预还原,由喷枪将预热后的铁矿粉与煤粉一同喷入 SRV 炉熔池,为了调节合适的炉渣成分,白云石和石灰石也经常被一同喷入 SRV 炉熔池。在 SRV 炉熔池内,煤粉在高温的作用下迅速高温裂解,形成 C 颗粒,一部分 C 熔入金属熔池,使铁水的 $w(C)$ 增加;另一部分与矿粉共同卷入炉渣,在熔渣内完成铁氧化物的还原过程,生产液态金属铁和 CO 气体。在喷枪进入载气和反应生产的 CO 的共同作用下,渣铁液滴在熔池内不断喷溅涌动,这就是 Hismelt 工艺特有的"涌泉"现象。还原过程生成的高温煤气在 SRV 炉的氧化区与上部喷枪喷入的富氧热风进行二次燃烧,释放大量的热量,"涌泉"现象喷溅的渣铁被加热,并将大量的热带回熔池,对熔池内矿石的还原以及造渣过程提供热量。铁水通过炉内压力调节从前置炉流出,煤气供发电厂发电及热风炉使用,炉渣经粒化后生产水泥等工业品。

　　Hismelt 工艺在澳大利亚的工业示范装置已被搬迁到我国山东，并于 2016 年投产，成为近几年熔融还原工艺发展的新动向。Hismelt 工艺在中国的工业实践中取得了较为明显的效果，山东墨龙 Hismelt 最长连续运行时间已达 110 天，超过力拓 Hismelt 工艺报道的最长连续运行时间 65 天。山东墨龙 Hismelt 最大日均产量为 1930t，超过力拓 Hismelt 的最大日均产量 1834t，山东墨龙 Hismelt 工厂所生产的特种铸造生铁能够满足高端制造业对高纯生铁的需求。近几年，Hismelt 工艺在我国的稳定运行，已经成为我国熔融还原炼铁工艺的研究热点。

　　Hismelt 与高炉工艺相比，其熔渣具有较高的氧势。根据 Hismelt 工艺的冶炼特点，对高炉冶炼的劣势进行补充，扩大炼铁矿种与煤种的选择范围，这将对 Hismelt 工艺的推广具有促进作用。近年来，科研工作者也提出了利用 Hismelt 熔融还原炼铁工艺冶炼钒钛磁铁矿、高磷矿以及处理含锌粉尘等，这均有利于资源的充分利用。目前，多家企业也已经开始了 Hismelt 熔融还原炼铁工艺冶炼特殊矿的工业化实验，取得了一定的成果。

　　目前世界各国钢铁工业发展的主要应对举措应为高炉-转炉长流程持续节能减排+逐步扩大以电炉炼钢为核心的短流程。同时结合开展高炉炉气循环、部分以氢能源替代碳还原技术的研发，利用富含 H_2+CO 气体的焦炉煤气重整后从高炉炉身喷入促进间接还原，进一步降低碳排放 10%～20%；在核能（可再生能源）成为一次能源主流前以加强氢冶金的理论基础研究和前瞻性布局为研究重点。以减少碳排放为目标，传统高炉、非高炉炼铁流程工艺路线选择的共同融合点是提高氢气的应用比例。包括：含氢物质（焦炉煤气重整、天然气）喷吹的低碳高炉前沿技术；氢基竖炉直接还原制备高级洁净钢、基于氢冶金的熔融还原直接炼钢等减排低碳的非高炉炼铁技术。

复习思考题

2-1　解释下列缩略词：BF、AI、TRT、DRI。

2-2　高炉计算机控制系统的主要功能有哪些？

2-3　高炉热风炉自动控制的主要内容是什么？

2-4　高炉热风炉自动控制的数学模型由哪几个子模型组成？

2-5　高炉炉况控制的主要特点有哪些？

2-6　为什么说高炉冶炼过程是个大滞后、多变量、非线性、分布参数的复杂控制系统？

2-7　高炉冶炼选择了哪几个主要的操作因子？

2-8　目前高炉常用的数学模型主要有哪些？

2-9　高炉炉热判定模型有哪三个子模型？

2-10　如何建立高炉炉热指数计算模型？

2-11　画出高炉风口燃烧带的反应模式。

2-12　画出高炉直接还原带的反应模式图。

2-13　画出高炉内反应模式图。

2-14　高炉铁水硅含量和铁水温度的预报模型包括哪两种？

2-15　推算高炉软熔带位置和形状的数学模型一般有哪两种，分别是如何建立的？

2-16　高炉检测仪表和传感器大致区分为哪五大类？

2-17　高炉检测内容包括哪几个方面？

2-18　高炉炉内状况检测包括哪些内容？

2-19　近年来常使用什么仪器来测量炉顶料面温度分布？

2-20　高炉炉喉煤气流速检测仪表主要有哪几种？

2-21　高炉料面上炉料粒度的检测采用什么仪器？

2-22　粒度仪除了可检测料面上炉料粒度分布以外，还有哪几种用途？

2-23　用来测定和分析高炉炉顶煤气含量的仪器有哪些？

2-24　高炉渣铁状态检测包括哪些内容？

2-25　高炉各送风支管流量的测量方法有哪些？

2-26　高炉热风温度检测仪器有哪两种？

2-27　高炉风口及冷却壁等漏水的检测包括哪两项内容？

2-28　高炉炉衬、炉底耐火材料烧损检测方法和仪器有哪些？

2-29　一般是用什么仪器来测量高炉焦炭水分？

2-30　高炉喷吹煤粉总量采用什么测量工具？

2-31　高压操作自动控制系统的功能有哪些？

2-32　高炉无料钟炉顶压力控制系统包括哪两部分？

2-33　高炉密闭循环冷却系统可分为哪两部分，各自冷却哪些部位？

2-34　高炉热风炉的工作原理是什么？

2-35　高炉热风炉自动控制包括哪几项？

2-36　高炉热风炉燃烧控制系统主要包括哪些功能？

2-37　高炉喷吹煤粉工艺主要由哪两大部分组成？

2-38　高炉制粉系统主要工艺设备有哪些？

2-39　高炉喷吹系统主要由哪些设备组成？

2-40　目前常用的高炉给煤装置有哪几种？

2-41　高炉喷吹系统检测和自动控制功能有哪些？

2-42　高炉煤气净化系统有哪两种方法？

2-43　高炉湿法煤气净化系统由哪些装置组成？

2-44　目前高炉应用的干法煤气除尘有哪两种？

2-45　高炉布袋除尘的优点有哪些？

2-46　高炉布袋除尘系统由哪些设备组成？

2-47　高炉布袋除尘的工作原理是什么？

2-48　高炉布袋除尘的控制包括哪两大部分？

2-49　高炉布袋除尘监测参数包括哪些？

2-50　高炉渣处理方法有哪两种，目前我国炉渣产品以生产什么样的渣为主？

2-51　现代大型高炉的水渣处理有哪两种，两种方法分别有哪些特点？

2-52　炼铁厂的给水主要用于哪些方面？

2-53　高炉给排水的特点是什么？

2-54　高炉给排水自动化包括哪两大部分？

2-55　高炉炉顶压力回收方法有哪三种？

2-56　目前大型高炉采用什么风机，与离心式风机相比有什么特点？

2-57　为使高炉鼓风机安全运行，工作点应当处在什么区域内？

2-58　高炉防喘振控制的实质是什么？

2-59　高炉定风量、定风压控制系统具有哪三种不同的工作状态？

2-60　高炉上料设备包括哪些？

2-61　高炉称量设备有哪些，现代高炉都是使用哪种称量料斗？

2-62　高炉槽下 PLC 的功能有哪些？

2-63　为适应高压炉顶的需要，料罐均排压系统的操作方式有哪几种，料罐均排压系统的控制功能有哪些？

2-64　每座高炉热风炉在运转过程中都有哪三种状态？

2-65　热风炉操作方式有哪两种？

2-66　高炉给排水电气传动控制主要有哪三项内容？

2-67　高炉水处理系统分为哪两大部分，高炉循环水系统分别控制什么设备？

2-68　高炉水渣工艺设备由哪些部分组成？

2-69　炼铁厂粉尘治理设备主要采用什么设备？

2-70　高炉监控画面主要包括哪些 HMI？

2-71　非高炉炼铁包括哪些方法？

2-72　非高炉炼铁直接还原法和熔融还原法的产品分别是什么？

2-73　现阶段熔融还原法主要采用哪两种形式？

3 炼钢生产自动化

在炼钢生产流程中，转炉（或电炉）→炉外精炼→连铸已成为普遍生产工序模式。随着技术的发展，炼钢行业在数字化时代迎来了巨大的变革机遇。传统炼钢工艺在生产效率、能耗管理、产品质量控制等方面面临着许多挑战。为了应对这些挑战，智能化技术逐渐成为炼钢企业转型升级的重要手段。

智能化技术的引入不单纯是设备更新，更是传统炼钢工艺的全面优化和升级的重要一步。在炼钢原料准备阶段，智能化技术通过物联网和感知设备等手段实现了对原材料的实时监测和追踪，确保原料的质量和数量在最佳状态下投入生产。在高温高压炼钢过程中，智能化技术也广泛应用。通过在生产设备上植入传感器实时监测温度、压力和流速等关键参数，企业能够准确掌握生产状态，预测潜在问题并及时进行调整。通过实时数据采集和分析，企业可以提高生产过程的稳定性和可控性，并为生产效率奠定了坚实基础。通过对炉温、合金成分等参数进行智能控制，炼钢企业可以更加灵活地适应市场需求的变化，提高生产灵活性和适应性。另外，智能化技术也使生产过程自动化。例如，在炼钢装卸过程中，智能机器人和自动化设备逐渐取代传统的人工操作，不仅提高了生产效率，减少了人为操作误差，还提高了生产安全性，使工人在高温高压环境中更安全。

随着智能化技术渗透钢铁行业，见证了生产效率、产品质量、操作过程和生产安全性等多个方面地显著改善。通过全面智能化的手段，炼钢企业实现了从传统生产方式向数字化、智能化的转变。这一转变不仅提高了企业的竞争力，也为行业可持续发展奠定了坚实的基础。在数字时代，炼钢行业将迎来更高效、更可靠、更智能的未来，以满足市场需求、提高产业水平并推动行业升级。

3.1 转炉炼钢生产自动化

氧气转炉炼钢法是当今国内外最主要的炼钢法。氧气转炉炼钢法按气体吹入炉内部位的不同，又可分为氧气顶吹转炉炼钢法、氧气底吹转炉炼钢法、氧气侧吹转炉炼钢法、顶底复吹炼钢法四种。顶底复吹炼钢法是当前氧气转炉炼钢发展的主要方向。

3.1.1 转炉炼钢生产工艺过程

氧气转炉炼钢法的共同特点是设备简单、投资少、收效快、生产率高、热效率高、原料适应性强，适于自动化控制。其原料主要是铁水，以吹入氧气来氧化铁水中的元素和杂质。转炉可旋转360°，生产的钢种主要是低碳钢和部分低合金钢。图3-1是现代化转炉炼钢工艺流程及主要设备图。

炉料公司 　氧气厂 　高炉（铁厂）　散料低位料仓 　合金低位料仓

汽车运输 　　管道 　混铁车 　皮带 　皮带

废钢准备处 　氮气、氩气 　氧气阀门室 　倒罐站 　高位料仓 　中位料仓

　　　　　　　　　　　铁水罐 　称量斗 　称量斗

　　　　　　　　　　　　　　　　　　合金汇总斗

吊车 　底枪 　氧枪 　脱硫、扒渣 　汇总斗 　旋转漏斗

溜管

顶底复吹转炉

一次烟气 　挡渣出钢 　二次烟气

用户 　　钢水包 　集烟罐 　渣罐

蓄热器 　液化烟罩 　　除尘器 　热渣处理间

汽包 　余热锅炉 　钢水处理 LF, RH-TB 　　渣罐车外运

水 汽 水 　　　连铸机 　放散 　再利用

放散 　一级文氏管 一级弯头脱水器 　轧机

风机 　二级文氏管 二级弯头脱水器 　　外销

三通阀 　沉淀池 　　袋式压滤机

水封逆止阀 　　　　造块

煤气柜 　液浆 　污水 　再利用

用户

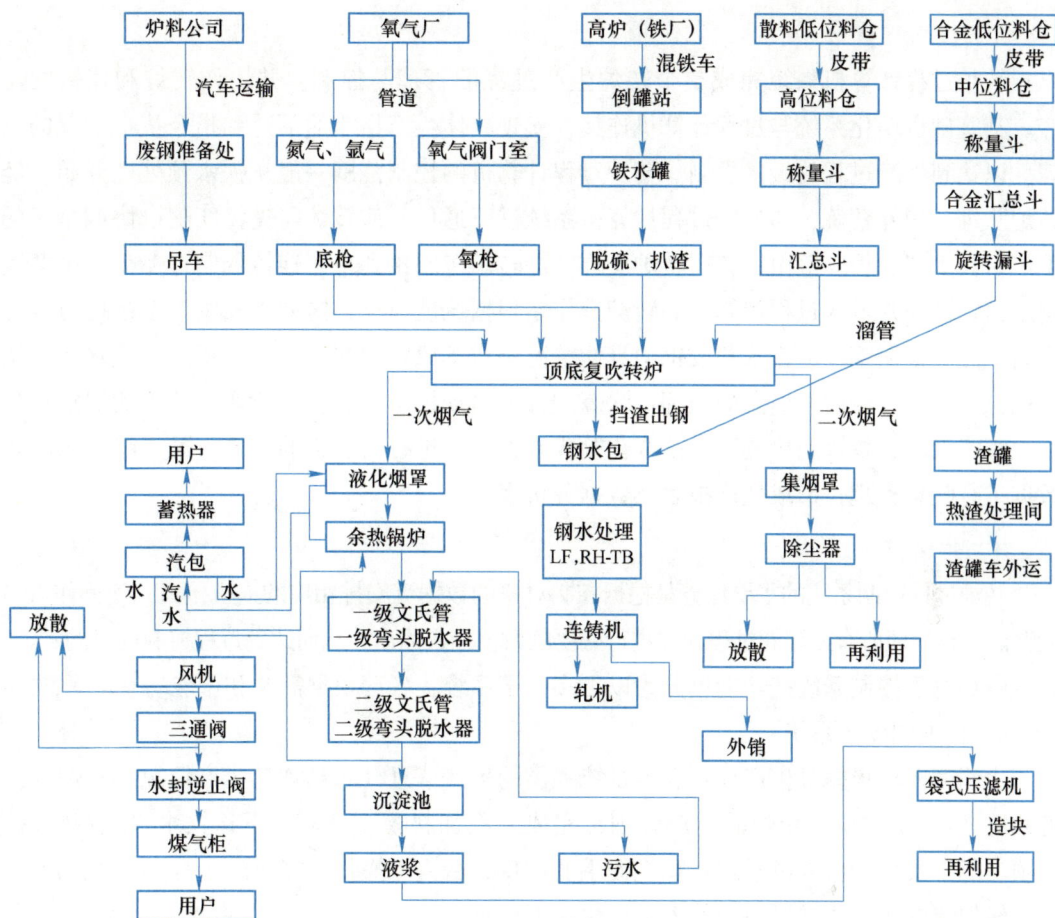

图 3-1　现代化转炉炼钢厂工艺流程及主要设备图

转炉炼钢自动化依据的两个原则是：

（1）在冶炼的各个阶段，参加反应的各元素分别保持质量守恒，热能也保持守恒的原则；

（2）运用冶金物理化学原理研究各炼钢反应，建立各元素在炉气-熔渣-金属各相间分配系数的原则。

3.1.2 转炉炼钢生产过程自动化

随着炼钢工艺的不断发展，尤其是铁水预处理、炉外精炼及连铸工艺等的飞速进步，单凭操作人员的经验炼钢已经不能满足生产的需要。尤其是为了提高产品的产量与质量，协调整个炼钢工艺的生产，在转炉投入过程控制系统更为重要。由于计算机网络硬件技术的不断提高，过程控制系统的硬件设备也在不断更新。

3.1.2.1 转炉过程控制系统的功能和实现

A 转炉过程计算机的控制范围

转炉过程计算机系统完成整个转炉生产过程的管理与控制，并协调转炉和连铸的生产。其基础自动化系统与过程计算机连接，实现具体生产指令的下达和指令执行情况的反馈，以达到生产过程的最优控制。转炉过程计算机的控制范围一般从铁水预处理开始，经转炉吹炼、炉外精炼，与连铸过程计算机系统进行通信，使转炉与连铸匹配以协调全场的生产。其生产过程一般由连铸向转炉反推，即转炉车间接到来自连铸的制造命令，由调度制定出钢计划并输入过程计算机。转炉操作室根据调度命令，向铁水及废钢系统提出各种申请，然后根据钢种、铁水和废钢的具体情况决定其原料的配比，其间要经过铁水及废钢的成分、重量、温度等信息的处理；吹炼过程中启动标志模型，进行实时的检测跟踪；到达吹炼终点时，指挥副枪测试，读取化验成果，然后进行铁合金的计算，最后将全部冶炼数据进行收集整理，形成生产报表及数据分析表。

B 转炉过程控制系统的功能

转炉过程控制系统的主要任务是根据控制对象的数据流安排相应的人机接口，使操作人员能够监视和管理所有控制的过程，并进行必要的数据输入输出，从而达到过程控制的目的。

转炉过程控制系统按功能可分为以下多个子系统，各厂根据需要和可能均有取舍。

a 转炉调度子系统

由调度人员根据日生产计划和本系统提供的生产信息（包括连铸生产情况、转炉的设备状况等），安排单座转炉的生产计划，完成一次加料模型计算，下达铁水、废钢需求。该项功能主要由操作人员根据计算机提供的信息，由人工操作来完成。

转炉调度子系统需要向操作人员提供以下信息：

(1) 连铸生产状况，包括钢包重量、铸机拉速、浇注钢种、浇注时间等。

(2) 转炉生产情况，包括吹氧时间、枪位、下料量以及转炉处于修炉、正常吹炼、设备故障等。正常吹炼分为准备吹炼、主吹、补吹、吹隙、溅渣。设备故障分为转炉本体、下料系统、烟气净化及冷却装置、煤气回收系统故障等。

(3) 钢包准备情况，包括炉后有无钢包等。操作人员根据连铸与转炉的实际生产情况，便可下达单座转炉的生产计划。

(4) 计划格式，包括熔炼号、钢种、出钢量、用途、出钢时间。计划编排后，即可下达至转炉炼钢控制子系统。本系统也允许操作人员对已制定的计划进行增加、修改、删除，以适应生产需要。

(5) 附加功能，包括：提供钢种表，供操作人员参考；提供报表查询和打印的功能，供管理使用；根据生产计划中的出钢量、钢种以及铁水成分和温度启动主原料计算模型，模型计算的结果经确认后，送至铁水站、废钢站准备主原料。

b 铁水管理子系统

铁水管理子系统的主要功能是采集由化验处理子系统传来的数据，将其存档并传至其他系统，如炼钢控制系统、调度子系统。

铁水管理子系统的数据主要是铁水信息，如铁水编号、铁水成分、铁水温度、铁水重量和采集时间。

c 废钢管理子系统

废钢管理子系统的功能是采集废钢重量、废钢种类等信息；根据操作要求，将本炉使用的废钢重量、废钢种类等信息经终端通知操作室，并收集废钢的实际使用情况。

d 炼钢控制子系统

炼钢控制子系统为过程控制系统的核心，负责炼钢过程的计算机控制。由操作人员输入必要的数据后，启动冶炼模型对炼钢过程进行控制，以达到自动炼钢的目的。

以一个炼钢周期为例，炼钢控制子系统的执行过程为：

(1) 确认计划数据，包括熔炼号、计划钢种、出钢量、出钢时间和用途以及各种操作方案。

(2) 由基础自动化级采集并由操作人员确认实际装入铁水量、铁水温度、铁水成分、废钢量、废钢种类、是否有副枪、是否有底吹、氧枪操作方案和下料操作方案，然后启动副原料计算模型，由二级计算机计算出冶炼所需的各种副原料量、吹氧量、底吹方案等。

(3) 由操作人员确认计算结果，二级计算机向基础自动化级各子系统发出降枪方案的设定点和第一批料的设定点以及底吹方案。

(4) 按点火按钮，降枪吹氧进入计算机控制方式。如果确认有副枪操作则进入步骤 (5)，否则进入步骤 (6)。

(5) 吹氧量达到副枪检测点时，氧枪自动提升或者氧气自动减小流量，副枪降枪开始测试；测试结束时，启动主吹校正模型对至终点的吹氧量等进行校正；确认计算结束后，降枪吹氧，进入碳温动态曲线画面，对最后吹炼阶段进行监视。

(6) 达到终点，如果无副枪则进行倒炉、取样、化验，转步骤 (9)。

(7) 进入"临界"终点画面，确认是否进行补吹，若补吹则进入步骤 (8)，否则进入步骤 (9)。

(8) 启动补吹校正技术模型，计算校正时所需的参数，确认结束，降枪吹氧后返回步骤 (6)。

(9) 倒炉出钢，加合金，溅渣补炉，确定最终生产数据。

(10) 如果本炉次控制成功，则调用模型参数修正子程序、热损失常量和氧气收得率，实现自学习功能。

e 合金管理子系统

根据出钢量、出钢钢种及化验成分启动合金计算模型，按最终钢成分计算出所需合金的品种及数量，并交操作人员确认。同时，搜集每炉钢合金料的实际使用情况（包括合金种类和重量）并存入数据库中，供自学和打印报表使用。

f 数据通信系统

数据通信系统负责三类数据之间的通信，包括与基础自动化级（L1）通信、内部各站之间通信和与生产管理级通信。

各站之间的通信包括:

(1) 某台机器与数据库通信,可通过 SQL Server 的内置通信功能进行通信。

(2) 其他信息采用 Winsock 通信形式,如图 3-2 所示。

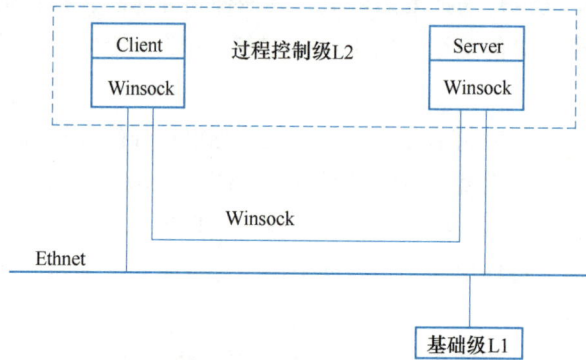

图 3-2　采用 Winsock 通信形式

(3) 从 L1 上传的数据包括:

1) 氧枪数据,包括氧压、氧流量、氧量、吹氧时间、氧枪位置、是 A 枪还是 B 枪工作、吹氮有关数据;

2) 副枪数据,包括钢水化学成分、温度、熔池高度;

3) 烟气净化数据,包括汽包水位、风机有关数据;

4) 底吹数据,包括吹入气体的流量、压力、累积量和切换时间;

5) 其他数据,包括铁水成分、钢水成分、温度、铁水重量、煤气回收有关数据、下料重量、合金料重量和种类、实际下料批次、熔炼号等。

(4) 从 L2 下载的数据包括:氧枪操作方案、底吹控制方案、副原料下料控制方案、副枪测试命令。

g　打印报表系统

根据生产工艺的要求和管理统计工作的需要,转炉打印报表系统主要完成三类报表的功能,即转炉过程记事、转炉熔炼记录和转炉生产过程日报表。

(1) 转炉过程记事。在冶炼过程中,各种副原料的加料时间、加料重量、加料种类、氧枪高度、氧气流量、氧压、氧累积量、吹氧时间等。报表信息以事件发生的时间先后为序排列,记事的多少随着冶炼复杂程度的变化而发生变化。全部数据的采集和打印工作不受人为影响,此报表是对生产冶炼过程的再现和回忆。

(2) 转炉熔炼记录。这一报表是对生产中各道工序的详细记录,报表信息覆盖整个炼钢生产过程,其格式和信息是固定的。采集来源分两类,一类是由人工输入,另一类是由现场采集的信号经过程序计算得到的。

(3) 转炉生产过程日报表。此报表主要包括每个炉次副原料和合金料的加料种类和数量、氧气消耗量、吹氧时间以及班次、熔炼号。汇总信息包括：铁水消耗量、废钢消耗量、各种副原料消耗量、合金消耗量、氧气消耗量、氮气消耗量、氩气消耗量、副枪探头消耗量及测成率等。

C 采用数学模型控制转炉炼钢的工艺要求

因数学模型控制与本厂工艺条件密切相关，故要求工艺满足如下条件：

(1) 保证铁水成分、温度、废钢及副原料条件处于数学模型调试前规定的范围内。

(2) 入炉前铁水应进行扒渣处理。

(3) 数学模型要根据铁水入炉时成分、温度的估计值计算铁水、废钢的装入量，因此在铁水脱硫前应测温取样，以得到这些估计值。

(4) 脱硫后取铁样化验，入炉前在兑铁包内进行铁水测温，数学模型根据铁水成分、温度计算造渣料的使用量。

(5) 对废钢进行分类，数学模型对不同种类的废钢应使用不同的成分数据。

(6) 控制废钢装入量和废钢规格，以确保废钢在副枪测试前完全熔化。

(7) 对于石灰等副原料应有最新成分分析，对于成分等指标波动不大的物料可采用平均值作为指标。

(8) 保证测温化验设备、氧流表等仪表以及各种电子秤计量准确。

(9) 副枪的测试精度为：温度 $\Delta t \leqslant \pm 10\ ^\circ\mathrm{C}$，$\Delta w[\mathrm{C}] \leqslant \pm 0.02\%$。

(10) 保持炉体热状态稳定。

(11) 保证吹炼中无强烈喷渣、非计划停吹等异常情况发生。

(12) 采用计算机控制冶炼的钢种，按出钢时的钢水碳含量分为 4 组，每组至少收集 100 炉数据，根据控制实验获得的数据确定模型参数。

(13) 用户提供的设备原料数据应包括工厂设计说明书，主要设备的运行测试报告，技术操作规程，各种原料的数据，石灰石、废钢、铁矿石等物料的冷却效果，装入炉内的硅铁、焦炭等辅助燃料的发热效果，主要工序的作业时间分配，钢种表，操作方案，连铸参数，化验数据，称量设备，人员表，故障耽搁表。

3.1.2.2 使用 PC 服务器的过程控制计算机系统

随着网络技术的飞速发展，越来越多的过程控制计算机采用 PC 服务器以取代多用户系统。过程控制系统按工艺将全厂分为三个工区，即转炉工区、精炼工区和连铸工区。过程计算机系统将基础自动化设备逐一联网，同时兼向三级（L3）MES 系统乃至 ERP 系统传输数据。过程计算机系统主要完成以下任务：生产调度、数据流的跟踪、现场实时数据的采集与处理、按照控制阶段启动运算数学模型、根据数学模型的运算结果向基础自动化（L1）系统传送执行命令、接收基础自动化系统的执行结果。

A 系统的硬件、软件及网络配置

系统的配置要充分考虑数学模型不断完善的需要，在容量、系统速度和数据接口方面均按此要求配置。系统将网络分成三级，即三级（L3）、二级（L2）、一级（L1），以充分估计系统的运行速度，便于将来扩展。一级单独设立网络，保证模型运行的网络速度。交换机采用两层结构，将一级网络分开，保证网络之间的安全距离。为保证长期运行的可靠性，PC 服务器采用双 CPU、双电源热备用，磁盘采用镜像结构，数据磁盘和系统磁盘分离，这样也有利于出现问题时快速恢复。

系统的软件配置、硬件接口以及网络包含炼钢及底吹模型、板坯拉漏钢预报、板坯轻压下、三台铸机二冷水动态模型。

根据现场的实际需要，过程计算机系统在炼钢、精炼两个区域不单独配置现场操作终端，而与一级系统合一。连铸区域操作室有单独二级终端。由于网络互联，在二级和三级终端都可以安装对方的人机接口程序，通过网络路由器访问各自的服务器。一级与二级接口通信程序由二级完成；二级与三级接口通信程序，在二级服务器内的由二级完成，在三级服务器内的由三级完成。由于一级基础自动化系统按照二级要求功能不完善，尚有需完善的部位，需要对其完善后二级才能进行实时数据的采集。

系统的硬件、软件及网络配置见表 3-1。

表 3-1　系统的硬件、软件及网络配置

序号	项　目	型　号	数量	说　明
1	PC 服务器	DELL PowerEdge 2800（Xeon 3.0 GHz×2/2 GB/146 GB×4）双以太网口	5	板坯连铸、转炉、1 号方坯连铸、2 号方坯连铸、精炼各 1 台
2	电　源	DELL 服务器同型号电源	5	配 5 台服务器
3	以太网卡	DELL 服务器（单口）100 M 以太网卡	6	配 5 台服务器
4	PC 工作站	P4 2.6/256 MB/40 G/17 寸，其中 5 台为液晶显示器	20	转炉计算机网络维护站 1 台，精炼计算机网络维护站 1 台，1 号方坯区 4 台、2 号方坯区 4 台、板坯区 5 台、钢包跟踪计算机网络维护站 1 台，备用 4 台
5	OS	Windows 2000 Server（中文企业版 10 用户 Licence）	1	
6	数据库	Oracle9i for Windows 2000（10 用户中文标准版）	1	
7	开发工具	VB6.0	1	

B　系统的功能

系统的总体功能图见图 3-3。

a　转炉炼钢二级系统功能

转炉炼钢二级系统按功能可分为三部分，即采集子系统、通信子系统、维护子系统，其信息流如图 3-4 所示。

采集子系统的主要功能是实时采集一级的生产数据，并把所采集的数据（转炉操作数据、下料数据、脱硫扒渣数据）实时而准确地传送到三级。采集的转炉操作数据包括：空炉开始和结束时间、兑铁水开始和结束时间、加废钢开始和结束时间、吹炼开始和结束时间、取样开始和结束时间、出钢开始和结束时间、溅渣开始和结束时间、倒渣开始和结束时间、补炉开始和结束时间、氮气压力、点吹开始和结束时间、吹炼点吹和抬枪时的氧气流量、总氧压、工作氧压、总耗氧量、枪位、钢水温度。采集的脱硫扒渣数据包括：扒渣前硫含量，喷吹开始时间、CaO 喷吹量的设定值和实际值、CaO 喷吹速率、Mg 喷吹量的设定值和实际值、Mg 喷吹速率、氮气总压和工作压力、氮气流量、喷吹结束时间以及计划目标硫含量、CaO 喷吹量和喷吹速率、Mg 喷吹量和喷吹速率、氮气总量、氮气工作压力、总耗时。

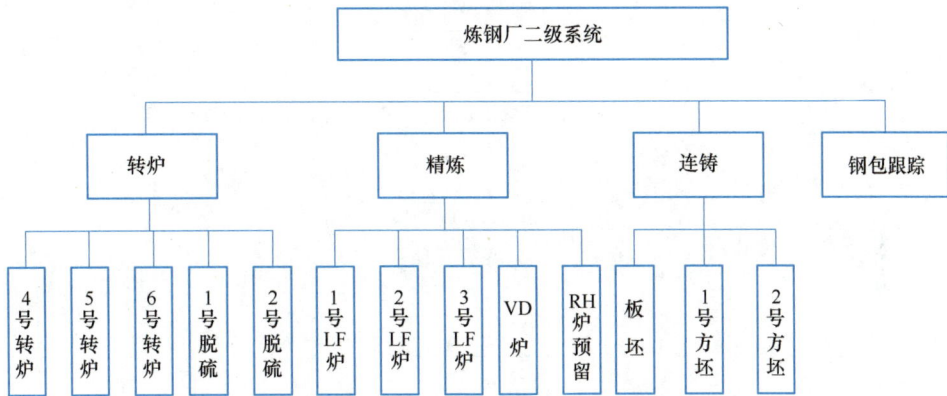

图 3-3　系统的总体功能图

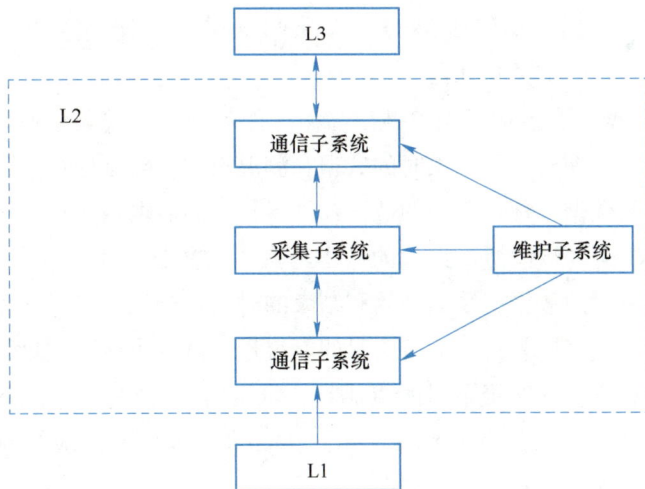

图 3-4　转炉炼钢二级系统信息流

通信子系统完成二级计算机与三级计算机的通信任务以及二级计算机与一级计算机的通信任务，包括二级转炉服务器与三级服务器之间的通信、二级转炉服务器与一级 PLC 之间的通信。

维护子系统完成对系统进行日常维护的工作，包括系统初始化、报警、日志信息记录、通信状态、备份、用户管理、权限管理。

b　精炼炉二级系统功能

精炼炉二级系统按功能可分为采集子系统、通信子系统、维护子系统，其信息流如图3-5所示。

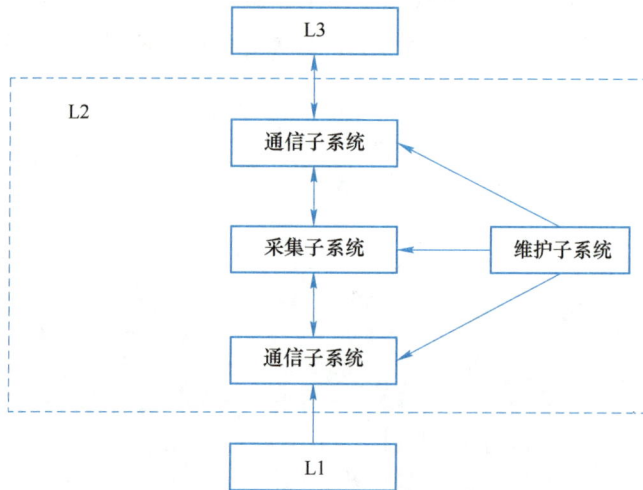

图 3-5　精炼炉二级系统信息流

采集子系统的主要功能是实时采集一级的生产数据，并把所采集的数据实时而准确地传送到三级。其中，数据采集包括 LF 炉（Ladle Furnace，钢包精炼炉）和 VD（Vacuum Degassing，真空脱气）炉的数据采集。

采集的 LF 炉数据主要包括：钢包搬出与搬入的数据，主要采集搬出与搬入时间；等待吹氩的数据；钢包处理开始和结束时的数据；测温数据，包括时间、温度；电动机通电加热开始和结束时的数据；称料部分的数据；下料部分的数据。

采集的 VD 炉数据主要包括：钢包的搬出与搬入的数据，主要采集搬出与搬入时间；钢包处理开始和结束时的数据，采集开始和结束的时间；测温定氢、定氧的数据；钢包吹氩时间、氩气流量、氩气压力；开六级泵时的氩流量、氩压力、真空度；开五级泵时的氩流量、氩压力、真空度；开四级泵时的氩流量、氩压力、真空度；开三级泵时的氩流量、氩压力、真空度；开二级泵时的氩流量、氩压力、真空度；开一级泵时的氩流量、氩压力、真空度；抽真空保压、破真空的数据。

通信子系统完成二级计算机与三级计算机的通信任务以及二级计算机与一级计算机的通信任务，主要包括：二级精炼服务器与三级服务器之间的通信、二级精炼服务器与一级 PLC 之间的通信。

维护子系统完成对系统进行日常维护的工作，主要包括系统初始化、报警、日志信息记录、通信状态、备份、用户管理、权限管理。

c 方坯连铸机二级系统功能

1号、2号方坯连铸机二级系统按功能可分为：计划子系统、方坯连铸本体子系统、方坯切割子系统、方坯连铸生产实绩子系统、通信子系统，维护子系统，其信息流如图3-6所示。

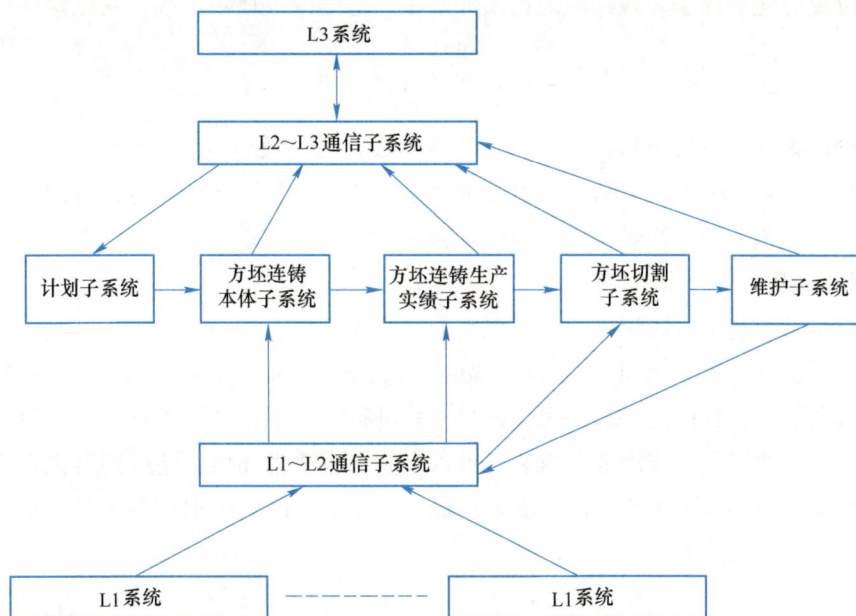

图3-6 1号、2号方坯连铸机二级系统信息流

计划子系统是组织生产的依据，二级计划子系统的主要功能为制定方坯连铸后备计划、接受三级的方坯连铸计划和显示方坯连铸计划。

方坯连铸本体子系统完成对方坯连铸机本体的过程跟踪和数据采集任务，主要包括铸造中炉次的跟踪、全长复位的计算、铸造速度的计测、拉速和中间包重量趋势曲线的显示、二冷水数学模型的计算、最佳切割的计算、结晶器液位的控制等。

方坯切割子系统完成方坯切割以及方坯优化切割计算的任务。

方坯连铸生产实绩子系统主要完成对连铸生产过程数据的收集及存储显示任务，并将实时采集的过程数据发送到三级计算机，可分连铸本体生产实绩和方坯生产实绩两部分进行处理。

通信子系统完成二级计算机与三级计算机的通信任务以及二级计算机与一级计算机的通信任务，主要包括二级方坯连铸服务器与三级服务器之间的通信、二级方坯连铸服务器与一级PLC之间的通信。

维护子系统完成对系统进行日常维护的工作，包括系统初始化、L3状态设定、L1状态设定、报警、日志信息记录、通信状态、系统参数备份、用户管理、权限管理。

d 板坯连铸机二级系统功能

板坯连铸机二级系统按功能可分为七部分：计划子系统、板坯连铸本体子系统、板坯切割子系统、板坯连铸生产实绩子系统、板坯跟踪子系统、通讯子系统、维护子系统。

板坯切割子系统主要完成一切机的板坯切割、二切机的板坯切割、板坯称重以及板坯的优化切割计算等任务。

板坯跟踪子系统完成板坯称重后达到过跨线位置范围内的跟踪任务，并显示出板坯达到过跨线位置的先后顺序。跟踪的前提条件是在此范围内板坯不下线，对跟踪的修正由人工完成。

C　钢包跟踪系统

全场钢包跟踪的位置包括：1号、2号、3号转炉起吊座包位，1号、2号、3号LF炉两个钢包车位，VD炉两个处理位，RH炉精炼位，1号、2号方坯回转台待铸位，板坯回转台待铸位，钢包全部离线烘烤位，钢包试吹氩工位。

a　钢包跟踪系统的原理与功能

钢包跟踪系统包括射频识别、位置识别、数传和软件。

（1）射频识别。射频识别（RFID，Radio Frequency Identification and Detection）是一项新型自动识别技术，其优点是利用无线射频方式进行非接触识别，无须外漏电触点，电子标签的芯片可以按不同的应用要求封装，可以抵御各种恶劣环境，还可同时识别多种电子标签甚至高速运动的电子标签，以完成多目标识别。典型的射频识别系统原理示意图如图3-7所示。

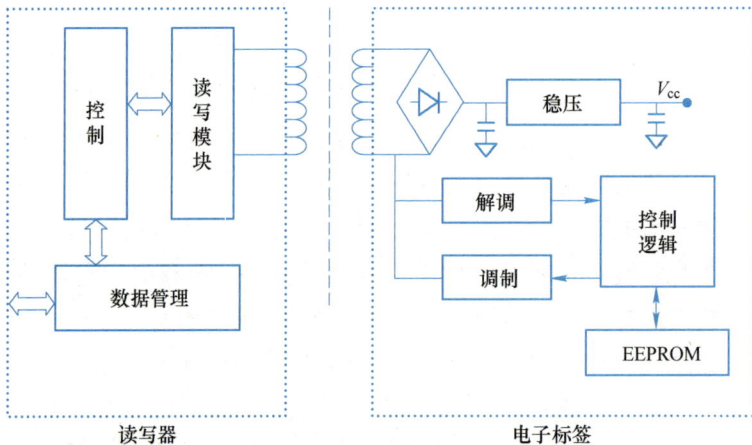

图3-7　典型的射频识别系统原理示意图

（2）位置识别。位置识别的实现方法是根据对吊车监控的要求，沿吊车轨道按一定间隔（1 m、2 m）放置电子标签；在炼钢炉、连铸机等特征位置单独埋设电子标签，在吊车上对应位置安装识别装置，所有埋设的电子标签都存储有互不重复的地址编码。当吊车途经或达到所埋设的电子标签位置时，车载读码器读出该标签的地址编码，与重复数据一同打包向地面站传送。位置识别系统的整体构成示意图如图3-8所示。

（3）数传。数传包括模块发送和模块接收。模块发送过程是指当模块收到上位机的数据后，先通过DTR线判断收到的数据是命令还是发送数据，若是命令则执行相应的命令；

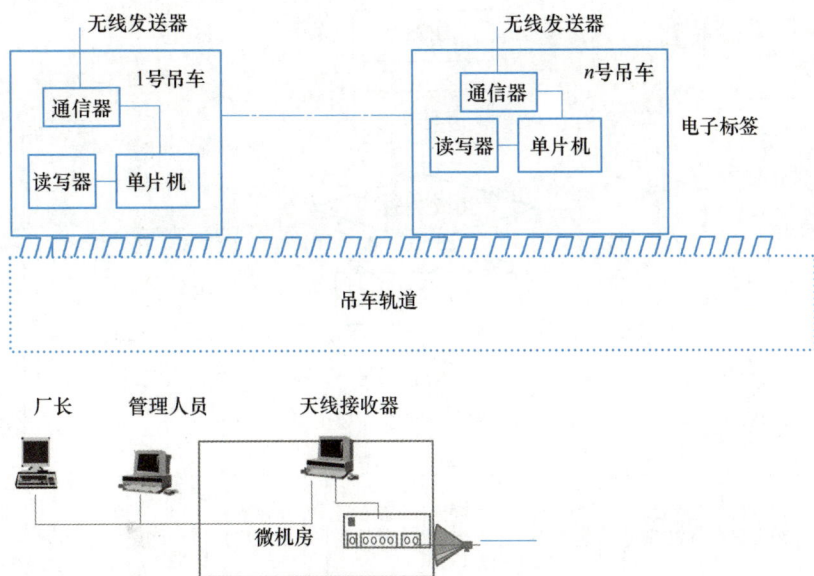

图 3-8 位置识别系统的整体构成示意图

若是发送数据则先将发送的数据发送到缓冲区，并同时将模块的状态由接收状态转换成发送状态，这个转换过程小于 100 ms，状态转换完成以后启动发送打包程序。发送打包程序的功能是将缓冲区的数据打成适合无线发送的数据包，并将这个数据包的数据送到模块中的数据调制口，以 FSK 的调制方式发射出去。模块接收过程是在接收状态下，接收机总是接收码流中的同步信息，一旦收到同步信息就立刻进行位同步，获得位同步后进行码同步，码同步完成后接收数据。无论是上位机传给模块的数据还是模块传给上位机的数据，都采用无格式传送。传送数据时，DSR 线或 DTR 线为逻辑"1"。命令码为一字节长度，代表命令的性质。不同的命令码有不同的参数。模块收到命令后，根据命令码的不同分析参数、执行命令。对于有些需要发送信号的命令，模块会根据命令的性质发送相应的信号。传送命令时，DSR 线或 DTR 线为逻辑"0"。

（4）软件。软件的功能是实时动态地显示每部吊车的位置和重量信息；判断各吊车的行为，跟踪钢包、空包、渣包等并分别记录；生成生产表。图 3-9 为软件系统功能流程图。

b 钢包跟踪系统的设计与配置

钢包跟踪系统的设计原则是简化跟踪内容，只跟踪钢包的行为；引入对象、事件、属性等概念，清晰认识钢水流转过程。图 3-10 为钢包跟踪系统路线图。

钢包跟踪系统的配置包括吊车、地面无线接收装置和地面站。吊车包括吊车大车位置识别部分、无线数传电台、数采器、显示器和吊车小车位置识别部分。地面站包括计算机、显示器、UPS 各一台、数据采集器、摩莎卡和软件。

c 钢包跟踪系统的实现

采用可靠的吊车无线数传技术、精确定位跟踪技术对生产过程中的吊车进行来源和去

```
            ┌──────────┐
            │   开始    │
            └────┬─────┘
                 │
            ┌────▼─────┐
       ┌───▶│ 数据接收  │◀──────────────────────┐
       │    └────┬─────┘                        │
       │         │                              │
       │      ◇──▼──◇                           │
       │    ◇         ◇         N               │
       │   ◇ 有效性检查  ◇────────────────────────┤
       │    ◇         ◇                         │
       │      ◇──┬──◇                           │
       │         │ Y                            │
       │    ┌────▼─────┐                        │
       │    │位置、重量显示│                        │
       │    └────┬─────┘                        │
       │         │                              │
       │      ╭──▼──╮                           │
       │     (  判断  )                          │
       │      ╰──┬──╯                           │
       │  ┌──┬──┬─┼──┬──┬──┬──┐                 │
```

| 炉后放炉空包 | 吹氧和出钢 | 炉后提起重包 | 放重包到渡车 | 渡车吊起重包 | 重包放精炼炉 | …… |

```
       │                                        │
            ┌──────────────┐                   │
            │   存入数据库    │───────────────────┘
            └──────────────┘
```

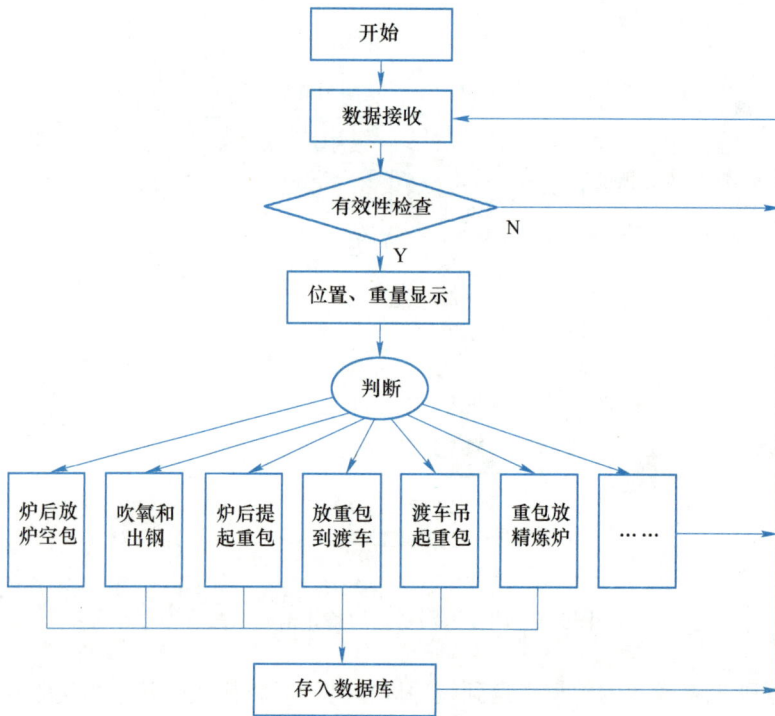

图 3-9   软件系统功能流程图

向跟踪，进而实现正确跟踪炼钢生产物质流转过程，提供系统各种原料消耗和产品产量的数据；为投入产出提供正确的数据，加强炼钢生产管理；对生产过程物流监控，有利于生产组织和生产统计。

3.1.2.3 转炉炼钢数学模型

转炉计算机控制分静态控制和动态控制两种。

A 静态控制

静态控制是按照已知的原材料条件、吹炼终点温度及碳含量，按静态模型计算吹氧量、冷却剂加入量、造渣材料及其原材料加入量并按此进行吹炼，在吹炼过程中不按任何新信息修正吹炼的控制方法。静态模型以终点碳和终点温度控制模型为中心，还包括其他一些模型，如装入量模型、供氧模型、冷却剂加入量模型、造渣模型和铁合金加入模型等。

关于静态控制的静态模型很多，从建模方法上可大致分为机理模型、统计模型、复合模型（或机理-统计模型）、智能式模型四类。

（1）机理模型。机理模型的特点是尽可能地考虑冶炼中的物理化学过程，是建立在物料平衡和热平衡基础之上的，如奥钢联模型。这类模型的假定条件多，而且要求有较稳定的物料质量、管理水平及操作规范化。所以，这种模型在一般的现场条件下得到应用是比较困难的。

```
┌─────────────────┐
│  钢包进入原料跨  │
└────────┬────────┘
         │
┌────────┴────────┐
│      烘烤        │
└────────┬────────┘
         │
┌────────┴────────┐
│  放在炉后待接钢水 │
└────────┬────────┘
         │
┌────────┴────────┐
│      出钢        │
└────────┬────────┘
         │
┌────────┴────────┐
│  炉后吊钢水重包  │
└────────┬────────┘
         │
┌────────┴────────┐
│      渡车        │
└────────┬────────┘

┌───────┐   ┌───────┐   ┌───────┐   ┌────────┐
│ VD炉  │──▶│ 精炼炉 │◀──│ 转台  │   │ 上连铸机│
└───────┘   └───┬───┘   └───────┘   └────────┘
                │
         ┌──────┴──────┐
         │   上连铸机   │
         └──────┬──────┘
                │
         ┌──────┴──────┐
         │     浇注     │
         └──────┬──────┘
                │
         ┌──────┴──────┐
         │     倒渣     │
         └──────┬──────┘
                │
         ┌──────┴──────┐
         │     渡车     │
         └──────┬──────┘
                │
         ┌──────┴──────┐
         │  放修整渡车  │
         └──────┬──────┘
                │
         ┌──────┴──────┐
         │ 钢包离开原料跨│
         └─────────────┘
```

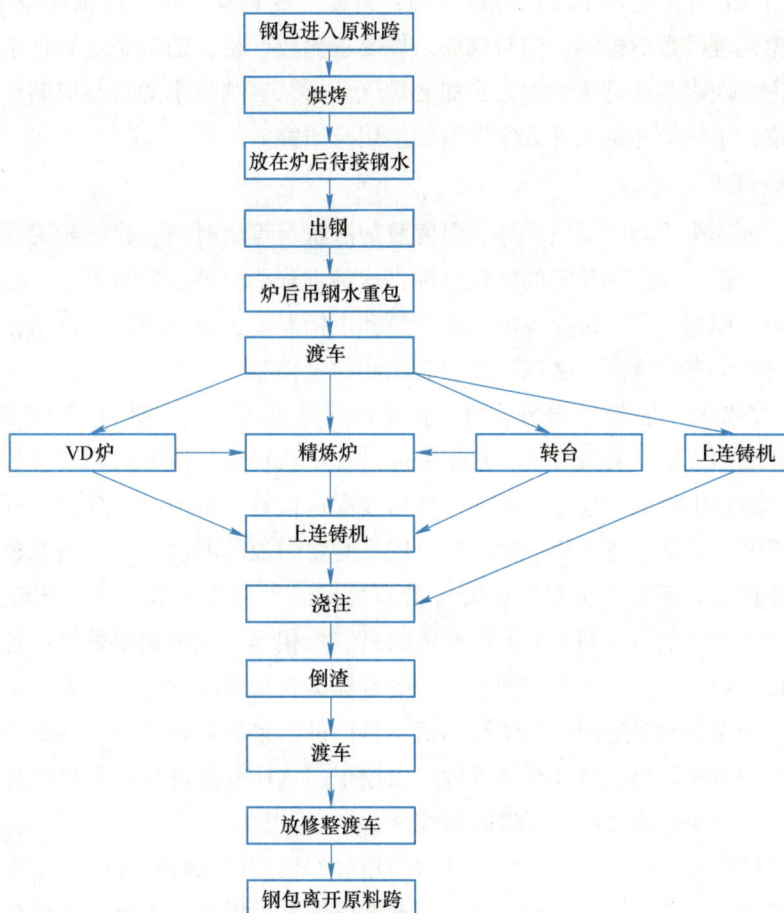

图 3-10　钢包跟踪系统路线图

（2）统计模型。统计模型的结构和参数是在已取得大量冶炼数据的情况下，应用数理统计方法得到的。这类模型没有明确的物理意义，但能以数学方法较好地描述输入与输出之间的因果关系。因此，这类模型在一般的现场条件下都能应用，但很难保证精度，现在各企业已很少使用。

（3）复合模型（或机理-统计模型）。这类模型的特点是模型结构由冶炼机理加以确认，模型参数可由现场冶炼数据通过优化方法加以确定。这类模型在一定程度上综合了上述两种模型的情况，具有一定的实用性。

（4）智能式模型。智能式模型主要是把每一个和转炉炼钢相关的冶炼因子，根据冶炼专家的判断，通过人工智能的数学方法，建立起相关的数学模型。这种模型在冶炼过程中能自动地加以修正，提高终点命中率。这种建模的方式在人类各种活动中已经得到了广泛的应用。

在氧气转炉炼钢数学模型的研制与应用方面，奥地利、德国、日本等国家都已取得了相应的专利。如奥钢联研制的模型属于典型的机理模型，在欧洲的一些大型钢铁企业中有着广泛的应用。它充分运用了转炉炼钢原理，对复杂的物理化学反应描述得全面而深刻，是世界上较为先进的数学模型；但对现场条件要求比较严格。随着企业管理水平的提高及操作的规范化，铁水预处理比例加大，加之炉气分析及声呐技术的日益成熟，大多国家的冶金企业仍致力于转炉炼钢机理数学模型的使用与研究。

B　动态控制

根据吹炼过程中检测的金属成分、温度及炉渣状况等随时间变化的相关动态信息，对吹炼参数进行修正，以达到预定的吹炼目标，这种方法称为动态控制法。

目前，动态控制仍主要是保证出钢碳含量和出钢温度，使用的动态自动控制方法主要有轨迹跟踪法、动态停吹法、吹炼条件控制法和称量控制法。

（1）轨迹跟踪法。在转炉吹炼后期，脱碳和升温速度是有规律的。轨迹跟踪法认为，吹炼后期脱碳规律成指数衰减方式，根据冶炼过程中获得的气体分析和流量数据可以计算脱碳速度，从而解出指数方程中的系数，然后逐次迭代算出熔池的碳含量，再求出达到目标碳含量时所需的氧量。该法用一独立的系统来测定熔池的温度，并由测温数据确定终点温度。过程计算机对算出的达到目标碳含量和目标温度所需的氧气进行比较，若两者相等，即达到目标碳含量与达到目标温度所需的氧气量相等，无须调整操作；若达到目标碳含量所需的氧气量小，应加入冷却剂；若达到目标碳含量所需的氧气量大，则应提高氧枪枪位，使终点碳含量和温度同时命中目标值。目前的轨迹跟踪法用计算机每5 s从检测系统采得一套新的熔池数据，对计算结果做一次校正。这样反复进行直到吹炼终点，越接近吹炼终点，预计的吹炼曲线越接近实际曲线。

（2）动态停吹法。动态停吹法是在开吹前用静态模型进行装料计算，在吹炼前期用静态模型进行控制，只是在接近终点时由检测器测得信息，根据对接近炉次或类似炉次回归分析获得的脱碳速度与碳含量的关系以及升温速度与温度的关系，判断最佳停吹点。停吹时按需要做相应的修正动作。但作为最佳停吹点需要满足下面两个条件之一，即碳含量和温度同时命中；或两者中有一项命中，另一项不需后吹，只经某些修正动作即可达到目标要求。图3-11所示是动态停吹法，轨迹1是停吹时碳含量和温度同时命中；轨迹2和3是停吹时碳含量和温度两者不能同时命中，但不必后吹，只需做轨迹6或7修正即可达到目标值，而不必在冶炼过程中做轨迹4或5修正。

（3）吹炼条件控制法。吹炼条件控制法是根据吹炼过程中检测出来的熔池反应信息修正吹炼条件，使吹炼按预定的吹炼轨迹进行的一种控制方法。

（4）称量控制法。称量控制法的主要依据是转炉中的主要反应都伴有失重或增重，由此可根据获得的炉内重量、重量变化率及动能曲线信息来控制冶炼进程，使其按预定轨迹进行。

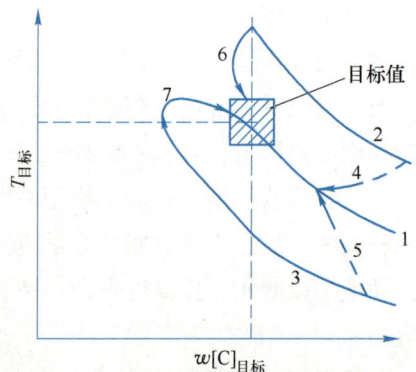

图3-11　动态停吹法

上述几种方法中，使用较普遍的是动态停吹法和吹炼条件控制法。

C　转炉炼钢控制系统机理数学模型

转炉炼钢控制系统机理数学模型主要是以冶炼过程的物料平衡关系及炼钢反应理化原理为依据，完成一炉钢从备料到钢水处理各阶段的下料计算和氧枪控制。它以冶炼机理为基础，并结合钢厂原料、设备、操作等具体工艺条件加以改造和逐步完善。

转炉炼钢控制系统机理数学模型包括加料计算模型、吹炼控制模型、钢水调整计算模型和自学习模型。根据模型应用的实践，按冶炼顺序及功能可将转炉炼钢控制系统机理模型分为如表 3-2 所示的 13 套数学模型。

表 3-2　转炉炼钢控制系统机理数学模型按冶炼顺序和功能分类

序　号	名　称	功　能
1	主原料加料计算模型	计算本炉次铁水、废钢的总装入量
2	副原料加料计算模型	计算本炉次主吹阶段中各类矿石、各种副原料和氧气的用量
3	主吹校正下料计算模型	计算主吹校正阶段中各类矿石、各种副原料和氧气的用量
4	补吹校正下料计算模型	计算补吹阶段中各类矿石、各种副原料和氧气的用量
5	熔池液面高度计算模型	计算铁水和废钢入炉后，熔池液面高度与参考点的距离
6	氧枪吹炼控制模型	确定达到不同耗氧量时的氧枪高度和供氧强度
7	底吹搅拌控制模型	确定达到不同耗氧量时的底吹气体类别和搅拌强度
8	副原料下料计算模型	计算达到不同耗氧量时各种副原料的下料量
9	调温、脱氧模型	计算调温用废钢加入量和脱氧用铝块加入量
10	合金料下料计算模型	计算各种合金料的加入量
11	机理模型参数计算模型	修正机理模型 1~4 中部分参数
12	熔池参数计算模型	修正熔池参数，优化模型 5
13	合金元素收得率计算模型	修正合金元素收得率，优化模型 10

（1）加料计算模型。加料计算模型包括主原料加料计算模型、副原料加料计算模型、主吹校正下料计算模型、补吹校正下料计算模型。

1）主原料加料计算模型。主原料加料计算模型是根据冶炼钢种和目标出钢量、铁水成分和温度、生铁块加入量等，计算本炉次铁水、废钢的总装入量。

2）副原料加料计算模型。副原料加料计算模型是根据冶炼钢种和目标出钢量、入炉铁水成分和温度及实际加入重量、生铁块和各类废钢的实际加入量等，计算本炉次主吹阶段中各类矿石、石灰、萤石、白云石和氧气的用量等。

3）主吹校正下料计算模型。当吹氧到总氧量的 90% 时，下副枪或采取其他测试手段获得熔池钢液碳含量和温度值，启动该模型，实施动态校正。根据实测的碳含量和温度值，铁水、废钢和各种副原料的实际加入量以及耗氧量，计算主吹校正阶段铁中各类矿石、各种副原料和氧气的用量。

4）补吹校正下料计算模型。如果主吹终点未达到出钢要求，启动该模型，进行补吹校正。根据倒炉取样化验结果以及前面各阶段实际计入的各原料量和吹氧量，计算补吹阶段中各类矿石、各种副原料和氧气的用量。

（2）吹炼控制模型。吹炼控制模型包括熔池液面高度计算模型、氧枪吹炼控制模型、底吹搅拌控制模型、副原料下料计算模型。

1）熔池液面高度计算模型。熔池液面高度计算模型是根据本炉役炉衬次数以及铁水和废钢加入量，计算熔池液面高度与参考点的距离。该模型计算结果主要是用于保证氧枪、副枪控制高度的准确性。

2）氧枪吹炼控制模型。氧枪吹炼控制模型是确定达到不同耗氧量时的氧枪高度和供氧强度。

3）底吹搅拌控制模型。底吹搅拌控制模型是确定达到不同耗氧量时的底吹气体类别和搅拌强度。

4）副原料下料计算模型。副原料下料控制模型是计算达到不同耗氧量时各种副原料的下料量。

（3）钢水调整计算模型。钢水调整计算模型包括调温、脱氧模型和合金料下料计算模型。

1）调温、脱氧模型。调温、脱氧模型是计算调温用废钢加入量和脱氧剂加入量。

2）合金料下料计算模型。合金料下料计算模型是根据出钢前钢水化验成分及出钢量的计算值计算各种合金料的加入量，以保证钢水具有合格的合金含量。

（4）自学习模型。自学习模型包括机理模型参数计算模型、熔池参数计算模型和合金元素收得率计算模型。

1）机理模型参数计算模型。如果本炉次控制成功，启动机理模型参数计算模型，修正加料计算模型中的部分参数，实现自学习功能。根据主吹结束时熔渣和钢液成分、温度的测定值，钢水重量计算值，实际投入的各种原料和氧气用量，计算热损失常量和氧气利用系数等参数的修正值，以提高下一炉次冶炼的命中率。

2）熔池参数计算模型。由于炉衬的侵蚀速度是不均匀的，因此应每隔 24 h 实测一次熔池液面高度以修正模型参数。根据铁水和废钢加入量和实测熔池液面高度，采用熔池参数计算模型计算炉衬侵蚀厚度等参数的修正值。

3）合金元素收得率计算模型。根据合金化前后钢水成分的测定值、重量的称量值和各类合金的加入量，采用合金元素收得率计算模型，计算合金元素的收得率。

3.1.3 转炉炼钢生产基础自动化

转炉炼钢控制的基础自动化级是转炉炼钢三级自动化控制设备的基础，通过完善的控制软件，应用计算机通信、优化的静态模型和动态模型、顶底复吹、快速副枪测试和溅渣补炉等技术，实现转炉炼钢从吹炼条件、吹炼过程控制，直至终点前动态预测和调整、达到吹炼设定终点目标时自动提枪的全程计算机控制；实现转炉炼钢终点成分和温度达到双命中，做到快速出钢、提高钢水质量、提高劳动生产率和降低成本。

转炉炼钢生产基础自动化级的功能主要包括对氧枪、副枪、副原料、高位料仓皮带上料、顶吹、底吹、煤气回收、余热锅炉等子系统进行检测和控制，并可以集中监视和操作。其完成的功能是，在各操作室对工艺过程进行顺序控制、连续控制、批量控制、监测及过程控制、数据采集和处理、与调度室监控站通信、故障报警及打印记录。

3.1.3.1　转炉氧枪系统

转炉氧枪系统包括：氧枪供水系统，氧枪供氧系统，氧枪供氮系统，主、备氧枪换枪横移系统，氧枪位置控制系统，氧枪安全系统。

A　氧枪供水系统

转炉吹炼过程中，氧枪要下降到环境恶劣的炉内，它不仅要受到钢水、炉气和炉渣的高温辐射作用，还要经受钢液和炉渣对氧枪的冲刷和黏结。所以，氧枪枪体必须通过高压循环冷却水进行冷却。由于氧枪长时间工作，枪头部位会受到不同程度的侵蚀，时常发生冷却水泄漏到炉内的现象，量大时会影响到转炉的安全。因此，氧枪供水系统监控程序应具有如下功能：

（1）氧枪漏水自动检测，轻度漏水预警提示；

（2）结合转炉炼钢的生产工艺，当氧枪漏水重度报警时将氧枪提到氮封口以上，同时关闭工作氧枪进水阀口，延迟 3 s 后再关出水阀口；

（3）氧枪冷却水进水、回水压力检测，低于报警设定值时报警显示，将氧枪自动提到等候点；

（4）氧枪冷却水进水流量检测，低于报警设定值时报警显示，将氧枪自动提到等候点；

（5）氧枪出水温度检测，高于报警设定值时报警显示，将氧枪自动提到等候点；

（6）氧枪冷却水进、出水流量差检测，高于报警设定值时报警显示，将氧枪自动提到等候点。

B　氧枪供氧系统

氧气压力和供氧流量是影响转炉炼钢质量、产量、炉龄和性能的主要参数，必须同时稳定地控制氧气压力和流量，才能满足转炉冶炼工艺的要求。氧气顶吹转炉供氧用的水冷喷枪，其主要结构包括枪尾、枪身和枪头。枪尾有适当的接头与氧气管道和进、出冷却水管道相连。此水冷喷枪有分隔开的氧气和水的内通道，为三个固定同心管，外管固定于枪尾和枪头上。

供氧系统自动控制一般采用两级减压的方式，第一级减压由压力调节阀完成，第二级减压是通过流量调节阀实现的。因此，供氧系统的基础级控制共有总管一次压力调节和氧气流量控制调节两个控制回路。为保证在吹炼过程中有稳定的氧压和氧量，应该调节总管压力，并保持总管压力恒定。总管一次压力调节，是将阀后氧压力信号经压力变送器送至PLC，通过程序 PI 模拟调节器来调节阀的开度，使阀后压力稳定在工艺要求的范围内。氧气流量控制调节就是对流量调节阀的开度实施 PID 调节。氧流量检测通常采用孔板和压差变送器。为了提高氧流量监测精度，必须进行温度补正，补正后的氧气流量、氧气累计值均在 HMI 上显示出来。

C　氧枪供氮系统

供氮系统包括溅渣氮气的状态监控和氮封阀的控制。溅渣氮气阀包括前氮气支管球阀、氮气支管快切阀和氮气放散阀，如图 3-12 所示。系统要对溅渣氮气阀前、后支管压力进行检测，对总支管流量进行 PID 调节。转炉出钢后，需要溅渣护炉。在工作站上选择吹氮气方式时，氮气放散阀自动关闭后，氮气支管球阀主动开启，氧枪下降；当氧枪下降到开氮位置时，氧枪前氮气支管快切阀自动打开，开始溅渣，并打开对应的料仓；溅渣时间到，氧枪自动提升，当氧枪升到关闭氮气位置时，氮气支管快切阀自动关闭。

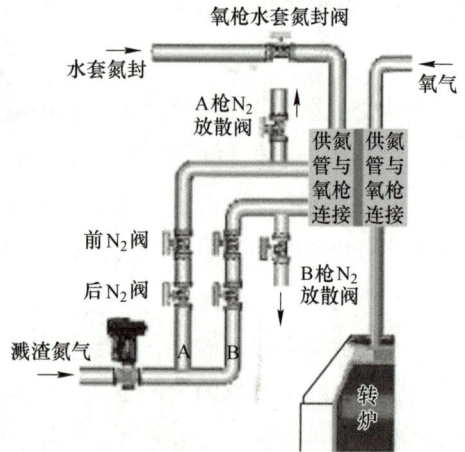

图 3-12　溅渣氮气阀结合图

D　主、备氧枪换枪横移系统

转炉吹炼设两支氧枪，一支在工作位，一支在备用位。换枪时，先由氧枪横移小车将主氧枪横移到备用位，再将备用氧枪换到工作位，并用定枪销锁定。

PLC 控制主氧枪与备用氧枪自动更换的过程为：将主氧枪及备用氧枪均提至换枪点以上，转动操作台上主、备两枪选择开关（或在 HMI 进行氧枪横移操作）；控制程序自动拔起定枪销，将在位枪移出炉口至备用位，并将不在位枪移到炉口位；氧枪横移到位后，将定枪销插入，完成换枪功能。此过程也可以在机旁操作箱和中央操作室维修画面上手动操作。

E　氧枪位置控制系统

氧枪位置控制系统是由升降小车、导轨、卷扬机、横移装置、钢丝绳滑轮以及氧枪高度指示标尺等组成。转炉控制系统的关键是氧枪定位，在氧枪电动机轴头设位置极限开关，对上、下极限和等候点等关键位置做硬保护。图 3-13 所示为氧枪系统 HMI 操作画面，氧枪位置控制的软件设计是根据计算机、自动、手动、机旁四种控制方式，对 HMI 操作站、PLC 及变频器进行编程和参数设定。

F　氧枪安全系统

为使氧枪安全运行，氧枪的动枪安全联锁是十分重要的。根据冶炼工艺要求，控制程序应该设置如下几个安全联锁。

（1）氧枪自动提升到等候点联锁，出于安全考虑，将氧枪提升并停到一个固定的高度以上，一般是等候点。

（2）下列情况如有一个出现，则氧枪停止上升：

1）变频系统故障；

2）氧枪钢绳张力报警；

3）转炉不在"0"位；

4）氧枪电动机联锁错误；

5）氧枪超上限报警，不能提枪；

6）氧枪超下限报警，不能降枪。

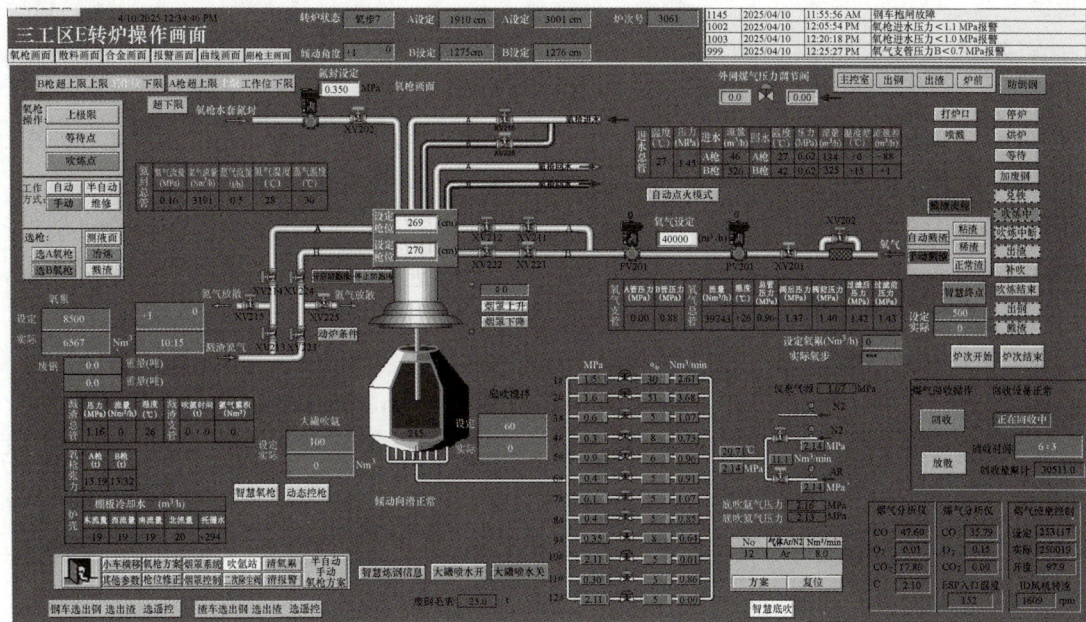

图 3-13　氧枪系统 HMI 操作画面

（3）防止氧枪回火安全联锁。

（4）氧枪事故提枪。一方面考虑无配重枪，在不停电的系统事故状态下，要保证设备及人员安全所设置的手动提枪；另一方面考虑在停电的系统事故状态下，要保证设备及人员安全所设置的手动提枪。

G　转炉氧枪系统的控制方式

转炉氧枪系统的控制方式有四种，分别为自动方式、半自动方式、手动方式和维修方式。

（1）自动方式。自动方式是接收二级计算机计算静态模型所得的枪位、氧气流量、氧气流量累计的氧步设定值，结合吹炼方案，将其以表格形式存于特定的存储区中且可随时调看，并根据此表所形成的曲线进行各参数的设定执行。如果在冶炼过程中枪位需临时微调，可按动操作台的"上升""下降"按钮进行调整，然后程序按氧步继续执行。计算机方案下载后，经冶炼操作人员确认后方可执行；在自动方式下介入全部动枪联锁，动枪联锁包含提枪至等候点联锁和不动枪联锁，并提示报警；根据操作台按钮（"开始吹炼"按钮）及上位机枪位设定值，通过枪位差与速度曲线的运算给出动枪控制输出值，驱动变频（或直流晶闸管）传动系统动枪；根据模型计算或人工测量的数据，修改氧枪喷头到钢水液面的相对值；按氧枪位置传感器的数码自动开启氧枪孔氮封、开启氧气阀门；根据上位机的吹炼终点氧累积设定值自动提枪，也可人工将其转到手动方式下提枪；副枪下降测试或测温取样后，根据副枪测试或化验结果启动补吹模型或直接出钢；总、支管氧气流量的温压补正及 PID 调节自动投入，实时检测总、支管及在位枪的氧气压力，压力超限报警。

（2）半自动方式。半自动方式是脱离二级过程计算机的自动控制方式，此时，氧枪系统按照基础级计算机内存的冶炼方案由 HMI 监控，对氧枪枪位、氧气流量按氧步控制自动执行。其间枪位可使用操作台按钮微调，冶炼方案应由操作人员按工艺要求提出，并根据实际冶炼需要由操作人员修改（方案修改界面设置操作口令）；根据方案表中最后氧步的氧累积量自动提枪，也可根据冶炼具体情况手动干预提枪；在半自动方式下，介入全部动枪联锁及安全保护联锁；根据绝对位置传感器的数码进行开关氧枪水套氮封阀和氧气阀门的自动控制；根据"开始吹炼"按钮，通过枪位差与速度曲线驱动变频器（或直流晶闸管）传动系统动枪；总、支管氧气流量的温压补正及流量的 PID 调节自动投入、实时检测总、支管及在位枪氧气的压力，压力超限报警；根据副枪或人工测试的结果，在键盘上修改氧枪喷头到钢水液面的相对值。

（3）手动方式。手动方式是在 HMI 上随机设定氧枪喷头到钢水液面的相对值，氧气流量按最后设定值执行。由副枪或人工测得实际熔池液面，在非吹炼情况下通过工作站输入实测液面值，操作人员根据经验设定氧枪喷头到液面的相对高度，设定时有安全限定锁保护。当程序判断所输入的熔池液面值或氧枪喷头到液面的相对高度不合理时，设定无效，并发出"输入数值超限"的提示信息。数值初步设定完成后，按动"到吹炼点"按钮，氧枪自动下降到设定位置停止，吹炼过程中介入全部动枪联锁及安全保护联锁；根据传感器的数码自动开关氮封阀和自动开氧气阀门；吹炼结束时，操作工根据具体情况按动操作台上的"到等候点"按钮，氧枪自动提至等候点；投入总、支管氧气流量的温度和压力补正及流量的 PID 调节；用氧枪枪位联锁开关氧气阀门；无论在何种情况下，都必须撤除下极限到达后的动枪继续下给定和上极限到达后的动枪继续向上给定。

（4）维修方式。维修方式含有脱机控制的机旁箱操作和 HMI 的单体调试，用鼠标单体开关每一个切断阀；操作台"开关氧"按钮可以开关在位枪的切断阀，且显示切断阀的开、关及报警状态。在维修方式下解除全部动枪联锁，只保留至超上极限不能提枪和至下极限不能降枪报警。由于溅渣补炉要求低枪位，故也可在维修方式下操作。

3.1.3.2 转炉副原料系统

转炉副原料系统包括副原料上料控制系统和下料控制系统两部分。如图 3-14 所示，副原料的来料分别卸在不同的低位料仓内，由皮带运输机运输到对应的高位料仓，再根据炼钢生产实际的需要，通过下料振动给料器并经称量斗称重后加入转炉中。

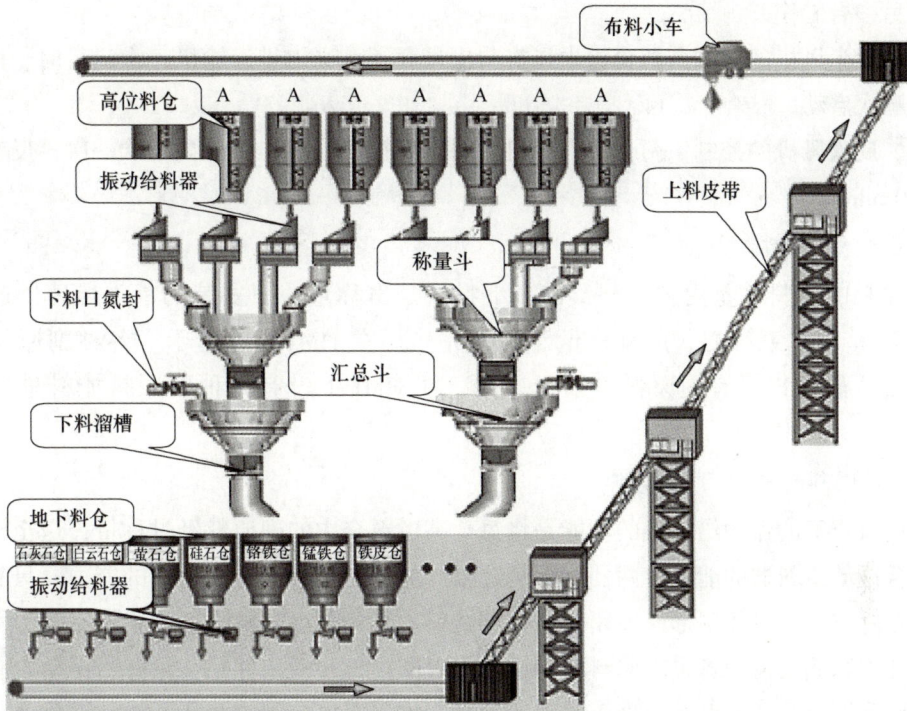

图 3-14　炼钢副原料系统工艺流程示意图

A　副原料上料控制系统

副原料上料控制系统是通过皮带运输机控制、转炉高位料仓的"在库量"控制和转运站的皮带逻辑控制，实现对转炉高位料仓用料的分配。副原料上料控制系统包括高位料仓、皮带上料、低位料仓和相应除尘系统的电器设备的控制。

高位部分包括高位料仓的超声波料位计显示、报警和相关控制，卸料车的走行控制及定位控制。

皮带运输部分包括从低位料仓运送到高位料仓的带式运输机的顺启、逆停控制，电动翻板及振动筛的控制。

副原料上料控制系统是根据高位料仓的超声波料位计发出的低料位报警信号来控制卸料车启动，并根据卸料车的行程开关将其停在指定位置，当卸料车定位后，启动皮带系统和对应的电振给料器进行上料。

B　副原料除尘系统

（1）除尘蝶阀的控制。低位除尘蝶阀与电振给料器运行信号联锁。电振给料器运行5 s以后，低位除尘蝶阀自动开启；为了排除余尘，电振给料器停止后延时50 ms，低位除尘蝶阀自动关闭。皮带上方的除尘蝶阀与每条皮带运输机的启动信号联锁。皮带运行且皮带秤有料值（皮带有料流运行）时，皮带上方的除尘蝶阀自动开启，否则自动关闭。振动筛处的两个除尘蝶阀与振动筛联锁。当振动筛运行时，其中一台除尘蝶阀工作，振动筛停止时另一台工作。

（2）除尘风机的控制。两台除尘风机与皮带联锁，当皮带运输机正常运行时，两台除尘风机顺次启动。

（3）反吹风机的控制。两台反吹风机采用时间控制，在 1~4 h 内反吹一次，反吹时间为 5~30 min。

C 副原料称量系统

副原料的上料称量由皮带秤给出，下料量是由称量斗下安装的承重传感器通过转换仪表输入 PLC 系统的，所有称量斗称量完毕后在 HMI 上有指示。各种副原料通过汇总斗加入转炉以后有副原料的累积计算，在 HMI 上设有每种副原料加料量的累计值显示。

D 副原料加料的联锁控制

高位料仓下的振动给料机的功能是将每个高位料仓中的副原料经过称量，送至汇总斗中。每台振动给料器的能力有两档，即额定给料能力和接近设定给料量的能力。只有当某台给料器对应的称量斗扇形阀关闭时，方可给料。称量斗出口闸门的联锁控制是为了准确地称出转炉炼钢所需的各种副原料，称量斗出口闸门打开的条件是：只有当振动给料器给料完成后且汇总斗的扇形阀门处于关闭状态时，称量斗出口阀门才能开启。汇总斗是用于存放称量斗的副原料，起中间缓存作用，根据系统的投料指令，开启汇总斗扇形阀门的联锁条件是：称量斗下部扇形阀门关闭，转炉在垂直位置，且汇总斗下翻板阀门打开；还要判断所有与该汇总对应的称量斗的料值小于 K_0 值（无料）时，再延迟 T 秒才能打开汇总斗扇形阀（汇总上阀）；汇总扇形阀打开后，散料通过溜槽卸入炉内，延时 T_1 秒即可关闭该汇总斗扇形阀。汇总斗下翻板阀门是副原料进入炉内的最后一道阀门，根据系统的投料指令开启汇总斗下翻板阀门的联锁条件是：只有在称量漏斗下部阀门关闭且转炉在垂直位，当所有称量斗料值小于 K_0 值，延迟 T 秒后此阀才能打开。当汇总斗扇形阀打开，散料便不受汇总下翻板阀的阻碍直卸入炉内，在汇总扇形阀关闭延时 T_1 秒后，关闭汇总下翻板阀。

E 副原料下料控制系统

副原料下料控制系统的控制方式分为自动控制和手动控制。图 3-15 所示为自动控制，操作工根据钢种及加料量所确定的副原料下料方案在一炉内实现全自动分批加料，每批料进入称量斗后，开启汇总斗扇形阀门及称量斗下部扇形阀门，将其送入汇总斗，然后关闭两阀以备下批料。手动方式是操作工根据冶炼要求，通过键盘或鼠标对上述下料过程的下料量和时间进行随机操作，转炉不在零位时，以上两种方式均不能实现自动下料。

3.1.3.3 转炉底吹系统控制

转炉底吹系统控制包括：底吹系统的压力控制、气体流量中总管与支管的设定平衡、

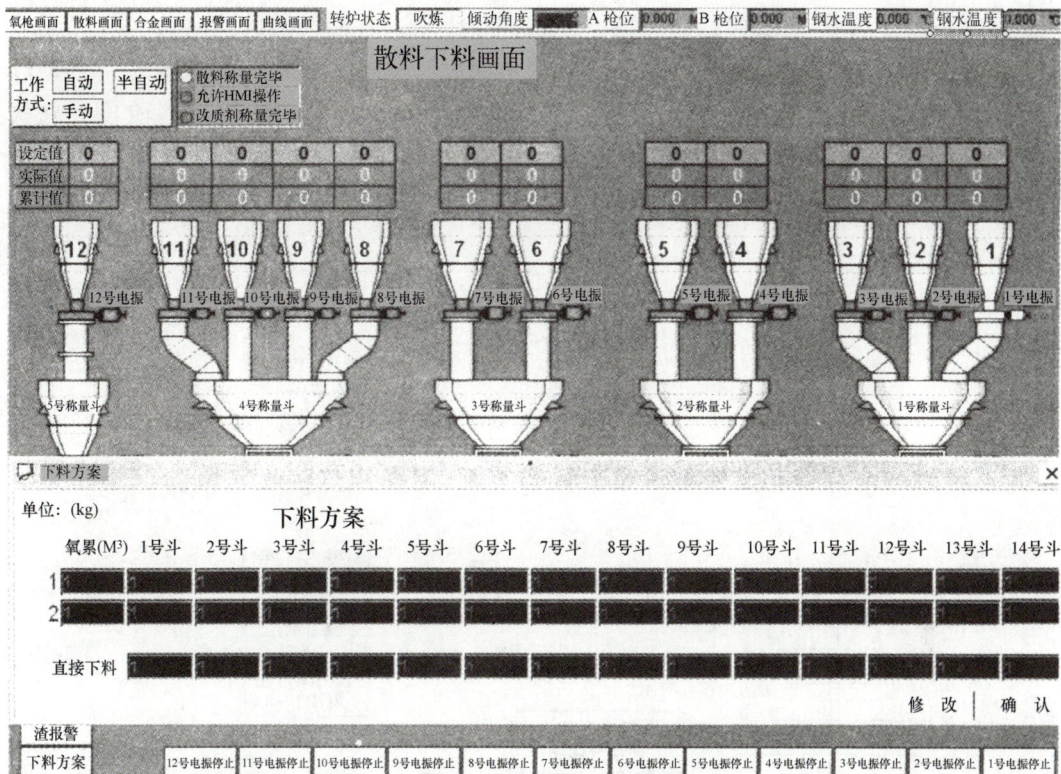

图 3-15　副原料下料方案操作画面

气体的切换控制和底吹气体的阶段控制。

A　底吹系统的压力控制

底吹系统的压力调节包括三个调节阀，即二氧化碳总管压力调节阀、氮气总管压力调节阀和氩气总管压力调节阀。压力调节阀分为开环和闭环控制，在闭环控制方式下，压力调节的设定值由上位机给定的底吹方案中得来或由操作人员手动输入，计算机按照设定值进行调节；在开环控制方式下，操作人员可以直接更改操作器的输出，在切换到开环控制方式时，控制器用切换之前的最后设定值进行调节。

B　气体流量中总管与支管的设定平衡

底吹系统的每个总管和支管都有流量调节阀，用来调节底吹气体的总量和每个底吹元件的直观流量。每个支管流量的设定值由支管和总管上的流量调节器设定，当有一个供气元件发生堵塞时，总流量调节器将增加每个正常工作的支管调节器的设定值，以增加支管流量，保持总流量不变。

C　气体的切换控制

在如图 3-16 所示的底吹气体切换控制过程中，底吹氮气、氩气根据冶炼要求可自动切换也可手动切换，但这两种方式的快速切断阀不能同时关闭，当切换时，应先开将要使用的惰性气体，然后关闭正在使用的气体，进行无扰动切换。

D 底吹气体的阶段控制

底吹方案确定后，转炉吹炼周期内底吹系统会按照固定的自动步骤执行，图 3-17 给出了底吹自动步骤程序框图。底吹方案分为如下几个循环：转炉待料阶段、兑铁水（加废钢）、开始吹炼、中后期强吹阶段、氮气氩气切换阶段、终点倒炉测温阶段、出钢阶段，然后回到空炉待料阶段。出钢后在空炉待料阶段，由氮气旁路管吹入少量氮气。

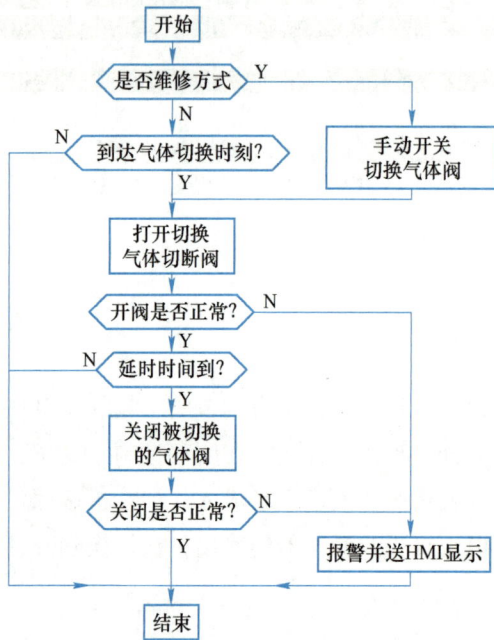

图 3-16 底吹气体切换控制程序框图   图 3-17 底吹自动步骤程序框图

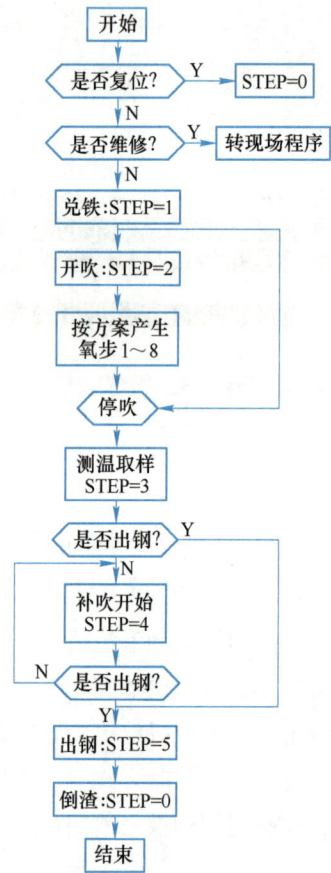

E 底吹系统的控制方式

底吹系统的控制方式包括手动方式、自动方式和计算机方式。

（1）手动方式。在该方式下，设备由主控室控制，操作人员可对底吹过程中所需的各种调节的设定值进行手动设定，设备之间有必要的安全联锁。

（2）自动方式。根据氧枪吹炼的各个时期及冶炼钢种不同，对各种底吹气体的压力和流量控制。在该方式下，吹炼设备由主控室控制，在计算机中保存有几种供气方案，每种方案包括总供氧量、每一步所对应的氧量百分比、供气种类以及每步气体的设定值等。

（3）计算机方式。在该方式下，设备由主控室控制，除底吹方案由过程机计算得出外，其他控制过程与手动相同。

3.1.3.4　余热锅炉控制系统

余热锅炉控制的关键点是锅炉水位的自动调节。转炉炼钢中有很多控制对象，在 PLC 控制下，在 HMI 上设定参数，能完成智能 PID 和锅炉水位的三冲量调节。

余热锅炉工艺流程图如图 3-18 所示，其控制系统主要包括余热锅炉供水泵的控制、余热锅炉供水水位的三冲量调节、除氧器及并网蒸汽的压力流量控制和余热锅炉的连续排污控制。

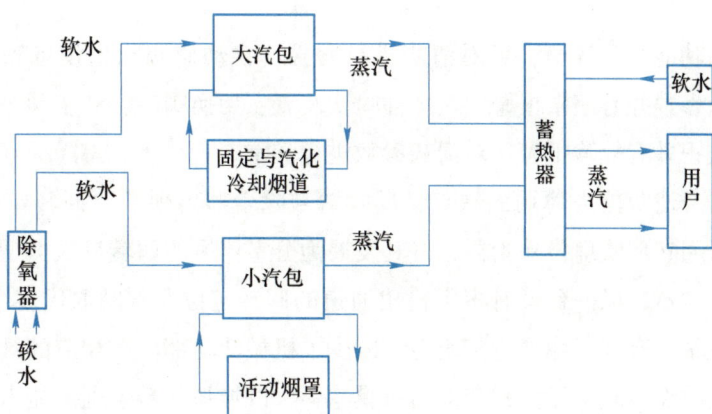

图 3-18　余热锅炉工艺流程图

3.1.3.5　一次除尘系统的控制

如图 3-19 所示，转炉一次除尘系统是由一级和二级文氏管、洗涤塔、排烟机、三通阀、烟囱等组成。转炉烟气通过一级和二级文氏管以及洗涤塔，被除尘水洗涤、除尘、降温后，由抽烟机通过三通调节阀或由烟囱排出，或通过逆止大水封回收利用。

3.1.3.6　二次除尘系统的自动控制

二次除尘系统是指上述转炉烟气的净化回收以外各扬尘点的延期收集和除尘系统，其中包括转炉兑铁、转炉吹炼、吹氩站、铁水扒渣站及铁水倒罐站的烟气除尘。

除尘通常由两部分组成：一为烟尘收集，收集的方法主要有通过炉顶第四孔的直接法、炉顶罩法、车间天篷大罩法和密闭隔间法；二为集尘器，它又有干式静电除尘器、袋式除尘器以及湿式文氏管洗涤器等。

袋式除尘器自动控制已经普遍采用 PLC 机，工控机（IPC，Industrial Personal Computer）也已经进入这一领域。中小型设备多采用以单片机或集成电路为核心的控制技

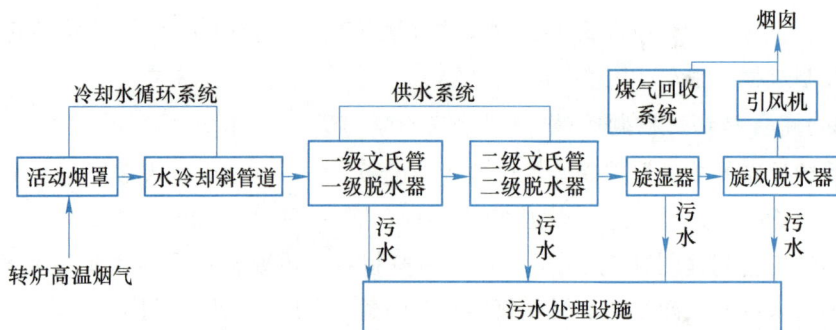

图 3-19　转炉除尘循环工艺流程图

术。自控系统的功能更为齐全,可对清灰进行程控,自动监测除尘设备和系统温度、压力、压差、流量参数并有超限报警;对脉冲喷吹装置、切换阀门、卸灰阀等有关部件和设备的工况进行监视并有故障报警;对清灰参数进行显示。

为了克服自身清灰能力薄弱的缺点,反吹清灰除尘器出现了"回转定位反吹机构"。该机构首先用于回转反吹扁袋除尘器,将其发展为分室停风的回转反吹类型,随后又用于分室反吹袋式除尘器,以一台具有多个输出通道的回转定位反吹阀取代多个三通切换阀,大大降低了漏风量,有利于增强清灰能力,减少了机械活动部件和相应的维修工作量。在改造在线分室反吹设备时,往往配套采用覆膜滤料,以加强其粉尘剥离能力。这两项技术在上海宝钢改造一、二、三期工程的分室反吹和机械回转反吹扁袋除尘器时,取得了很好的效果。

3.1.3.7　煤气回收系统的自动控制

煤气回收是实现负能炼钢的主要途径之一,所谓负能炼钢,是指回收的能量大于消耗的能量。

A　煤气回收的工艺流程

如图 3-20 所示,转炉煤气回收一般采用的是"二文-塔式"净化工艺。

由于转炉煤气回收是转炉炼钢的一部分,因此,回收煤气的同时也发生氧枪及副原料的加入等整个吹炼过程。煤气回收系统 HMI 操作画面如图 3-21 所示。

B　煤气回收过程各设备之间的自动联锁控制和顺序控制

通过三通阀、水封逆止阀、旁通阀及煤气储蓄罐的自动联锁顺序如下:

(1) 开始出钢,出钢后耦合器降速,一文弯头、二文弯头脱水器阀开启,冲洗 3 min 关闭;低速时,二文喉口氮气捅针开始动作,风机水冲洗电动阀打开。

(2) 兑入铁水,耦合器开始升速。

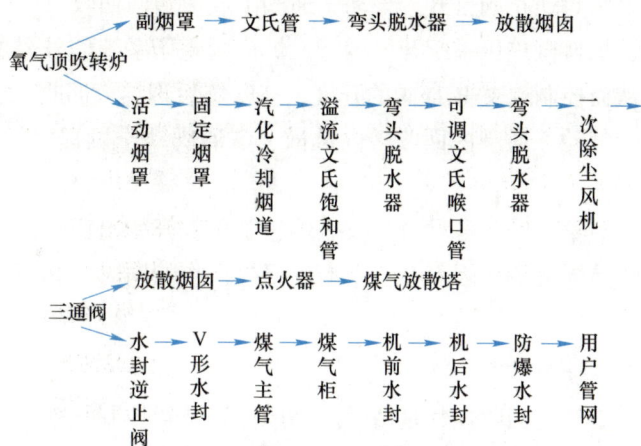

图 3-20 转炉煤气回收工艺流程图

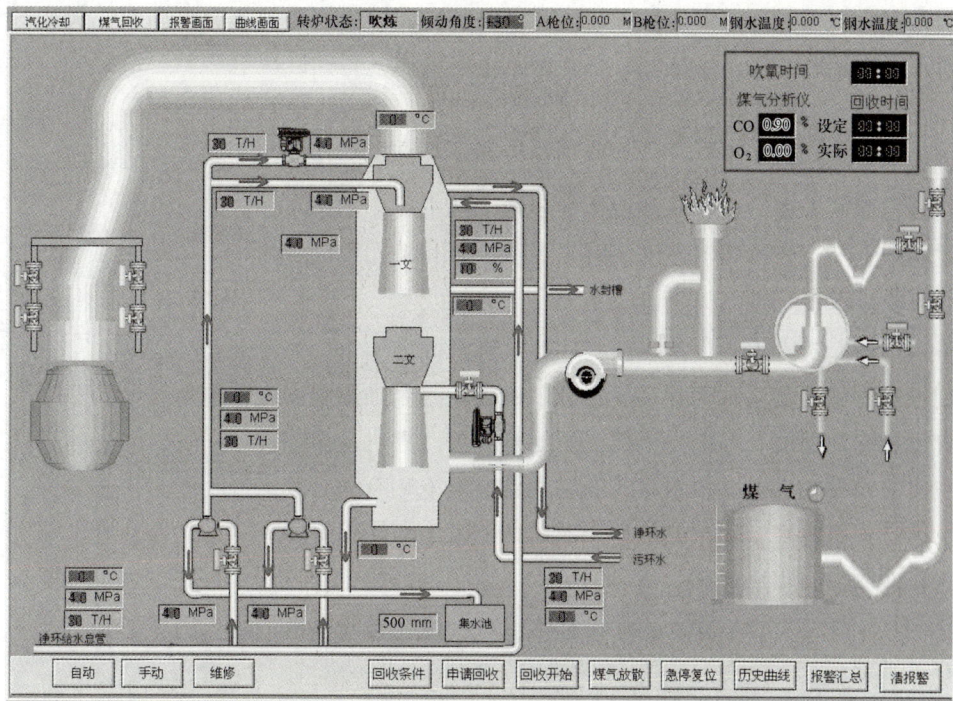

图 3-21 煤气回收系统 HMI 操作画面

（3）开始吹炼，氧枪下降到位，分析仪表开始工作，CO、O_2 达到标准时开始回收煤气。

（4）开始回收，水封逆止阀打开，气动三通阀由放散转向回收。

（5）裙罩下降，炉口微差压系统开始运行，炉口微差压系统信号通过液压伺服机构控制二文执行机构，从而控制二文 R-D 阀的开度，待吹炼后期结束回收。

（6）回收结束，气动三通阀由回收转向放散，三通阀动作过程中，三通阀放散到位，水逆封止阀关闭。

（7）吹炼结束，氧枪上升，各种分析仪表停止工作，开始出钢。

煤气是一种易燃易爆气体，因而在正常冶炼回收操作的同时，必须有完善的事故处理程序。

C 煤气回收的条件与时机

在生产中，排出烟气与回收煤气是由时间程序控制装置控制气动三通切换阀进行自动切换，来实现煤气的回收与放散的。其弊病是难以控制煤气的质量，经常造成合格能源气体的浪费，而且存在一定的安全隐患。对煤气回收系统全部设备进行自动控制，并根据吹炼与回收的条件把握时机，可达到煤气回收数量和质量两者最佳。

煤气回收的条件包括：氧枪操作系统"OK"，分析仪表正常，三通阀、水封逆止阀正常，煤气柜不满，CO 含量小于 30%，O_2 含量不大于 2%，旁通阀在关闭状态，机后压力小于 8000 Pa，一文水量不小于 200 t/h，二文水量不小于 170 t/h，风机正常工作，各炉煤气回收通信正常；不允许三座转炉同时回收，炉前烟囱冒火严重时不允许回收，大喷溅无法制止时不允许回收。

3.1.3.8 副枪控制系统

副枪又称检测枪，是氧气顶吹转炉在终端吹炼最短的情况下直接测定钢水温度、碳含量和取样的装置。其主要作用是在炼钢过程中，对转炉的熔池深度、钢水温度、碳和氧元素的含量进行测量以及取得钢水试样。

A 副枪测试探头

副枪用的纸质测头称为探头。它可以插入炉内用来测定钢水碳含量和熔池温度，并取得钢样。副枪是转炉计算机动态控制最主要的设备，它是一根水冷式三层钢管，其下端有一个一次触发的探头电极夹，副枪测试探头就装在电极上。副枪有四种探头，即测温（T）探头（见图 3-22）、测温定碳（TSC）复合探头（见图 3-23）、测温定氧（TSO）探头和测定熔池液位（TL）探头。

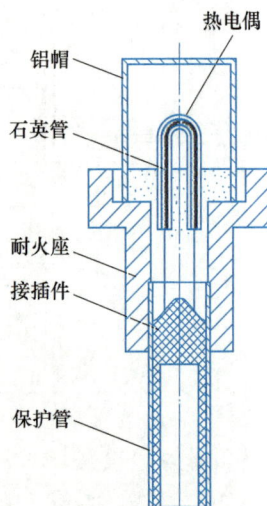

热电偶
铝帽
石英管
耐火座
接插件
保护管

图 3-22 副枪测温
探头的结构图

B 副枪设备组成

转炉副枪系统主要设备组成如下：副枪升降装置、副枪横移装置、副枪探头更换装置等。鞍钢二炼钢3号转炉副枪系统的工艺设备结构如图3-24所示，该副枪控制系统采用了一套西门子S7-400 PLC，CPU 的型号为 CPU 416-2DP，该CPU运算速度比较快，内存容量比较大，负责整个副枪系统的控制。系统网络采用了工业以太网的通信方式，并采用开放的 TCP/IP 协议，传输速度为 100 Mb/s，通过两台光交换模块进行数据传输。

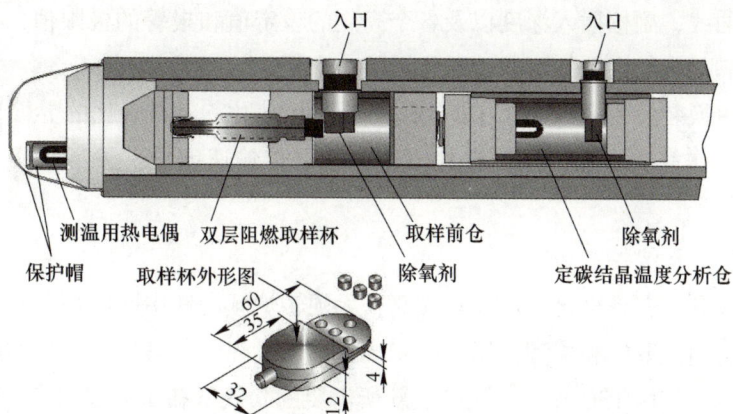

图 3-23 副枪测温定碳复合探头的结构图

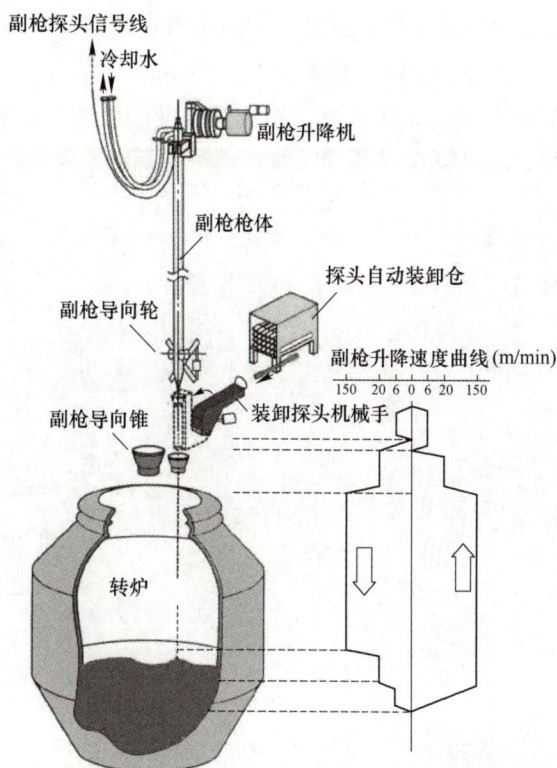

图 3-24 鞍钢二炼钢3号转炉副枪系统的工艺设备结构

该系统采用了比较灵活、先进的分布式主从 I/O 连接方式，到达转炉平台的副枪探头装卸仓设置了一个远程 I/O 站，节省了大量的电缆铺设和工作强度，现场信号采集进入附近 I/O 分站，各层平台之间采用 Profibus 光纤的连接方式，保证数据传输的安全和顺畅。

现场操作采用了三台 HMI，其中一台为工程师站，HMI 软件采用西门子 WINCC 组状态软件，实现画面控制、参数调整及设备操作。副枪的主要参数提供了设定接口，可以调整副枪的下枪曲线、副枪插入深度以及各个高度的设定值和报警的极限值，可以由现场的工程师修改以满足现场工艺的要求，非常灵活、方便。

副枪探头更换装置机旁采用了 OB17B 操作面板，用完全图形化的界面取代了传统的操作箱方式，操作简单，采用网络连接方式，数据传输速度快，灵活易用，提高了工作效率。

C 副枪测试系统控制

副枪设备有利于实现全自动取样和检测，无须转炉倾动和中断吹炼。在每炉钢水冶炼过程中，安排有两次取样和检测：第一次安排在吹炼过程中，第二次安排在吹炼终点。在吹炼过程中的检测使用 TSC 探头，用于更新所需要的吹氧量和添加剂用量，以满足用水终点的碳含量和温度要求。在经过调整氧量的吹炼结束时，利用 TSO 探头检测熔池温度和自由氧含量以确定终点碳含量，并计算熔池液位。在两次检测过程中，该系统可自动将试样从一次性探头中回收，并通过位于控制室高度的探头收集槽将试样取出。利用试样分析结果可预测钢水的终点化学成分，其控制步骤如下：

（1）二级计算机或 HMI 进行探头选择，副枪系统操作总画面如图 3-25 所示。

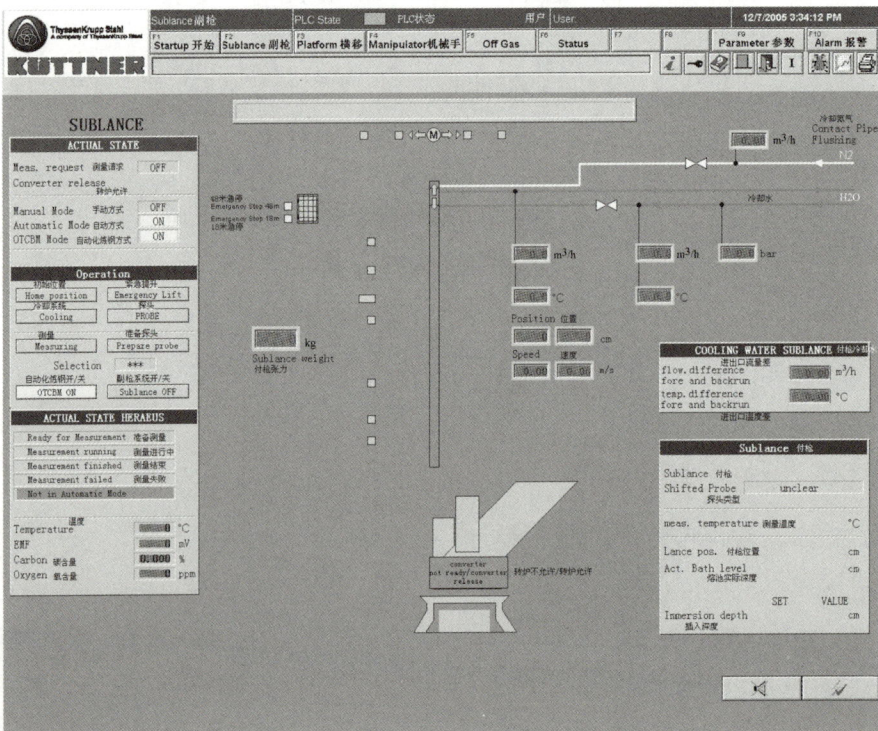

图 3-25 副枪系统操作总画面示意图

（2）副枪自动下降至探头更换装置上方，副枪升降控制操作总画面如图 3-26 所示。

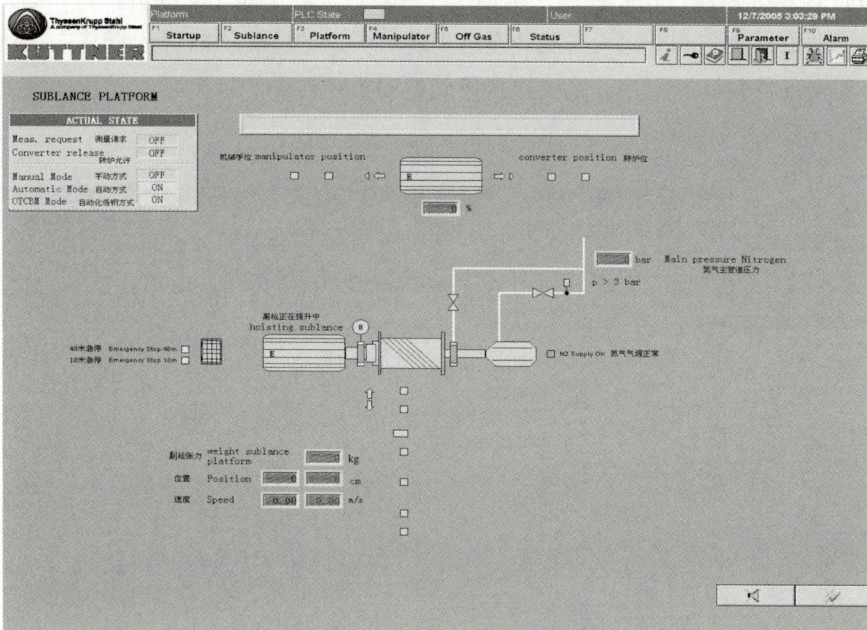

图 3-26　副枪升降控制操作总画面示意图

（3）副枪探头更换装置自动从探头仓中运出所选择的探头，并将其自动安装到副枪上，副枪机械手操作画面如图 3-27 所示。

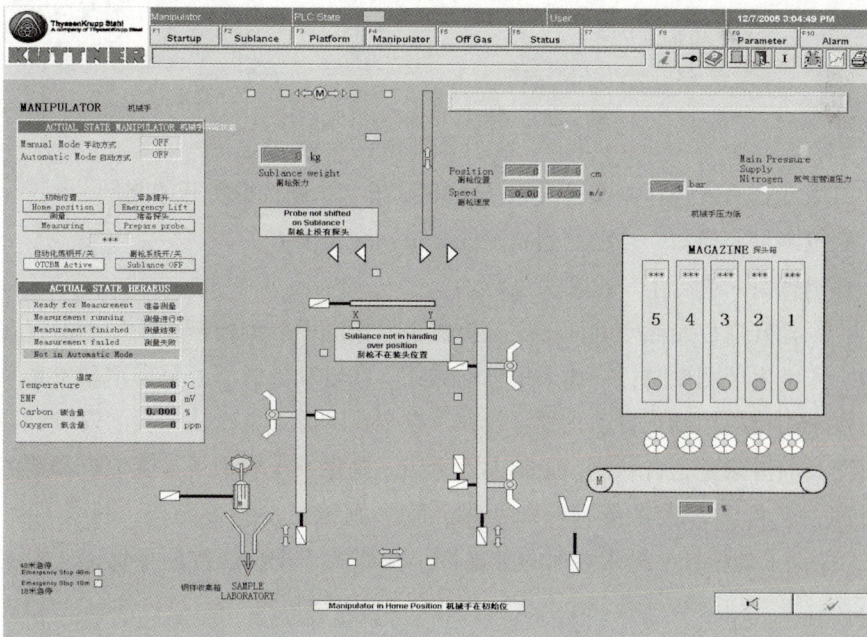

图 3-27　副枪机械手操作画面示意图

（4）副枪探头安装完毕后自动提升，副枪横移装置运行，在转炉上方等待，副枪横移操作画面如图 3-28 所示。由于鞍钢二炼钢厂 3 号转炉是利用原平炉厂房，转炉上方平台狭小，只能把副枪探头装卸仓等设备安装在远离转炉炉口的位置，故采用横移方式达到换头位置。在现场条件较好的厂房，换头机构可就近安置在转炉炉口附近，采用副枪旋转控制方式。

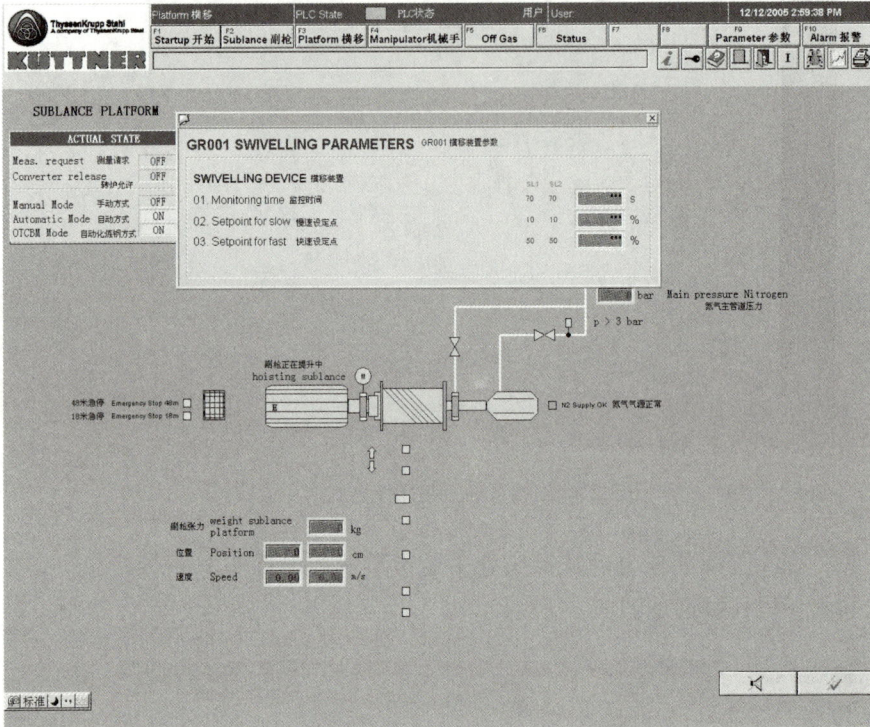

图 3-28　副枪横移操作画面示意图

（5）二级计算机或操作员通过 HMI 发出测量指令，副枪探头开始测量。

（6）副枪测量完毕后，自动回到副枪探头更换装置上方。

（7）移出探头，进行下一次装头工作。

其中，副枪升降控制操作画面、副枪机械手操作画面和副枪横移操作画面仅在维修方式下使用。正常生产测试时，一律采用自动方式。在自动方式下，只采用副枪系统操作总画面进行整个副枪的控制，自动化程度较高。在全自动方式下，从探头的安装到副枪的测量以及旧探头的拆除完全自动化，无须人工干预。副枪系统取消了人工取样和测温，既可以节省时间，又可不对操作员有特殊要求，整个副枪控制精度很高，枪位可以控制在 ±1 cm 内，保证了副枪探头插入熔池的准确性，良好的下枪曲线控制也保证了探头测量的成功率。

D　副枪的测试原理

副枪测试依靠的是副枪探头。副枪运行稳定与否在很大程度上依赖于测枪探头的可靠性和测温程度。为满足减少出钢时间、改善钢的质量及降低成本的需要，目前国内常用的是贺利氏电测骑士有限公司制造的副枪探头，其主要种类有：含有双厚度取样器的 Multi-Lance E-RDT 和 DT 系列探头、E-RDT/TSC 副枪探头、E-DT/TSO 副枪探头、E-DT/T 副枪探头、E-DT/TL 副枪探头。经二次仪表显示，在探头与副枪头的接插件导通良好的情况下，进行插入钢液测温、取钢样及准确测量钢液面。

图 3-29 所示为鞍钢 3 号转炉采用副枪测试贺利氏仪表和副枪探头测试后的参数画面。

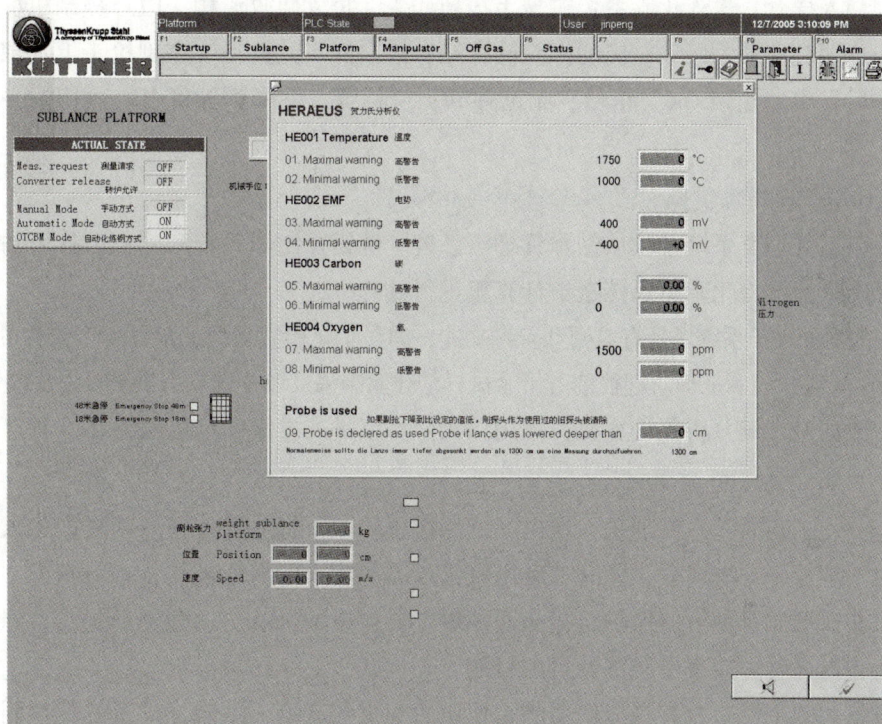

图 3-29 鞍钢 3 号转炉采用副枪测试贺利氏仪表和副枪探头测试后的参数画面示意图

当实际插入深度超出副枪设定的插入熔池深度时，则该探头视为使用过的旧探头，启动自动更换探头程序更换新探头。当测试失败或测试曲线不佳时，该探头也视为使用过的旧探头，启动自动更换探头程序更换新探头。转炉终点动态控制系统以钢水终点碳温度为主要控制目标，在转炉吹炼接近终点目标时，转炉基础自动化级 PLC 发出副枪测试指令，副枪系统按指令进行测试，并将测试数据传送到基础级和二级计算机，作为动态模型的计算依据；二级计算机根据副枪检测结果推算出到达终点所需补吹的氧量和冷却剂量，向基础 PLC 下达补吹方案。

E 副枪的测试枪位控制和副枪换头机械手控制

副枪位置自动控制程序的功能是接收枪位设定值，按 BCD 码形式存入特定单元，根据操作方式（即手动或自动）将位置设定值、测试插入深度和与其相应的抱闸动作结合起来，并采用位置控制曲线准确停枪。

副枪的自动测试是由枪位控制和换头机械手的逻辑控制有机结合起来完成的，具体过程如下：当接收到启动测试命令后，在检测系统设备和联锁条件均正常的情况下，PLC 根据钢水液位和操作站设定的插入深度计算出准确的停枪位置，控制驱动设备将副枪下降到测试点进行测量；在预置的副枪停留时间内，检测仪表接收测试曲线并分析处理，将分析结果（温度、碳含量或氧含量）发送到二级过程控制计算机，并在操作站 HMI 上显示；测试停留时间到，副枪 PLC 控制枪体上升并旋转（或横移）到换头位置；控制机械手锯出钢样，装入样盒，送入化验室；机械手拔掉残头，扔入回收溜槽；PLC 控制机械手按照操作站新选探头型号，启动对应的探头储存箱，拔出探头并自动装在副枪头上，探头测试回路接通后发出"连接 OK"信号；副枪移到炉口位置，下降到等待点，等待下一次测试命令。

3.1.3.9　炼钢化学成分的化验检测与通信

化验数据处理子系统接收从铁水管理子系统、炼钢控制子系统和连铸的样号请求，待化验结果出来后，将化验结果传送给计算机进行处理。

化验数据处理子系统还具有监视和查询功能，即显示化验室发出的最后一个试样的化验时间、化验结果等，显示从即时起往前若干个试样的化验结果及取样地点，供操作人员检索。

化验数据经光谱分析仪计算机，采用以太网协议进入二级计算机网络。

3.1.3.10　溅渣补炉工艺

溅渣补炉工艺的基本原理是，在出完钢后摇正转炉，将适量的镁质调渣剂加入到留下的炉渣中，调整好终渣成分；同时，利用氧枪以高速吹入的高压氮气将炉渣溅起，使其黏结在炉衬上，形成对炉衬的保护层，从而减缓炉衬的侵蚀速度，达到提高炉龄、降低炉衬耐材消耗、提高转炉效率及经济效益的目的。

溅渣补炉的主要参数有溅渣使用的工作压力和氮气流量。溅渣补炉系统的控制方式有手动方式和维修方式。全部溅渣工艺过程中所用氮气的累计量、溅渣时间等，均在 HMI 画面上显示。

转炉顶底复合吹炼与溅渣补炉技术是近 30 年国际钢铁界的两项重大新工艺技术。前者解决了转炉吹炼后期钢渣不平衡的问题，有明显的冶金效果；后者可以大幅度提高转炉炉龄。但是，由于这两项技术难以同时达到，在美国等国牺牲复吹工艺，采用溅渣补炉技术；而在日本等国则保留复吹技术，不采用溅渣补炉技术，不能达到最佳经济效益。我国已经研究出复吹转炉溅渣补炉工艺技术，解决了炼钢生产中复吹转炉底吹供气元件一次性寿命与炉龄同步的世界难题。武汉钢铁公司开展大量研究，提出利用"炉渣-金属透气蘑菇头"保护底部供气元件，保证了底吹效果，实现了长寿底吹的工艺思想，并形成了系统的工艺控制技术。

3.1.3.11　基础自动化的硬件配置

现在转炉炼钢基本采用 DCS 与 PLC 组成基础自动化，包括副枪系统到转炉的计算机动态控制。根据转炉生产的工艺特点及各钢厂转炉控制系统的不同要求，基础自动化的系统配置也有所不同，但基础自动化的硬件一般都包括可编程逻辑控制器（PLC）、集散型控制系统（DCS）、现场总线远程输入输出（I/O）、人机操作界面（HMI）及合理的网络拓扑。

A　可编程逻辑控制器

可编程逻辑控制器是一种数字运算操作的电子系统，专门为在工业环境下应用而设计。PLC 是以微处理机为基础发展起来的新型工业控制装置。它采用一类可编程的存储器，用其内部存储程序，执行逻辑运算、顺序控制、定时、计数与算术操作等面向用户的指令，并通过数字或模拟式输出/输入控制各类机械或生产过程。

基础自动化 PLC 系统的工作任务是系统的逻辑顺序控制、PID 调节回路的控制、信号的采集过程数据处理、各工艺系统的工艺协调、与工作站上位计算机和其他 PLC 的通信。

B　集散型控制系统

集散型控制系统在模拟量回路控制较多的行业中广泛使用，它是尽量将控制所造成的危险性分散，而将管理和显示功能集中的一种自动化高技术产品。DCS 一般由五部分组成，即控制器、I/O 板、操作站、通信网络、图形及编程软件。其可包含大量的模拟输入输出、控制卡、控制柜、电缆及多重网络。

从理论上讲，DCS 可以应用于各种行业，但是各行业有自己的特殊性，所以 DCS 也就出现了不同的分支，有时这种分支的出现也由于 DCS 厂家技术人员工艺知识的局限性而引起。

C　人机操作画面

操作站的工作任务是显示工艺模拟动态画面，显示过程的控制状态、检测信息等；显示仪表的测量值、过程数据的趋势曲线；输出操作命令、各显示事件、故障报警信息及故障诊断信息；输入设定值、控制参数等；与上位过程机及 PLC 进行通信；通过键盘或鼠标响应 HMI 显示的过程信息，完成各种设备的操作。

基础自动化的 HMI 设计，一般由用户和编程方共同选择操作站和工业监控软件。操作站可根据现场情况、资金情况来选择硬件，软件的选择要求其能够方便地进行数据监控和处理，如全动态显示、报警处理和记录、标准数据接口等。

如图 3-30 所示，与 PLC 联网的计算机既可作为一级系统的操作员工作站，也可作为二级系统的工作站。工作站上可安装工业监控软件。

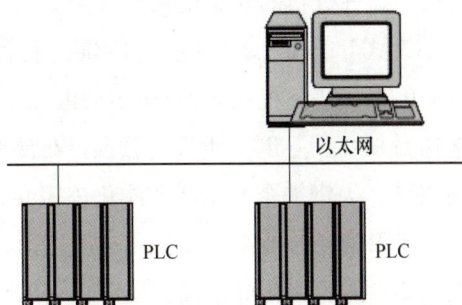

图 3-30　一级与二级系统的
工作站一体方式的 HMI

与 PLC 联网的计算机也可以采用客户/服务器（C/S）体系结构。支持采用 C/S 的主要理由有：适应应用的不确定性，满足逐步开发和增加新应用的需要；满足在将来开放的异种网络环境中应用的需要；满足电脑开发和维护、供应商与相关技术人员变更的需要；有利于在动态规划和动态开发过程中保证系统的可靠性。

最简单的 C/S 体系应用由两部分组成，即客户端和服务器端，两者可分别称为前台工作站和后台服务器。后台服务器负责读取 PLC 中的数据，并做一些数据处理工作。一旦后台服务器被启动，就随时等待响应前台工作站发来的请求；前台工作站对后台服务器数据进行任何操作时，前台工作站就自动地寻找后台服务器并向其发出请求，后台服务器根据预定的规则做出应答并送回结果。

3.1.4　转炉炼钢生产智能化案例

随着信息技术和互联网的普及和使用，加上产能过剩、投入产出比低等严峻的生存压力，各家钢铁企业正在努力提高炼钢技能，为各钢铁企业推进智能钢铁产业取得良好成效。

南京钢铁集团第一炼钢厂运用理论计算和实际生产经验，建立智能钢控控制模型，分析炼钢过程控制、优化操作等钢铁制造技术。该工艺转炉二次清灰率从 65% 成功提高到 85% 以上，飞溅率从 12% 降低到 8%，进展良好，瓦斯回收的生产成本每吨降低 15 元左右，CO_2 年减排约 11.5 万吨。炼钢产品智能化、环保化取得新进展。

攀钢集团西昌钢钒炼钢厂"一键炼钢"西昌钢钒转炉加料系统，2020 年 5 月开始陆续对炼钢系统 4 座转炉 54 套下料秤的"下料控制程序"增加"自学习"控制模块，让其"自动学习"不同品种下料控制时对应的仓位、变频点、落差关闭点，以及终端机预置目标值数据，并与下料实际值与目标值进行比较分析，重新计算出新的变频点、落差关闭点。转炉加料系统全部实现智能化控制。

中天钢铁集团有限公司联合湖南镭目科技有限公司率先研究开发了基于声呐化渣、火焰分析和烟气分析的非副枪转炉智能化炼钢系统，实现了在无副枪情况下的全程无人工干预"一键式"炼钢。该系统对冶炼过程的自动化控制取得了良好效果，一倒碳质量分数（≤0.15%）预报在误差 ±0.02% 内命中率达到 90%，一倒温度预报在误差 ±15 ℃内命中率达到 87%，一倒磷质量分数预报在误差 ±0.005% 内命中率达到 90%，喷溅识别准确率达到 99%，为钢铁企业发展智能化炼钢起到积极的推进作用。

天津天钢联合特钢有限公司利用理论计算及实际生产经验值，建立了一种解析炼钢过程控制要素的智能化炼钢控制模型，用于对渣料减量化炼钢、石灰石替代石灰、铁矿石熔融还原和留碳作业等炼钢技术进行优化。实施后，成功地将转炉终点双命中率由原来的 65% 稳定提升到 85% 以上，喷溅率由原来的 12% 降低到 8% 以下，煤气回收率得到了明显提升，降低生产成本 15 元/吨以上，CO_2 排放量（吨钢）减少 28.77 kg/t，年排放量减少约 11.5 万吨，在实现智能化、环境友好型炼钢中取得新进展。

3.2 电炉炼钢生产自动化

电弧炉（EAF, Electric Arc Furnace, 通常简称为电炉）是利用电弧的能量来熔炼金属。在电弧炉中冶炼的金属能获得在其他冶金炉中所不能获得的性能，所以其对国民经济有重要的意义。高级合金钢和特种合金钢多数是在电弧炉中进行冶炼的。

电炉炼钢技术的发展已经有一百多年的历史了。

20 世纪 50 年代，传统的电炉炼钢技术发展到了一个成熟的阶段，熔氧合并、薄渣吹氧、缩短还原期是这个阶段电炉炼钢技术发展的主要特征。

20 世纪 60 年代初期，弧形连铸机被成功地用于工业生产。为了与连铸生产实现较好的匹配，电炉炼钢围绕缩短冶炼周期开发了一系列新技术。

20 世纪 70 年代，主要是发展超高功率供电及其相关技术。

20 世纪 80 年代初期，钢包炉（LF）及偏心炉底出钢（EBT）技术的成功开发，使"电炉冶炼-在线二次精炼-连铸"三位一体的现代电炉炼钢流程"问世"。1989 年，美国纽柯公司将现代电炉炼钢与热连轧相结合，投产了一条"EAF-CSP"生产线，标志着现代电炉炼钢的发展进入了成熟阶段。

20 世纪 90 年代以来，连铸单流产量大大提高，加之一机多流、多炉连铸技术的开发和薄板坯厚度的增加（从 50 mm 增加至 70~90 mm），要求进一步缩短电炉炼钢的冶炼周期。为此，欧洲和日本的一些电炉制造厂商相继开发出一系列电炉炼钢新技术，主要包括强化用氧和不同类型的废钢预热两个方面，同时出现了形式众多的现代电炉设备。

1950—2001 年，美国和欧洲经历过几次钢铁产能过剩的状况。即使在这样的情况下，世界电炉钢产量占总钢产量的比例仍在不断提高。1975—1988 年，世界电炉钢比例从 16.6% 增至 26.6%，美国从 19.4% 增至 36.9%，原欧共体从 19.7% 增至 29.1%，日本从 16.4% 增至 29.7%。

根据世界钢协统计数据，2015 年，中国电炉钢产量约为 4903 万吨，占粗钢产量比例为 6.1%，比 2005 年低 5.6%，比 1993 年电炉钢比例历史最高点 23.2% 低 17.1%，下降幅度十分明显。2022 年，中国电炉钢产量达到 9671 万吨，占粗钢总产量的 9.7%，仍远低于全球 28.3% 的平均水平。截至 2023 年底，我国 417 座电炉装备（包括现有、新建及待建）的总年产能约为 2.2 亿吨，其中 2023 年已公示公告的新建电炉钢装备共涉及 17 座，包括 10 座公称容量 100 t 及以上电炉和 7 座合金钢电炉，总年产能为 1183 万吨。但产能利用率长期在 50% 左右波动，这是限制电炉钢产量提升的重要因素。如果要达到 2025 年电炉钢产量占比 15% 的目标，需要提高产能利用率，在总产能一定的情况下才能提高产量。

现代电炉流程与转炉流程成为世界炼钢生产的两个主要流程，电炉钢比例约占 1/3。电炉炼钢具备投资少，消耗铁矿石、焦煤、水资源少，可比能耗低，对环境污染小，成本低等优势。

与美国、日本等钢铁强国相比，我国现代电炉炼钢的发展虽然起步较晚，但是起点较高，发展也较为迅速，并注重了自主创新。十余年来，我国在实现电炉容量大型化的同时，围绕缩短冶炼周期这一核心不断地推进现代电炉炼钢的发展，不少技术经济指标已经达到了世界先进水平。同时，我国在自主研发具有中国特色的现代电炉炼钢技术方面也取得了长足的进步，并取得了很多创新成果。在技术进步的有力带动下，21 世纪初的前几年，在世界电炉钢比例有所下降的情况下，我国电炉钢产量却以每年 18%~28% 的增幅在快速增长，电炉钢比例有所回升，年产量仅次于美国，居世界第二位。

现代炼钢电弧炉在国民经济当中是电能的巨大消费者，由于电力事业在最近十几年来飞速发展，炼钢电弧炉的应用也获得了很大的发展。

随着工业的不断发展，大量需要耐高温、耐高压和耐高速的机械设备，尤其是原子能、喷气技术及电子学等新技术的发展，更需要特殊耐高温、耐腐蚀和抗拉强度特高的材料，如喷气式飞机的耐热部件、大炮的炮身、坦克的装甲钢板及军舰上的不锈钢板等材料，除电炉外没有其他方法可以冶炼。又如，工业上常用的不锈钢、耐热钢、轴承钢、高级变压器硅钢、高电阻合金、磁性合金、高速工具钢及高合金结构钢等，也必须在电炉中冶炼。

在汽车和拖拉机制造业中，需浇注大量形状复杂且壁薄的铸钢件，而且要求这种铸钢件的精密度高、机械加工少。为了满足这一要求，必须使金属溶液充分地注满铸模，这就要求金属溶液具有良好的流动性，也就是要求金属溶液具有足够高的温度，这个问题也只有在电弧炉中才能得到解决。因此可以说，浇注异形铸钢件的铸造厂也是一种以电弧炉为主要生产手段的工业部门。

21 世纪电炉炼钢工艺的基本指导思想是高效节能、低消耗、环保。为了达到这一目标，现代电炉发展了诸多先进技术，如电炉的超高功率化、强化用氧、废钢预热、人工智能优化供电等技术，同时炉型也发生了改变，直流电弧炉、竖式电弧炉、底吹电弧炉等相继投入生产，大大提高了电炉的生产率，降低电耗和电极消耗、节省了能源、降低了生产成本、改善了熔池的搅拌性能和冶金性能。

由此可见，电弧炉炼钢在国民经济当中应用非常广泛。之所以得到如此广泛的应用，是由于电弧炉炼钢工艺与平炉、转炉炼钢工艺相比，具有如下一系列独特的优点：

（1）冶炼温度高且容易控制，因而能够满足各类钢材对冶炼温度的不同要求；

（2）炉内气氛能够灵活控制，即炉内不仅能生成氧化性气氛，还能生成还原性气氛，从而有利于钢液的脱氧、脱硫，并可颇有成效地降低钢液中的非金属夹杂物含量；

（3）能充分回收废钢中的贵重合金元素，即合金元素烧损少；

（4）钢液的化学成分容易控制，且操作方便；

（5）炉子输入功率容易调节，因而容易实现炉子加热制度自动化；

（6）由于利用电能作为热源，能够避免燃料对钢液的污染，而且热效率较高；

（7）设备结构紧凑，占地面积少，基建投资省，建厂速度快，生产机动灵活。

电炉的结构示意图如图 3-31 所示。

升降杆 — 电极
炉体 — 炉顶
装料口封闭门 — 炉膛
出渣槽 — 耐火砖层
炉底 — 出钢槽
倾动机构 — 炉体座

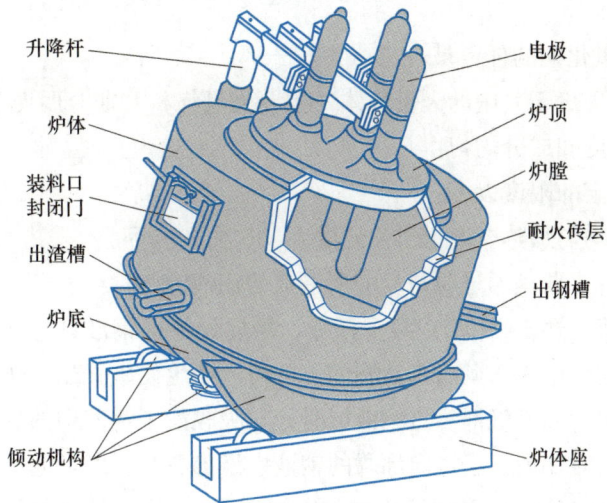

图 3-31　电炉的结构示意图

3.2.1 电炉炼钢生产工艺过程

电弧炉内的整个炼钢过程一般分为三个时期，即固体炉料熔化期、氧化期和还原期。

（1）熔化期。熔化期的任务就是将固体炉料熔成钢液，在此期间还同时进行金属夹杂物（碳、硅、锰、磷等）的氧化和钢液吸收氢和氮气。这些夹杂物经氧化后形成一复杂的化合物，即炉渣。为了便于电弧燃着和燃烧，还常常在电极下面的废钢块上覆盖以焦炭块，使得在通电时电极与焦炭形成两个电极。开始熔化时，并不希望电极与大块炉料相接触，因为在此情况下难以燃着电弧和保持电弧稳定燃烧。特别是在冷炉和冷料情况下，电弧很短且很不稳定；同时，金属块之间的飞弧及电弧飞溅于熔融金属块上，都会使电弧长度剧烈变化。电弧若经常中断，炉料的熔化时间必然延长，电流也经常发生剧烈的冲击，结果是使电能消耗增加，设备的功率因数降低。因此，在熔化初期必须加强调节器的调节作用。在该时期内，电极自动调节器必须保证下列三点：

1）自动点弧；

2）以足够的灵敏度调节电炉的输入功率，同时在调节过程中不应产生振荡；

3）迅速地消除炉料崩塌所引起的短路和比较大的扰动。

电弧燃着并稳定燃烧之后，电极底下的金属即开始熔化，熔化的金属流到炉底最低部分，经过一段时间便在那里形成液池。为了加速金属的熔化，应将尚未熔化的金属从炉帮处推入钢液内。在形成第一批钢液后，便需往炉内掷入石灰进行造渣。炉渣能除去金属中的夹杂物，并能防止钢液被气体所饱和以及被电极增碳。随着电炉料的逐渐熔化，石灰也被熔化，这样在熔化完毕时，全部钢液上部均覆盖有一层炉渣。炉料熔化时间的长短在很大程度上取决于输入炉内的电功率、炉料质量及其在炉膛内的装填情况；此外，也与电极自动调节器的调节质量有关。为了缩短熔化时间，在该时期内变压器通常在超载 20% 的情况下运行。

（2）氧化期。氧化期的任务是：

1）从钢液中除去熔于其中的大量气体（主要是氢气）和非金属夹杂物；

2）使钢液的温度和成分均匀；

3）将磷除至规定的限度以下；

4）把钢液温度均匀加热至高于出钢温度。

这些任务的完成主要是通过脱磷反应所造成的钢液沸腾。

为了有效地完成上述 1）和 2）两个任务，需要使炉内钢液具有高度流动性。钢液的强烈流动性是依靠向炉中加入矿石来达到的。此时，产生使碳强烈氧化的条件。一氧化碳的气泡由钢液中逸出，当该气泡经过钢液层时，它吸收溶于钢液中的其他气体，并将它们自钢液中除去。在此时期内，通过向沸腾的钢液中添加石灰，以及通过一次或多次扒渣来降低钢液中的磷含量（通常应降低到 0.015% ~ 0.02%）。钢液被加热好之后即开始扒除氧化渣和使钢液增碳（如果需要的话），同时还要向钢液表面投入还原剂。还原剂由萤石和石灰石组成。当钢液沸腾时，钢液及炉渣表面的波动可能使电流周期地连续变化至额定值的±(10% ~ 20%)，它使调节器不断地进行调节。这一时期的电弧相当长，故在任何扰动下任何形式的调节器均能稳定工作，不需过分移动电极。

（3）还原期。从加入还原剂时开始即进入熔炼的末期——还原期，也称钢液的精炼期。还原期的任务是：

1）使钢和炉渣还原；

2）除去钢液中的氧和硫，使其含量达到规定的要求；

3）调整钢液的化学成分，达到熔炼钢种所要求的成分；

4）加热钢液至正常出钢温度。

在熔炼合金钢时，钢液多半是经炉渣来还原的，为此需向渣中加入粉碎的碳还原剂（焦炭、木炭和电极碎块）。炉内具有还原炉渣时，能保证将氧和硫从钢液中引入炉渣内。在白渣或者电石渣下还原完毕，并加入为获得规定化学成分钢种所需的一定数量的合金元素以后，就对钢液进行最后还原（用硅铁合金、铝等来还原），最后倾炉出钢。

有合金返回钢时，熔炼过程采用返回熔炼法。此时，炉料中有 60% ~ 80% 为合金返回钢，20% ~ 40% 为含碳、磷较低的软铁和铁合金。返回熔炼法的熔炼过程特点是无氧化期，因为炉料是由经过挑选的返回钢料所组成的，这种返回钢料的化学成分能保证获得规定成分的钢液。采用返回熔炼法熔炼时，能明显地提高炉子的生产率，且能大大地降低电能消耗及铁合金消耗。

电弧炉的炉衬也分酸性（以硅质材料为内衬）和碱性（以镁砂或白云为内衬）。在酸性炉衬电弧炉中的炼钢过程与在碱性炉中的不同。

在酸性炉衬电弧炉的氧化期，由于形成含有过量氧化硅的酸性炉渣，因而既不能从钢液中除去磷，也不能从钢液中除去硫。在氧化期内形成的磷和硫的化合物是不稳定的，它们不能进入炉渣内，而且它们还在不断地分解，使有害的杂质又重新进入钢液内。因此，对用于酸性熔炼的炉料，在硫和磷的含量方面必须要有严格的要求。

在酸性炉衬电弧炉的还原期中，要除去钢液中的氧气，使钢液的成分及温度达到所需的数值。它与碱性炉衬还原期的不同之处在于，钢液被酸性炉渣"自还原"。为了加快还原，需往钢液中加入还原剂硅铁、锰铁和铝。

酸性炉衬的电弧炉适宜熔炼异形铸件用钢，特别是薄壁铸件和小铸件。这种电炉允许周期性工作，因为酸性炉衬即使经常受冷也具有较碱性炉衬为高的耐久性。与碱性电弧炉相比，酸性电弧炉的生产率较高，而电能、耐火材料、还原剂和电极的消耗均较低。

在酸性炉衬电弧炉中炼钢的缺点是：不能除去钢液中的磷和硫；此外，在酸性炉衬电弧炉中很难熔炼出碳含量低的钢，如低于0.2%。

在生产高级合金钢的电冶炼工厂的炼钢车间内，主要使用碱性炉衬电弧炉。

3.2.2 电炉炼钢生产自动控制

电炉自动炼钢的内涵可以分为两个层次：第一层次，代替人（手）进行吹氧、供电及加料操作，同时进行冶炼终点的自动判定，将这一层次仍称为自动炼钢；第二层次，代替人（脑）进行冶炼过程的优化，如功率曲线优化、供电优化、吹氧优化等，将这一层次称为智能炼钢。因此，某些智能化的电参数调节和控制系统，如NAC公司的IAF、AMIGE公司的Smart ARC、SIEMENS公司的Simelt NEC等，绝不是智能炼钢的全部。目前，电弧炉自动（智能）炼钢技术还较大程度地落后于转炉炼钢，这与前者系统更开放、主原料更多样、能量输入更复杂以及过程周期更长的特点有关。

电炉炼钢控制模型分为静态模型和动态模型。

静态模型是基于热平衡及物料平衡的理论计算，或以前炉次数据的统计分析结果来建立一些模型，并经由模型来获得一套静态的冶炼进程曲线。实际冶炼过程总是处于不断的变化中，特别是当代先进电弧炉在能量输入、主原料结构等方面均更趋于复杂化，但又对节能降耗、准确判定冶炼终点等提出更高的要求，因此静态模型显然是难以胜任的。动态模型是基于简单的反馈控制而建立的模型。过程动态控制系统包括冶金数据库、专家系统、智能化控制模型等，对冶炼全进程进行预报和优化。

在电弧炉生产中，炼钢工艺过程与转炉有很多相同之处，而主要的不同之处在于电极控制。输送到电弧炉中的功率数值与电弧长度有关；当电炉变压器二次电压一定时，则与电弧等效电阻有关。

当电炉在工作过程中，特别是在炉料熔化期，电弧放电间隙经常变化，离开正常工作状态的各种偏差（从电极同金属短路直至断弧的偏差）不断地发生。电弧放电长度的变化必然导致输入功率的变化，从而破坏了工艺规范。因此，对电弧炉工作的根本要求是在最佳用电规范下保持规定的电弧长度。

欲保持电弧长度不变，可借助于连续调节每一电极下弧隙长度的方法来达到。也就是说，调节电弧炉功率的最普遍方法是采取通过移动电极位置来改变电弧长度的方法。

由于在炉料熔化期，电气制度极不平衡，时常有冲击电流及短路现象发生。在这种情况下，如果采取手动调节，则操作者难以胜任；此外，如果一并考虑电极数目（三相炉内有三根电极）和大型炉子的电极重量等问题，则手动调节更加困难。因此，电弧炉必须配备电极升降自动调节器。

电弧炉调节器的调节条件及调节任务颇为复杂。在熔化冷料时，长度为数毫米的电弧在不太大的范围内就产生数兆瓦的功率。此时，电弧温度达数千度，被熔金属在电极下面迅速而剧烈地熔化、蒸发、飞溅，并且电弧移到附近的金属块上。因此，电弧长度、电弧电流及功率不断地发生变化。

当电流小于额定值时，输入炉内的电能减少，熔化时间拖长，电能及电极消耗量均增大；而当电流非常大时，即使是数秒钟也能使线路损耗大大增加，导致输入炉内电能减少及设备的各项指标降低。此时，电弧长度非常短，特别是当电极与赤热或液态金属接触时，实际上会产生使金属遭受增碳的危险，这种现象在冶炼各种合金时是不允许发生的。可见，在电弧炉内维持最佳的用电规范是一项特别艰巨的任务，熔炼出的钢材质量及设备利用率的高低均与此有关。

每相电极都配有单独的自动调节器。调节器的主要部分包括控制电极升降的原动机以及调节器本体。调节器是一种对电炉内电气制度变化非常敏感的仪器，它根据炉子电气信号控制电极升降。

为了清楚地阐明电极升降自动调节器控制电弧功率的工作原理，下面利用如图 3-32 所示的无分支电路的电弧炉电气特性曲线进行讨论。

自动调节器的任务是使电弧功率保持一定数值。根据图 3-32 可推知，电弧功率与其电学量有单值变化关系，如电弧电流、电弧电压、功率因数、电效率、电弧长度等。此外，它还与电弧电压与电弧电流之间的比值有关。使以上各量中的任何一个保持不变，均可以得到一定数值的电弧功率 P_h。因此，要想调节电弧功率，可以维持电弧电流、电

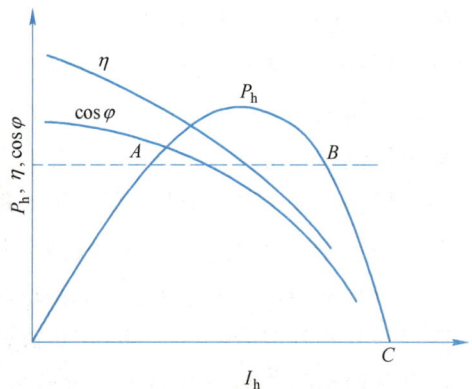

图 3-32　无分支电路的电弧炉电气特性曲线
P_h—电弧功率；η—电效率；
φ—电抗器上端的功率因数角；I_h—电弧电流

弧电压、电弧功率、电弧长度不变以及电弧电压与电弧电流的比值一定。

维持电弧电流恒定的调节器具有足够高的灵敏度，但也有如下缺点：它在单独使用时，不能在所有情况下保证高度的自动程度；在某些场合下，不能保证每个电弧为同一的用电规范，例如在电弧相串联的单相双极电炉中。因此，它不能以纯粹恒流调节器的形式出现，而必须伴随有电弧电压信号。

维持电弧电压不变的调节器在电弧炉上很少被采用，因为相比之下，它的灵敏度远低于维持电弧电流恒定的调节器。当电弧电流变化很大时，电弧电压变化却很小，所以很不灵敏。

维持电弧功率恒定的调节器其运行情况也是不能令人满意的，因为在两种截然不同的电流下（相当于图 3-32 中 A、B 两点的情况），其产生的电弧功率却为同一数值。若电炉在相当于 C 点的情况下开始工作（点燃电弧所必需的电极短路情况），则调节器显然能将电极引至相当于 B 点的位置并固定于该点，因为这时必要的功率已经达到，调节器将始终维持在相当于 B 点的工作状态。但从效率、功率因数及变压器的观点来看，在 B 点工作是绝对不允许的（超高功率电弧炉除外）。即使以人为方式将电极移至相当于 A 点的工作状态，但是当再次发生短路时，调节器又会重新将电极移至相当于 B 点的工作状态，因此可以说，这种调节方式不能直接被采用（它与后面部分将要讨论的采用电子计算机控制电弧炉的功率不同）。

维持电弧电压与电弧电流的比值一定，并根据差动调节方法进行工作的调节器，在技术上是最先进的，因为它适用于任何形式的电炉主回路，并且在一切情况下，它都能保证调节过程的高度自动程度。

图 3-33 是炼钢电弧炉电极自动调节系统的结构示意图，该调节系统由调节对象 I（电弧炉的一相）和调节器 II 组成，后者又由许多环节组成。

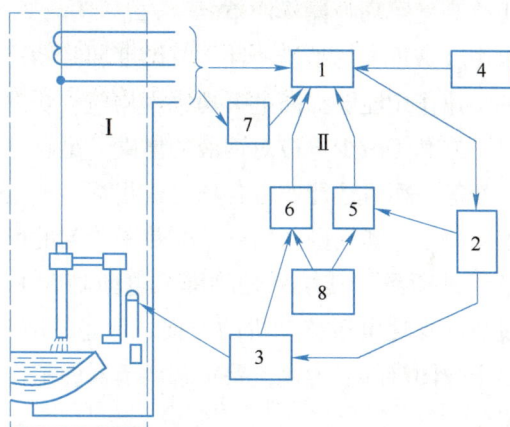

图 3-33 炼钢电弧炉电极自动调节系统的结构示意图
1—测量和比较环节；2—放大环节；3—执行机构；4—给定环节；
5, 6—内部状态比较环节；7—反馈变换环节；8—辅助给定环节

调节器中的测量和比较环节检测两个输入信号：一个来自调节对象 I，而另一个来自给定环节 4。

在保证稳定调节的条件下，要求调节器灵敏度高、快速性好。具体地说，对现代化电弧炉电极自动调节器的要求如下：

（1）具有高灵敏度，调节器的灵敏度用非灵敏区表示。非灵敏区是指被调节量变化时电极仍保持静止的整个区间，也称不感区。通常用不感系数代表调节器不感区的大小。执行机构在开始向两个方向动作时的被调节量之差与其算术平均值之比的百分数，称为不感系数。

（2）电极速度由零升至最大速度的 90% 时，所需时间不得大于 0.3 s；电极速度由最大速度降至为其 10% 的速度时，所需时间不得大于 0.2 s。

（3）应保证电弧电流能在其额定值 I_e 的 30% ~ 125% 范围内平滑整定，准确度不应低于 5%。

（4）调节过渡过程应为非周期式或收敛式振荡，后种情况只允许一次超调。

（5）当电极与炉料短路时，在保证电弧稳定的情况下，电极最大上升速度不得低于如表 3-3 所列的数据。

表 3-3 电极最大上升速度

炉子容量/t	0.5	1.5	3	5	10	20
电极最大上升速度/(m·min^{-1})	2	2	2.5	3	3.5	5

（6）需保证电极升降控制能迅速地由自动转换为手动，或由手动转换为自动。

（7）当炉子通电时，调节器应能保证自动燃弧。

（8）当供电电压消失时，三根电极可立即停止不动。

（9）调节器应保证工作高度可靠，操作简单。

上面列举的各项要求中，最重要的是快速性、灵敏度和制动速度，因为它们基本上可决定调节性能。调节器的快速作用能够提高电弧功率平均值、功率因数及电效率，改善电气设备的工作条件，同时更有利于减少电极对钢液的增碳。足够高的灵敏度不但能以高准确度来维持每相电弧功率相等，而且还能改善各项电气指标，如电弧功率、功率因数和电效率；除此之外，还能消除每个电弧周围的耐火砖受热不均匀的可能性。电极振荡是由于整个运行系统的制动不够迅速所致，其结果是将降低电弧功率平均值、功率因数和电效率，同时将引起电动机过热和加速电极移动机的磨损。上述三项要求彼此之间互相矛盾，因为要找到一个最优点是十分困难的。为此，要了解调节器的工作原理，必须深入地讨论影响上述性能的各种因素。

为恢复已告破坏的用电规范所必需的总时间，由下述两部分组成（时间的起点从调节器获得脉冲信号时算起）：

（1）调节器本身固有动作时间，也就是调节器将所获得的脉冲信号通过中间放大环节传递给电动机所必需的时间，当电动机获得电能时即开始转动；

（2）电动机工作所需时间，也就是电动机将电极移动一段必要的距离所需的时间。

其中，调节器本身固有动作时间短，仅为秒的分数值（0.05~0.1 s），其数值取决于调节器的结构和系统以及调节器中间环节数目，而且随着中间环节数目的增多而加大。相比之下，电动机工作所需时间比较长，若电极移动速度为 50 mm/s，则移动电极的距离可达数十毫米，故电动机每次工作时间可用秒计量。它的数值与电极移动速度和电动机加速时间有关，后者在其他条件相同的情况下，与电动机的飞轮转矩成正比。

如此说来，为了加快调节器的快速作用，必须缩短电动机工作所需时间，特别是缩短加速时间最为重要。缩短调节器总的过渡过程时间对冶炼工艺的重要意义远比改善电气特性还要大，因为缩短电极与金属炉料的接触时间可以减轻电极对金属的增碳作用。

对于任何调节器，都允许被调节量在一定范围内有所偏差。在此偏差范围内，调节器不起作用，因此介于上、下变化极限之间的区域称为调节器的非灵敏区。比如，当调节器的非灵敏区为±5%，而规定调节器维持的电流稳态值为 1000 A，则当电流从 950 A 变化到 1050 A 时，调节器不起作用。非灵敏区越窄，调节器越灵敏。显然，符合要求的调节器应有足够高的灵敏度。

调节器的灵敏度取决于调节器本身的系统与结构、电极移动速度、电动机和全部运动系统的制动速度。在其他条件相同的情况下，电弧的电参数（电弧电流、电弧电压）是弧长的函数，电弧电压随着电极的上升或下降而随时改变。下面举例说明灵敏度与运行速度、制动速度之间的关系。

从图 3-32 中可以看出，当工作电流与它的额定值存在最大偏差时，电极应以最快速度消除扰动（当电流接近短路电流时，或者当电流很小时），因为在特性曲线的这一段上，P_h、$\cos\varphi$ 和 η 急剧下降，故必须以最快速度来移动电极。但是当正常情况已告接近时，较低的电极移动速度是可以允许的，而且也是应当的。

如果电极移动速度与工作电流离开额定状态的偏差成正比，则能够兼顾高的灵敏度和调节作用快速性，这样的情况非常有利于调节过程。

这样一来，若调节器具有极短的固有动作时间和炉子偏差信号成正比的足够高的电极移动速度，则该调节系统被认为是最完善的，因为它允许高度灵敏和快速性同时存在。

传统的炼钢电弧炉采用直流电动机式电极升降自动调节器。这种调节器存在以下缺陷：

（1）直流电动机电枢工作不够可靠，需要经常更换电刷，换向器和电刷之间经常产生火花甚至发生环火，换向器也极易损坏。

（2）直流电动机电枢的转动惯量很大，这在很大程度上降低了调节器的快速性。

由于以上原因，就必须研究可靠性高、电极升降速度快的电极自动调节器。可是，欲提高电极升降速度必须缩短过渡过程时间，而影响过渡过程时间的主要因素就是系统的转动惯量，即电动机转子和电极升降机构的惯量，但是后者折算到电动机轴上之后仅占电动机惯量的一小部分。如果在调节过程中，特别是当电极启动和停止时电动机转子不参加过渡过程，则加、减速时间就能缩至极短，电极升、降速度就可以大大提高。可控硅-电磁转差离合器式电极自动调节器就是基于这种设想而设计成功的。由于该种调节器中的交流电动机不参加系统过渡过程，而参加过渡过程的离合器输出转子是低惯性的空心铝环结构，再加上采用全部电子化的、无时滞的控制元件，因而拥有下列突出优点：

（1）反应灵敏。因为驱动用交流电动机以恒速向着相当于电极上升的方向旋转，故系统中无电动机的启动、制动时间，而且转差离合器电枢的惯性非常小，还采用了无时滞的半导体控制元件，所以调节系统反应灵敏，从炉子出现大扰动信号开始到电极达到全速的90%，时间仅为 0.2~0.3 s。

（2）稳定性好。为了补偿电网的波动及环境温度变化产生的不良影响，在调节器中引入了离合器电流负反馈；为了使炉料熔化期内调节系统稳定，引入了电弧电流微分负反馈；又为了加快启动、制动时间和提高离合器机械特性硬度，引入了速度负反馈。这样一来，就使本调节系统能够准确地反映电弧电流和电弧电压的偏差而工作，因此在炉料熔化期内电弧燃烧非常稳定。

（3）可靠性高，操作简便。因为控制电路全部采用静止的、半永久性的可控硅和半导体元件，执行环节采用无电刷、无换向器的小惯量转差离合器及鼠笼式异步电动机，所以其可靠性提高，维修大大简化。此外，由于电极下降是依靠位能作动力，所以在熔化期若炉料不导电，电极触及炉料之后失去位能，则电极自动停止而不易撞断电极，从而提高了电极工作的可靠性，降低了电极消耗。调节器的灵敏度极易整定，操作者可根据冶炼工艺要求随意调整。

（4）调节装置占地面积小、重量轻、成本低。电弧炉正常运行所必需的自动调节及辅助控制元件可全部放在操作台内，因而基建面积大为缩小，仅为老式调节器的 1/4 左右，设备费用降低 50% 左右。这种调节系统的方框图如图 3-34 所示。

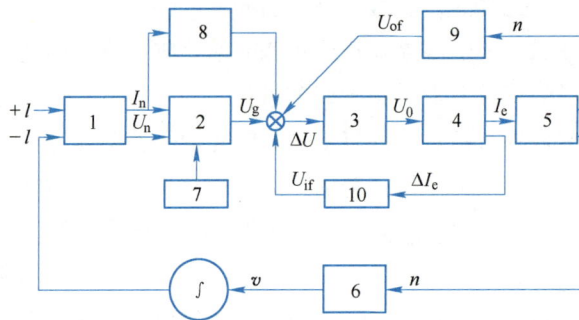

图 3-34　可控硅-电磁转差离合器式电极自动调节系统的方框图

1—调节对象（电弧）；2—测量与比较环节；3—可控硅放大器；4—转差离合器电磁部分；
5—转差离合器机械部分；6—机械减速机构；7—给定环节；8—电弧电流微分负反馈环节；
9—速度负反馈环节；10—离合器电流负反馈环节；
$\int$—积分环节；U_{of}—速度反馈电压；U_{if}—离合器电流反馈电压；v—电极移动速度；
l—电极位移；I_n—电弧电流；U_n—电弧电压；U_g—滤波后电弧电压；ΔU—电弧电压差值；
U_0—大功率电压信号；I_e—大功率电流信号；n—减速机输出转数；ΔI_e—离合器电流变化值

调节系统中各环节之间的作用关系如图 3-34 中的箭头所示。调节对象 1 为三相电弧炉的一相；2~10 为调节器中各个环节，它们之间根据严格的定量关系组合成为一整体，依靠改变弧长的方法消除偏离给定值的偏差，实现被调量的调节。

测量和比较环节包括测量电弧电流 I_n 和电弧电压值 U_n，并各自经过整流和滤波之后在比较臂上进行比较。之后，出现一个反映极性的差值信号 U_g，它与各种反馈信号综合，然后加至可控硅放大器上。可控硅放大器的作用是将测量和比较环节送来的微小信号放大成足以使执行机构可靠动作的大功率信号（U_g、I_e）。执行环节包括转差离合器机械部分、机械减速机构（将转数 n 变为电极移动速度 v）和积分环节。执行环节的作用在于将放大环节送来的信号转变为相应的电极位移$-l$。积分环节的含义是：当离合器的电流变化ΔI_e时，则在其输出端得到某一电极移动速度$v = dl/dt$，该式的反算式就是$l = \int v dt$，即电极位移l为速度v的积分，它将随时间而增加到某一长度（消除扰动所需的长度），最后达到新的稳定状态。图3-34中的给定环节，用于整定电弧电流。而图中8~10则为辅助环节，用来实现各主要环节之间的反馈，使系统更加完善，调节质量得到提高。系统中每一环节仅作用于在调节方向上受其控制的环节，如图3-34中的箭头所示，而后一环节对前一环节的反作用极小，可忽略不计。可控硅-电磁转差离合器式电极自动调节器的结构示意图如图3-35所示。

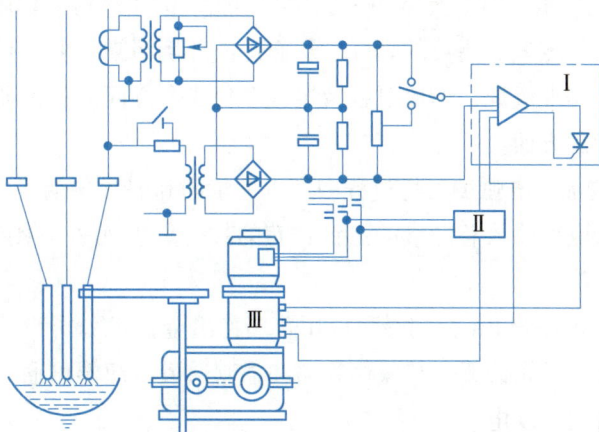

图3-35 可控硅-电磁转差离合器式电极自动调节器的结构示意图

3.2.3 电炉炼钢智能化

纵观电弧炉炼钢技术的发展历程，围绕"高效、低耗、绿色化和智能化"的生产目标，电弧炉炼钢领域开发出一系列新技术、新工艺、新装备，电弧炉炼钢技术及装备水平不断提高。近年来，电弧炉炼钢在原有高效节能冶炼技术的基础上，在绿色清洁生产、智能检测与控制等方面取得了长足的进步，大大提高了电弧炉炼钢过程的绿色化和智能化水平，推动了钢铁工业技术的进步。

3.2.3.1 电弧炉炼钢绿色化技术进展

近几年，电弧炉炼钢绿色化技术的发展主要体现在废钢破碎分选、废钢预热、二噁英治理和余热回收等技术方面。

（1）废钢破碎分选技术。废钢是钢铁循环利用的优势再生资源。废钢的资源化利用在钢铁工业节能减排、转型升级方面扮演着重要角色。随着汽车、机电、家电等报废数量的不断增加，社会回收的废旧金属成分更加混杂，包含黑色金属、有色金属、非金属等。废钢的高效破碎与分选是保证电弧炉炼钢原料质量的前提与关键，对电弧炉炼钢实现洁净化冶炼至关重要。

废钢铁破碎分选研究始于 20 世纪 60 年代，最具代表性的是美国的纽维尔公司和德国的林德曼公司、亨息尔公司和贝克公司，他们率先推行破碎钢片（Shred）入炉，在改善回收钢品质、提高经济效益方面都具有显著效果。德国在 20 世纪 80 年代末推出的废钢破碎机（Shredder）在某些方面已超过了美国。

（2）废钢预热技术。在电弧炉炼钢废钢预热方面，先后开发并应用了双炉壳、竖式和 Consteel 等废钢预热型电弧炉。双炉壳电弧炉由于余热效率低、设备维护量大以及二噁英等污染物排放等问题，已经退出市场；竖式预热电弧炉由于落料冲击影响指算水冷结构寿命、维护量大、装备可靠性低等弊端，正逐步退出市场。

（3）二噁英治理技术。由于废钢中一般含有油脂、油漆涂料、切削废油等杂质，电弧炉炼钢过程会产生含一定量二噁英的烟气，从而造成环境污染。电弧炉炼钢二噁英的削减途径主要体现在二噁英形成源、形成过程及尾气净化 3 个方面。相关研究的重点主要集中在源头抑制和合成抑制方面。

（4）余热回收技术。电弧炉冶炼过程中产生大量的高温含尘烟气，冶炼过程中产生废气所带走的热量约为电炉输入总能量的 11%，有的甚至高达 20%，因此，电弧炉炼钢余热回收将产生巨大的经济效益。

意大利 AcciaieriaArvediSPA 公司最早应用普瑞特冶金技术公司设计余热回收系统，该系统是基于组合式除尘系统设置，热气体管路和强制通风冷却器可通过余热回收系统实现热交换，回收热量可用于发电。

TenvoaiRecovery 可将电弧炉烟气废热转换为蒸汽，iRecovery 余热回收系统如图 3-36 所示。近年来，天津钢管、莱芜特钢等企业多座电弧炉在第四孔除尘系统应用了余热回收技术。

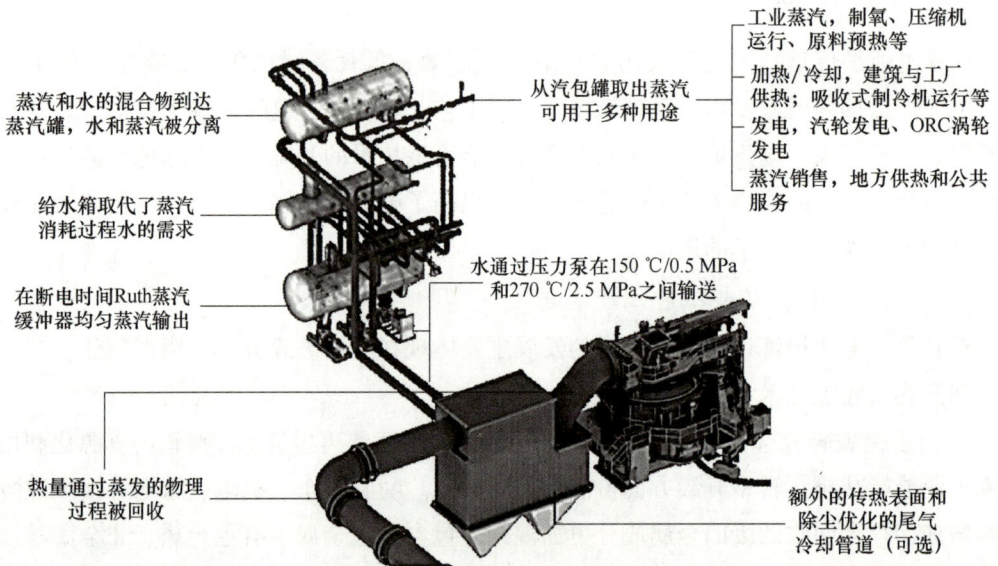

图 3-36   iRecovery 余热回收系统

3.2.3.2 电弧炉炼钢智能化技术进展

近年来，电弧炉炼钢在智能冶炼领域取得了长足的进步，开发了一系列先进的检测技术和控制模型，大大提高了电弧炉炼钢过程的自动化水平，促进了炼钢工业的发展。

（1）智能配料。配料是决定电弧炉炼钢生产成本和产品质量的关键环节。原料管理及智能配料平台如图所示。电弧炉炼钢自动化配料系统逐步被国内外先进电弧炉炼钢企业采用，根据电弧炉设备参数、钢种生产工艺、原料使用量的约束及原料的化学成分，建立优化配料的数学模型，采用数学规划方法计算成本最优的标准炉料结构，实现智能化配料。该系统采用原料编码（BrandCode）作为原料管理细度标准，原料成分与企业资源计划（ERP）系统保持一致，原料价格与成分可单独修正，原料管理准确高效。

（2）电极智能调节。供电操作是电弧炉炼钢过程主要的环节之一，优良的电极智能化调节是保障生产顺利进行、缩短冶炼时间的关键。

TDR（Tenova Digital Regulation）调节系统是 TENOVA 开发的数字式电极升降自动控制系统，其运行可靠性高、电弧稳定性好、操作简单。TDR 数字式调节系统具有非常短的过渡时间，能在几个基波周期内消除扰动；可按不同冶炼时期设定，能在响应时间长短、三相不平衡控制、电抗器投入或切除等方面达到最佳；内控制环始终快速工作，外控制环动态修正，保证系统稳定运行。

VATRON 公司开发的 SimetalArCOS 系统是一种基于 Windows 的先进的电极控制系统，包括 ArCOSNT 系统和 DynArCOS 系统两部分。ArCOSNT 系统是电极升降调节的核心环节，支持不同的控制算法如阻抗、电弧电阻和电弧电压的调节；DynArCOS 系统根据水冷炉壁的温度进行能量输入设定点的优化，计算出最理想的阻抗或电阻的设定值。

SimetalSimelt 是一种用于三相交流电弧炉或钢包精炼炉的数字电极控制系统，如图 3-37 所示。主要控制结构是 3 个独立阻抗控制器之上叠加 1 个影响三相电极的过流控制器和 1 个短路控制器。该控制系统对电炉断路器、在线抽头切换器提供了保护功能，并能有效避免电极折断和炉体局部热点。提供了对 HMI、神经网络单元和其他自动化系统（如炉体 PLC）的接

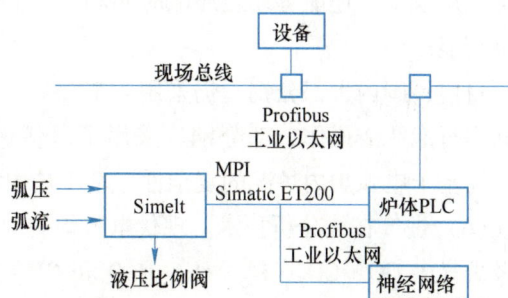

图 3-37 Simetal Simelt 电极系统原理图

口，保证了电弧行为的优化和动态响应，对电极和炉况进行灵活控制。

Primetals Technologies 公司在结合 ArCOS 和 Simelt 电极控制系统基础上研发的 MeltExpert 电极控制系统，增加了关键性性能指标（Key Performance Indicator，KPI）显示、设备检测、定制型用户接口等功能。系统可提供自动供电曲线，在需要时调节工艺参数，确保提升产能。

（3）多功能炉门机器人。面对电弧炉炼钢区域环境恶劣、危险、人工作业繁重及冶炼精准化工艺控制需求，一系列自动化测温取样新技术逐渐开发并推广应用。

德国 SiemensVAI 公司设计的 SimetalLiquiRob 自动测温取样机器人具有 6 个自由度的运动、自动更换取样器以及测温探头、检测无效测温探头，可以通过人机界面全自动控制。

（4）熔池温度连续测量技术。电弧炉炼钢要求必须在任何规定的时间准确掌握温度，不仅是熔池表面温度，而且包括熔池内部温度。但鉴于电弧炉炼钢高温恶劣的环境，对钢液温度的连续性准确测量较为困难。

北京科技大学研发了 USTB 非接触式钢液测温系统，在炉壁安装非接触钢液测温装置，利用多元测温气体喷吹获取钢液温度特征信号，建立的钢液温度信号处理模型可实现熔池温度测量及预报，钢液温度命中率为 84.0%（±10 ℃）。

（5）泡沫渣检测与控制技术。电弧炉炼钢过程的泡沫渣操作能够将钢液同空气隔离，覆盖电弧，减少辐射到炉壁、炉盖的热损失，高效地将电能转换为热能向熔池输送，提高加热效率，缩短冶炼周期。冶炼过程中造泡沫渣并保持是低消耗和高生产率电弧炉炼钢的关键。近年来，泡沫渣操作的相关监测控制技术得到研究和应用，效果良好。

Siemens 开发的 Simelt SonArc FSM 泡沫渣监控系统如图 3-38 所示。该系统可以保证泡沫渣工艺的全自动进行。安装在炉体上的声音传感器为精确地检测和分析泡沫渣高度奠定了基础。分区检测同电极有关的泡沫渣高度，能够为自动喷碳操作提供指导，从而最大限度降低消耗指标。除了降低电耗和碳耗，降低生产成本，还能够缩短通电时间和提高产能。

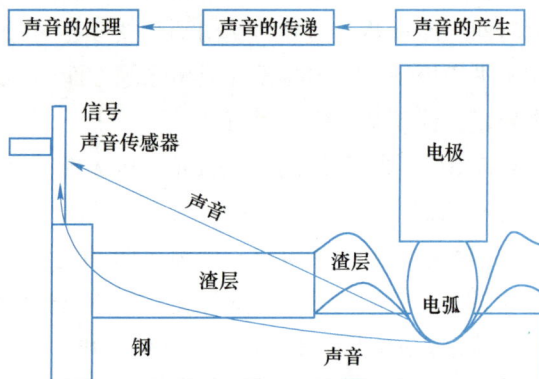

图 3-38 Simelt SonArc FSM 监控原理

目前，国内大部分钢厂仍采用人工方式进行泡沫渣操作，部分钢厂采用了电弧炉炉门系统进行优化，能量利用效率明显提高。而基于电弧炉内炉况的复杂性、基于炉内发声泡沫渣操作的可靠性仍有待查究。

（6）炉气在线分析技术。现代电弧炉炉气分析系统能够准确地测量炉气的温度、流量以及炉气中 CO、CO_2、H_2、O_2、H_2O 和 CH_4 等成分，利用采集的信息和自身的控制模型对冶炼过程分析、判断并控制。就目前技术现状和发展趋势而言，国内外已有多家基于炉气分析的控制系统的应用实例。

SIEMENS 开发的 SimetalLomas 炉气连续分析系统对气体采样探头进行了特殊设计，安装有水冷装置和自动清洁装置。该系统配备两个气体采样探头：两探头能够自动循环切换，保证了冶炼过程炉气分析系统的稳定运行和炉气成分的连续测量分析。

（7）电弧炉炼钢终点控制技术。电弧炉炼钢钢液终点参数的精确预报和控制是降低生产成本、加快冶炼节奏的关键。早期学者通过电弧炉物料平衡和热平衡建立反应机理模型，但电弧炉炼钢过程是高温、多相、快速的反应过程，许多参数在生产中很难获取，机理模型的准确性难以保证。随着计算机技术的发展，出现了基于神经网络、遗传算法等智能算法的"黑箱"模型，但"黑箱模型"过分依赖数据，缺乏生产工艺指导，样本选择困难，算法复杂，容易陷入局部极小点。

北京科技大学依靠炉气分析检测和钢液温度测量手段，对电弧炉炉气成分、温度和流量进行连续监测，建立了基于炉气成分分析和物质衡算的脱碳指数-积分混合模型和钢液终点温度智能神经网络预报模型，实时计算电弧炉脱磷速度、脱碳放热速度、热损失速度，进而计算预测电弧炉内钢液的成分与温度；利用电弧炉能量分段输入控制方法，将供氧、供电、底吹、喷粉等单元进行协同控制，使钢水脱碳和升温协调进行，实现终点碳含量命中率 90%（±0.020%），终点温度命中率 88%（±10 ℃）。

需要指出的是，与转炉炼钢相比，电弧炉炼钢冶炼环境更加恶劣，在终点控制方面有一定差距；针对机理模型许多参数无法准确测量，基于智能算法"黑箱模型"过分依赖数据，缺乏生产工艺指导缺点，更有效的监测技术和高可靠性智能模型的研发及两者的有机结合将成为研究关键。

（8）冶炼过程成本优化控制。随电弧炉炼钢技术的发展，仅仅依靠操作者的经验来控制电弧炉生产已经严重制约了现代电弧炉炼钢的生产节奏。通过数据信息的交流和过程优化控制，可使电弧炉炼钢过程的成本控制、合理供能等环节最优化，降低成本，提高效率。

SIEMENS 等公司基于经济目标的控制系统 MPC（Model Predictive Control）将影响成本的因素分为两类，分别为原料入炉量对成本的影响和未实现控制目标（冶炼变量）对成本的影响。将电弧炉冶炼变量分为两类：操作变量和控制变量。操作变量包括第四孔除尘风扇功率、第四孔滑套移动距离、氧气输入速度、废钢加入速度、炭粉加入速度；控制变量包括炉压、CO 排放量、废气温度、钢液质量、钢液温度、钢液中碳含量、泡沫渣高度。各种控制变量不是实时检测的，采用 MPC 系统预测，每炉冶炼过程中不定期测量各控制变量，修正系统预测变量，实现冶炼过程成本优化控制。

（9）电弧炉炼钢过程整体智能控制。随着监测手段和计算机技术的发展，电弧炉炼钢智能化控制不再仅仅局限于某一环节的监测与控制，应从整体过程出发，将冶炼过程采集的信息与过程基本机理结合进行分析、决策及控制，追求电弧炉炼钢过程的整体最优化。

SIEMENSVAI 开发了电弧炉 Simetal EPA Heatopt 整体控制方案如图 3-39 所示。通过烟气检测分析系统（Simetal EPA Lomas & SAM）、温度监控系统（Simetal RCB Temp）、泡沫渣检测系统（Simetal FSD）的实时反馈，在线控制电弧炉炼钢过程的能源输入（Simetal CSM），实现对电弧炉炼钢过程整体智能控制，极大地改善了能源利用率、生产效率和生产过程的安全性。

可以预见，绿色化及智能化技术在电弧炉炼钢领域的重要性将日益突出，更先进的绿色生产技术以及更可靠全面的流程智能化检测与控制将成为今后电弧炉炼钢技术的发展方向。

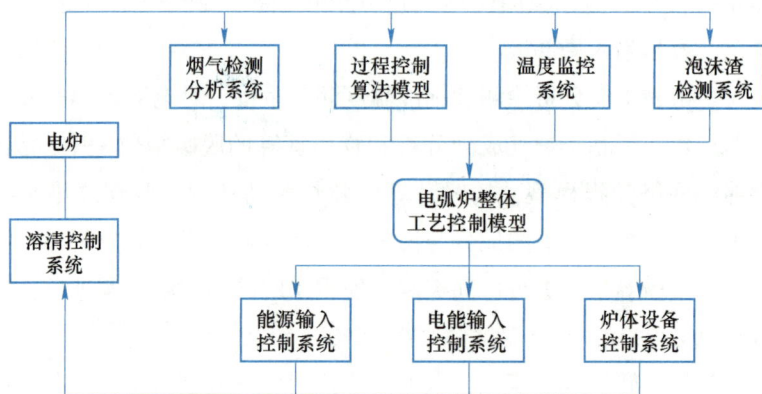

图 3-39 Simetal EPA Heatopt 整体控制方案

3.3 炉外精炼生产自动化

3.3.1 炉外精炼工艺过程

炉外精炼是把转炉或电炉中所炼的钢水移到另一个容器中（主要是钢包）进行精炼的过程，也称二次炼钢或钢包精炼。

炉外精炼把传统的炼钢分成两步，第一步称为初炼，在氧化性气氛下进行炉料的熔化、脱磷、脱碳和主合金化；第二步称为精炼：在真空、惰性气氛或可控气氛下进行脱氧、脱硫、去除夹杂、夹杂物变性、微调成分、控制钢水温度等。20 世纪 60 年代以来，各种炉外精炼方法相继出现，目前在世界范围内这一技术已经得到了飞速发展。

炉外精炼在现代化的钢铁生产流程中已成为一个不可缺少的环节，尤其将炉外精炼与连铸相结合，是保证连铸生产顺行、扩大连铸品种、提高铸坯质量的重要手段。

各种炉外精炼方法的工艺各不相同，其共同的特点是：有一个理想的精炼气氛，如真空、惰性气体或还原性气体；采用电磁力、吹惰性气体搅拌钢水；为补偿精炼过程中的钢水温度降损失，采用电弧、等离子、化学法等加热方法。

与连铸相匹配的钢包精炼，其作用在于提高铸坯质量和保证连铸工艺的稳定性。选择合适的炉外精炼方法是连铸钢水准备、提供合格质量钢水的重要手段，为此，结合产品质量要求选择钢包精炼设备应满足以下基本要求：

（1）调节钢水温度，达到连铸所要求的浇注温度范围；

（2）提高钢水清洁度，特别是减少钢中大型夹杂物的含量；

（3）降低钢中气体含量（如氢、氮含量，要求 $w[H]<2\times10^{-6}$）；

（4）降低钢中有害杂质（如硫、磷）含量；

（5）使钢水中温度和成分均匀化，并微调成分，使成品钢的化学成分范围非常窄；

（6）改变钢中夹杂物的形态和组成，改善钢水的流动性；

（7）减轻炼钢炉的冶炼负荷，缩短冶炼周期，提高生产率；

（8）使钢包精炼炉成为炼钢炉和连铸机之间的一个"缓冲器"，以平衡两者之间的生产节奏，有利于提高连铸机的生产率。

究竟采用哪种炉外精炼法取决于工厂条件和对产品质量的要求，应建立不同的生产工艺流程，举例如下：

（1）对于与电炉或超高功率电炉相匹配的连铸机，在选择钢包精炼时应满足合金比高的产品质量要求，如不锈钢采用电炉→AOD（Argon-Oxygen Decarburization，氩氧精炼）炉→连铸或电炉→VOD（Vacuum Oxygen Decarburization，真空吹氧脱碳）炉→连铸工艺。

（2）对于与大型转炉相匹配的板坯、大方坯、圆坯连铸机，要求提供优质钢水，生产无缺陷铸坯，可采用转炉→RH→连铸或转炉→RH+KIP→连铸（KIP，Kawasaki Injection Process，川崎喷粉）工艺。在生产超低碳钢（碳含量小于 0.0015%）或超低硫钢（硫含量小于 0.001%）时，可采用 LF 炉与真空处理并用工艺，以达到最佳效果。考虑到节省投资，也可采用 CAS-OB（ComPosition Adjustments by Sealed Argonbubbling-Oxygen Blowing，成分调整密封吹氩吹氧）精炼炉工艺。

（3）对于与小型转炉相配合、以生产普碳钢为主的小方坯、矩形坯连铸机，一般采用钢包吹氩或钢包喂丝技术，基本上能满足连铸工艺和铸坯质量的要求。

目前炉外精炼有多种形式，得到广泛应用的有：循环真空处理（如 RH，Ruhrstahl Heraeus，以两家德国公司命名；RH-OB，即 RH 辅以吹氧）法、提升真空处理（DH，Dortmund Horder，德国联合冶金公司）法、合金微调及温度处理（CAS、CAS-OB）法、LF 钢包精炼炉法、真空吹氩脱氧（VD）法、真空吹氧脱碳精炼炉（VOD）法、钢包喷粉（KIP、TN、SL 等）法、喂丝法、氩氧精炼炉（AOD）法、喷射升温（IR-UT，Injection Refining-Up Temperature）技术等。

3.3.2 炉外精炼过程自动化

按照国际标准化组织（ISO）建议的结构，企业自动化系统中的过程控制自动化是属于检测驱动级（L0）、基础自动化级（L1）、过程自动化级（L2）、生产管理级（L3）、经营管理级（L4）、决策管理级（L5）共 6 级中的过程自动化级（L2）。它主要是对被控制的工艺过程执行监控，对生产过程数据进行采集、分析，运行工艺优化数学模型和人工智能模型，进行各种技术计算，提供处理过程中的各种预报和设定以及实绩，并显示在相应操作画面上，给出操作指导或直接对基础自动化级 SPC（设定控制）控制，统计和制作各类生产报表，与 L3、L4、L5 各级进行数据通信。

早在 20 世纪 70 年代末至 80 年代初，日本和欧洲就很重视开发和采用过程计算机控制炉外精炼生产，并获得了巨大的经济效益。在 1995 年以前，我国炉外精炼大都只有基础自动化，很少采用过程控制自动化，近年来由于要提高钢水质量和节能降耗，过程自动化已开始得到重视。

3.3.2.1 炉外精炼过程控制自动化采用的硬件和软件

过程控制自动化级大都使用常规的过程计算机，如美国 DEC 公司的 VAX 系列计算机，近年来更多应用小型机，如 ALPHA 系列小型机，也有使用 SUN 工作站的。由于要降低成本，目前使用工控机，其不但价格低廉且容量越来越大，同时功能也越来越强，内存可大于 64 MB，硬盘可大于 40 GB，主频可在 400 MHz 以上，配以 Windows NT、Windows XP 操作系统以及良好的监控软件（如 Intouch、Onspec、Fix 或 Citect 等）、支持人工智能的软件（如 Nshell、Neroslution、Exsys 等）、支持数学模型的软件（如 Visualab-STAT、Matlab 等）以及其他先进控制软件（使用 VAX、ALPHA 或 SUN 计算机时，要获得人工智能支持、数学模型支持和先进控制软件支持，也需要安装上述软件），其功能完全可以达到 VAX 机的水平，从而节约了大量投资，并完全能满足炉外精炼的要求。

3.3.2.2 炉外精炼过程控制自动化级的功能

炉外精炼过程控制自动化级的功能主要有以下几个方面：

（1）试验分析和数据处理。由全厂分析中心计算机把各种原料（合金等投入物）的分析结果以及全厂分析计算机或精炼炉前快速分析或转炉、电炉计算机的钢水成分送炉外精炼过程控制计算机，后者做合理性的检查后，将其存入原料分析值文件并由显示器自动显示。

（2）数据采集。大都由基础自动化级进行数据采集并经网络上传给过程机，其中还包含某些手动输入数据。数据大致有以下四类：

1）原始数据，如炉外精炼的转炉炉次，钢水温度、重量、成分等。

2）处理过程中及处理后的数据，如炉外精炼 RH 真空处理装置的环流氩气、炉气成分、排气量和温度，处理后的钢水温度和成分等。

3）数学模型以及技术计算所需数据，包括手动输入数据。

4）打印报表所需数据。

数据采集和处理分定周期和非定周期两种。定周期数据采集和处理是以 1 min 或更短时间为周期，采入数据后，进行瞬时值累计处理（10 min、1 h、8 h、1 天、1 月等）。瞬时值处理包括仪表故障状态监视、平滑化、热电偶断线检查和输入处理、量程单位数据变换以及超低检测等，并做成累计文件、瞬时值文件、每分钟系列文件等。非定周期数据采集和处理是由过程中断信号或设定来启动的，并进行和瞬时值类似的处理。

（3）跟踪。跟踪的内容包括炉外精炼的转炉炉次、钢水参数、出钢时间、对炉外精炼的要求等。

（4）生产指令的接收与发布。内容包括接收生产管理级（L3）或转炉计算机有关管理系统的钢水生产计划调度信息，发布处理时间、目标成分、精炼方式等命令，进行短期计划的编制、修改，LF 炉的加热指令、功率设定、变压器的抽头确定，钢水处理控制（合金化、脱氧、脱硫）等。

（5）生产操作管理。内容包括各个料仓料位和库存量管理、合金称量和加入管理、处理时间管理等。

（6）模型运算、优化与人工智能的应用。这是过程控制的最关键部分，也是最有经济效益的环节，对于不同的炉外精炼是不同的，各钢铁企业也不相同，但从 RH-OB、CAS-OB、VOD、AOD 等几种典型的炉外精炼来看，模型运算、优化主要包括以下几部分内容：

1）为使钢水成分达到目标值，计算合金料加入量，微调成分并使合金消耗成本最低，大都为以成本最优作为目标函数的线性规划。

2）根据钢水温度变化情况，准确控制钢水温度在目标范围内。在应用电弧加热时，要确定加热需要的电功率和加热时间并优化设定，以使电能最省，同时缩短冶炼时间；在用化学法升温时，应计算吹氧量和加铝量。

3）根据不同钢种要求，选择最佳的吹氩或电磁搅拌模式。

4）根据脱硫和脱磷要求，计算渣料或喷吹料剂的用量。

5）对于 RH 等真空脱气设备还需计算脱气时间和脱碳量，有些还设有动力模型，即用动力学平衡法和冶金模型计算脱碳和温度趋势，并进行连续显示等。

（7）技术计算。输入有关炉外精炼的相关数据，按计算公式集进行计算。这些计算大致有两大类：一类为生产操作必需的计算或操作技术指标的计算；另一类为工艺参数或专门显示的数据整理与计算，如把工艺参数的实测值整理成瞬时值、时系列、状态、最大值、累计（小时、班、日、旬、月、半年等）数据等文件，形成表格、曲线并送显示和打印系统，供操作员调用。

（8）数据显示。数据显示包括公共画面（显示器画面目录、菜单、计算机再启动、数据设定等画面）、工艺流程画面、显示器数据处理画面（各过程数据测定值、通道、扫描状态、采集许可标志、状态、未加工原始数据等画面）、数学模型及技术计算结果，以及设定控制或操作指导专门显示画面、管理画面（如各个料仓料位和库存量管理、合金称量和加入管理、处理时间管理等画面）、工艺参数画面（如时序列曲线、趋势曲线、历史数据曲线等画面）、信息及处理实绩画面、各类报表画面等。

（9）数据记录。数据记录包括打印日报、月报、报警记录、喷吹或投入量报表以及显示画面的硬拷贝等。

（10）数据通信。数据通信包括纵向和横向的通信，纵向为与上位计算机（区域级计算机或工厂管理级）及下位计算机（基础自动化级的 PLC、DCS 等）通信，横向为与转炉计算机、电炉计算机、连铸计算机、分析中心计算机等通信。

在某些条件下的设计中，上述功能有些已经由基础自动化级的 DCS 或 PLC 以及中央操作监视站执行了。特别是在那些只有基础自动化级的自动化系统中，为弥补基础自动化的不足，把某些过程控制自动化的功能包括进去，这对于现代 DCS 或 PLC 是完全可以达到的。

3.3.2.3　炉外精炼过程控制数学模型和人工智能

从炉外精炼过程控制自动化级的功能中可以清楚地看出，其技术的核心是有关过程控制数学模型的运算、优化与人工智能的应用。

过程控制数学模型提供炉外精炼处理过程中钢水温度和成分等的预报以及设定信息，

并显示到相应的操作画面上，是具有实时性特点的过程自动化。例如，采用 RH 工艺控制模型进行控制，可精确预报 RH 处理终点，缩短处理时间，控制成分，稳定提高钢的质量，在最大限度地提高 RH 设备处理能力的同时降低原材料的消耗和劳动力的费用，为炼钢厂完成操作目标创造良好的条件，故国内外的自动化系统广泛采用数学模型进行控制或作为操作指导。但数学模型在实际应用过程中，结合工艺条件的不断变化有一个不断优化的过程。

人工智能是模拟冶炼工艺专家或操作工的思维来解决问题的一门先进学科，其内容很多，在钢铁工业中的应用主要是智能信息处理系统，即模糊控制、专家系统、神经网络和遗传算法等。模糊理论对于处理专家的不确定知识十分有效。专家系统是利用某一领域专家的知识，模拟专家推理方式来得出结论，其结构包括知识库、推理机等。专家系统的关键是知识的获取，近年来已出现知识自动获取的方法和装置。神经网络技术可以辨识隐含规律，特别是那些"灰箱"系统等难以用数学方法描述的过程，神经网络使用实际输入和输出数据，经过学习后就能建立模型。神经网络有多种方式，使用最广泛的是反向传布网络。所有人工智能都是通过计算机的程序来实现的。人工智能的应用有单独的模糊控制、专家系统、神经网络系统，也可以混合使用，包括人工智能各种技术的混合或与传统数学控制模型混合而组成的系统。

钢铁生产过程，特别是包括类似炉外精炼的冶炼过程，由于涉及复杂的热传导等问题，难以用物理化学模型准确描述，而且这些模型往往在异常工况条件下无效而依赖于操作员熟练的操作。故近年来，大力采用人工智能技术来解决，现在炉外精炼使用人工智能还处于初步探索阶段。

A　RH 真空精炼数学模型

RH 处理的钢种按处理目的分为三类：第一类是轻处理钢，其原理是真空脱气以减少脱氧产物，然后合金化；第二类是深脱碳钢，其原理是要求 RH 前期真空脱碳到 0.003%以下，然后进行合金化；第三类是本处理钢，其原理是利用真空循环条件，通过多次合金微调，将成分控制在很窄的范围内，该类钢种在 RH 处理时已经脱氧，只进行脱气和成分微调。在实际生产中，前两类钢种居多。

RH 真空精炼数学模型采用的方法是基于冶金热力学和动力学反应，以物料平衡和热量平衡为依据，结合生产的经验进行修正，得到实用的工艺数学模型。目前，实用化的数学模型主要以静态预报为主，包括预报 RH 处理过程中的 $w[C]$、$w[O]$ 和温度，进行合金化计算。

虽然也有采用废气定碳模型的，但其仍存在一些问题，效果不理想；另外，随着 RH 设备和处理钢种的不同，模型功能也不尽相同。计算机技术的发展，特别是 CPU 处理速度的大幅度提升，将为采用先进技术处理更复杂、更多的运算以及实时控制和自适应修正提供条件；而且在传统的数学模型技术中引入现代人工智能技术，如专家系统、人工神经网络等，将会大大提高数学模型的精度。

RH 工艺控制数学模型最典型、最重要的工作是根据钢种要求、钢水的原始条件和 RH

处理动态实测信息进行计算，预报处理过程状态，提供所需的设定值，并向基础自动化级发送信号，使 RH 处理在最短时间内准确达到要求的钢水温度和成分。具体功能如下：

（1）在 RH 处理前，数学模型根据钢水条件进行计算，提供操作指导和各种操作模式的设定值；

（2）在线预报钢水中碳、氧等成分和温度变化，动态显示主要操作参数；

（3）计算达到目标的终点温度以及在降温时所需冷却剂的加入量、在升温时所需铝丸的加入量，动态预报钢水温度；

（4）真空脱碳结束后（或前期循环后），计算并确定脱氧剂及合金加入量的设定值，预报钢水成分；

（5）打印数据报表，进行数据后处理，并存储到参考炉和神经网络用的数据库或数据文件中。

按以上功能，RH 共有 5 个模型，即操作模式选择和操作指导模型、脱碳模型（主要针对 RH 处理前期）、合金化模型、温度控制和预报模型、钢水成分预报模型。

模型运行过程如下：钢包达到处理位后启动，当目标钢种、钢水重量、渣层厚度、钢水初始成分、温度等条件具备后，首先操作模式选择和操作指导模型启动计算，同时，脱碳模型、温度控制和预报模型、钢水成分预报模型运行。每隔 1 min 预报钢水碳含量、温度和其他成分（需要加入的冷却剂或发热剂）重量。真空脱碳过程（或前期循环）结束后，合金化模型启动以计算各种合金加入量，最终由温度控制和预报模型、钢水成分预报模型预报达到 RH 处理终点的钢水成分、温度和总的处理时间。由操作工确认后，结束本炉处理，最后打印汇总本炉数据。

RH 过程控制数学模型计算的设定值包括：真空曲线号、真空压力设定值、环流气类型（Ar 或 N_2）、环流气总流量、合金加入量、冷却剂加入量、加铝升温的铝丸量、顶吹氧操作模式号等。

B　LF 炉炉外精炼数学模型

LF 炉炉外精炼数学模型包括温度模型、合金模型、渣模型、搅拌模型、脱气模型、脱硫模型、脱碳模型及成分和温度预报模型等。这些模型计算的结果不仅可返回控制 LF 炉运行，还可以用于分析和预报钢水和渣的成分。

LF 炉炉外精炼数学模型的目的是：通过计算机在线指导 LF 炉的精炼过程，对供电、造渣、调温和合金化等操作参数进行合理的优化计算，向基础自动化级输出工艺操作参数或工艺操作指导参数，并对精炼过程中的钢水成分和温度进行在线静态预报，示踪精炼运行过程，以提高终点成分与温度的命中率，提高产品质量，降低生产成本。其基本功能包括：

（1）输出精炼工艺操作参数或工艺操作指导参数，即根据精炼目的、实际钢水初始条件和连铸工艺要求，提出操作程序和操作参数，包括确定 LF 炉精炼的操作时间、温度制度和供电制度、底吹搅拌工艺制度、造渣制度和熔剂配料计算、成分精炼制度和合金配料计算、碳含量控制、脱氧工艺以及脱硫工艺等。

（2）过程示踪及在线预报，包括钢水成分示踪、渣成分示踪、温度示踪、终点（温度、钢水成分、氧含量等）预报以及材料性能预报等。

（3）数据处理，主要是对生产记录进行统计处理，主要数据库有工艺模式数据库、钢种标准数据库、标准精炼工艺数据库、原材料数据库、精炼操作过程数据库以及精炼历史数据库等。

（4）输出功能，主要有过程显示、终点显示、趋势显示以及打印报表等。

LF 炉炉外精炼的主要数学模型包括合金模型、熔剂模型、搅拌模型、温度模型、脱硫模型、脱气模型、钢水成分预报模型、渣成分预报模型和温度预报模型。

3.3.3 炉外精炼基础自动化

炉外精炼的基础自动化包括检测驱动级（L0）和设备控制级（L1）。前者包括过程控制用的检测仪表、传感器、变送器、执行器等，以及电气传动的交直流调速装置、电动机控制中心、极限开关等；后者是控制设备，如 PLC、DCS、PCS、工控机、现场总线、接口和显示操作装置以及某些监视和工程师用的人机界面装置等。

基础自动化按其性质来说可分为三部分：

（1）过程量的检测与控制，简称回路控制，即温度、压力、料位等过程量的测控；

（2）电气传动控制，主要是各个电气设备的顺序控制和启、停以及联锁等；

（3）中央监视与操作。

在炉外精炼中，基础自动化的功能大致包括以下几个部分：

（1）数据采集，包括炉外精炼工艺过程中主要参数的检测；

（2）自动控制，即炉外精炼工艺过程中主要工艺参数的自动控制，以达到炉外精炼的最终目标；

（3）电气传动顺序控制，即对炉外精炼所有的电气设备按工艺所要求的顺序进行控制、联锁、启停；

（4）故障报警，包括工艺过程参数的超限报警以及电气、仪表、设备本身的故障报警，而这些报警又分成轻、中、重三度报警；

（5）数据处理，即对精炼过程中所采集的数据进行处理和存储，以供控制、显示和打印用，主要处理包括压差、流量的开方以及温度和压力补正等运算，消耗按班、日、月的累计计算，历史数据的存储趋势记录等一系列的运算显示；

（6）在精炼过程中接收上位机的设定值进行 SPC（设定值控制），包括接收数学模型设定值以及人工智能（如模糊控制、神经元网络等）指令并进行控制；

（7）画面显示，包括在显示器上显示工艺流程画面、操作画面、工艺参数趋势曲线、历史数据、图形画面等；

（8）数据记录，包括班报、日报、月报、报警记录以及专门的报表，如合金投入量、喂丝重量等；

（9）数据通信，包括 PLC 之间、PLC 和 DCS 之间，上、下位机之间的通信。

虽然炉外精炼有许多不同的工艺流程，但上述功能都是一样的，只是由于工艺流程不同而导致各项的具体内容不同。

3.3.3.1　RH真空精炼装置基础自动化

RH真空精炼工艺流程及自动化系统如图3-40所示。

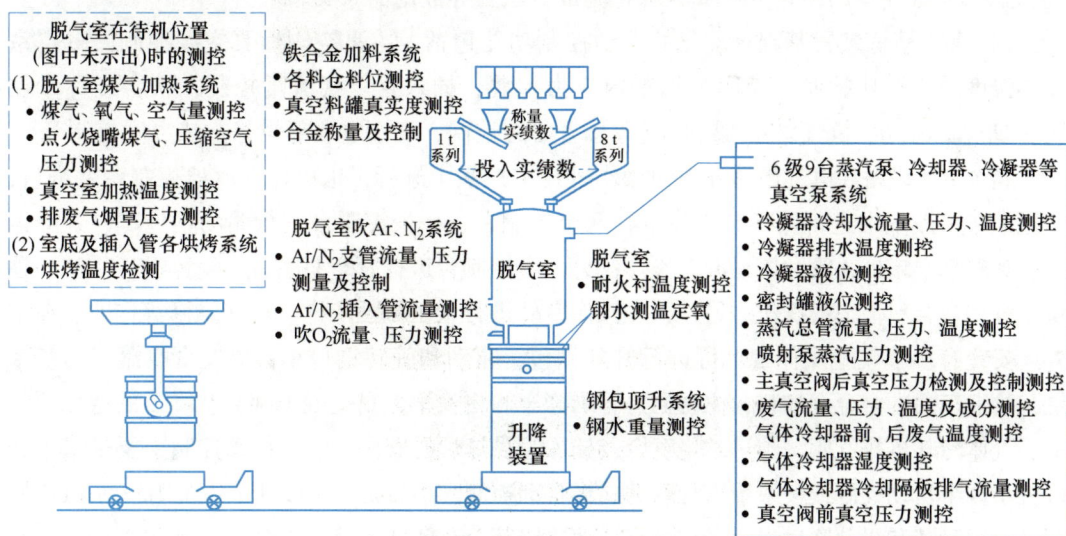

图 3-40　RH真空精炼工艺流程及自动化系统示意图

RH真空精炼工艺流程主要分成7个系统，即钢包运输系统、钢包处理站、真空系统、真空室加热系统、合金上下料系统、真空室部件修理和更换系统以及真空部件修理、砌造系统。

钢水在RH真空处理装置中进行处理是在钢包处理站中进行的，其操作为：从转炉或吹氩站来的钢包通过吊车送到运输车上，并由运输车把钢包移送到处理位置，钢包与运输车一同升起；引导钢水进入真空室中的插入管的气体由氮气换成氩气，钢包在插入管进入熔池至少400 mm后才升起；启动真空泵（如泵已经启动，则打开吸管阀门），真空室中的压力降低，钢水被吸入真空罐中，由于上升管导入氩气，产生钢水循环；然后人工测温取样，真空室中处理情况将由工业电视进行监视；如果要强制脱碳或化学加热，可通过顶枪向循环钢水中吹氧，达到所需真空度后各种处理就可以进行，例如添加合金料等；真空处理完毕后，钢包下降并移至转盘处，旋转90°后被吊起，并送连铸设备进行连铸。

RH真空精炼装置基础自动化的数据采集功能包括：钢包小车、钢包顶升系统的钢包钢水重量；真空室系统的耐火材料内衬温度；真空泵系统的冷凝器冷却水流量、压力和温度以及排水温度、密封缸液位、蒸汽总管流量、压力和温度，蒸汽喷射泵的蒸汽压力，主真空阀后真空度，废气流量、压力和温度，气体冷却器前、后废气温度，气体冷却器温度及冷却隔板排气流量，真空阀前真空度；铁合金系统的各料仓料位，真空料罐真空度；真空室煤气加热系统的主烧嘴煤气、氧气、空气流量和压力，点火烧嘴煤气及压缩空气压力，真空室加热温度，排气烟罩内压力；钢水测温定氧系统的钢水温度和氧含量；真空室插入管吹氩吹氮系统的氩/氮支管流量和压力，氩/氮插入管流量；设备冷却水系统各冷却点的冷却水流量、压力和温度；真空室底及插入管煤气烘烤系统的煤气和空气流量、压力；真空处理水系统的净循环水水位、温度、压力和流量；能源介质系统的压缩空气、氧气、氩气、氮气、焦炉煤气、水等总管流量、压力等数据的采集。

RH 真空精炼装置基础自动化的自动控制功能包括：主真空阀后真空度控制，真空室加热温度及空燃比控制，排废气烟罩内压力控制，插入管氩气流量控制，铁合金称量控制，氧气、氩气、氮气以及焦炉煤气等总管压力控制，真空室底部烘烤加热温度控制等。

整个 RH 设备在电气传动方面的操作可在主控室中进行，也可以在就地控制台上进行，但通常在主控室中进行操作。主控室有两个控制台，一个控制台进行驱动钢包车、升降钢包、观察真空罐插入管和熔池液面操作；另一个控制台进行真空泵系统、气体循环系统、顶枪系统和合金料上下料操作。另外，在操作室外进行人工测温取样、观察维修等作业。在室外还安置有多个就地操作台，可进行升降钢包，驱动和旋转钢包车，更换真空罐，驱动系统，给卡车站的合金仓加料，驱动插入管维修车和更换车、真空罐1和真空罐2的待机位烧嘴、气体冷却器排气阀、预热站烧嘴以及插入管烘烤炉的操作。电气传动控制主要是采用分段分小区半自动控制或按系统进行联动式半自动控制，一般是一个或几个系统用一台 PLC 控制，执行联锁和局部联动，由操作员灵活地决定某个小区域或某一部分的自动化运行，这就能使操作员随时根据钢水温度和成分的变化，灵活地改变工艺处理方式。

RH 真空精炼的几个关键控制系统包括：驱动气体和冷却浸渍管流量自动控制系统、RH 真空室压力自动控制系统、氧枪氧流量自动控制系统和 RH 蒸汽总管压力自动控制系统等。

3.3.3.2　LF-VD 钢包炉真空精炼基础自动化

LF-VD 钢包炉真空精炼基础自动化系统如图 3-41 所示，其主要功能包括数据采集、自动控制、电气传动顺序控制和故障报警。

LF-VD 钢包炉真空精炼的数据采集主要包括：各料仓的料位测量、称量料斗的称量、搅拌氩气的流量和压力测量、真空系统的真空度监测、冷却水和蒸汽的流量和压力测量、钢水温度测量以及变压气等电气参数（如一次和二次电压、电流、功率以及电能消耗）和抽头位置等电极升降液压系统参数等的测量。

LF-VD 钢包炉真空精炼的自动控制包括：搅拌用氩气流量和搅拌时间设定等控制、铁合金称量及投入控制等。

LF-VD 钢包炉真空精炼的电气传动顺序控制包括：测温取样装置、定氧及液位检测装置和更换测量头的机械手等动作，钢包台车行走位置（包括到真空室吹氩气搅拌、加热升温等工位），冷却包盖升降，真空系统操作，喂丝机操作，可移动弯头小车动作，合金料投放，各料仓上料，除尘装置动作，扒渣机动作等的顺序控制以及电极升降控制。

LF-VD 钢包炉真空精炼的故障报警包括两大类，即过程参数超限及电气仪表设备本身故障报警。

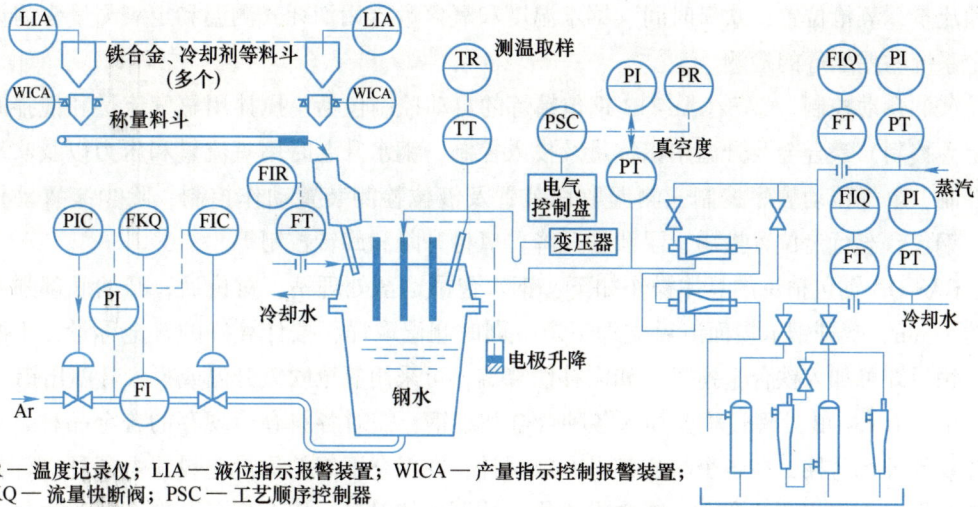

TR — 温度记录仪；LIA — 液位指示报警装置；WICA — 产量指示控制报警装置；
FKQ — 流量快断阀；PSC — 工艺顺序控制器

图 3-41　LF-VD 钢包炉真空精炼基础自动化系统

3.3.3.3　CAS/CAS-OB 钢包精炼基础自动化

CAS/CAS-OB 钢包精炼是密封、底部吹氩气、顶部吹氧气进行成分微调的精炼方法，其工艺流程及自动化系统如图 3-42 所示。

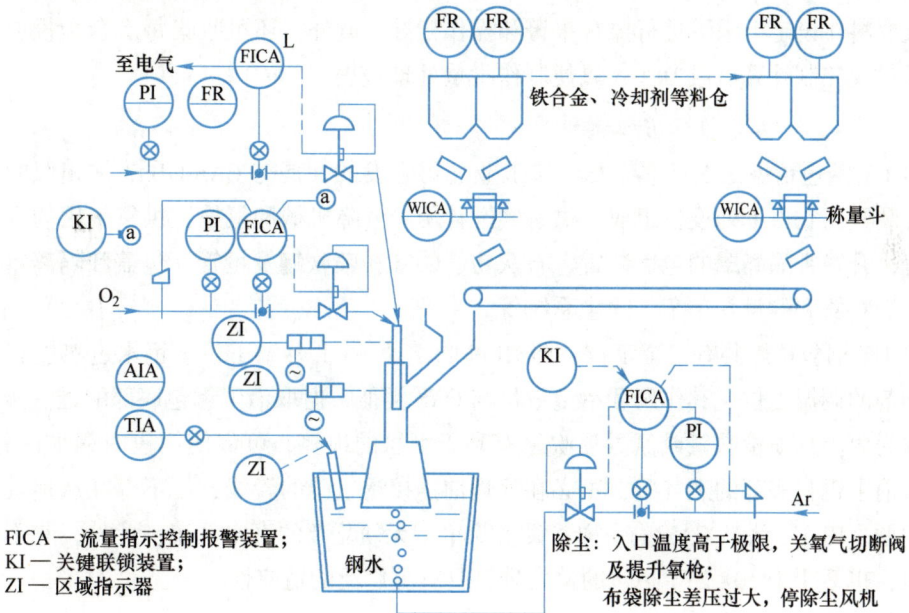

FICA — 流量指示控制报警装置；
KI — 关键联锁装置；
ZI — 区域指示器

除尘：入口温度高于极限，关氧气切断阀
　　　及提升氧枪；
　　　布袋除尘差压过大，停除尘风机

图 3-42　CAS-OB 工艺流程及自动化系统

CAS/CAS-OB 钢包精炼基础自动化的功能如下：

（1）数据采集。CAS/CAS-OB 钢包精炼的数据采集包括：吹氩流量（含温度和压力补正）和压力、搅拌时各料仓及投入料斗的料位、铁合金及升温用铝量、钢水升温时用氧压力和流量、氧枪位置、吹氧时间、钢水温度和氧含量（用消耗式测温和定氧测量头测量）、除尘系统的差压等的检测。

（2）自动控制。CAS/CAS-OB 钢包精炼的自动控制包括：搅拌用氩气流量和搅拌时间设定等控制，铁合金及升温用铝称量及投入控制，钢水升温时用氧流量和压力以及吹氧时间控制，电气传动顺序控制，测温取样装置及液位检测装置动作控制，除尘装置动作控制，钢包台车行走位置控制，浸渍管升降、氧枪升降和旋转控制等。

CAS-OB 钢包精炼的具体操作如下：钢水包吊运至处理站，对位后，开始底部强吹氩气约 1 min，吹开钢水表面渣后立即下罩，同时测温取样，按计算好的合金称量，不断吹氩，稍后即可加入铁合金搅拌，如需补偿降温，可采用氧枪吹氧升温或投入升温用铝。

由于 CAS-OB 处理过程要加入各种合金和废钢，需对各料仓内现存的合金品种、规格和数量等进行监控，在各个料仓都设有料位计，在料仓下部的称量斗设置电子秤以计量投入合金量，并在相应的合金仓减去投放量，从而可随时显示该上部合金料仓的库存量。上部合金料仓的原始库存量，为 DCS 内存储器记忆的每次料仓装满合金时的重量（达到料位上限）。用上位计算机或 DCS 的键盘可设定要投放合金的品种和数量等，当设定的投放量大于称量料仓的容积时，联锁程序会自动将称量分两次执行。称量料仓内的合金将由胶带运输机送入投放料斗，料斗设置电子秤以监控投放料斗有无铁合金，并将信号反馈至过程控制级计算机，作为投放完毕的信号。DCS 还将对料仓剩余储备量、各称量料斗设定上限、投放料斗设定上限等进行监视报警和操作指导。此外，还可收集每次合金投放量等实绩并送过程控制计算机或 DCS，以便制作批量处理报表。

3.3.3.4　IR-UT 钢包精炼基础自动化

IR-UT 钢包精炼是由日本住友金属工业公司开发的，是与 CAS-OB 非常相似的一种炉外精炼装置，它由下列设备组成：供氩气搅拌用的升降机械和氩枪，供氧气用的升降机械和氧枪，升降带隔离罩的包盖装置，石灰粉、CaSi 粉喷吹罐及枪管，包盖和隔离罩，合金料仓、卸料器和称量斗小车，除尘系统等。

IR-UT 钢包精炼共有三个工位，即 IR 喷吹工位、UT 升温工位、钢水过热度较大时加入冷却剂的调温工位。其作用和冶金效果与 CAS 类似，但取消了钢包底部的透气砖，底部吹氩改为由上部喷枪吹氩或氮。顶吹氩有利于钢水的搅拌，可促使钢包内钢水成分均匀。由于取消了钢包底部的透气砖，不必在处理前连接透气砖的管线，更不存在从透气砖处漏钢的问题。IR-UT 法与 CAS 法一样，设备简单，无须复杂的真空系统；此外，它不仅适用于大包，也适用于 10~25 t 小包的钢处理，具有更广泛的适应性。

IR-UT 钢包精炼基础自动化的主要功能如下：

（1）数据采集。IR-UT 钢包精炼的数据采集包括：各料仓及投入料车料位，称量料斗的称量值，调温冷却剂的称量值，吹氧的流量和压力，搅拌和喷吹氩气的流量和压力，氮气流量和压力，冷却水的进、出流量和压力以及流量差，钢水温度、氧含量和液位（用消耗式测温和定氧测量头测量），各枪的位置，喷粉的各料仓（CaO、CaF_2、CaSi）料位，喷吹罐压力及压力差，喷吹称量值，搅拌及喷吹时间等的测量；此外，还包括氮、氧、氩、焦炉煤气、水、总管线的流量和压力以及除尘系统、水处理系统中各参数的监测。

（2）自动控制。IR-UT 钢包精炼的自动控制包括：搅拌用氩气流量和搅拌时间设定等控制、铁合金及调温用冷却剂称量及投入控制、钢水升温用氧气流量和吹氧时间控制、喷吹量控制（将喷吹罐喷吹粉体的重量变化除以时间，即 $\Delta W/\Delta t$，得出喷吹物的喷吹速率并加以控制）。

（3）电气传动顺序控制。IR-UT 钢包精炼的电气传动顺序控制包括：测温取样装置、定氧及液位检测装置和更换测量头等动作控制，除尘装置动作控制，钢包台车行走位置控制（包括到喷吹升温和调温等工位），包盖和隔离罩升降控制，氧枪升降和喷枪旋转控制及事故提升，喷吹有关各阀门开、闭及喷吹启、停顺序控制等。电气传动顺序控制方式可分为全自动、半自动（即局部动作联动）、手动和机旁等，还设有必要的安全保护和联锁等。

（4）故障报警。IR-UT 钢包精炼的故障报警包括两大类，即过程参数超限及电气仪表设备本身故障报警。过程参数超限报警包括：各料仓料位高、中、低显示及超限报警，喷吹氩、氮、氧等气体压力降低报警，隔离罩、氧枪、喷枪等冷却水进出水温度和压力超限报警，进水流量过小和进出水流量差超限报警等。

3.3.3.5　喂丝机自动化

喂丝机进行喂丝时，首先开启油泵；然后压下铝线（或包含不同料的包芯线），打开支撑，松开抱闸，放开铝线压紧装置；最后开动电动机，转动铝线卷筒，把铝线加到钢水包中进行脱氧。

喂丝机自动化系统一般由 PLC 和工控机组成。PLC 执行顺序控制，当喂丝到给定长度时停电动机，经几秒延时后，电动机反转，压下机构落下，自动收线到一定长度，停电动机并抱闸，升导管。工控机作为上位机，完成监控，主要执行下列任务：计算出喂线参数，如喂线长度等；设定控制，如对 PLC 设定喂线长度等；数据显示，如显示出钢号、炉号、合金料仓元素及编号、喂线长度和重量、操作日期和班次等，动态显示工艺流程及工艺参数，显示工艺参数趋势曲线以及超限报警等；历史数据存储及查阅；数据通信，包括与 PLC、与钢厂管理计算机通信等。

3.3.3.6　VOD 炉外精炼基础自动化

VOD 炉外精炼主要是精炼低碳和超低碳钢种，尤其以精炼不锈钢为主。其自动化系统如图 3-43 所示。

VOD 炉外精炼基础自动化的主要功能如下：

（1）数据采集。VOD 炉外精炼的数据采集包括：各料仓料位，称量斗的称量值，搅拌氢、氧的流量和压力，喷吹罐氩气压力和流量以及压力差，喷吹及流态化的氩气流量和压力，喷吹料的称量值，搅拌及喷吹时间，真空系统的真空度监测以及冷却水和蒸汽的流量和压力，钢水温度（用消耗式测量），吹氧的流量和压力等的测量。

（2）自动控制。VOD 炉外精炼的自动控制包括：搅拌用氩气流量和搅拌时间设定等控制、铁合金称量及投入控制、喷吹氧气流量和吹氧时间控制、喷吹氩气流量控制、喷吹管

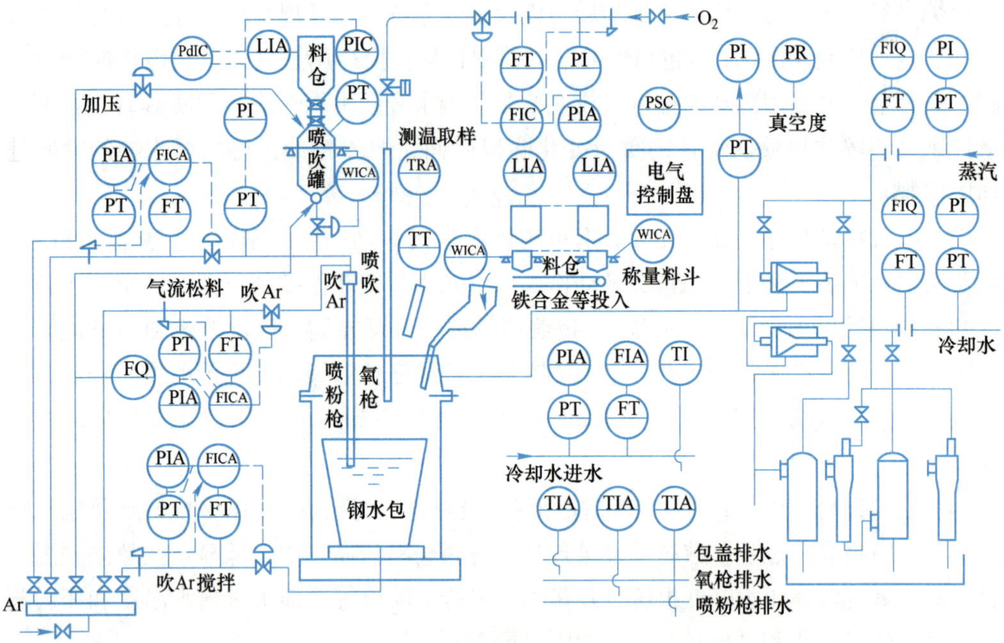

图 3-43　VOD 炉外精炼基础自动化系统

压力及压差控制、喷吹量控制（将喷吹罐喷吹粉体的重量变化除以时间，即 $\Delta W/\Delta t$，得出喷吹物的喷吹速率并加以控制）等。

（3）电气传动顺序控制。VOD 炉外精炼的电气传动顺序控制包括：测温取样装置、定氧及液位检测装置和更换测量头等动作、包盖升降、真空系统操作、合金料投放、各料仓上料、除尘装置动作等的顺序控制。电气传动顺序控制方式可为全自动（如按工艺要求可进行"吹氧不脱气""脱气不吹氧"或"吹氧后脱气"三套工艺流程，此时只需按相应按钮就可自动按预先设定的流量值及各设备的动作顺序进行冶炼）、半自动（即局部动作联动）、手动和机旁等，还设有必要的安全保护和联锁（如炉盖未盖时喷枪不能旋转至炉子上方、喷枪在炉盖上方时炉盖不能上抬、喷枪发生事故时自动提升等）等。

（4）故障报警。VOD 炉外精炼的故障报警包括两大类，即过程参数超限及电气仪表设备本身故障报警。过程参数超限报警包括各料仓料位高、中、低显示及超限报警，吹氩搅拌等气体压力降低报警，真空系统及炉盖等冷却水进出水温和压力超限报警，真空度超限报警等。

在 VOD 炉外精炼中，测定碳氧反应程度是很重要的，因为脱碳反应的开始和终结伴随着废气中氧分压的突然减少和增加。这种现象可在氧浓度记录曲线上反映出来，从而可按此控制吹炼终点。此外，冶炼过程中的不正常现象，如喷溅剧烈、铬氧化严重、搅拌不好，也能从氧电势的变化中反映出来。

氧浓度计一般是通过使用浓差电池原理的定氧测量头来测量的，其可安装在真空泵的排气管道上，这个位置安全可靠，但滞后时间较长。VOD 精炼炉氧浓度测量取样系统如

图 3-44 所示。其中很关键的一点是过滤除尘系统，如果这一系统有故障，就无法进行准确测量。该方法的优点是响应时间短，但维护工作量大。

VOD 炉外精炼中很关键的参数是真空度，因此要选择可靠的真空计。这是因为 VOD 精炼的全部过程都是在真空下进行的，必须按照真空度控制吹氧、吹氩及脱气，在真空度过高时吹氧容易造成钢水喷溅，严重时会损坏设备。随着真空度升高，底部搅拌氩气的吹入压力也要做适当调整，以免由于大量氩气吹入而造成钢水温度过分降低和喷溅。

3.3.3.7 炉外精炼检测仪表和专用传感器

炉外精炼检测用的仪表和专用传感器因工艺流程和设备的不同而不同，但大体上可以分成以下几类：钢水温度和成分的检测仪表，真空槽和气体的检测仪表，喷吹系统（包括载气和粉剂）

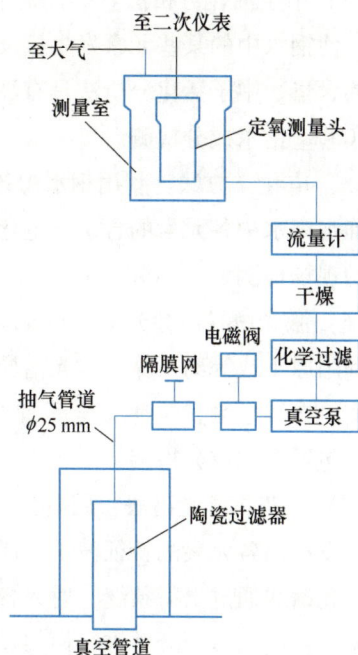

图 3-44 VOD 精炼炉氧浓度测量取样系统

的计量仪表，渣厚、液位等其他仪表。一般通用的仪表，如重量、压力、流量、温度、钢水中渣的检测仪表等，将在后面连铸的有关章节里做专门介绍。炉外精炼也有专用的特殊仪表和专用传感器，这类仪表和专用传感器是最关键的，也是世界各国都在努力解决的问题，因为其对炉外精炼实现更有效的操作和定量控制、获得高质量产品是至关重要的，下面将着重介绍这类仪表和专用传感器。

A 钢水成分分析用检测仪表和专用传感器

钢水成分分析采用的方法有化学分析法、光学发射光谱法、X 射线衍射法、中子活化分析法、电化学方法、激光诱导击穿光谱（LIBS）技术、火花直读光谱法和碳硫分析仪等。

（1）化学分析法：传统的钢水成分检测方法，其主要原理是根据钢水中各元素的化学性质，通过化学反应来测定钢水中各元素的含量。化学分析法主要包括滴定法、重量法、气体分析法等。

（2）光学发射光谱法：一种非破坏性、快速、高效的钢水成分检测方法。该方法利用钢水中各元素在高温下激发产生的光谱特性，通过测量光谱强度来确定钢水中各元素的含量。光学发射光谱法具有分析速度快、精度高、抗干扰能力强等优点，适用于钢水在线成分检测。

（3）X 射线衍射法：一种基于 X 射线与钢水中晶体结构相互作用原理的检测方法。通过测量钢水中不同晶体结构产生的 X 射线衍射峰，可以推测钢水中各元素的含量。X 射线衍射法具有高分辨率、高精度等优点，适用于钢水成分的微观分析。

（4）中子活化分析法：一种基于核反应原理的钢水成分检测方法。通过将中子引入钢水中，使钢水中的某些元素发生核反应，然后测量反应产物的活度，从而推算出钢水中各元素的含量。中子活化分析法具有高精度、多元素同时分析等优点，但设备成本较高，适用于实验室钢水成分检测。

（5）电化学方法：利用钢水中各元素在电极过程中产生的电流信号，通过测量电流强度来确定钢水中各元素的含量。电化学方法具有操作简便、成本低谦等优点，适用于钢水成分的现场检测。

（6）激光诱导击穿光谱（Laser Induced Breakdown Spectroscopy，LIBS）技术：一种新型的利用原子或等离子体发射光谱原理实现成分检测的光谱分析技术，具有破坏性小、多元素实时在线检测、快速安全等特点。LIBS 技术具有很大潜力，可以被广泛应用于许多领域，包括钢水成分检测。

（7）火花直读光谱法：用电弧（或火花）的高温使样品各元素从固态直接气化并被激发而发射出各元素的特征波长，用光栅分光后，成为按波长排列的"光谱"，这些元素的特征光谱线通过出射狭缝，射入各自的光电倍增管，光信号变成电信号，经仪器的控制测量系统将电信号积分并进行模/数转换，然后由计算机处理，测试出各元素的百分含量。

（8）碳硫分析仪：专门用于测试金属材料中尤其是钢材类金属中的碳元素和硫元素，试样中的碳、硫经过富氧条件下的高温加热，氧化为二氧化碳、二氧化硫气体。该气体经处理后进入相应的吸收池，对相应的红外辐射进行吸收，由探测器转发为信号，经计算机处理输出结果。

炉外精炼炉主要分析钢水中的碳、氧、镁、氢、硅、磷等的含量。下面主要介绍钢水定碳和定氧检测仪表与传感器。

a　钢水定碳检测仪表与传感器

钢水定碳测量头的结构和样杯内钢水的凝固定碳曲线如图 3-45 所示。

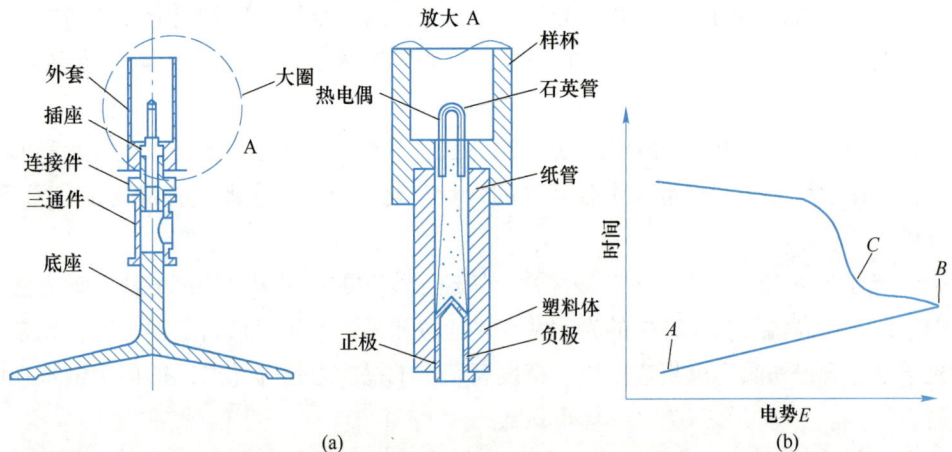

图 3-45　钢水定碳测量头的结构和样杯内钢水的凝固定碳曲线

（a）钢水定碳测量头的结构；（b）样杯内钢水的凝固定碳曲线

其原理是凝固定碳法，即在需要检测钢水中的碳含量时，由机械手的测碳插枪把钢水定碳测量头（如图3-45（a）所示）插入到钢水中，在钢水溶化了钢水入口处的薄钢片以后，钢水进入取样杯中，这时钢水定碳测量头中热电偶测得的电势E与时间的关系曲线如图3-45（b）所示。图中电势E从A点上升到最高点B点，当钢水开始凝固时，由于放出结晶热，电势E即在从C点开始的一段时间内保持不变，即出现"平台"，过平台以后，温度迅速下降。平台的位置（即温度）与钢水中碳含量成函数关系，根据碳-温对照表，在准确找出这段平台后即可求得钢水中的碳含量。与钢水定碳测量头配套的还有专门的、数字化的钢水定碳测量仪，内有计算机进行计算和显示。

另外，从钢水定碳测量头取出的钢样还可以通过风动送样，送化验室进行钢的全成分分析。

b 钢水定氧检测仪表与传感器

采用高温固定电解质制成氧浓差电池测量头进行钢水定氧，与现有各定氧法相比具有下列优点：

（1）设备简单，不需要取样及取样设备；

（2）把氧测量头插入钢水中，5～10 s后就可产生稳定的氧电势以供检测仪表指示和记录，分析过程简单；

（3）能直接测出钢水中的氧活度；

（4）能测出钢水中的溶解氧量，由于钢水中的溶解氧量与脱氧平衡有直接关系，更有利于确定脱氧剂的加入量，从而可改进脱氧操作。

浓差电池或钢水定氧测量头的原理和结构如图3-46所示。

c 钢水中氢含量的在线检测系统

美国钢铁公司、Electro-Nite 公司（两者共同开发）和日本钢铁公司都有钢水中氢含量的在线检测系统。Electro-Nite 公司和日本钢铁公司的系统大同小异，主要是测量头和吹入气体不同。Electro-Nite 公司系统的测量头主要是由多孔陶瓷罩组成的，当测量头进入钢水中时向钢水吹入氮气，并由多孔陶瓷罩收集，溶解在钢水中的氢不断地扩散进入载气氮，并且钢液与气相之间的氢分压开始建立平衡；通过热导检测器进行测定时，氮气穿过钢水不断循环，钢水中的氢不断扩散成气相直到不

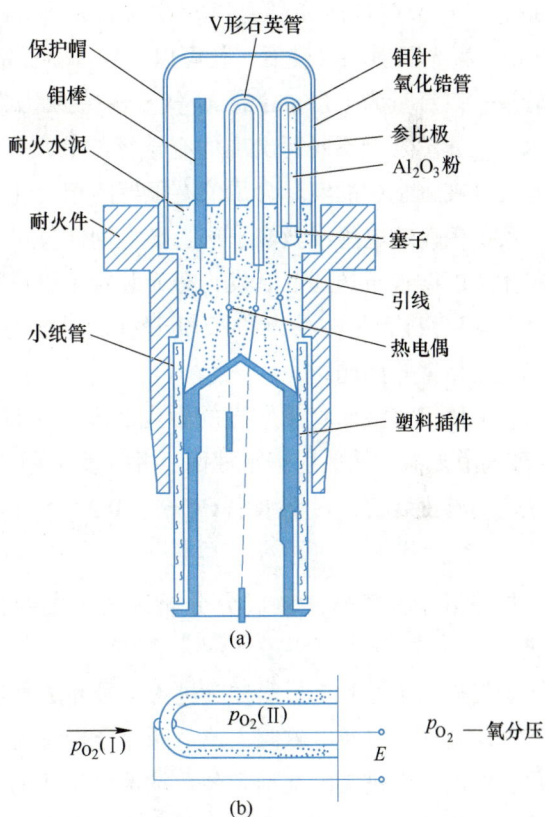

(a)

(b)

图 3-46　浓差电池或钢水定氧
测量头的原理和结构

(a) 定氧测量头的结构；(b) 定氧测量头的原理

再扩散为止，然后测量氢的分压并换算为氢的含量。

耐火材料采用耐腐蚀性能良好、加工性能优良，但耐热冲击性能略差的 Al_2O_3-SiC 作为测温头的材质，在吹入氩气的管中设置 0.94% Al_2O_3-4% SiO_2-2% ZrO_2 多孔塞。此外，为了保持测量头的强度，在渣线部位覆盖 Al_2O_3。

B　钢水中全元素的在线检测

下列几种方法已在工厂中使用：

（1）Ar 气吹入生成微粒子法。该法是把测量头插入钢水中，以 25 L/min 的 Ar 气流把钢水中生成的微粒子送到距离 20 m 处的 ICP 发光分光装置中，对多种元素同时定量分析。通过求出各被测元素的积分发光强度值与 Fe 的积分发光强度值之比，对各元素定量。Si、Mn、P、S、Cr 和 V 等元素的分析结果与过去分析方法的结果相比，均获得较好的效果。

（2）激光照射生成微粒子法。该法是由阿拉莫斯研究所开发的，即使用波长为 1.06 μm 的 NDYAG 激光器，以每次脉冲能量为 0.012 J、振动频率为 5000 Hz、振幅为 150 ns 的激光照射钢水表面，就可以得到 3 mg/min 的微粒子生成量；然后用直径为 6 mm 的管道，以流量为 1 L/min 的 Ar 气流输送到距离 30 m 处的 ICP 发光分光装置中，可观察到因各元素蒸发能不同而出现的有选择的蒸发，用这种方法测定的 Ni、Cr、Cu 含量值与这些元素在钢水中的实际含量值有很好的相关性，但该法不能测定 P、S 和 C 元素的含量。

（3）闪光放电生成微粒子法。日本钢铁公司采用在钢水表面闪光放电的方法，并用 Ar 气将生成的微粒子送到 ICP 发光分光装置中以进行钢水分析，得出硅含量分析值为定量下限 0.004%、硅含量在 0.2%时的定量变动系数为 1.4%；但这种方法还存在测定管结构复杂和电极粘钢等问题。

（4）使钢水液面直接发光的激光激发法。日本川崎钢铁公司采用波长为 1.06 μm 的 ND 玻璃激光器直接照射钢水液面，并开发了用焦距为 1 m 的多频道真空分光器测定被激发光谱的测定装置，对钢水中 C、Si、Mn、P、S 的含量进行了连续的分析。

C　脱气槽气体成分分析装置

炉外精炼脱气槽气体成分分析装置，主要由取样头、过滤器箱和分析仪表三部分组成。

炉气流从 1 号和 2 号取样头进入 1 号和 2 号过滤器，再经管道和分析仪表箱外的冷凝器等气体处理装置及电磁阀、调节阀、分析仪表。分析仪表一般为红外线分析仪或气相色谱仪，如国内引进美国瓦利安公司技术而制造的 SP-3400 型气相色谱仪，由微机控制，采用热导检测器、氢火焰检测器、填充柱与毛细管柱分离技术；通过多阀切换，信号自动切换，能实现一次进样、多维色谱分析，快速分析气体中 N_2、H_2、CO、CO_2 等的含量。近年来，使用质谱仪可以提高精度和减少滞后时间。质谱仪的原理是气体中原子电离后通过磁场，由于原子种类不同，其被磁场吸引所经的路线和曲率也不同，故达到集电极的时间也不同，测量集电极离子电流可以得出质量光谱，经数据处理后就可以得出分析值。使用美国 Perking-Elmer 公司生产的 MGA-1200 型偏向磁场式质谱仪，能同时分析 N_2、H_2、Ar、O_2、CO、CO_2、He、CH_4 8 种气体成分，测量精度为±（0.1%~0.2%），响应时间为 1 s。

炉外精炼技术是目前炼钢流程的关键环节，其在提高炼钢质量与产量方面发挥着重要作用。随着连铸技术以及纯净钢生产技术的进步与发展，炉外精炼技术得到了广泛应用，并取得了显著效果。低氧钢精炼、超低碳钢精炼、超低氮钢冶炼和超低硫钢冶炼等洁净钢精炼工艺得到广泛应用，炉外精炼技术发展趋势呈现多功能化、高速化与高效化。

3.4 连铸生产自动化

连续铸钢技术是 20 世纪 50 年代发展起来的铸钢新工艺。从 19 世纪中叶转炉炼钢的发明者贝塞麦提出最初连铸机的想法（即把铁水直接注入两个水冷的辊子中间，然后得到固态薄带），到现在已经有一百多年的历史了。然而直到 20 世纪 30 年代中期，近代连续铸钢的先驱容汉斯发明了结晶器振动系统技术，才为现代连续铸钢技术奠定了基础。此后，连铸机历经了工业试验阶段、工业应用阶段以及飞速发展阶段。经过近百年的努力探索，尤其是 LD 转炉炼钢生产技术的出现和完善以及炼钢生产节奏的加快，连续铸钢技术在 20 世纪 50 年代发展起来并成为铸钢新工艺。到了 20 世纪 70 年代，由于这种技术在金属收得率高、节省能源、实现自动化控制、减少工序时间、减轻工人劳动强度方面具有明显的优势，其开始大规模用于生产实际，并逐步形成了现代连续铸钢技术。到目前为止，世界上大部分的钢铁联合企业已经抛开模铸而实现全连铸，企业内钢厂冶炼出来的钢水全部采用连铸机浇注，其结果是大大提高了这些钢铁企业在市场上的竞争力。

现代连铸机的发展方向分为以下两个部分：

（1）连铸机本身的工艺技术发展。由于大型炼钢转炉技术日趋完备和成熟，连铸机的设备和工艺也日趋完备和成熟。目前，现代连铸机发展方向的代表技术有：采用半臂升降和钢包回转台以实现多炉连浇技术、快速更换中间包技术、无氧化浇注技术、结晶器在线调宽技术、高冷却强度结晶器技术、高精度全数字化液压和机械的正弦振动技术、细辊密排多点弯曲多点矫直技术、二次冷却装置的快速更换技术、结晶器液面自动控制和漏钢预报技术、压缩浇注技术、轻压下技术、计算机全自动控制技术、伴随高拉速达到最佳出坯温度的露化冷却技术、电磁搅拌技术、最佳切割技术、质量跟踪技术等。一台高质量、高产量的连铸机要求工程技术人员合理地应用、组合上述现代技术，以达到铸坯品种优良、生产节奏合理的要求。

（2）从节省能源、降低生产成本、增强市场竞争力的观点出发，应用连铸机在整个钢铁工业流程中具有装备可变性的技术优势，建立紧凑工艺流程。最典型的就是薄板坯连铸连轧技术的迅速发展，该技术取消或者减少了铸坯的加热时序，铸坯直送精连轧机组轧制成成品。

连续铸钢技术在其发展的历史进程中，由于炼钢技术条件、产品要求（包括产品的成分和尺寸）和生产条件不同（包括厂房高度、生产节奏、工艺流程等），有多种方式。按结晶器类型，连续铸钢技术可分为固定式连铸和随动式连铸两种。固定式连铸就是现在钢铁企业在生产上经常采用的以水冷、底部敞口的铜结晶器为特征的"常规"连铸方式；而随动式连铸方式是指轮带式连铸、双带式薄板坯连铸、履带式连铸和水平式连铸，其特点是在浇注过程中，采用结晶器随铸坯一起运动的连铸方式。本节所讨论的连铸生产自动化技术主要是指在采用常规连铸方式的连铸机上所应用的自动化技术，这种采用常规连铸方式的连铸机在目前钢铁企业的实际生产中被大规模采用。

采用常规连铸方式的连铸机按照结晶器形状和水冷凝固过程的不同，又可分为立弯式连铸机（见图 3-47）、立式连铸机（见图 3-48）、弧形连铸机和直结晶器弧形连铸机（见图 3-49）。其中，立式连铸机由于铸坯整个流程是在一条垂直线上完成的，要求增加设备高度，一般采用地坑布置，不仅建设费用大、操作不方便，而且劳动条件也比较差，对提高生产率极为不利，因此，这种铸机已不能适应现代连铸技术的要求，逐渐被淘汰。

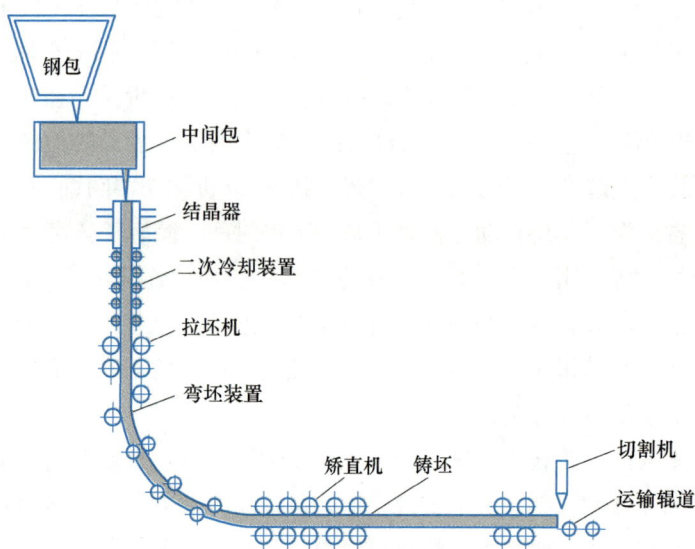

图 3-47 立弯式连铸机示意图

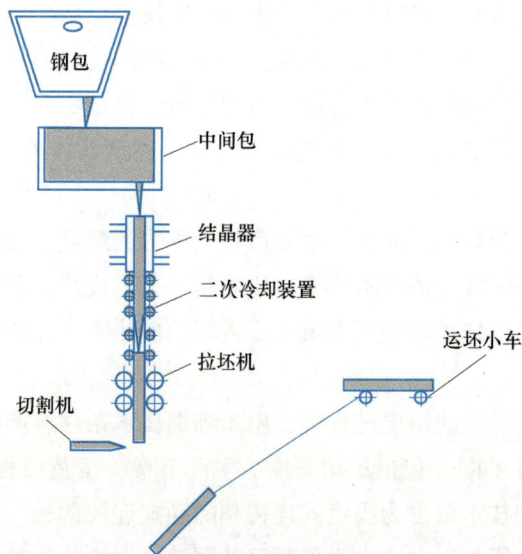

图 3-48 立式连铸机构成图

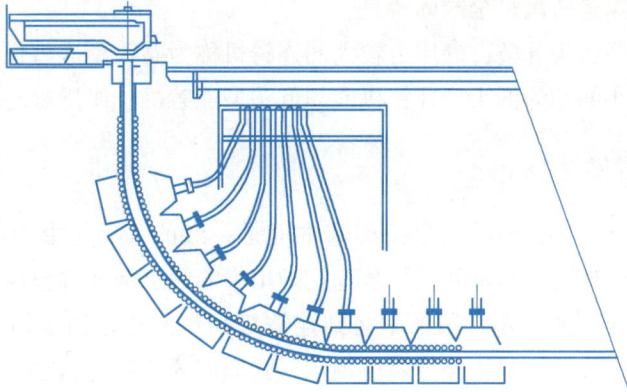

图 3-49 直结晶器弧形连铸机

立弯式连铸机是在铸坯完全凝固后，通过顶弯装置，铸坯沿一定半径的圆弧运行，经矫直后水平出坯。因为这种连铸机是在凝固后进行弯曲和矫直的，所以弯曲力和矫直力都比较大，只适应于小断面铸坯；但由于它有一个垂直段，有利于铸坯中夹杂物上浮，所以，当对铸坯的纯净度要求较高时仍可采用这种连铸机。弧形连铸机是具有弧形结晶器、固定半径和矫直的连铸机，也称为全弧形连铸机。直结晶器弧形连铸机，顾名思义其结晶器为直的，通过一点或多点弯曲、多点矫直形成铸坯。后面两种连铸机是目前钢铁企业中较为广泛应用的。

以上是按照结晶器形状和水冷凝过程的不同来区分，如果从形成铸坯的断面尺寸和外形来分，连铸机又可以分为以下五种：小方坯连铸机，其生产坯的断面尺寸小于 150 mm×150 mm，最小断面为 50 mm×50 mm，一般用于棒材、线材、低温用钢和耐大气腐蚀钢板；大方坯连铸机，其断面尺寸大于 150 mm×150 mm，现在最大断面尺寸为 450 mm×450 mm；厚板坯连铸机，一般用于造船用钢、普通结构用钢、高压容器用钢、煤气管用钢和不锈钢，其生产板坯的厚度为 130~300 mm；中薄板坯连铸机，一般用于普通结构用钢、钢管钢、汽车用钢、冷弯型钢、不锈钢、有层钢板等，其板坯的厚度为 50~130 mm；薄板坯连铸机，其生产的板坯厚度为 20~50 mm，这种连铸机生产出来的薄板坯可以直接送热连轧轧成热轧板卷。薄板坯连铸机由于其简化工艺生产流程、设备重量轻、降低基建投资、节约能源和降低生产成本，是目前世界各国钢铁企业在连铸机上的发展方向。一般把矩形断面的长边与宽边之比小于 3 的连铸机称为方坯连铸机；反之，大于 3 的就称为板坯连铸机。

从生产出来钢坯的外形来分，连铸机又可以分为以下三种：圆坯连铸机，其坯形断面为圆形，一般用于无缝钢管、棒材等结构钢，其生产圆形坯的直径为 ϕ60~400 mm；异型坯连铸机，浇注异形断面（如 H 型钢）等；圆方坯连铸机，就是在同一台铸机上根据工艺流程的要求，通过更换结晶器的办法，既能生产圆坯又能生产方坯的连铸机。

连铸机按拉速又可分为高拉速连铸机和低拉速连铸机，其区别在于高拉速连铸机是带液芯矫直，而低拉速连铸机是全凝固矫直。

另外，按钢水静压头分类，静压力较大的连铸机称为高头型连铸机，如立式、立弯式连铸机；静压力较小的称为低头型连铸机或超低头型连铸机，如弧形连铸机等。

3.4.1 连铸工艺过程

连铸机虽然分类复杂，但其工艺流程基本上是一致的，都是由钢水连续地凝固成钢坯。弧形连铸机的生产流程基本如下：从炼钢炉出来的钢水倒入钢包内，经过二次精炼获得符合连铸温度和成分的钢水，用吊车运到连铸机钢包回转台的受钢位置并旋转到浇注位。钢水通过钢包底部的水口，经过对滑动水口式塞棒的控制将其注入中间包内。中间包水口的位置被预先调好到对准下面的结晶器，通过对中间包滑动水口式塞棒的控制，钢水流入其下端出口由引锭杆封堵的水冷结晶器内，当结晶器下端出口处坯壳有一定厚度时，启动结晶器振动装置。通过引锭杆向下拉拔力的传递，使带有液芯的铸坯通过由若干夹辊组成的弧形导向段，这时铸坯一边下行，一边经受二次冷却区中由许多按一定规律（其中包括冷却水流量、雾化空气流量、水流量和露化空气流量之比，以及这些量随着拉速和钢种不同而发生的变化）布置的喷嘴喷出的露化水的强制冷却，继续凝固。当引锭杆拉出拉坯矫直机后，将其与铸坯脱开，当铸坯被完全矫直且凝固后，由切割机将其切成工艺要求的长度。最后，铸坯经过去毛刺机、推钢机、垛板台等一系列操作后，经辊道送到指定地点，这就完成了连续铸钢的一般过程，参见图 3-50。

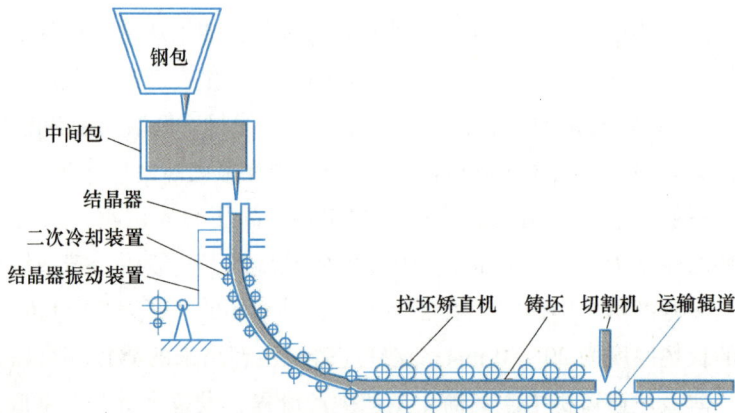

图 3-50　弧形连铸机的生产流程示意图

连铸机的主要工艺参数包括连铸机的生产能力、冶金长度、流数、拉坯速度、圆弧半径、作业率以及多炉连浇数。

3.4.2 连铸过程自动化

现代连铸计算机控制系统主要实现的自动控制内容，如图 3-51 所示。

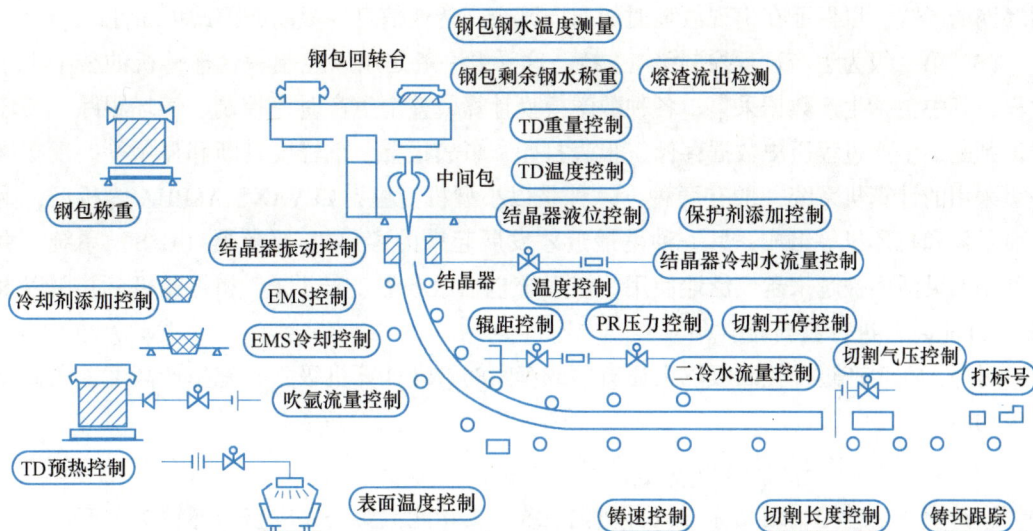

图 3-51　现代连铸计算机控制系统的自动控制内容示意图

为了实现如图 3-51 所示的自动控制功能，现代连铸计算机系统一般分为以下三级。

（1）第零级有时也称为检测驱动级（L0）。这一级主要由现场各种智能化仪表、全数字化的交直流传动装置所组成，还包括执行机构、电磁阀、传感器、操作接口等，这些设备通过设备网和基础自动化级（L1）进行控制信息交换，即提供现场测量参数，接收控制参数。设备网的主流技术是现场总线控制系统 FCS（Fieldbus Control System）。目前，现场总线控制系统的开发方兴未艾，而标准 IEC 61158 将现行不同生产厂家的 8 个总线标准规定为现场总线标准的 8 个子集说明，每个现行的总线技术均有其各自的特点和不足，形成统一的国际标准还有待时日。典型的网络技术，如西门子的 Profibus DP 和 AB 公司的 Devicenet 都在连铸机自动控制上有着广泛的应用。

（2）第一级为基础自动化级（L1）。这一级几乎无例外地采用仪表的集散型系统 DCS 和可编程序控制器 PLC，早期的系统如 WDPF、N-90、SYMATICS5、PLC5、PC984、Infi90，近期的系统如 OVATION、SYMATICS7、CONTROLOGIX、QUANTUM、WisCC 连铸过程控制数智系统等。一些大的 DCS 和 PLC 制造商正纷纷将各自的功能向对方的领域延伸，即 PLC 具有 DCS 的控制功能，DCS 具有 PLC 的控制功能。基础自动化级的主要功能有两个方面：一方面是用于执行第二级，即生产过程控制级送来的操作指令或模型计算的设定值，通过必要的逻辑判断或计算以及设备网和输出点（output）去控制具体的现场生产设备；另一方面是通过设备网和输入点（input）采集现场数据，送至生产过程控制级。基础自动化级采用数据通信总线，实现了系统的综合控制。数据总线可将各个基本控制器（PLC、DCS）、显示器站（HMI 或 MMI）及生产过程控制级计算机等有机地连接起来，保证了系统控制功能的分散和操作显示的高度集中，同时也为生产过程控制级实行综合控制创造了条件。典型的数据通信总线有西门子公司生产的工业以太网和 AB 公司生产的控制以太网，它们都在连铸机的自动控制中得到了广泛的应用。这些数据通信总线现在都采用环网的形式，以保证在出现故障时能双向冗余、传递信息、提高通信的可靠性。

（3）第二级为生产过程控制级（L2）。这一级一般是用以控制一台连铸机的整个生产过程，其中包括生产数据采集、各种数学模型计算、整个生产时序控制、铸坯跟踪、铸坯质量判断、生产过程历史数据存储、报表打印、事故报警、重轻度判断和显示等。现在这一级采用的计算机系统一般有两种，一种是以小型机为主，如 VAX、ALPHA 等机型，附加显示器和打印机等组成；另一种是最近才发展起来的客户机/服务器（C/S）系统，由于其拓展灵活而被越来越广泛地使用。该系统包括服务器、若干 PC 和打印机，并用以太网（Ethernet）进行数据通信。

另外，在生产过程控制级以上还有厂或车间的管理计算机级，实施生产高度、数据集成等功能。

3.4.2.1　连铸生产过程控制级的功能

连铸生产过程控制级又称二级自动化系统，其功能主要是完成整个连铸机生产过程中全行程的控制与管理。以前一般将其分成两部分，即以切割机为限，切割机前由一台小型机来完成，切割机（包括切割机）后由一台小型机来完成。近年来发展起来的 C/S 系统中这种功能划分已经不明显，而是根据不同工艺段的显示和控制要求设置多台 PC 及一台服务器，通过以太网来组成完整的二级控制系统。

连铸生产过程控制级的主要功能是：输入制造命令、制造标准和作业顺序安排，收集和处理生产过程数据，进行生产过程的控制、数学模型的计算、质量的控制、数据参数的显示记录、精整场的管理、铸坯的跟踪、设备的诊断以及与生产管理级、基础自动化级之间的数据通信。

A　制造命令、制造标准和作业顺序的安排

连铸生产过程控制级在有生产管理级（L3）计算机的情况下，接收生产管理级计算机送来的制造命令，并在本级存有制造标准和作业顺序；在没有生产管理级计算机的情况下，可由显示器通过键盘输入制造命令，并在本级存有制造标准和作业顺序，同时把制造命令、制造标准、铸造顺序的信息传送给精整计算机。

另外，连铸生产过程控制级可以通过基础自动化级传送来的信息，按作业顺序设定或显示以下设备的运行状态：钢水包是在 A 臂铸造位置还是在 B 臂铸造位置，钢水包注入开始和注入终了；两个中间包小车是在东预热位置还是在西预热位置，是在东浇注位置还是在西浇注位置；中间包交换开始和交换终了；引锭杆装入开始、装入终了以及引锭杆装入可能；中间包注入开始、铸造开始，注入终了，铸造终了，拉坯开始、拉坯终了；连铸的各种运转状态，即准备、装入、保持、铸造、拉坯、引锭杆循环、压紧辊压紧开始和压紧终了；切断开始、切断终了、切断失败以及炉次跟踪。以上各设备的运行状态，都以炉次为单位进行收集和管理。

操作人员可以在连铸操作室生产过程控制级的显示器上看到以上各设备的运行状态。

B　数据的采集与处理

数据的采集可以有三种方法，即通过数据通信由基础自动化级采集，这占整个数据采

集的80%以上；通过 HMI 人工键盘输入；通过数据通信由炼钢、精炼、热轧过程机传输而得到。这三种方法互为补充，以达到下面所要求的数据，不管采用哪一种方法全部输入到生产过程控制级。这些数据共分为以下八类：

（1）与输送连铸机浇注钢号有关的数据，一般由转炉、炉外精炼过程计算机和化验室计算机输入，包括炉次实绩、出钢温度及时刻、钢水重量、脱气最终温度及时刻、钢水成分、炼钢质量异常数据（钢水品质异常代码，如出钢喷粉以及合金处理等的出钢记号）、转炉实绩、炉后喷粉吹氩实绩、炉外精炼实绩等。

（2）与钢包有关的数据，包括转炉号、在回转台上的钢包号及使用次数、滑动水口直径、塞棒使用次数、钢包到达时间、钢水温度和测温时间、吹氩终了时刻以及总吹氩量、压力和时间。

（3）与中间包有关的数据，包括在中间包小车上的中间包号、使用次数、预热时间、吹氩量、在预热位置的中间包号、在铸造和预热位置的中间包小车号等。

（4）与结晶器有关的数据，包括使用中的结晶器号码、使用次数以及该连铸机所有结晶器的型号和所在位置。

（5）与连铸机号有关的数据，包括以炉次为单位收集到的连铸实绩，在多炉连浇时，若进行异钢种连浇，以接缝位置作为炉次区分点；若进行同钢种连浇，则以铸坯切割点作为炉次区分点。此外，还包括钢包开浇日期及时刻、连铸机号、预定出钢记号和实际出钢记号、钢水重量和钢渣重量、交换中间包时刻、交换中间包时刻的总铸造长度、钢包开浇及终了时刻、浇注时间；板坯连铸调宽开始和终了时刻以及调宽所需时间；拉坯时间及所需周期，钢包开浇时的已浇注长度、炉次开始和终了时的浇注长度、板坯连铸调宽开始和终了时的浇注长度；最高和最低拉速以及平均拉速、钢包交换时的拉速、板坯连铸调宽时的拉速；中间包开浇及终了时的钢水重量、在异钢种多炉连浇时中间包的钢水重量、投入保护渣的品名及使用量；在多炉连浇时一个浇注周期中预定和实际的多炉连浇数、中间包连续使用次数、交换中间包浸入水口时刻、中间包浸入水口时浇注的总长度，结晶器平均振动次数和振幅，结晶器冷却水量、进出口温度及温差，每块合格坯重量、铸坯数量及其长度，二次冷却水每段喷水量、喷水方式及气水比。

（6）与浇注长度及时间有关的数据，在从开始浇注到拉拔结束的整个时间内，按规定周期扫描，从 PLC（或 DCS）中采集相应的过程数据，每当浇注长度达到规定长度时把这些过程数据进行处理及取平均值，即得到一批与浇注长度相应的数据。

（7）切割实绩数据，包括切割日期和时刻、铸坯号、铸坯尺寸和重量、铸坯表面温度、是否热送、坯头和坯尾的重量等。

（8）精整过程的数据，包括从切割后辊道开始到与热轧辊道交接点为止的搬送线上铸坯自动跟踪的所有数据，即铸坯数、铸坯号（铸坯的喷印数据）、铸坯的去向（包括热送铸坯、火焰清理线上的铸坯、人工清理线上的铸坯）、下线堆放在铸坯场待处理的位置及搬运记录数据等。

在采集以上数据以后，生产过程控制级计算机通过各种运算、判断等处理，同时进行以下几个方面的工作：

（1）数据显示。以上的数据通过 HMI 画面和操作员进行人机对话，这些画面包括工艺流程画面（包括工艺流程中各控制点的数据显示、工作状态、运行方式）、数据处理画面（包括工艺数据查询、工作状态修改、控制数据修改）、公共画面（包括画面目录菜单、计算机运行状态）、数学模型计算结果以及设定控制方式专门操作指导画画、工艺参数画面（包括时间系列曲线、趋势曲线、历史记录曲线）、信息及处理实绩画面（包括连铸作业顺序、处理铸造长度画面等）、各类报表画面、铸坯跟踪和钢包跟踪画面、报警画面等。

（2）打印报表，包括打印炉报、班报、日报、月报、铸造计划、报警记录及显示画面的拷贝。

（3）生产过程按数据进行全程协调控制。

（4）质量跟踪，质量判断。

（5）进行数学模型计算。

（6）进行数据通信，把各级计算机必需的数据送往各级。

3.4.2.2　连铸生产过程控制级的控制内容

连铸生产过程控制级计算机对生产过程的控制主要是根据连铸工艺过程连续性的要求，把连铸各工艺段的控制功能联结起来，并不断地发出指令，形成一个完整的自动化连铸生产线。生产过程控制有两种形式，一种是动态模型控制方式，另一种是预设定控制方式。动态模型控制方式是以在线数学模型的运算结果来执行控制，这些数学模型包括根据目标温度进行铸坯温度过程控制的二次冷却模型、漏钢预报模型、最佳切割控制模型、质量异常判别模型等。预设定控制方式是指由过程控制级计算机对某些由基础自动化级执行的控制系统进行设定控制，这些设定除各种恒值控制系统的设定之外，还包括需经某些公式（这些公式一般比较简单）计算而由基础自动化级的 PLC 或 DCS 执行才能得到设定值的公式中各个常数的设定。

连铸生产过程控制级的控制内容主要有结晶器在线调宽控制、电磁搅拌控制、压缩铸造控制和铸坯喷印控制。

（1）结晶器在线调宽控制。在多炉钢水连铸时，由于制造命令和钢种不同，铸坯的宽度不一样，为了提高连铸的生产率，保证多炉连铸的顺利进行，要求必须能在铸造生产过程中自动调节结晶器的宽度。另外，即使是同炉钢水的连铸生产，当热轧计算机过程控制系统发出变更铸坯宽度的要求、需要满足热轧生产过程要求、保证热装热送时，也要求能自动变更结晶器的宽度。若既要保证生产的连续性，又要保证不漏钢和切割时铸坯浪费少，就必须采用生产过程控制级的计算机系统，根据铸造命令、钢种和宽度要求，针对切割的实际情况，对铸造速度、铸坯厚度等因素进行分析、计算、查询和设定控制参数，使之能在满足高速铸造的前提下对结晶器宽度变更实行最佳控制。

（2）电磁搅拌控制。为了提高铸坯质量，扩大中心等轴晶带，抑制柱状晶的发展，从而减少中心疏松、中心偏析，应利用电磁作用力对连铸生产过程中铸坯内未凝固的钢水部分进行搅拌。对于不同的钢种，铸坯尺寸大小不同，控制电磁搅拌的电流值、周期和频率也都不同，因而对应的控制参数曲线多而复杂，需要生产过程控制级计算机进行处理。生产过程控制级计算机根据铸造命令，检索电磁搅拌控制参数，有效地控制电磁搅拌器的工作，生产出高质量的铸坯。

（3）压缩铸造控制。铸造生产过程中，在铸坯矫直时，铸坯内侧的凝固面上受到很大的拉力，铸坯外壳内侧容易发生碎裂，特别是在高速浇注时更为明显。为了提高铸坯的质量，防止出现裂痕，就必须采用生产过程控制级计算机，根据压缩铸造理论分析压辊的压力、铸造速度和二次冷却信息，针对铸流实际的运行情况计算铸坯圆弧内侧所受的拉力，并将其与对应铸造命令规定的拉力允许范围相对比；当超过允许范围时，生产过程控制级计算机又必须快速计算出相应的压辊制动力，使其作用于驱动压辊，从而获得最佳压缩铸造控制，在保证铸坯质量的前提条件下获得较高的铸造速度。

（4）铸坯喷印控制。由于生产管理的需要，铸坯要进行喷印，连铸生产出的每一块铸坯都要给一个编号。连铸生产过程控制级计算机对已切割的铸坯进行跟踪，当电气 PLC 收到"进入喷印辊道"信号时，生产过程控制级计算机就向 PLC 发送铸坯编号并显示在显示器画面上，然后由喷印 PLC 控制喷印机进行喷印。喷印结束时，从 PLC 收集喷印的实绩送到生产过程控制级计算机系统。

3.4.2.3 连铸生产过程控制级的数学模型

在连铸生产过程控制中，主要的数学模型有漏钢预报模型、二次冷却水控制数学模型、质量控制系统模型和最佳切割数学模型。

（1）漏钢预报模型。漏钢预报是 20 世纪 80 年代开始发展起来的一种连铸机结晶器故障诊断和维护技术，通过研究漏钢成因与机理，检测出拉漏的征兆并报警和控制，建立预报数学模型并不断地完善与进步，使用人工智能技术（人工神经元网络）、多模型和多种技术联合以及可视化技术，直接在显示器屏幕上显示出结晶器内钢水及铸坯各部分的温度并以不同颜色显示，从而可直接看出结壳情况。从本质上来说，国内外连铸机拉漏预报方法均为常规的模式识别方法。常见方法之一就是对温度上升量、上升速度或上、下热电偶之间温度峰值的转移时间等参数，用统计分析的方法建立铸坯温度的模型，根据由此算得的温度与实测温度的偏差判断是否发生黏结和拉漏。

（2）二次冷却水控制数学模型。建立准确的铸坯凝固过程数学模型，对实现可预测的冷却控制和提高铸坯质量都是很重要的。目前常见的铸坯冷却模型大多是单纯根据传热现象建立的铸坯凝固过程传热偏微分方程模型，然后根据一定的初始条件和边界条件，采用有限的差分法对其求解。事实上，这种方法由于没有考虑液芯中由电磁搅拌和自然对流引起的钢水对流散热，很不正确。如何补偿液相区和两相区中钢水的对流散热，一直是铸坯凝固过程建模中的一个关键问题。为此，综合传热、钢水流动和凝固三种现象建立了铸坯凝固的计算机模拟模型，其克服了单纯根据传热现象建模的不足之处。

（3）质量控制系统模型。质量控制系统用来检查主要的过程变量，产生质量记录，以便进行保证质量的处理。铸坯质量判断数学模型是铸坯质量判断的核心。目前有两种建模方法，即用传统方式建模和用人工智能技术建模。用传统方式建模的方法在本质上是事后分析，其缺点是即使知道某个变量超限，也无法克服其对铸坯造成的不良影响。用人工智能技术建模的方式是近几年才发展起来的，也称为实时质量控制专家系统，其特点：一是用质量预报代替传统的质量检验，从而将质量控制从离线提高到在线状态；二是根据众多工艺参数与各种质量缺陷间的复杂关系计算出铸坯的质量，而不是根据偏差来预报质量，因此超过了统计过程控制对质量控制的水平；三是当连铸生产出现波动时，专家系统可动态修改操作参数，以便调整后步工序来补偿铸坯质量，也就是有在线矫正功能。这一类的模型有一个规则集合模型，包括产品缺陷及其产生原因的专家知识，每一个预测规则都与一个确定因素对应，然后构成一个人工神经网络，并利用取自该用户的时间过程数据来训练它，最后采用最接近邻近值分级，将产品分成无缺陷合格产品或有缺陷不合格产品，对连铸-连轧而言，合格的产品热装或直接轧制，不合格的产品视其程度或作废或进行修理。这一系统的优点在于，它把所有的质量信息集中并归属于系统中，使用者可以把新出现的数据以变量形式输入，系统的推断过程是以规则组成"黑箱"模型为基础的，这些模型不仅包括产品缺陷预测机理，还包括不确定性机理，因而正确性高，便于操作员操作。

（4）最佳切割数学模型。连铸机最佳切割的目的是，根据制造命令中对铸坯切割长度的要求进行切割，减少甚至消除大于或小于铸坯切割长度的极限值，使铸坯损失减至最小，以得到最大的金属收得率。现代大型连铸机为了实现最佳切割都使用设定控制方式，即由生产过程控制级计算机做最优切割计算，然后对基础自动化级的 PLC 进行设定控制。其控制方法分为如下四步：

1）收集对铸坯切割有影响的事件，如已浇注铸坯的总长、异钢种连浇、铸坯宽度的在线调宽、中间包的交换、浸入式水口的破损等；

2）收集切割实绩数据，如切头和取样的切断长度及切断方式、切断机的位置等；

3）计算出除影响铸坯质量事件以外的切割长度，即所谓的良坯长度；

4）对良坯进行最佳切割计算，把最佳切割的长度送到 PLC 以进行设定切割控制。

3.4.3　连铸基础自动化

连铸基础自动化级所完成的控制功能主要有：中间包钢水液位自动控制、连铸开浇自动控制、保护渣加入自动控制、结晶器钢水液位自动控制、结晶器冷却水流量自动控制、二次冷却水自动控制、铸坯定长切割自动控制、电磁搅拌自动控制、中间包干燥与烘烤自动控制以及连铸机水处理自动控制。

3.4.3.1　中间包钢水液位自动控制

中间包钢水液位自动控制是提高铸坯质量、保证顺利浇注的重要手段，把中间包的钢水液面控制在一定高度，可使钢水在中间包内有足够的停留时间，让夹杂物上浮，同时也可以保证钢水从滑动水口或塞棒下水口稳定地流入结晶器，这也是结晶器液位稳定不变的一个先决条件。使用 DCS 的中间包钢水液位自动控制系统，如图 3-52 所示。

中间包钢水液位自动控制的基本控制原理是，用装在中间包小车四个支撑装置上的四

DCS

变化率检出　偏差检出

数字滤波

控制运算　←　弹性和游隙补偿

皮重去除处理

脉冲宽度变换

盛钢桶

V/F变频控制装置　→　～　LD-SN

中间包

重量变换器

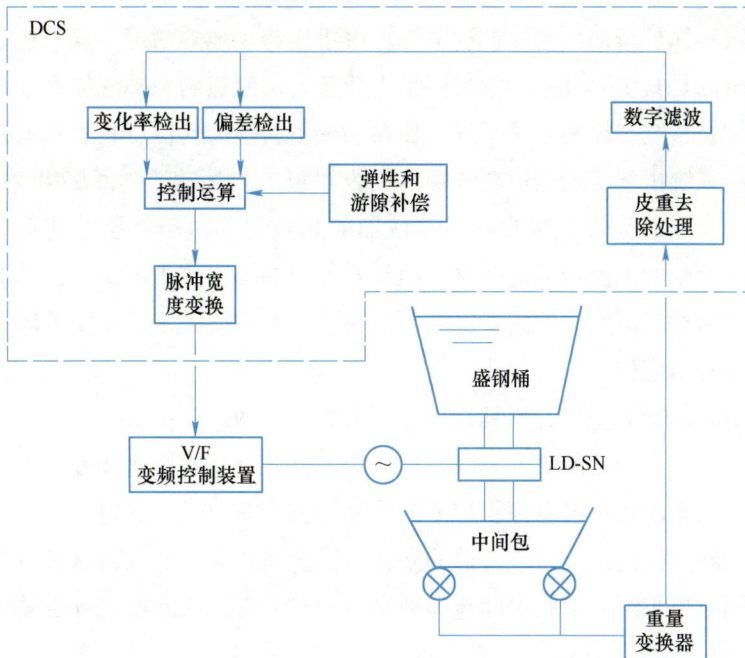

图 3-52　使用 DCS 的中间包钢水液位自动控制系统

个称重传感器，测量中间包的皮重以及钢水进入中间包后的总重，把这些重量信号送至 DCS 得出净钢水重量，换算成钢水液位高度。把这一高度与设定值作比较，如有偏差则由 DCS 进行运算，经液压伺服机构或电动执行机构控制滑动水口或塞棒的开口度，以改变流入中间包的钢水流量。为使中间包钢水液位保持在一定的高度上，在使用电动执行控制机构时，将使用交流电动机和脉冲宽度调制的 VVVF 变压变频装置供电。

3.4.3.2　连铸开浇自动控制

开浇是连铸生产中一个极其重要的环节，在开浇过程中，结晶器中的钢水液位逐渐升高。拉坯机在浇注初期并不工作，而是当液位达到一定高度后才开始拉坯，而且拉速是按照一定的逻辑关系从一个低于正常拉速的值逐渐增高，直到进入正常浇注为止。开浇的成功与否直接决定着连铸过程是否可以顺利进行，所以连铸机开浇的自动控制可分为两个阶段：第一阶段是把引锭杆插入，然后将钢水浇到结晶器内，引锭杆不动，结晶器内钢水液位以恒速上升直到某个规定的高度，一般为结晶器高度的 70% ~ 80%；第二阶段是引锭杆以预先设定的加速度开始往下拉，直到达到预先设定的最终速度为止。在这一过程中，结晶器钢水液位自动控制系统投入运行。

连铸开浇自动控制系统先测量从中间包注入结晶器的钢水重量，然后以物料平衡计算出拉坯必需的最终速度以及所要求的引锭杆加速度，并把这些数据送到夹送辊的驱动装置，以保证拉速与注入结晶器的钢水流量相平衡。

3.4.3.3　保护渣加入自动控制

保护渣在结晶器钢水液面上的均匀加入对于防止钢液表面氧化、吸收上浮非金属夹杂物以及保持铸坯和结晶器良好润滑是必不可少的。为了既使得加入保护渣均匀，又能充分利用保护渣，采用保护渣加入自动控制系统。由于连铸场地的情况不同，该系统有许多种形式，下面介绍的是其中一种——由德国曼内斯曼公司制造的保护渣加入自动控制系统。

该系统由加料系统和控制系统组成。加料系统由斜槽加料器、料仓和料仓下面的透气网筛组成。控制系统由气动控制回路和辐射接收器组成。气动控制回路由 PLC 进行控制。辐射接收器为一个热敏元件，接收结晶器液面的热辐射。由于渣层厚度不同，辐射热不同，热敏元件所感受的温度也随之变化，结晶器液面的辐射热由测温元件 1 测出；另一个测温元件 2 则测量环境温度。将两者温度做比较，当其偏差大于某规定值时就应改变保护渣的加入量，直到温度偏差正常为止。

为了实现加入保护渣均匀，用具有一定压力的氮气输送保护渣到结晶器上方的投入装置，这样可保证保护渣沿结晶器窄边方向投入均匀；通过变频调速装置，由 PLC 控制振动给料器和横向移动电动机，可保证保护渣沿结晶器宽度方向投入均匀。

保护渣加入自动控制系统由于考虑的是辐射温度偏差值，能保证保护渣的厚度，与铸造速度无关，同时也与结晶器和中间包间的浇注状态无关，因此使用方便灵活。

3.4.3.4　结晶器钢水液位自动控制

结晶器钢水液位波动不但直接影响铸坯的质量（夹渣、鼓肚和裂纹等），而且会导致浇注过程中发生溢钢和漏钢事故，故结晶器钢水液位自动控制是连铸至关重要的问题。

结晶器钢水液位自动控制系统主要有以下几个方面的作用：

（1）可靠的结晶器钢水液位控制系统能使结晶器内保持稳定的、比较高的钢水液位，这样能比较有效地发挥一次冷却的作用，从而能增加连铸机的产量。

（2）结晶器钢水液位的控制可以改进铸坯表面的质量。有了稳定良好的铸坯表面质量，从而产生了铸坯无须冷却、无须检测、无须处理的工艺，由此使直接轧制变为可能，从而节省了能源。

3.4.3.5　结晶器冷却水流量自动控制

结晶器冷却水流量的自动控制不仅是保证设备安全运行的一个重要因素，而且对铸坯凝固、外壳厚度和铸坯质量有重要的影响。通常是控制水压使之恒定，这样冷却水流量也就恒定了；或者直接控制冷却水流量使之恒定，但其设定值却是按钢种、拉坯速度、钢水温度以及冷却水进口温度等情况，经由 PLC 和 DCS（或二级过程控制计算机）来设定。

3.4.3.6　二次冷却水自动控制

连铸机二次冷却区铸坯所散失的热量占铸坯在凝固过程中散失总热量的60%，它直接影响铸坯的质量和产量。铸坯从结晶器拉出后，凝固壳较薄，内部还是液芯，需要在二次冷却区继续冷却使之完全凝固。冷却要均匀，才能获得质量良好的铸坯；同时要保持尽可能高的拉速，以获得高的产量。因此，二次冷却的控制是连铸生产的一个重要环节。二次冷却是把二次冷却区分为若干段，而每段又包括若干个回路进行控制，按照一定的工艺要求来达到总体冷却要求。现在一般的连铸机二次冷却区均采用气水冷却，使冷却水在具有一定压力的空气作用下雾化，均匀地喷洒在铸坯表面上，从而得到均匀缓冷的效果，提高铸坯质量。

汽水冷却系统由水控制回路和气流量控制回路两支路合成。水控制回路由电磁流量计、控制器（现在大都用 PLC 或 DCS）、截止阀和电动调节阀组成。气流量控制回路由孔板差压变送器、控制器（现在大都采用 PLC 或 DCS）、截止阀和电动调节阀组成。

3.4.3.7　铸坯定长切割自动控制

铸坯定长切割自动控制系统主要由检测装置、控制装置（PLC）、参数输入装置及参数显示装置等几部分组成。

3.4.3.8　电磁搅拌自动控制

电磁搅拌自动控制也是分级控制，即生产过程控制级根据工艺要求的时序，通过数据通信向基础自动化级下达电磁搅拌的执行指示和设定参数。而电磁搅拌的基础自动化级一般由一台单独设置的 PLC 组成，这些设定参数包括电流值、通断时间、搅拌方式和频率，在没有生产过程控制级（L2）计算机的情况下，也可以存储在电磁搅拌的 PLC 中。在电磁搅拌按工艺控制要求启动后，按设定参数对电磁搅拌变频器进行设定和时序控制。

3.4.3.9　中间包干燥与烘烤自动控制

中间包干燥与烘烤自动控制在燃烧控制部分是基本一致的，但主要有以下三方面的差别：

（1）中间包干燥控制在一般情况下是离线控制，而中间包烘烤控制是把中间包放在中间包小车上在线控制。

（2）中间包干燥控制没有联锁控制；而中间包烘烤和中间包小车有联锁控制，例如在烤枪下降时，中间包小车就不能横移等。

（3）两者燃烧控制的程序按工艺要求有差别。

下面就其共同的燃烧控制部分加以叙述。中间包干燥与烘烤的能源介质一般采用煤气和空气，其控制的主要检测和控制设备如下。

（1）煤气截止阀，包括主截止阀和烤枪前截止阀两级。其中，烤枪前截止阀必须在满足下列条件时才允许打开：

1）烤枪已经入口点火并降至烘烤位置；

2）煤气压力正常；

3）空气（包括烘烤用空气及仪表系统用空气）压力正常；

4）清洗管道用氮气压力正常。

（2）干燥烘烤用煤气和空气的流量测量装置，一般采用流量孔板，并经变送器变为 4~20 mA 标准信号输入 PLC（或 DCS）。

（3）干燥和烘烤用煤气和空气的流量调节阀，可由 PLC 或 DCS 输出进行 PID 调节，在以上设备和条件满足以后，可以用以下两种方式进行控制：

1）自动控制方式。由 PLC 或 DCS 根据所设定的程序图表进行煤气流量设定；而空气一般根据所设定的煤气流量值乘以一经验系数（称为空燃比），以此乘积作为空气流量设定值。

2）机侧仪表给定方式。进行仪表定值设定控制。

3.4.3.10 连铸机水处理自动控制

连铸机水处理系统对连铸机来说是比较复杂而又相对独立的系统，一般采用两台 PLC（或 DCS）来进行控制，并通过网络系统和连铸机本机的 PLC（或 DCS）进行数据通信。

为给连铸机提供满足要求的高品质冷却水而设置的循环冷却水系统，是依据连铸用水的用水条件、排水条件、外部给水条件、含油排水的允许排放条件和连铸厂的自然条件进行设计的。

连铸机产生的废水中主要包括氧化铁皮和油类杂质，氧化铁皮通过旋流井、沉淀池、浓缩沉淀池、过滤器等环节净化；油类杂质则通过撇油装置净化。连铸水处理系统外部供水所用的工业水若要满足连铸机的冷却要求，仍然需要进行净化和软化处理。依据如上条件设计的连铸机水处理系统，由原水处理系统、间接水系统、直接水系统及排泥脱水系统组成，分别满足连铸机结晶器冷却用水、设备间接冷却用水、设备直接冷却用水以及二次冷却喷淋冷却用水的要求。

连铸机结晶器及电磁搅拌设备通过原水处理系统和间接水系统提供的软化水冷却。辊子轴承、脱锭设备、引锭导向、扇形段、垛板台等设备及液压油，通过间接水系统提供的间接冷却水冷却，设备间接冷却水也称为设备密闭循环冷却水。切割前设备、切割下设备、切割后设备和二次冷却扇形段，则通过直接冷却水系统提供的直接冷却水冷却。

3.4.3.11 连铸检测仪表

近年来，由于铸坯热送、热轧、连铸等新工艺、新技术的出现，对连铸生产中的自动化控制和检测仪表提出了更高的要求。可以说在连铸生产中，能否把设备使用和工艺操作控制在最佳条件，主要取决于过程自动控制和检测仪表的精密程度。

检测设备在检测控制系统中的功能大体可以分为如下几类：

（1）生产过程中参数的检测，常使用检测仪表、变送器或传感器。

（2）信号的变换与调节及送入计算机，常使用变送器、变换器、运算器、调节器等。

（3）控制功能的执行，常使用执行器、运算器、调节阀等。

（4）指示、报警、记录。

连铸机的检测仪表如图 3-53 所示。

检测仪表大致可以分为钢包、中间包、结晶器、二次冷却段及机外五部分。这些检测仪表的安装环境都是很恶劣的，如高温、高粉尘含量、多蒸汽、热辐射等，所以在安装这些检测仪表时，一定要注意环境的改善和选择，以保证检测仪表的正常运行。在选用仪表时一定要根据连铸工艺的要求，保证测量范围、精度、分辨率、动态响应特性等要求。根据仪表的特殊性，可将连铸检测仪表分成常规检测仪表和特殊仪表。

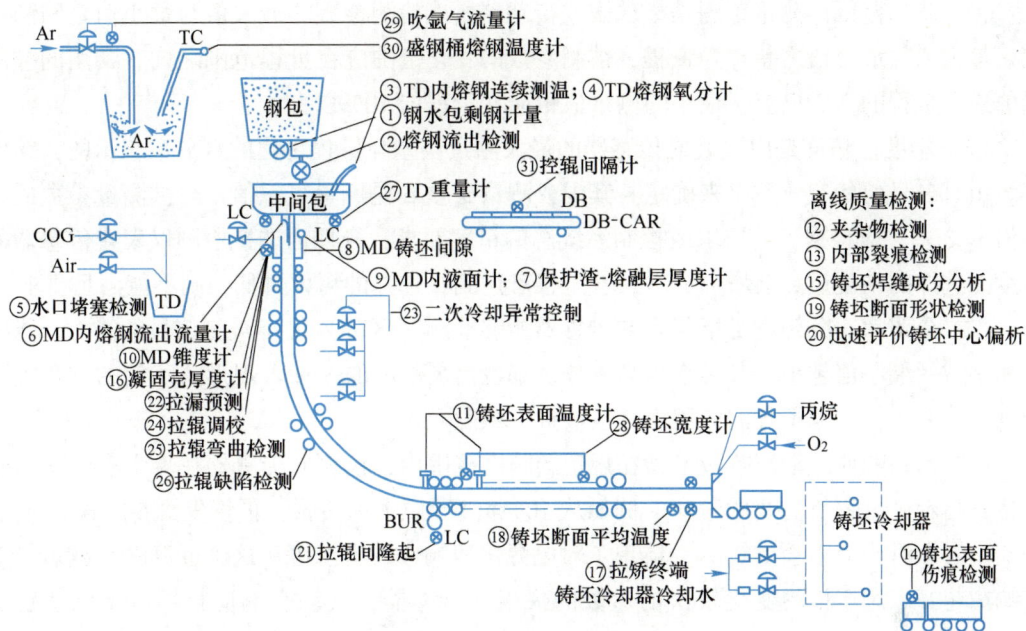

图 3-53　连铸机的检测仪表

A　常规检测仪表

常规检测仪表主要包括压力检测仪表、流量检测仪表、液位检测仪表、重量检测仪表、温度检测仪表和拉速检测仪表等。

常用的压力检测仪表有模片压力表、模盒式压力表和弹簧管式压力表等。

流量检测主要包括冷却水流量的检测和各种气体的流量检测。常用的冷却水流量的检测仪表可选用电磁流量计、射流式流量计（又称涡流式流量计）等。连铸机气体流量检测仪表一般采用孔板流量计。

水处理中的液位检测仪表可分为差压式液位计、超声波式液位计和电容式液位计。

一般重量检测都是由电子秤来完成的。

连铸机的温度检测一般分为三个方面，即高温的钢水温度测量、进出水温度测量和铸坯表面温度检测。浇注钢水温度一般在 1600 ℃ 左右，采用快速热电偶进行测量。进出水温度在正常情况下不会超过 50 ℃，对它的检测采用热电偶、热电阻即可实现，一般采用热电阻测量比较方便。目前，用于铸坯表面温度检测的仪表有辐射高温计、比色温度计和光纤式高温计等。

拉速的检测可以直接检测铸坯的线速度，例如利用相关法测速度；也可以通过增设测量辊或者利用铸坯的支承辊先测量辊的转速，再通过转速转换为线速度。测量转速的方法较多，可选用测速发电机、光码盘、光栅、磁电式转速测量装置来实现。

B　连铸机过程参数检测仪表或传感器的主要技术指标

选择合适的连铸机过程参数检测仪表或传感器，主要考虑以下几个方面：

（1）测量范围。测量范围是指仪表或传感器所能检测参数的最大值与最小值之间的范围。最大值与最小值之差称为量程，被测参数的变化范围应在量程范围之内，常用的被测量值应在量程的 2/3 以上，最小的测量值也应在量程的 10% 以上。

（2）精度。精度是由仪表或传感器的最大测量误差与量程之比的百分数表示的，精度等级由百分号前的有效数字来确定。其中，测量误差 Δ 是测量显示值 x 与被测量参数的真实值 x_L 之差。应根据工艺要求或控制系统总的精度要求，合理地选择检测仪表或传感器的精度。选择的精度过高会增加成本，甚至很难达到；选择的精度过低，则不能满足要求。

（3）分辨率。分辨率是指仪表或传感器能够检测（区分）最小被测信号的能力，能够检测参数的最小值越小，分辨率越高。分辨率也是灵敏度的一种表现形式。它的选择主要依据工艺要求，在电子秤的应用中其也被称为感度。

（4）动态响应。动态响应是指在规定的精度范围内，仪表或传感器在输入满量程信号时达到指示满量程所需要的时间，例如从 10% 负载到 100% 负载，再恢复到 50 mV 以内的时间，这个时间应小于 100 μs，体现了对电源快速响应的需求等。这个过渡时间越短，动态响应越好。用于检测变化较快的参数的仪表和传感器，其动态响应指标应予以特别的重视。

（5）使用环境。一般检测仪表或传感器都会给出使用环境条件，例如，环境温度 0~50 ℃、相对湿度 75%、供电电压（220±30）V 等。对于不满足规定的使用条件，需要增加一些措施，如冷却、加热、密封等，来保证检测仪表或传感器的正常使用。

（6）安装条件。有些仪表或传感器对于安装是有条件的，例如需要水平或垂直安装。

此外，流量检测仪表还有对于水平直管段长度的要求，称量系统仪表要求安装的压力传感器要在同一个平面之内等。选择仪表时要考虑这些特殊要求。

C　特殊仪表

连铸机的特殊仪表主要有：结晶器钢水液位仪、钢渣流出检测仪、凝固厚度测定仪、辊距和辊列偏心度测定仪、结晶器开口度与倒锥度检测仪、铸坯长度测量仪、漏钢预报检测仪、结晶器振动检测仪、非接触式铸坯切割长度检测仪、水口开度检测仪、铸坯表面缺陷检测仪等。

3.4.4　连铸生产共性技术应用及智能化

国内各大设计院和供应商对连铸智能化方案解决均开发了一系列自主的相关技术，所提供的相关技术在各有特色的同时也有一些共性的地方。

板坯连铸基础技术包括无人大包浇铸平台、大包下渣检测、中包自动开浇、结晶器液面自动控制、机器人自动加保护渣、结晶器在线热调宽、漏钢预报、电动缸非正弦振动、小辊密排智能扇形段、动态轻压下、电磁测液芯、二冷动态控制、红外定尺、铸坯质量表面在线检测系统、机械手喷号及字符识别、自动出坯系统、在线设备远程监控等。

方坯连铸基础技术包括无人大包浇铸平台、大包下渣检测、中包自动开浇、结晶器液面自动控制、自动加保护渣、电动缸非正弦振动、二冷动态控制、定重定尺、铸坯质量表面在线检测系统、机械手喷号及字符识别、自动出坯系统、在线设备远程监控等。

上述相关的连铸共性技术，目前国内绝大多数钢厂应用较为广泛的主要有大包下渣检测、结晶器液面自动控制、自动加保护渣、电动缸非正弦振动、二冷动态控制、定重定尺机械手喷号及字符识别等。

连铸制造过程无法在线检测铸坯裂纹，基于机器学习算法的铸坯裂纹预报技术构建铸坯裂纹识别和检测模型，实现连铸高效化生产和智能控制。将连铸大数据与人工智能算法结合，克服多物理场耦合难题，实现连铸制造无缺陷铸坯及多目标优化任务，确保高效连铸高稳定性生产。为准确建立铸坯裂纹预测模型，收集连铸过程参数，包括钢水过热度、浸入式水口参数、结晶器冷却参数、拉速、结晶器锥度、足辊段冷却参数等，这些静态特征主要用于数据驱动建模。

结晶器热电偶数据主要包括在结晶器宽面和窄面铜板中埋设的热电偶采集到的温度数据，时间序列特征对模型起着重要作用，分析典型热电偶温度变化特征，为铸坯裂纹预报提供理论基础。国内外研究多采用时间序列和结晶器热电偶温度数据作为输入特征，近期学者们开始加入冶金机理特征，对连铸流程进行系统建模。

连铸漏钢预报研究是智能化连铸领域的重要部分，基于结晶器热电偶温度数据的逻辑判断模型严重依赖工艺和设备参数，经常发生误报情况。采用机器学习方法构建的预报模型，模型参数是基于客观采集到的样本数据训练学习获得，具有较好的工况适应性。

机器学习在铸坯质量预测、智能诊断等方面取得了很多进展。对结晶器液位波动、铸坯中非金属夹杂物、中心线偏析、板坯鼓胀等进行智能化建模和预报。国内外学者探索挖掘连铸制造流程的大数据资源、设备状态与铸坯质量间的高度非线性关系，精准预测二次枝晶臂间距、结晶器液位波动、中心线偏析等缺陷，能够智能决策铸坯热装与下线清理，实现连铸机高效生产。

深度学习 RNN、CNN 和 LSTM 等算法已在复杂工业流程中证明其可用性，特别是在特定数据有限工况下，迁移学习也可以加速模型训练并提高预测性能。

复习思考题

3-1　解释下列缩略词：RFID、IPC、EAF、RH、DH、CAS、LF、VD、VOD 法、KIP、AOD 法、IR-UT。

3-2　在炼钢生产流程中的普遍生产工序模式是什么？

3-3　当今国内外最主要的炼钢法是哪种？

3-4　氧气转炉炼钢法按气体吹入炉内部位不同又可分为哪四种，哪种是当前氧气转炉炼钢发展的主要方向？

3-5　转炉过程控制系统按功能可分为哪几个子系统？

3-6　转炉钢包跟踪系统包括哪几部分？

3-7　转炉计算机控制有哪两种？

3-8　转炉计算机静态控制的含义是什么？

3-9　转炉计算机控制的静态模型以什么为中心，还包括其他哪些模型？

3-10 转炉动态控制法的含义是什么？

3-11 目前转炉使用的动态自动控制方法主要有哪几种？

3-12 转炉炼钢动态控制轨迹跟踪法是如何进行控制的？

3-13 转炉炼钢动态控制动态停吹法是如何进行控制的？

3-14 转炉炼钢动态控制吹炼条件控制法是如何进行控制的？

3-15 转炉炼钢动态控制称量控制法是如何进行控制的？

3-16 关于转炉静态控制的静态模型很多，从建模方法上大致可分为哪四类，各自的特点是什么？

3-17 转炉控制机理数学模型包括哪几种？

3-18 转炉加料计算模型包括哪几种？

3-19 转炉吹炼控制模型包括哪几种？

3-20 转炉自学习模型包括哪几种？

3-21 转炉炼钢生产基础自动化级主要包括哪些功能？

3-22 转炉氧枪系统包括哪些部分？

3-23 转炉氧枪位置控制系统是由哪些设备组成的？

3-24 转炉氧枪系统的控制方式有哪四种？

3-25 转炉底吹系统控制包括哪些功能？

3-26 转炉余热锅炉控制的关键点是什么？

3-27 转炉一次除尘系统是由什么组成的？

3-28 实现负能炼钢的主要途径之一是什么，什么是负能炼钢？

3-29 转炉煤气回收一般采用什么净化工艺？

3-30 转炉副枪的主要作用是什么？

3-31 转炉副枪系统主要由哪些设备组成？

3-32 转炉溅渣补炉工艺的基本原理是什么？

3-33 现在转炉炼钢基础自动化的硬件一般都包括什么？

3-34 转炉 DCS 一般由哪五部分组成？

3-35 转炉电弧炉炼钢有哪些优点？

3-36 电炉能够冶炼哪些类型的钢？

3-37 电弧炉内的整个炼钢过程一般分为哪三个时期，每个时期的任务有哪些？

3-38 酸性炉衬电弧炉和碱性炉衬电弧炉的区别有哪些？

3-39 在生产高级合金钢的电冶炼工厂的炼钢车间内，主要使用哪种炉衬的电弧炉？

3-40 电炉炼钢控制模型分为哪两种？

3-41 电弧炉电极自动调节器的组成、任务和要求分别是什么？

3-42 炉外精炼把传统的炼钢分成哪两步，每步的任务是什么？

3-43 举例说明采用炉外精炼法的原则。

3-44 目前炉外精炼有哪些形式？

3-45 炉外精炼过程控制自动化级的功能主要有哪些？

3-46 LF 炉外精炼的数学模型包括哪些子模型？

3-47 炉外精炼基础自动化的功能大致包括哪几个部分？

3-48 RH 真空精炼工艺流程主要分成哪 7 个系统？

3-49　RH 真空精炼关键的控制系统是哪几个？

3-50　CAS/CAS-OB 基础自动化的功能是什么？

3-51　IR-UT 钢包精炼由哪些设备组成？

3-52　IR-UT 钢包精炼基础自动化的主要功能有哪些？

3-53　VOD 炉外精炼基础自动化的主要功能有哪些？

3-54　VOD 炉外精炼中的关键参数是什么，因此要选择什么可靠的仪器来测量这个参数？

3-55　炉外精炼钢水成分分析采用的方法有哪几种？

3-56　炉外精炼炉钢水成分分析主要分析钢水中哪些元素的含量？

3-57　炉外精炼钢水中全元素的在线检测有哪些方法？

3-58　炉外精炼脱气槽气体成分分析系统主要由哪三部分组成？

3-59　连续铸钢技术按结晶器类型可分为哪两种，各自有什么特点？

3-60　"常规"连铸机按照结晶器形状和水冷凝固过程的不同可分为哪几种？

3-61　如果从形成的铸坯的断面尺寸和外形来分，连铸机可以分为哪几种？

3-62　目前世界各国钢铁企业在连铸机上的发展方向是哪种连铸机，它有什么特点？

3-63　方坯连铸机和板坯连铸机在铸坯尺寸上有什么区别？

3-64　连铸机按生产出来钢坯的外形可以分为哪两种？

3-65　连铸机按拉速分类可分为哪两种？

3-66　介绍连铸工艺过程，画出弧形连铸机生产流程示意图，并标出主要设备。

3-67　连铸机的主要工艺参数有哪些？

3-68　连铸过程控制级的控制内容主要有哪些？

3-69　连铸过程控制中主要的数学模型有哪些？

3-70　连铸生产控制基础自动化级所完成的控制功能主要有哪些？

3-71　连铸机常规检测仪表主要包括哪几种？

3-72　连铸机常用的压力指示仪表有哪些？

3-73　常用的连铸冷却水流量可选用哪些检测仪表，连铸机气体流量检测一般采用什么仪表？

3-74　连铸机水处理中的液位检测仪可分为哪几种？

3-75　连铸机的温度检测一般分为哪三个方面？

3-76　连铸测量转速的方法较多，可选用哪些测量装置？

3-77　选择合适的连铸机参数检测仪表或传感器，主要考虑哪几个方面？

3-78　连铸机的特殊仪表主要有哪些？

4 带钢热连轧生产自动化

自 1923 年第一套宽带钢热轧机在美国阿斯兰问世以来，热轧带钢的生产工艺在 80 余年中发生了一系列变化。特别是近十几年，随着连铸连轧短流程生产工艺的发展以及无头轧制和半无头轧制技术的应用，热连轧生产工艺获得了极大的改进。

在钢铁产品（板带材、长型材等）中，板带材占比约为 38.5%，是交通、能源、军工国防等高端产品的基础原材料。随着我国制造业向高端化转型，用户对热轧板带的质量要求越来越高，产品质量已成为企业市场竞争力的关键要素。随着现代科学技术的进步和发展，板带材热轧过程的装备水平越来越高，自动化控制水平和数学模型设定精度也越来越高。

自 1924 年美国在阿斯兰建设的 1470 mm 热轧带钢轧机投产以来，热轧板带的生产工艺发生了一系列变化。20 世纪 50 年代之前建设的板带热连轧机被称为第 1 代板带热连轧机。1960 年在美国麦克劳斯钢铁（McLouth Steel）公司的 1525mm 带钢热连轧机上首次采用计算机设定并控制精轧机组的辊缝和速度。1961 年在美国钢铁公司大湖分公司的 2032 mm 带钢热连轧生产线上首次采用升速轧制技术，标志着第 2 代板带热连轧机的诞生。第 2 代板带热连轧机的自动化水平较第 1 代有了质的飞跃，微张力恒套量轧制技术和厚度自动控制技术的应用大大提高了带钢的厚度精度。

改革开放前，我国热轧带钢轧机只有新中国成立初期由苏联援建的鞍钢半连续式 1700 mm 机组和 20 世纪 70 年代武钢从日本引进的 3/4 连续式 1700 mm 热连轧机组，技术水平与国际水平差距较大。改革开放后，我国以宝钢引进 2050 mm 热连轧机为契机，开始了以引进为主的现代化板带热连轧机的建设，引进了加热炉燃烧控制技术、厚度控制技术（AGC）、板形控制技术（CVC，Coutinuously Variable Crown，连续可变凸度）、立辊控宽和调宽技术 AWC（Automatic Width Control，自动宽度控制）和 SSC（Short Stroke Control，短行程控制）控制、连轧张力控制技术、卷取控制技术（AJC，Automative Jumping Control）、加速冷却技术（ACC，Accelerated Cooling Control）等工艺控制技术以及全套的计算机控制系统。随后，宝钢 1580 mm、鞍钢 1780 mm 热轧生产线引进了 PC 轧机、调宽压力机、自由程序轧制技术、在线磨辊技术等，从另一个角度武装了热轧板带行业，推动了我国热轧板带轧制技术的进步。

在引进的过程中，消化、吸收了引进技术，逐步掌握了板带热连轧的核心技术，开始了自主集成创新的历程。2000 年，鞍钢通过原 1700 mm 热连轧机的技术改造，率先开发了中厚板坯的短流程生产技术，实现了我国板带热连轧机的第 1 次自主集成。2005 年，鞍钢建设了 ASP2150 mm 热连轧机，并转让到济钢，建设了 ASP 1700 mm 热连轧机。此后，又在多条热连轧线上实现自主集成和创新，建设了新疆八一 1700 mm、天铁 1780 mm、莱钢 1500 mm、日照 2150 mm、宁波 1780 mm 等多套热连轧机及全套自动控制系统，实现了我国板带热连轧机技术集成上的跨越式发展。在此过程中，我国自主开发了 VCL 轧辊板形控制技术、UFC +ACC 控制冷却系统、氧化铁皮控制技术、集约化生产技术等创新性技术，现在我国已经跻身于热连轧技术最先进的国家。

自动控制技术对热轧板带产品性能、生产效率、成材率等有重要的影响，决定着热连轧生产线的先进程度。我国经过多年的消化、吸收和创新，也成功开发出全套板带热连轧工艺模型和控制模块，并成功应用于武钢 1700 mm、重钢 1780 mm、北海诚德 1580 mm、新疆八一 1750 mm 等热连轧生产线。

4.1　带钢热连轧生产工艺概述

带钢热连轧是一种高产量、高效益的轧钢生产工艺，包括传统带钢热连轧、薄板坯连铸连轧、新型炉卷轧机、超薄带钢热轧与热轧带钢无头轧制技术。

传统带钢热连轧生产线包括：板坯库（其中设有与连铸机出口或热坯运输车连接的辊道，以便于热装）、加热炉、粗轧区、中间辊道及飞剪、精轧区热输出辊道及层流冷却装置、卷取区、运输链和成品库（包括出厂运输及与冷轧厂连接的运输链）等。传统带钢热连轧生产线如图 4-1 所示。

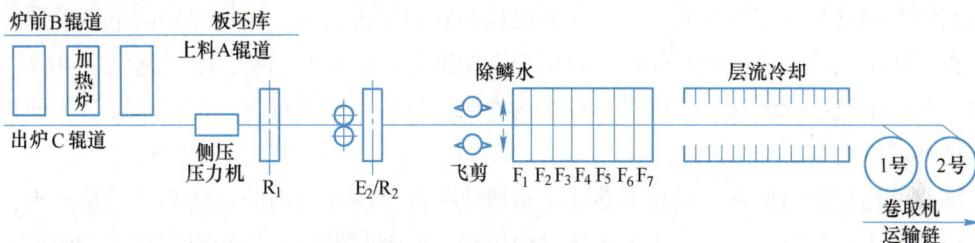

图 4-1　传统带钢热连轧生产线

R_1—粗轧机；E_2/R_2—带立辊的粗轧机；$F_1 \sim F_7$—第一架至第七架精轧机

1990 年，由德国西马克（SMS）公司设计制造的紧凑型热带钢生产线（CSP，Compact Strip Production）在美国 NUCOR 公司的 Crawfordsville 钢厂投产。这是全新的短流程热带钢生产工艺，取消了加热炉区和粗轧区，由薄板坯连铸机直接浇注出 50 mm 厚的板坯，经 200 多米长的隧道炉的补热保温传送，直接进入精轧机轧制出成品带钢。CSP 生产线的精轧机及其后设备的布置类似于传统热连轧机。20 世纪 80 年代末期到 90 年代末期，是世界各国推出众多连铸连轧方案的重大技术进步和工艺革新时期。图 4-2 给出了各种连铸连轧方案的示意图。

炉卷轧机（Steckel）也是一种传统的带钢生产工艺，其特点是所用设备少，只有一架或两架可逆轧机及位于轧机两侧的炉内卷取机。采用炉卷轧机进行带钢生产时，每完成一

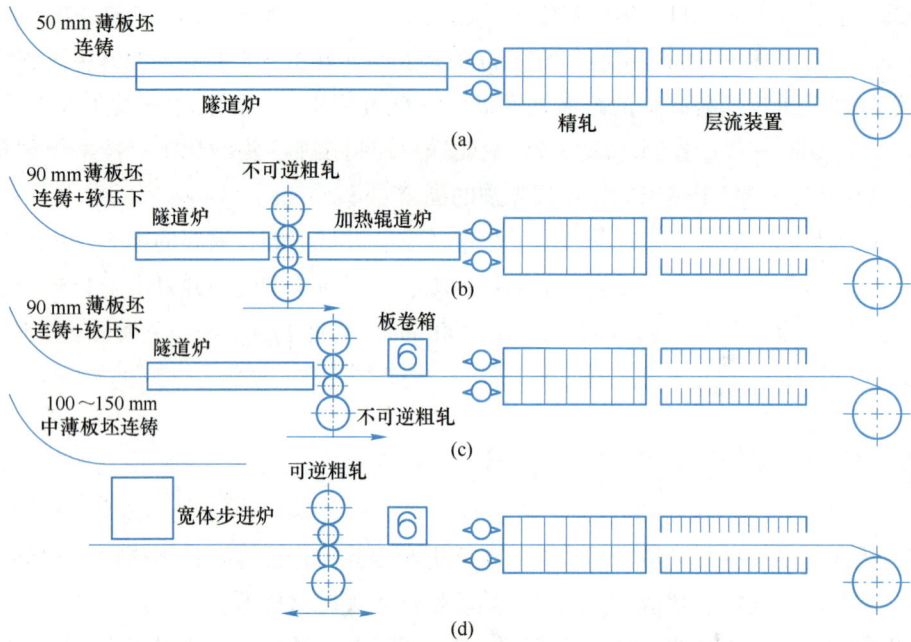

图 4-2　各种连铸连轧方案示意图

（a）连铸、精轧连轧方案；（b）连铸、不可逆粗轧、精轧连轧方案；（c）连铸、不可逆粗轧、
板卷箱、精轧连轧方案；（d）连铸、可逆粗轧、板卷箱、精轧连轧方案

个轧制道次钢卷都将重新开卷，并经反方向轧制后即刻进入另一侧加热炉内进行卷取和加热，直至轧出成品带钢。炉卷轧机主要用于不锈钢等特殊钢的轧制，年产量仅为 40 万~80 万吨。在轧制较厚带坯时，轧件可不进炉内卷取；只有当轧件较薄、通过温降过大的道次时才进入炉内卷取。

随着市场竞争的加剧，用超薄热轧带钢取代一部分冷轧带钢的市场趋势日益显现，而热轧带钢无头轧制技术及半无头轧制技术的出现，使超薄带钢的热轧成为现实，展现了良好的市场前景。

热轧带钢无头轧制技术由日本川崎制铁公司首先研制成功，并于 1996 年在其千叶厂 3 号热轧机上投入使用。该厂无头轧制生产线示意图如图 4-3 所示。

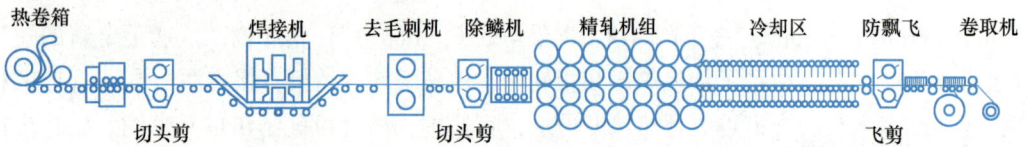

图 4-3　日本川崎制铁公司千叶厂 3 号热轧机无头轧制生产线示意图

带钢热连轧计算机控制系统的功能如图 4-4 所示。

热轧带钢厂的生产控制级计算机系统的生产控制范围，从热轧厂的板坯库入口开始到成品库发货口为止，包括板坯库区、加热炉区、轧机区、卷取区、钢卷库区以及磨辊间等

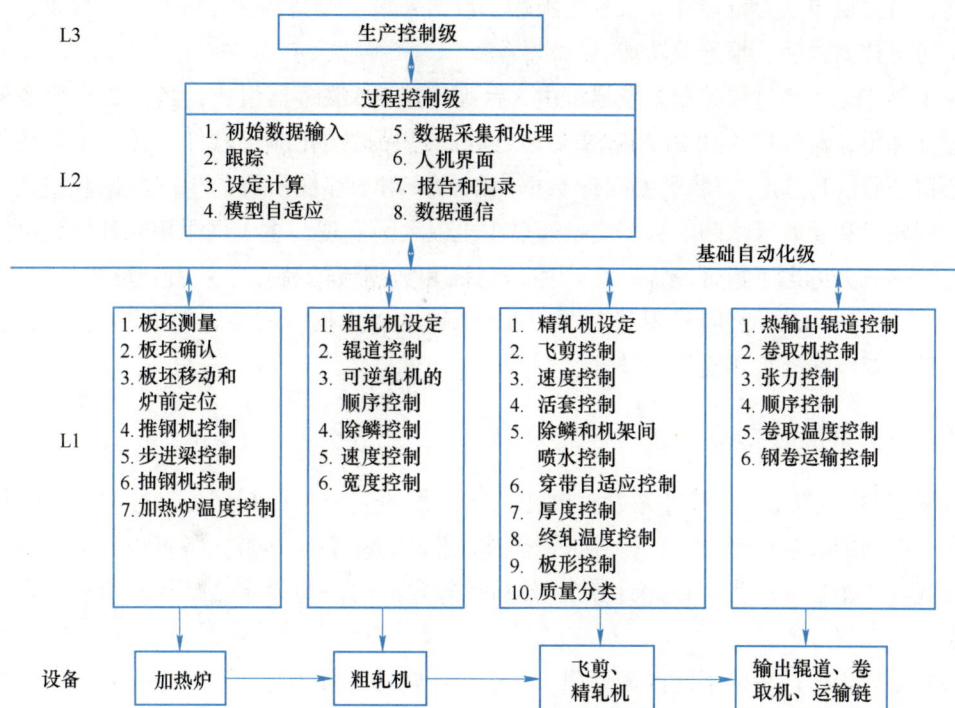

图 4-4 带钢热连轧计算机控制系统的功能

所有生产区域。有关生产、技术、计划管理等的生产管理控制功能，也在生产控制计算机系统中完成。

现代热轧过程控制级计算机的控制范围从板坯核对开始，到钢卷称重、喷印结束为止，包括加热炉、大侧压机、粗轧机、热卷箱、精轧机、层流冷却装置、卷取机及运输链等设备。其主要作用是：通过数学模型的计算完成各设备的参数设定，从而提高带钢成品头部的厚度、宽度、温度、凸度及平坦度等质量目标的命中率，为带钢全长的质量控制提供良好的初始状态。其主要功能包括：加热炉燃烧控制、数据跟踪、轧制节奏控制（MPC，Mill Pacing Control）、粗轧设定计算（RSU，Roughing Mill Set Up）、自动宽度控制（AWC，Automatic Width Control）、精轧设定计算（FSU，Finishing Set up）、自动厚度控制（AGC，Automatic Gage Control）、终轧温度控制、板形控制（ASC，Automatic Shape Control）、卷取温度控制（CTC，Coiling Temperature Control）和卷取机设定计算（CSU，Coiler Set up）等。

基础自动化级计算机系统的应用软件，具有轧线跟踪、模拟轧钢等全线性的功能以及按区域划分的各项功能。

4.2 带钢热连轧生产过程自动化

带钢热连轧生产过程控制级的功能是面对全轧线，并通过数学模型进行各个设备的设定计算，当然也包括为设定计算服务的跟踪、数据采集、模型自学习以及打印报表、人机界面、历史数据存储、报警等功能。

带钢热连轧生产过程控制系统通常由 3 台高性能 PC 服务器组成，其中 2 台服务器用作模型计算服务器（PC1 和 PC2），主要运行轧制过程自动化应用软件，另外 1 台用作数据中心服务器（PC3），安装了 Oracle 数据库软件，用于存储所有的生产数据和报表。粗轧区、精轧区和卷取区之间的数据交换通过主干以太网实现，主干网采用光纤以太网。网络拓扑结构充分考虑了板带热连轧生产中信息流和数据流的特点，采用分段和分层设计，L1、L2 系统间和 HMI 之间采用基于 TCP/IP 协议的以太网，网络电缆远距离采用光纤，近距离采用双绞线，采用交换机技术。

4.2.1　设定计算

过程控制级（L2）计算机完成对热轧生产过程的监督与控制任务。过程控制级计算机通过一系列的数学模型计算，得到带钢热连轧生产线中各个区域、各种设备的设定值或设定方式，这个过程称为"设定计算"，然后按规定的时序将设定结果传送给基础自动化级（L1）计算机。

按照热轧生产过程的不同区域划分，一般将设定计算分为加热炉设定计算、粗轧机设定计算、精轧机设定计算和卷取机设定计算。

4.2.1.1　加热炉设定计算

常规热连轧生产线上一般采用步进式加热炉，短流程热轧生产线（CSP）和超薄板坯连铸连轧生产线（Ultra Thin Slab Production，UTSP）上则采用隧道炉，隧道炉的控制要比步进式加热炉的控制简单。下面主要介绍步进式加热炉。

加热炉设定计算的任务是通过加热炉燃烧控制模型，计算出加热炉的目标温度和各段设定炉温，并且计算炉内板坯的必要在炉时间、出炉温度以及为了达到出炉目标温度所需燃料的流量值。

除加热炉燃烧自动控制功能所需要的数据之外，加热炉设定的项目主要包括板坯号、钢卷号、装入炉号、装入炉列和板坯宽度，这些都是基础自动化级计算机控制加热炉区生产设备所需要的数据。早期，加热炉设定的项目还要包含推钢机的行程、出钢机的行程和相邻两块板坯在炉内的间隔等；现在，这些功能都下放到基础自动化级计算机了。

加热炉设定计算时序，对板坯温度和燃烧控制所需要的参数采用定周期方式计算，通常 60 s 计算一次。其他设定项目在板坯到达炉前的装载辊道（一般称为 A_1 辊道）时进行。

4.2.1.2　粗轧机设定计算

粗轧机设定计算（RSU）的任务是根据来料板坯的条件和精轧机的要求，通过粗轧设定模型确定粗轧区域所属设备的设定值，以便保证向精轧工序提供的半成品带坯（又称中间坯）的厚度、宽度和温度等指标满足生产要求。

粗轧机设定的项目主要有：立辊轧机的开口度和速度，粗轧机的轧制道次的压下位置和轧制速度、侧导板开口度，粗轧区的除鳞方式以及 L1 进行自动宽度控制功能（包括轧制力宽度控制、短行程控制、反馈宽度控制）所需要的有关参数。

粗轧机设定计算时序，对每块板坯进行两次粗轧设定计算，即板坯到达出炉区时对将要出炉的板坯进行设定计算、出钢完成时对出炉板坯进行设定计算。

4.2.1.3 精轧机设定计算

精轧机设定计算（FSU）的任务是根据粗轧出口带坯的实际厚度、宽度和温度以及轧制计划对带钢成品的要求（即带钢的厚度和终轧温度），通过精轧设定模型确定精轧区域所属设备的设定值，以便保证产品的质量指标符合用户的要求。

精轧机设定的项目主要包括：穿带时的压下位置（辊缝）和轧机速度，最后机架的最高速度和加速度，飞剪侧导板的开口度、精轧机侧导板的开口度，APC（自动位置控制）、AGC、DSU（Dynamic Set Up，动态设定）的设定值和有关参数，活套的张力和高度，保温罩的开闭方式，轧制油的喷射方式，精轧除鳞和精轧机间喷水冷却方式以及与检测仪表有关的数据。

在带钢咬入精轧机组前段机架时，计算机根据精轧设定计算时预测的轧制力和实测轧制力的偏差，通过一定的算法变更后段机架的压下位置，使压下位置设定得更为准确，以便尽量减少带钢头部的厚度偏差，这称为穿带自适应控制，又称精轧动态设定。

板形的设定计算也属于精轧区域，对于平辊轧机和CVC轧机来说，主要进行弯辊力设定和窜辊位置设定；对于PC（Pair Crossed，轧辊成对交叉）轧机来说，主要进行弯辊力设定和PC角设定。

精轧机设定计算时序，对每块带坯进行两次精轧设定计算，即粗轧出口侧温度计开启时的计算和精轧入口温度计开启时的计算。

自学习功能是利用前一块带钢实际轧制的结果，反过来计算下一块带钢将要使用的一系列参数，以便使数学模型更加精确。前一块带钢的实测数据并不是直接使用的，而是要用反映系统稳定的平滑系数给予修正。

一般带钢热轧计算机系统参与自学习的参数有：粗轧机单位压力、精轧机温度模型系数、轧制力模型系数、合金钢的钢种系数等。

质量分类就是按照预先给定的偏差范围，对每个带钢成品的实测厚度和宽度、精轧出口温度、卷取温度、带钢的凸度和平直度进行统计，计算出各种偏差情况占带钢总长度的百分比。

模拟轧钢是利用软件，根据预先确定的时间间隔，模拟轧件通过轧制生产线（从加热炉出口至卷取机）时所产生的各种检测信号，以此启动相应的程序运行。

4.2.1.4 卷取机设定计算

卷取机设定计算（CSU）的任务是根据精轧出口带钢的厚度、宽度，通过卷取设定模型确定卷取区域所属设备的设定值，以便保证带钢能够顺利地卷成带钢，并且有良好的卷形。

卷取机设定的项目主要包括：输出辊道的速度（超前率、滞后率）、夹送辊和助卷辊的辊缝、助卷辊和卷筒的超前率、卷筒的张力转矩和弯曲力矩、侧导板的开度、卸卷小车的等待位置以及自动踏步控制 AJC（Automative Jumping Control）的控制参数等。

卷取机设定计算时序，在有的热轧生产线上，卷取机设定模型程序启动一次，即当精轧区的 F_1 "ON" 后，卷取机设定模型启动，设定计算完成后立即给基础自动化级计算机发送卷取设定数据；在有的热轧生产线上，卷取机设定模型程序启动两次，在带坯通过粗轧最后一个道次的轧制并到达粗轧出口温度计（RDT）时进行第一次卷取机设定计算，在带坯到达精轧入口温度计（FET）时进行第二次卷取机设定计算，每次设定计算完成后立即给基础自动化级计算机发送卷取设定数据。

卷取机设定计算没有使用复杂的数学模型，一般采用经验模型或者查表法。因此在有的热轧计算机系统中，将卷取机设定计算的功能下放到基础自动化级计算机。

4.2.2 生产计划和初始数据的处理

生产计划和初始数据处理功能为设定计算提供了必要的数据。过程控制级（L2）计算机从生产控制级（L3）计算机接收生产计划和初始数据输入（PDI，Primary Data Input）以后，存储到相应的文件或数据库中。

初始数据分成板坯数据和钢卷数据两部分。板坯数据的主要项目有：板坯号、板坯厚度、板坯宽度、板坯长度、板坯重量、钢种、化学成分等。钢卷数据的主要项目有：钢卷号、钢卷厚度、钢卷宽度、精轧目标温度、卷取目标温度、带钢凸度和平直度的目标值、产品公差的上下限制等。

在一定的条件下，操作人员还可以通过 HMI 对 PDI 数据进行复制、添加、修改、删除、调换顺序操作。

4.2.3 轧件跟踪功能

对轧件进行跟踪是带钢热轧计算机控制系统的重要功能。跟踪的目的是确定轧件在生产线上的实际位置和有关状况，以便在规定的时序启动有关应用程序，针对每块轧件的具体情况完成过程控制的其他功能。计算机也是通过轧件跟踪功能防止事故发生的，例如避免相邻的两个轧件碰撞在一起。

一般来讲，轧件的形态分为板坯（Slab）、带坯（Bar）、带钢（Strip）和钢卷（Coil）四种。实际生产中，从加热炉入口辊道开始到运输链分岔路口为止，整个热轧生产线上同时存在着多个轧件，在不同的工序进行加工处理，这些轧件的原始状态不同，如板坯的钢种、尺寸、重量和出炉温度不一样。因此，计算机通过跟踪功能既要实时地确定轧件在生产线上的实际位置，又要及时地了解轧件的实际状态，以便在规定的时间启动其他功能。另外，跟踪功能往往承担着设定计算功能分配数据文件（或数据区）的任务。

4.2.4 数据通信

如果将一个热轧生产过程的工程项目设计为 3 级计算机系统，那么数据通信是指 L2 和 L1 计算机的通信、L2 和 L3 计算机的通信。图 4-5 示出了一例 L2 和 L1 之间的通信关系。

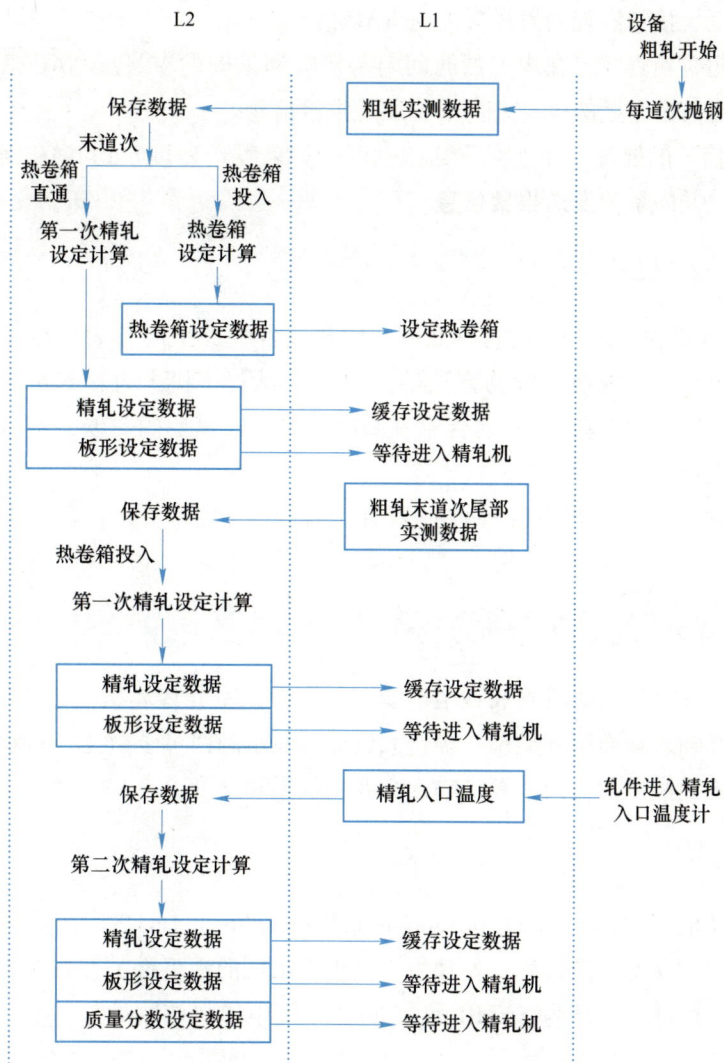

图 4-5　L2 和 L1 之间的通信关系

L2 和 L1 计算机的通信协议因通信网络的硬件不同而不同。当通信网络采用以太网时，一般采用 TCP/IP 协议。采用 TCP/IP 协议时，不论是接收信息还是发送信息，一般都规定一个信息"键字"（Message Key），如可以用钢卷号或板坯号作为键字，即在报文中的第 1 个字段是钢卷号（或板坯号），后续是数据。

在通信过程中还要进行如下处理：

（1）顺序号检查。当发送方发送信息时，发送信息的顺序号总是在上一次发送信息顺序号的基础上加 1。因此，接收方应先检查一下信息的顺序号，若接收的顺序号正确，就接收该信息；否则，接收方就向发送方发送 NAC（Network Admission Control，网络访问控制）信号。

（2）极限值检查。接收方要检查接收到的数据是否在规定的上下限范围内，若在范围内就接收；否则，接收方就向发送方发送 NAC 信号。

（3）接收超时检查。当在规定的时间内未接收到正确的应答或 NAC 信号时，发送方就可判断系统通信产生了故障，并向系统发送报警信息。

（4）NAC 信号的处理。在连续发送数据时，如果发送方接收到 NAC 信号，就停止传送下一个信息，并向系统发送报警信息。

4.2.5　数据记录和报表

L2 计算机采集生产过程中的各种数据，编辑成各种类型的报表，然后以数据文件的形式存储在计算机中。现在一般的方法是，L2 不再从打字机上直接输出各种报表，而是将报表传给 L3 的生产控制计算机，保存在数据库中。在需要的时候，由软件人员进行数据的查询、分析或打印。

热轧生产过程中主要产生的各种报表有工程记录、生产报告（班报）和质量分类报告。

4.2.6　人机界面

人机界面（HMI）设备是安装在生产线上各个操作室和计算机室的 PC 机。HMI 画面分成显示画面和输入画面两种类型。操作人员通过显示画面可了解生产过程控制的有关信息，通过输入画面和键盘可向计算机输入必要的数据和命令。

4.2.7　事件监视

事件监视功能（EMR，Event Monitoring and Recording）在 L2 应用系统中占有重要的地位，它实时地监视着生产过程，发现生产过程中出现的新事件，并按照不同的事件去启动不同的任务。因此可以认为，EMR 是 L2 应用系统中的"调度员"。

4.2.8　数学模型

4.2.8.1　热连轧数学模型的概况

按照功能划分，热连轧数学模型可以分成设定模型、控制模型和数学模型的自学习三大类。

（1）设定模型。为了得到带钢热连轧生产各种设备的设定值而进行设定计算时所用的数学模型，统称为设定模型。如果按照热轧线生产区域划分，设定模型可以分成加热炉设定模型、粗轧设定模型（RSU，包括立辊设定模型）、精轧设定模型（FSU）、板形设定模型（SSU，Shape Set Up）和卷取设定模型（CSU）。在设定模型中包含有大量的预报模型，如温度预报模型、轧制力预报模型、功率预报模型、力矩预报模型、凸度预报模型、前滑预报模型、弹跳预报模型、能耗预报模型和近些年发展起来的带钢性能预报模型等。预报模型是为设定模型服务的。

（2）控制模型。除设定模型之外，还有控制模型。使用控制模型的目的是计算控制量。控制模型有加热炉温度控制（RTC，Reheat Furnace Temperature Control）模型、粗轧宽度控制（RAWC，Rougher Mill Automatic Width Control，或 AWC）模型、厚度控制（AGC）模型、轧制节奏控制（MPC）模型、保温罩控制（HTC，Holding Table Cover）模型、板形控制（ASC，包含凸度控制和平直度控制）模型、精轧温度控制（FTC，Finishing Mill Temperature Control）模型和卷取温度控制（CTC）模型等。近年来发展起来的带钢性能控制模型也属于这类模型。

（3）数学模型的自学习。数学模型的自学习也称为数学模型的自适应修正。进行数学模型自学习的目的是消除和减弱由一些变化或干扰因素造成的模型误差，保持和提高数学模型的计算精度。数学模型的自学习如轧制力模型的自学习、温度模型的自学习、功率模型的自学习、力矩模型的自学习、宽度模型的自学习、前滑模型的自学习、板形模型的自学习、能耗模型的自学习和压下位置模型的自学习等。

4.2.8.2　精轧设定模型和模型的自学习

热轧带钢的厚度精度一直是产品质量的重要指标。厚度精度控制应包括两部分：一是带钢头部的厚度精度，它主要取决于精轧预设定模型的精度；二是带钢全长的厚度精度，它主要依靠自动厚度控制（AGC）来实现。因此，厚度控制需由控制机和基础自动化控制器共同来完成。

带坯进入精轧机组以前，计算机要确定精轧区域所属设备的基准值（又称设定值），统称为精轧设定。精轧设定的基准值主要有：压下位置（辊缝），穿带速度、加速度、最高速度，侧导板开口度（包括飞剪侧导板和精轧机侧导板），活套的张力和高度（活套的角度），除鳞和机架间的喷水方式，保温罩的开启方式，轧制油的喷射方式，测量仪表的有关参数以及其他有关参数。

精轧设定模型基本上是由描述精轧生产过程中各种物理规律（如物体的导热规律、轧件的塑性变形规律、轧机的弹跳规律等）的数学表达式构成的。精轧设定模型包括：能耗模型、前滑模型、温度预报模型、轧制力预报模型、轧制功率预报模型、轧制力矩预报模型、轧机弹跳模型、辊缝计算模型和负荷分配模型等。

（1）能耗模型。各机架的出口厚度也可以使用能耗模型和累计能耗分配系数来计算。轧制时，单位质量的轧件通过第 i 架轧机的轧制而产生一定变形所消耗的能量，称为单位能耗。影响单位能耗的主要因素有轧机和轴承的类型、摩擦和润滑的条件、钢种、轧制温度、变形程度（压下率）等。在其他条件相对固定的情况下，单位能耗的数值主要取决于钢种、轧制温度和压下率等因素。从第 1 架轧机到第 i 架轧机的单位能耗的累加值，称为累计单位能耗。

（2）前滑模型。计算前滑的目的是计算精轧机的穿带速度（又称为通板速度）。前滑模型具有不同的形式。首先确定精轧机末机架的穿带速度，然后根据厚度分配计算出来的各机架出口厚度和前滑模型计算出来的各机架前滑值，用秒流量公式计算出各个机架的穿带速度。末机架的穿带速度一般按照带钢成品的厚度、宽度，采用查表的方法得到。也就是说，由工艺技术人员按照设备和工艺条件，决定各种成品厚度和宽度的带钢的穿带速度，存储在计算机的数据表中。操作人员也可以通过 HMI 直接输入末机架的穿带速度。

（3）温度预报模型。精轧温度预报模型可描述粗轧出口带坯在传输辊道以及带钢在精轧区域的温度变化规律。使用精轧温度预报模型能够进行下面的计算：

1）根据粗轧出口处带坯的实测温度，预报带坯在精轧入口的温度；

2）预报带钢在精轧出口温度计处的温度；

3）预报带钢在精轧机各机架的温度；

4）决定精轧温度控制（FTC）方式下的穿带速度。

所以综合起来说，温度的计算过程就是利用温度预报模型，计算精轧入口温度预报值、精轧出口温度预报值和精轧各机架出口温度预报值。除温度控制需要进行温度计算之外，温度计算的重要目的是计算轧制力，因为轧制力的大小和温度的高低是密切相关的。温度预报模型包括空冷温度模型、水冷温度模型、轧辊接触温度模型、带钢变形温升模型和摩擦温升模型。

（4）轧制力预报模型。国内外带钢热连轧计算机控制系统中在线使用的轧制力数学模型有许多类型。在轧制力数学模型中，除考虑轧件的宽度和轧辊的接触弧长之外，都把轧制力分解成两个函数的乘积，一个函数是变形抗力，另一个函数是应力状态系数。变形抗力描述了轧件在高温、高速变形过程中对轧制力的影响，应力状态系数描述了轧件在几何尺寸变形过程中对轧制力的影响。

（5）轧制转矩模型和轧制功率模型。常见的轧制转矩模型和轧制功率模型均采用经验公式。常用的轧制转矩模型是将轧制力与转矩力臂增益系数和接触弧长相乘得到轧制转矩的值。轧制功率模型是将轧制功率表示成轧制转矩、轧制速度和轧辊直径的函数。

（6）轧机弹跳方程。在轧制过程中，轧辊对轧件施加轧制压力，使得轧件产生变形。反过来，轧件对轧辊也有一个反作用力，使得轧机的辊缝增大，这个现象就是轧机的弹跳。计算完轧制力以后，就可以使用轧机弹跳模型来预报轧机的弹跳。轧机的弹跳量与轧制力并不是完全成线性关系，机架的刚度不是一个常数，而是轧制力和轧件宽度的函数。在线控制时可把轧机的弹性曲线分成几段，在每一小段中用直线来近似代替曲线。考虑到轧机零调及轴承油膜厚度对辊缝的影响，实际使用的弹跳方程如式（4-1）所示：

$$h = S + \frac{P - P_0}{C} - (O - O_z) \tag{4-1}$$

式中　h——轧件出口的实际板厚，mm；

　　　S——相对于零调时的辊缝值，mm；

　　　P——轧制压力，kN；

　　　P_0——预压靠力，kN；

　　　C——机座刚度（自然刚度）系数，kN/mm；

　　　O——油膜厚度，mm；

　　　O_z——零调时的油膜厚度，mm。

（7）支承辊油膜轴承的油膜厚度的计算。支承辊油膜轴承的油膜厚度与轧制力、轧机的速度有关，其计算也有不同的方法。有的计算机控制系统中在计算轧机弹跳和油膜厚度时，没有采用公式计算法，而是使用查表和插值法。在测试轧机刚度时，同时测量油膜厚度的影响数据，存储在计算机的数据表格中。在线控制时，利用预报的轧制力和轧机零调时的轧制力，通过插值法计算轧机弹跳；利用设定的轧机速度和轧机零调时的速度，通过插值法计算油膜厚度。

（8）压下位置的计算。采用式（4-2）计算轧机的压下位置：

$$S = h - S_P - O + G_m \qquad\qquad (4\text{-}2)$$

式中　S——压下位置（辊缝），mm；

　　　S_P——轧机的弹跳量，mm；

　　　O——油膜厚度，mm；

　　　G_m——压下位置的修正项，是一个自学项，mm。

4.2.8.3　卷取设定模型

带钢进入卷取机以前，计算机要确定卷取区域所属设备的基准值（设定值），这称为卷取设定。计算机根据成品带钢的目标厚度、目标宽度以及钢种等参数，通过卷取机设定计算模型（CSU）计算出卷取区域所属设备的各种物理量和初始设定值，以便使带钢能够平稳地在精轧机出口的输出辊道（ROT，Run Out Table）上运行，然后顺利地咬入卷取机进行卷取，并且确保钢卷在卷取过程中保持良好的卷形。

卷取机设定计算模型的功能包括：计算助卷辊和夹送辊的辊缝（开口度）设定值、计算有关卷筒转矩控制的设定值、计算助卷辊和夹送辊压力控制的设定值、计算卸卷小车等待位置的设定值。

4.2.8.4　卷取温度控制模型

带钢在进入卷取机之前，要通过精轧机出口输出辊道上设置的层流冷却设备进行冷却，以便控制带钢的卷取温度，使得卷取温度达到目标值。卷取温度控制模型（CTC）的功能就是决定并且控制层流冷却设备的喷水方式以及喷水阀门的开闭数量。卷取温度控制的目的就是，通过层流冷却喷水阀门开闭的动态调节，对不同钢种、厚度、宽度和终轧温度的带钢从较高的终轧温度（如 800~900 ℃）迅速冷却到所要求的卷取温度（如 570~650 ℃），使带钢获得良好的组织性能和力学性能。因此可以说，卷取温度控制实质上是带钢热轧生产过程中的轧后冷却控制，但它与中厚板生产中的轧后冷却控制又有所不同。

卷取温度控制模型主要使用了空气冷却模型和水冷温降模型。原始的空气冷却模型实际上是忽略自然对流冷却，只计算由辐射引起的温降。

4.2.8.5　板形设定和控制模型

在热轧生产过程中，和成品带钢的厚度精度一样，带钢的板形精度也是一项重要的产品质量指标。特别是随着带钢厚度精度的提高，带钢的板形精度已经成为影响产品竞争力的重要因素。

板形质量指标包含带钢断面形状（凸度、楔形、边部减薄）和带钢平直度等多项指标。

目前，国内外控制热轧带钢板形主要从以下几个方面采取措施：

（1）在热轧生产线设计阶段选择不同类型的精轧机。近年来，国内外应用较为普遍的热轧精轧机类型有德国西马克（SMS）的 CVC 轧机、日本三菱重工（MHI）的 PC 轧机和 WRB/WRS(Work Roll Bending/Word Roll Shifting，工作辊弯辊/工作辊窜辊）轧机。这三种轧机均设置弯辊装置，以实现板形控制。

（2）不断开发、改进和完善板形控制数学模型。对 CVC 轧机、PC 轧机和 WRS 轧机都开发了与其相适应的数学模型，并且在生产中不断改进、完善这些数学模型。

（3）使用不同的辊型技术。设计不同形状的支承辊辊型和工作辊辊型，提高轧辊研磨精度，使轧辊更有利于板形控制。

（4）改进和完善工艺制度。在轧制计划的编排、精轧机负荷分配的调整、轧辊的分段冷却等方面，考虑板形控制的要求。

（5）提高板形检测仪表的测量精度。对凸度仪、平直度仪进行改进和完善，提高板形测量的精度，这是仪表制造厂商研究的内容。对热轧生产厂来说，经常进行板形检测仪表的维护和标定是十分重要的工作。

4.3   带钢热连轧生产基础自动化

4.3.1   基础自动化级功能

基础自动化泛指通常的 L0、L1 两级控制系统，其所包含的自动控制功能大体上可分为：驱动控制（如电气传动控制、液压传动控制）、热工仪表控制（如加热炉燃烧控制，汽化冷却控制，液压站、润滑站、高压水泵站的热工参数控制）、顺序控制（如设备的启动、运转、停止条件控制，换辊控制，辊道控制，踏步控制，卸卷控制，运输链控制）、设备控制（如侧导板开度控制、轧机压下位置控制与主令速度控制）、工艺过程控制（如活套高度和张力控制、卷取张力控制、终轧温度控制、卷取温度控制）和质量控制（如厚度控制、宽度控制、板形控制）。

4.3.1.1   轧件运送控制

轧件运送是热轧带钢生产中涉及面最广的作业内容，其控制水平不仅对轧钢生产的效率和产量有至关重要的影响，而且对热轧带钢产品质量也有直接和间接的影响。

轧件运送主要是由辊道完成的，此外还有依靠天车进行的板坯、钢卷吊运，加热炉区通过推钢机、抽钢机、炉内步进梁进行的板坯移送，卷取区通过卸卷小车、链式和步进梁式运输链进行的钢卷运送等。

带钢的生产从板坯上料到成品入库，要经过一系列加工工序，包括加热、粗轧、精轧、冷却、卷取和精整等。重达几十吨的轧件在各工序依次进行加工时所需要的有序移动和在相连工序之间的传送，都依赖于轧件运送设备及其正确控制。因此，轧件运送设备的第一个，也是最主要的作用就是轧件输送和工序衔接。

轧件运送设备的第二个作用是帮助实现不同设备之间的节奏和速度匹配。例如，粗轧机的末道次轧制速度一般比精轧机入口速度高几倍，如果没有中间辊道（包括热卷箱）的匹配作用，则粗轧与精轧的工艺连接将十分困难。

轧件运送设备的第三个作用是对连续生产线进行缓冲。一个多工序的连续加工过程如果在工序之间缺乏缓冲，则对各工序生产节奏的控制及彼此之间同步控制的准确性要求甚高，一旦某个工序发生故障就会造成全线瘫痪。为保证全线生产的稳定进行和具备对个别设备短时故障的容错能力，必要的缓冲，即生产线的适度柔性是极其重要的。从这个角度来讲，加热炉、辊道、运输链是热轧生产线上最主要的缓冲设备。

4.3.1.2　自动位置控制

自动位置控制（APC）是使用最普遍的一种基础性自动控制功能，在热连轧计算机控制系统中占有十分重要的地位。除了可作为一个独立的控制功能之外，自动位置控制往往还是更高级、更复杂控制功能的基础组成部分。通常，一条现代的带钢热连轧生产线上有数以百计的 APC 控制回路在运行，包括钢坯炉前定位，推钢机、出钢机行程控制，炉内步进梁行程控制，立辊开度设定，侧导板开度设定，轧机压下位置设定，轧辊窜辊位置设定，夹送辊和助卷辊辊缝设定，卸卷与运卷机构位置控制以及宽度计设定等。

自动位置控制是指这样的一个控制功能或控制过程，即在给定时间和允许的精度范围内，将被控对象的位置自动调整到所规定的目标值上。从广义的角度来说，使控制对象的位置以一定精度跟随给定值而变化的控制功能，即以位移为被调量的伺服控制，也可称为自动位置控制。在热连轧机中，当设备驱动机构为电动机时，自动位置控制通常就是指以受控运动方式将设备位置从当前稳态值调整到所给定的另一个稳态值，此时所关注的主要是终点位置的准确性，即属于终点位置控制类型。但近年来，由于液压驱动机构在位置控制中的优越性日益显现，使得伺服控制类型的自动位置控制系统（如 HAPC，即 Hydraulic Automatic Position Control）也越来越多地出现在热连轧机的设备控制中，此时除终点位置的准确性外，调节过程中设备实际位置对给定值变化的动态跟踪能力往往具有更重要的意义。

自动位置控制系统在轧制中最常见的是压下位置。

4.3.1.3　自动厚度控制

热轧带钢的厚度精度是表征其产品质量最重要的指标之一。成品带钢厚度误差的产生原因，可以追溯到带钢热连轧生产从加热到精轧（甚至包括铸造和卷取）的所有工序。为了消除带钢厚度偏差（以下简称为厚差），首先需对其产生的原因进行分析，以便对不同的问题采取不同的对策。从理论上讲，所有可能使带钢厚度发生变化的因素都可以是产生厚差的原因，可以将其大致划分为下述几类：

（1）来自轧件的因素，既包括坯料本身的温度不均、几何尺寸（厚度、宽度）不均以及化学成分偏析等，也包括轧制过程中轧件参数的不均匀变化。

（2）来自轧机的因素，包括轧辊偏心、热膨胀和磨损，油膜轴承厚度变化以及轧机刚度摄动等。

（3）轧制工艺参数（如带钢张力、轧速以及轧制润滑条件等）的变化。

（4）与操作、控制有关的因素，如人工压下干预、计算机设定模型误差、轧制工艺参数检测误差和 AGC 系统的过调等。

在这诸多影响因素中，有一些是独立的，有一些则彼此之间存在着错综复杂的因果关系和耦合关系，从而使得厚度控制成为带钢热连轧最复杂的控制功能之一。

自动厚度控制功能的任务就是克服各种干扰因素对成品厚度的影响，使沿带钢长度方向中心线上各点的厚度精度满足产品质量要求。在现代热连轧机上，精轧机组自动厚度控制功能的性能和水平已成为带钢厚度精度的主要决定因素。

弹跳方程是分析自动厚度控制系统的一个有效工具。通过它不但可以弄清各种因素对厚度的影响，还可定量地分析各种厚度控制方案。

一种直观的方法是把轧制力 P 作为纵坐标，而把厚度 H 作为横坐标，作成所谓的 P-H 图，如图 4-6 所示。

利用 P-H 图可以很直观地分析造成厚差的各种原因，如轧机方面的原因，包括轧辊偏心和轧辊热胀、辊缝指示值不变、辊缝实际值变化引起厚度变化；轧件方面的原因，包括入口厚度波动和轧件变形阻力值波动（由摩擦系数或张力变动引起）。

经常采用的厚度控制方案有移动压下和利用张力改变轧件塑性线进行厚度控制两种。

（1）移动压下，常用来消除由轧件方面原因造成的厚差（见图 4-7 和图 4-8）。移动压下方案为：入口厚度变化→轧制力变化→出口厚度变化→移动压下→轧制力

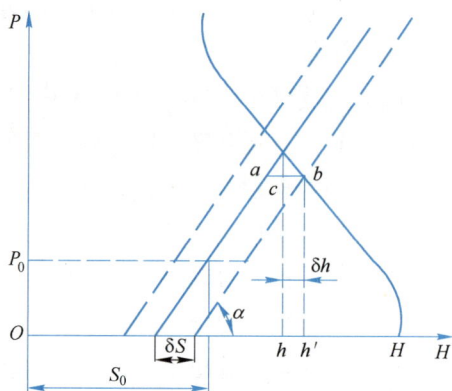

图 4-6 P-H 图

P—轧制力；P_0—轧机测试刚度时的预压靠力；

H—入口轧件厚度值；h—出口轧件厚度值；

h'—轧制力变化后的出口轧件厚度值；

δh—出口厚度差；S_0—空载辊缝值；

δS—辊缝的调整值

变化→出口厚度变化，但这种方法效率低。对于由轧机方面原因造成的厚差，如果是热胀等缓慢变化量，则可用压下移动补偿实际辊缝的变化，使轧件厚度不变；对于频繁变化的偏心影响，如果是液压压下，可以高速地给予补偿，但电动压下则不能。所以，近年来倾向于采用液压压下，利用变刚度控制保持恒轧制力（见图 4-9）。

（2）利用张力改变轧件塑性线进行厚度控制，此法有时用于精轧机组末两架间，但张力变动范围受限制。

自动厚度控制系统一般有三种控制方式，即位置内环、厚度外环方式，恒轧制力环方式和轧制力内环、厚度外环方式。

当采用电动压下时，自动厚度控制系统采用的是位置内环、厚度外环方式（见

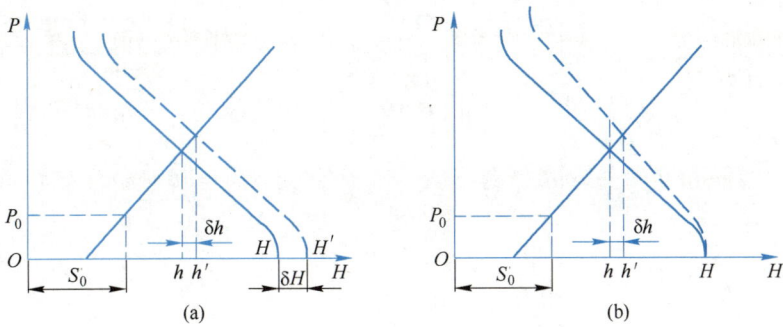

图 4-7　轧件方面的参数波动

（a）来料厚度波动；（b）来料硬度波动

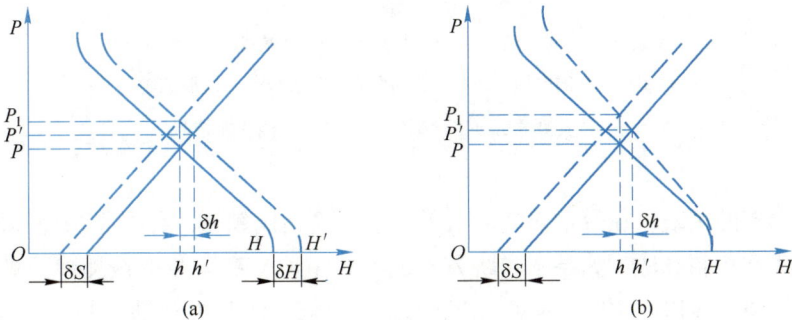

图 4-8　消除厚差方法

（a）轧件入口厚度变动；（b）轧件硬度变动

P_1—调整后的轧制力值；P'—变化了的轧制力值

图 4-10（a）），由于长期以来热轧厚差精度都在 50 μm 以上，对偏心影响往往采用死区回避。

　　现代热连轧机普遍采用全液压压下，其自动厚度控制系统可以采用常规的位置内环、厚度外环方式，或采用恒轧制力环方式（见图 4-10（b））来消除偏心影响，但恒轧制力环将放大带钢带来的外扰（如来料厚差等）。因此，一般很少单纯采用恒轧制力环，而是采用轧制力内环、厚度外环方式（见图 4-10（c））。轧制力内环用来消除偏心，而在轧制力内环再加上厚度外环则可以消除轧件带来的外扰。

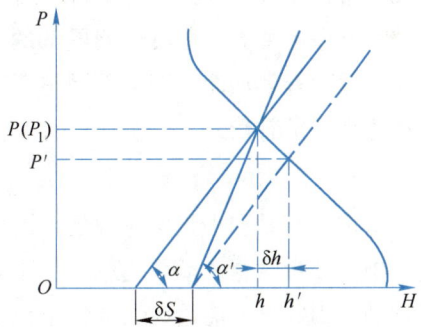

图 4-9　恒轧制力调厚

　　间接测厚的厚度控制系统虽然考虑了各种补偿因素，但其精度总是低于 X 射线测厚仪直接测量出的厚度值。因此，在本卷钢厚度控制系统投入时，仍需以 X 射线测厚仪所测得的成品厚度实测值为基准，对 AGC 系统进行监视。当成品厚度和设定值有偏差时，将此偏差值积分后反馈到每个机架的 AGC 系统（积分控制）中，这种监控方法称为监控 AGC。

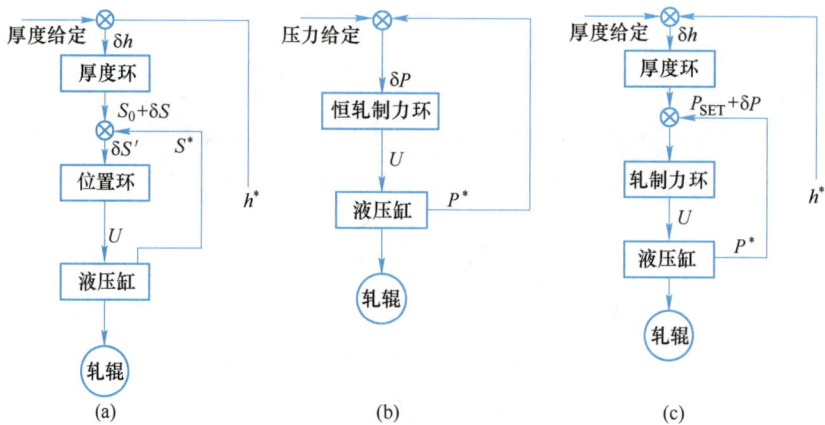

图 4-10　自动厚度控制

(a) 位置内环、厚度外环；(b) 恒轧制力环；(c) 轧制力内环、厚度外环

U—控制液压缸的电压；P_{SET}—轧制力的设定值；S^*—实测的辊缝值；

h^*—实测的出口带材厚度值；P^*—实测的轧制力

经过几十年的实践，在带钢热连轧机的自动厚度控制领域，已经形成一系列基本的概念、控制模式和控制算法，如基于弹跳方程的 GM-AGC、基于 X 射线测厚仪的监控 AGC、动态设定型 AGC、相对 AGC、绝对 AGC、流量 AGC、轧制力前馈（FFF）AGC、硬度前馈（KFF）AGC、变刚度控制等。这些概念并不是完全独立的，在一个实际的 AGC 系统中也往往包含了多种控制模式。

4.3.1.4　尾部补偿

当带钢尾部离开某一机架时，由于机架间张力消失，将使下一机架的轧制力加大，因而使轧制厚度变大，影响带钢尾部的厚度偏差。为了消除这一厚差，在现代 AGC 系统中采用了尾部补偿功能，即当带钢尾部从某一机架轧出时，对下一机架压下进行调整，这种方法称为尾部补偿。

4.3.1.5　活套控制

恒定活套量和小张力轧制是现代热连轧精轧机组的一个基本特点。在带钢的实际轧制过程中，穿带时主传动系统总是存在动态速降，在稳定轧制阶段又总是存在各种各样的带速扰动，因此不可能始终保持各个机架之间的速度配比关系，即所谓的秒流量平衡关系。活套机构设置的第一个目的就是作为活套量检测装置，对机架之间的活套量进行测量，并通过活套高度控制系统的调节保持活套量恒定，以保证连轧过程稳定进行。活套机构设置的第二个目的是作为执行机构，进行带钢恒定小张力控制，以避免拉钢、堆钢现象，尽可能减少各机架之间和各功能之间由于带钢张力变化而产生的耦合和互扰。

目前，大部分热连轧机组的活套机构由小惯量直流电动机驱动，但新建和改造的热连轧机已越来越多地采用了液压活套。与电动活套相比，液压活套由于惯量小、动态响应快，其追套能力和恒张性能有显著提高。另外，活套控制装置也已从 20 世纪 80 年代开始，逐步实现了由模拟电路系统到计算机构成的全数字化系统的转变。活套控制数字化有利于控制参数的在线调整，有利于先进的、智能化的控制思想的实现，可以显著提高控制精度、增加控制功能、完善各种补偿措施以及提高活套控制装置的运行可靠性。

当 AGC 系统移动压下而改变辊缝进行调厚时，必将使压下率改变，从而改变前滑和带钢出（入）口速度，这将破坏秒流量平衡而影响活套的工作，而活套的动态调节又将反过来影响调厚效果。为此，现代 AGC 系统设有活套补偿功能，即当调整压下时事先给主速度一个补偿信号，以减轻 AGC 对活套系统的扰动。

4.3.1.6　自动宽度控制

热轧带钢自动宽度控制（AWC）的目的就是要控制带钢宽度波动，使热轧后带钢在全长上都达到设定的宽度精度。

板带轧制的宽展量是指轧后宽度与轧前宽度的差。宽展率是指宽展量与轧前宽度的百分比。影响宽展率的三个大因素是压下率、宽厚比和径厚比，影响宽展率的三个小因素是摩擦系数、轧制温度和轧件变形阻力。

热轧带钢宽度波动的原因有板坯宽度波动、头尾收窄、水印等低温度区造成的宽度陡变、精轧机架间张力发生波动、带钢头部细颈（即带钢头部卷入卷取机卷筒瞬间产生的冲击张力，使得变形抗力低的部位发生局部缩宽变窄）。

为了克服各种宽度波动，研制和发展了多种形式的自动宽度控制功能，统称 AWC。宽度自动控制系统包括粗轧立辊轧机的宽度自动控制系统和精轧机间的张力控制系统。由于精轧机组处轧件较薄，通过侧压的方法进行宽度调节的效果很不明显，因此 AWC 通常都是以粗轧区立辊控制为主（有些轧机在 F_1 前也设有 FE 立辊轧机做精调）。图 4-11 给出

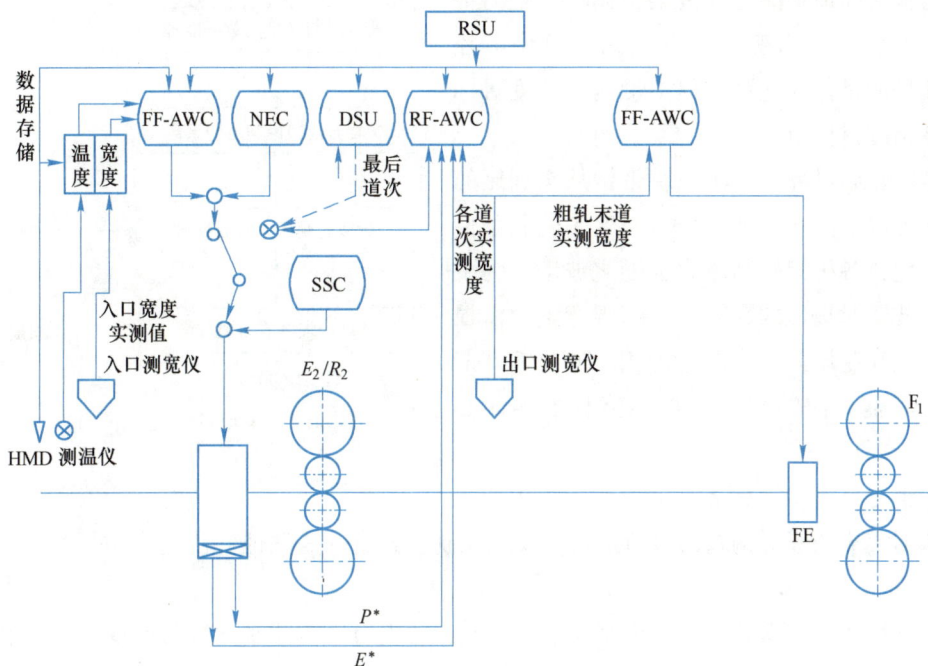

图 4-11　AWC 系统的组成与结构

了一个典型的、功能比较完备的 AWC 系统的组成与结构示意图。

在板坯使立辊轧机前的热金属检测器接通时，液压调宽缸将辊缝开度加大，待板坯咬入后按计算机内存储的事先统计好的曲线将辊缝开度收小，并在尾部到来时再逐步按存储的曲线加大辊缝开度，这种宽度控制方式称为短行程控制。

4.3.1.7　自动板形控制

热轧自动板形控制（ASC）在过程控制级具有窜辊设定（SFTSU）和弯辊力设定（BFSU）功能，统称为板形设定（SSU），在基础自动化级具有弯辊力前馈（BFFF）、弯辊力反馈（BFFBK）和板形板厚解耦（BFAGC）功能，如图 4-12 所示。

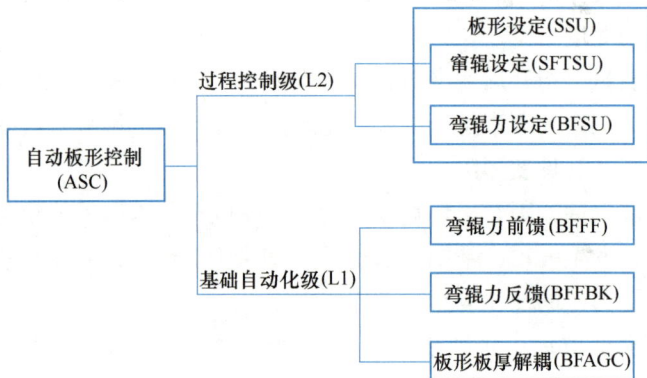

图 4-12　自动板形控制功能

弯辊力前馈功能是各机架工作辊弯辊力根据各机架轧制压力变化而进行的前馈调节控制，其目的是保证轧制过程中带钢的凸度目标值和平坦度目标值。

实际轧制过程中，在一块带钢从头到尾的轧制长度内，温度、精轧来料厚度等轧制条件不断变化，各机架轧制压力也随之波动。为了消除此波动对板形的影响，工作辊弯辊力需根据各机架轧制压力变化而进行相应的前馈调节控制。弯辊力前馈控制的功能流程如图 4-13 所示。

弯辊力反馈功能是某一机架或几个机架工

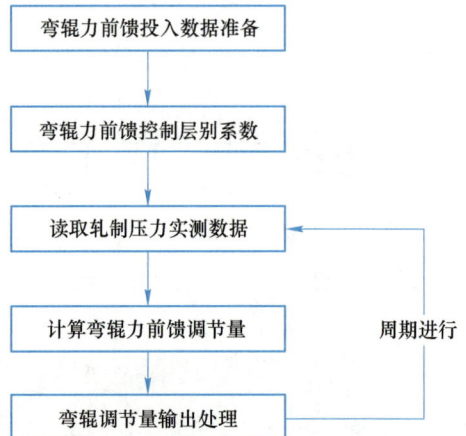

图 4-13　弯辊力前馈控制的功能流程

作辊依据实测的板形偏差信号所进行的反馈控制，其目的是保证轧制过程中带钢板形的目标值。

依据精轧出口安装的板形检测仪表的情况，弯辊力反馈控制又分为凸度反馈控制和平坦度反馈控制。若精轧出口凸度仪能够提供实时的带钢凸度实测值，则可根据其与目标值的偏差，通过调整上游机架的弯辊力或工作辊窜辊（带特殊辊形）消除凸度偏差。若精轧出口安装有平坦度仪，能实时、快速地检测出带钢的实际平坦度值，则可根据其与目标值的偏差，通过调整下游机架的弯辊力消除平坦度偏差。

4.3.1.8 终轧温度控制

温度是热轧中最活跃的因素，对轧后钢材的晶体结构和内部组织具有极其重要的影响，而不同的钢种和不同的性能要求，其轧制温度范围有所不同。为了得到细小而均匀的铁素体晶体，亚共析钢的终轧温度应略高于 A_{r_3} 相变点，此时钢的晶体为单相奥氏体，组织均匀，轧后带钢具有良好的力学性能。若终轧温度在相变点以下，就会形成两相（奥氏体和铁素体）区轧制，结果不仅金属塑性不好，还会产生带状结构，在卷取后得到不均匀的混合晶粒组织，导致在力学性能方面使屈服极限降低、伸长率减小、深冲性能急剧恶化。但终轧温度过高，也会使轧后的奥氏体得到充分再结晶和晶粒长大，相变后就会得到粗大的铁素体组织，降低了钢材的性能；此外，终轧温度过高还可能使带钢表面产生氧化铁皮，影响成品带钢的表面质量。因此，将带钢终轧温度控制在由钢的内部金相组织所确定的范围内，是带钢质量控制的关键之一，而在计算机系统中完成这一任务的就是终轧温度控制（FTC）功能。

为了实现终轧温度控制，需建立相应的温度控制数学模型。考虑到机理模型参数通常与具体轧机、轧件的参数有直接关系且物理意义明确，因此一般倾向于采用简化的理论公式，如有困难也可采用统计经验公式。

4.3.1.9 卷取温度控制

卷取温度和终轧温度一样，对带钢的金相组织影响很大，是决定成品带钢加工性能、力学性能的重要工艺参数之一。卷取温度控制本质上是热轧带钢生产中的轧后控制冷却，而轧后控制冷却影响产品质量的主要因素是冷却开始（冷却开始温度基本上就是终轧温度）和终了的温度、冷却速度以及冷却的均匀程度。

卷取温度应在 670 ℃ 以下，通常为 600~650 ℃。在此温度段内，带钢的金相组织已定型，可以缓慢冷却，而且缓冷对减小带钢的内应力也是有利的。过高的卷取温度，将会因卷取后的再结晶和缓慢冷却而产生粗晶组织及碳化物的积聚，导致力学性能变坏以及产生坚硬的氧化铁皮，使酸洗困难。如果卷取温度过低，一方面使卷取困难，且有残余应力存在，容易松卷，影响成品带钢的质量；另一方面，卷取后也没有足够的温度使过饱和的碳氮化合物析出，影响轧材性能。因此，将带钢卷取温度控制在由钢的内部金相组织所确定的范围内，是带钢质量的又一关键控制措施。

不同品种、规格的带钢，其精轧终轧温度一般为 800~900 ℃，高取向硅钢的终轧温度通常为 980 ℃，而带钢在一百多米长的输出辊道上的运行时间仅为 5~15 s。为了在这么短的时间内使带钢温度降低 200~350 ℃，仅靠带钢在输出辊道上的辐射散热和向辊道传热等自然冷却方式是不可能的，必须在输出辊道上的很长一段距离（近 100 m）内设置高冷却效率的喷水装置，对带钢上、下表面喷水进行强制冷却，并对水量进行准确控制，以满足卷取温度的要求。

卷取温度控制的具体实现方案，就是根据不同带钢的各自特性（材质、规格）和同一带钢各点的不同状态（温度、速度），通过层流冷却长度（即打开的冷却集管的数目）的动态调节，使带钢全长各点以一定的精度从比较高的终轧温度迅速冷却到所要求的卷取温度。

4.3.2 轧线检测仪表

轧线上设置的特殊仪表负责带钢参数（宽度、厚度、板形、温度）和工艺参数（如轧制力）的测量，并将测量信号送轧线计算机系统。高精度的轧线检测仪表是基础自动化系统、过程计算机系统高水平地实现带钢质量控制和质量管理的关键。轧线检测仪表科技含量高，通常是涉及机械、金属学、辐射、光学、电子、计算机和通信等科学技术的一体化产品，价格昂贵。所以，各热轧厂在设置轧线检测仪表时，都要根据自己的资金、产品特点和市场定位来确定所需仪表的种类、数量和性能。较为完整的轧线检测仪表配置实例如图4-14所示。

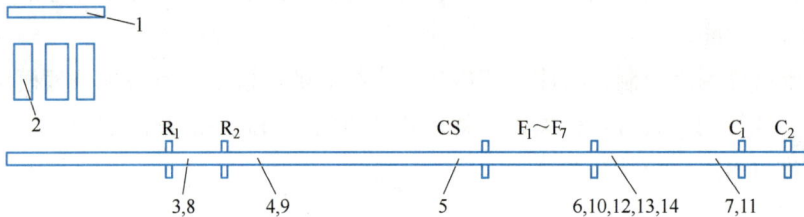

图4-14　轧线检测仪表配置实例

1—板坯装炉测温仪；2—板坯出炉测温仪；3—R_2入口测温仪；4—R_2出口测温仪；5—精轧入口测温仪；
6—精轧出口测温仪；7—卷取测温仪；8—R_2入口测宽仪；9—R_2出口测宽仪；10—精轧出口测宽仪；
11—卷取测宽仪；12—精轧出口测厚仪；13—精轧出口板形仪；14—精轧出口断面形状测温仪
各机架还配有轧制力检测仪：R_1—第一架粗轧机；R_2—第二架粗轧机；CS—飞剪机；
$F_1 \sim F_7$—第一架至第七架精轧机；C_1—第一架卷取机；C_2—第二架卷曲机

带钢热连轧生产线的主要检测仪表有轧制力测量仪、宽度测量仪、厚度测量仪、凸度测量仪、平坦度测量仪和温度测量仪。

4.3.2.1 轧制力测量仪

通常采用测力系统来进行轧制力的测量。测力系统一般由压头、接线盒、信号处理单元和显示单元等构成。压头是系统中最重要的部件。压头的精度等级可达到±0.5%或更高，过载300%不用重新标定，只要过载不大于700%就不会损坏，使用温度范围可为-10~150 ℃。有的压头还具有温度补偿功能。压磁式或应变式压头用得最多，在使用中要避免局部压力集中。

在测力计接触面处，绝对不能有硬颗粒或污染物存在，垫板的厚度偏差应小于25 μm。其表面硬度应大于300 HB。测压头根据其在轧机上的安装位置不同，一般有圆形、方形和圆环形。

4.3.2.2 宽度测量仪

带钢宽度是衡量热轧产品质量的重要指标之一。在热连轧生产线中，宽度测量仪（简称测宽仪）一般设置在粗轧出口、精轧出口以及层流冷却之后。及时、准确地测量每一块带钢的宽度，是实现宽度自动控制的必备条件。同时，测宽仪与测速装置相结合又是进行中间坯头尾形状和位置预报，实现飞剪优化剪切的前提条件。

光电测宽仪利用带钢发出的热辐射光以及三角测量技术和 CCD 成像原理来检测带钢宽度。以固定的间距安装在测量架上的四个 CCD 高分辨率摄像头，位于带钢运动的法线方向，每两台摄像头沿着带钢宽度方向进行多像素的线扫描，精确检测带钢两个边缘的位置角度，带钢的边缘数据经过进一步的处理，从而计算出带钢的宽度、中心线偏差以及宽度偏差等数据。基于高速微处理器的先进的软件程序，保证了系统在对象温度变化、存在氧化铁皮及蒸汽等情况下提供准确的边缘检测。三角形计算技术则能够补偿由于带钢跳动、倾斜、浪形边缘或者带钢厚度变化造成的边缘位置变化。

光电测宽仪的硬件组成主要包括检测箱、中继箱和仪表柜等几部分。

4.3.2.3 厚度测量仪

厚度测量仪（简称测厚仪）在热轧生产中占有重要地位，既为板带成品提供厚度数据，又为轧机厚度自动控制提供检测参数。目前使用最多的测厚仪是 X 射线和核辐射连续式测厚仪。图 4-15 为单通道 X 射线测厚仪的原理框图。

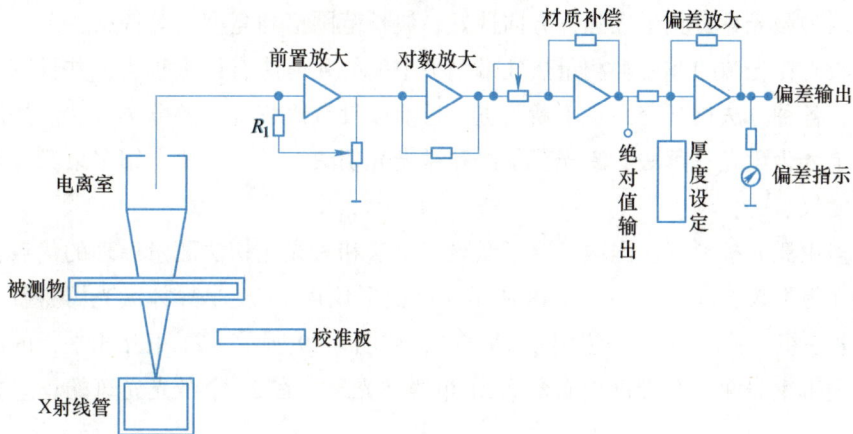

图 4-15　单通道 X 射线测厚仪的原理框图

核辐射测厚仪又分为穿透式和反射式，在线连续核辐射测厚仪为穿透式。由于核辐射测厚仪的使用必须有严格的管理制度，稍有不慎就可能造成人员伤害，近年来有使用逐渐减少的趋势。

4.3.2.4 凸度测量仪

在轧机出口设置一个或多个 C 形架，其上方安装有射源（一个或多个），下方设有数量不等的传感器。当带钢连续通过 C 形架时，传感器将接收到的不同能量转换成电流信号并传送给信号处理单元，再经过计算机的处理和计算，不断得到不同断面的凸度。

凸度的测量方法一般有间接测量法和直接测量法两种。间接测量法使用两个 C 形架，一个固定，用于测量带钢的中心厚度；另一个 C 形架在几何空间上尽可能地靠近第一个 C 形架，并且射源以一定速度沿带钢宽度方向来回移动，用于扫描测量带钢的厚度分布，然后比较两个带钢的测量结果，间接计算出带钢的凸度，如图 4-16 所示。也有采用三个独立 C 形架的，分别测量传动侧、中心点和操作侧的带钢厚度，从而间接得到带钢凸度，如图 4-17 所示。

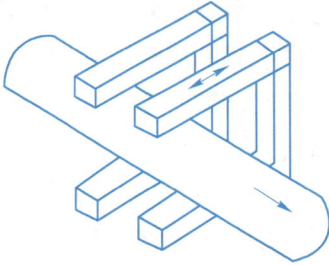

图 4-16　两 C 形架式凸度测量仪　　　图 4-17　三 C 形架式凸度测量仪

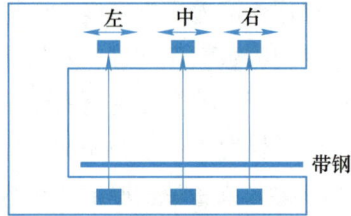

4.3.2.5　平坦度测量仪

热轧带钢的平坦度测量手段比较多，有电磁、振动、电阻、位移和光学等测量方法，但随着激光、光电元件的进步，采用激光作光源的非接触式平坦度测量仪已经普遍应用。这主要是因为激光具有相干性强、方向性好、波长范围窄和亮度高等特点。

采用激光作光源的非接触测量热轧带钢平坦度的几何法有许多种类，并且随着科技的不断发展，各种方法相互交叉、不断改进，目前还没有比较统一的分类方法。按测量原理可将其简单分为激光三角法、激光莫尔法和激光光切法。下面主要介绍多束激光板形仪和新型平坦度仪。

(1) 多束激光板形仪。国内综合了激光三角法和激光光切法测量原理的优点，研制出了多束激光板形仪，其结构如图 4-18 所示。该板形仪由 21 支半导体激光器布置成7×3的矩阵（3 个一组，共 7 组，对应不同测量点），如图 4-19 所示。21 束互相平行的激光束倾斜照射被测带钢表面，在带钢表面留下 21 个激光光斑。在 21 个激光光斑的正上方垂直安

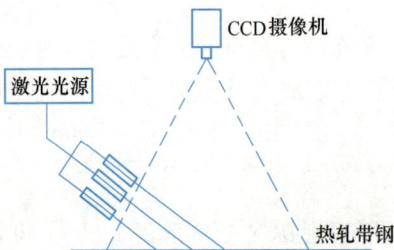

图 4-18　多束激光板形仪的结构图　　　图 4-19　多束激光板形仪的激光束分布图

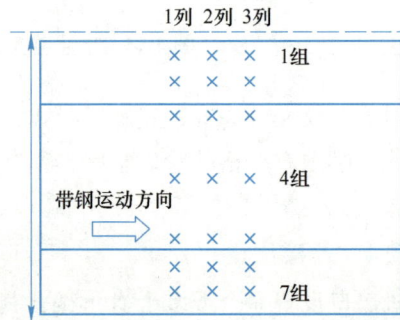

放一台 CCD 摄像机，摄取包含 21 个光斑的带钢表面信息，经过图像处理求出带钢的延伸率。另外，其对激光光切法中的计算延伸率方法进行了改进，克服了由于拐点而生产的误差。

（2）新型平坦度仪。目前，德国 IMS 公司推出了一种新的平坦度测量系统（如图 4-20 所示），其已成功地应用于澳大利亚 BHP 钢厂和我国鞍钢等企业。该测量方法是一种拓扑法在线不平度测量系统。该系统克服了由激光扫描器和摄像头阵列组成的测量系统的局限性，系统地采用了基于扫描投射和先进信息技术的平面测量法，其测量原理如图 4-21 所示。这种投射散射方法的原理是，把一条光束投射到钢板被测部位的表面，测量钢板的总宽度，并且要以不小于该尺寸的长度沿钢板的长度方向做同样的测量。这种条样光束被一个 CCD 摄像头所摄取，并且由数字影像加工技术进行分析。通过这种方法所生成的钢板表面的摄像就成为计算钢板伸长率图像的基础。

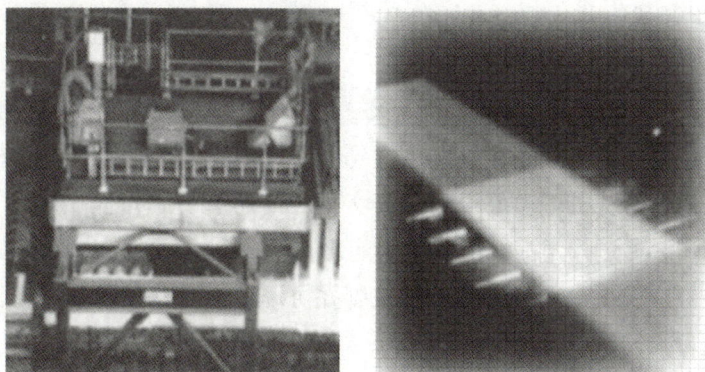

图 4-20　IMS 新型平坦度仪

4.3.2.6　温度测量仪

轧线上移动轧件表面温度的测量采用非接触式测温仪。红外线辐射测温仪是应用最为广泛的一种非接触测温方法，它是利用热物体向周围以红外线形式发射辐射能，通过对辐射能量的检测而实现温度测量。另外，就与红外线测温直接相关的热物体辐射而言，其发射率 ε 还与辐射体表面状态、材质和辐射的方向有关。

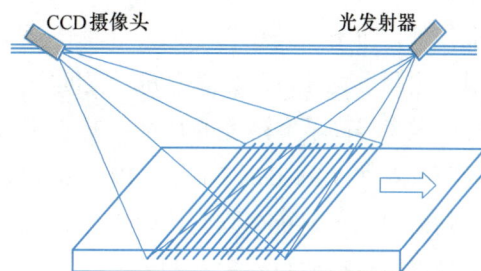

图 4-21　IMS 新型平坦度仪的测量原理

4.4　板带热轧生产智能化

板带材生产过程迫切需要借助智能化手段解决生产过程质量稳定性差、成材率低、生产效率低等共性问题。现代轧制技术的发展为轧制理论提出了新的课题，如轧制变形区应力、应变、速度、温度的分布，轧件不均匀变形，轧制过程参数的理论解析等，以工程法为核心的传统轧制理论来解决上述问题是极为困难的，为此以数值分析方法为特征的现代轧制理论逐渐发展起来。

使用有限元法将连续的变形体通过单元离散化，利用线性关系将多个微单元体组合起来描述事物整体受力和变形的复杂特性，可解决经典轧制理论所不能解决的诸多问题。

利用人工智能方法进行轧制参数的预报是近年发展起来的一种新方法。根据生理学上真实人脑神经网络的结构、功能机理的某种抽象、简化而构成的一种信息处理系统。由大量神经元经过极其丰富和完善的链接而构成的自适应动态非线性系统，具有自学习、自组织、自适应和非线性动态处理等特性，特别适合处理复杂的非线性过程。

神经网络在过程控制系统中的应用主要有单独使用神经网络和神经网络与传统模型相结合两种方式，借此实现模型参数的计算和优化功能。它可以从大量的输入数据和所涉及的关系中进行"学习"，并从系统重复发生的事件中获得经验，特别适合同时考虑许多因素和条件的不精确和模糊的信息处理问题。

板带热轧过程是一个典型的涵盖多工序、多控制层级，具有高维度、非线性、强耦合、时变性等特点的大型复杂工业流程。通常基于此复杂工艺流程建立的热连轧过程控制数学模型精度较低，传统机理模型很难取得较好的带钢产品质量控制效果。将机器学习技术运用到轧制领域，通过构建高精度板带智能化控制系统，对轧制生产流程在线智能化控制，监控产品质量与优化过程参数，精准控制并协调多工序，使轧制生产流程更加优化，在板带材产品质量控制上获得更优的效果。

采用遗传算法协同人工神经网络混合模型、改进的极限学习机、NSGA-Ⅱ（NSGA，Non-dominated Sorting Genetic Algorithms，非支配遗传）优化神经网络、变异粒子群算法优化 BP 神经网络模型实现了轧制过程的板凸度和平直度的精准预测，模型精度有很大改善。采用基于深度学习的热轧带钢头部厚度的命中预测方法，对于热轧带钢的薄规格产品进行精准预测，命中率提升7%以上，预测模型效果明显。采用基于神经网络的宽度预测模型，以最小化测量宽度与目标值之间的宽度变化，通过在带钢生产线上的研究，表明提出的控制方案大大提高了宽裕度的性能。基于主成分分析（Principal Component Analysis，PCA）协同随机森林（Random Forest，RF）的热连轧宽度预报方法，模型预测误差在$-5\sim5$ mm 之间的命中率达到96%以上。构建"数据+机理"模型成为提高模型精度的有效途径，也可有效提高模型控制精度。

基于生产过程数据，构建极限学习机（Extreme Learning Machine，ELM）轧制力预测模型和遗传算法改进人工神经网络（Genetical Gorithm Artifical Neural Netrork，GA-ANN）的轧辊磨损模型，然后融合已建立的轧制过程机理，构建基于卷积神经网络 CNN 模型的板凸度预测模型，板凸度预测值与实际测量值的绝对误差小于±5 μm 的命中率为96.58%，板凸度预测值与真实值的绝对误差小于±10 μm 的命中率为99.63%。

带钢纵向厚度精度是最重要的技术指标，也是最主要的控制指标之一。自动控制系统作为提高热轧板带厚度尺寸精度的最重要的控制手段，已经成为现代热轧板带生产过程中不可或缺的重要组成部分。多变量控制、鲁棒控制、最优控制、自适应控制、解耦控制等控制理论最新成果和模糊控制、神经网络等新的人工智能技术已被应用于板带厚度控制领域，获得了最佳控制性能。

板带热连轧生产过程中，为保证连轧顺利进行，采用微张力轧制，精确的微张力控制能够避免轧件被拉窄、缩颈等对成品造成的不良后果。现代轧制生产中，精轧机组前部机架压下量较大，一般采用无活套微张力控制。带钢热连轧机配置了低惯量快速活套装置，实现了小张力微套量轧制，可避免带钢被拉窄等。根据现场仪表配置和活套控制要求，活套控制系统的主要功能包含：活套高度控制、活套张力控制、活套解耦控制、软接触控制、防甩尾控制以及流量补偿控制等。

随着用户对钢材质量和性能的要求越来越高，且对开发出高附加值新产品，如超级钢、双相钢和相变诱导塑性钢等的需求，对冷却系统提出了更为严格的要求。此外，当代社会面临着越来越严重的资源、能源短缺问题，板带热轧生产也必须遵循减量化（Reduce）、再循环（Recycle）、再利用（Reuse）、再制造（Remanufacture）的 4R 原则，即采用节约型的成分设计和减量化的生产方法，获得高附加值、可循环的钢铁产品。近年来在轧钢企业、研究单位和设备厂家的共同努力下，我国板带热连轧后冷却系统的能力明显增强。

对于板带热连轧机组，精确的板形控制模型是建立板形控制系统的基础。我国众多专家学者采用目标函数法、遗传算法、BP 神经元网络建模方法、三维控制模型法等研究了包括轧辊热膨胀、轧辊磨损、轧辊挠曲以及 CVC 辊型的数学模型，优化了弯辊力和轧辊横移位置的控制量、发现了板形平直度生成及遗传规律，得到轧制力分布、辊间压力分布、张力分布以及轧辊压扁和挠曲分布规律，建立了板带热连轧多机架板形控制数学模型。我国自主开发的板带热连轧控制系统的控制指标已经全面达到或超越了进口控制系统的水平，简而言之，从板带热连轧控制模型和应用软件系统的角度来说，已没有必要再从国外引进。板带热连轧控制系统的改进还有赖于控制系统硬件的提升以及智能化模型和控制软件的进一步优化和开发。控制系统硬件技术的提高主要包括：更强运算能力的计算机系统（PLC、服务器）、更稳定更快速地网络通信技术、高端传感器无线数字通信技术以及转换效率更高、功率更高和更洁净的变流传动系统。在控制模型和控制软件方面，应该关注的课题有：智能化过程控制系统的高精度设定和自适应技术，基于泛在信息的智能故障诊断技术和板带质量预报与控制技术，更高精度的轧制过程的软测量技术（包括厚度、宽度、张力、板形等），轧制过程组织性能预报与控制技术，更高精度的尺寸、温度控制技术，以及更高精度和更高稳定性的板形控制技术。要特别关注对现有板带热连轧控制系统的升级改造，突破制约轧制技术发展的关键和共性技术，大力开发前沿性新技术，节能减排，创新工艺和装备，实现钢铁材料的减量化、节约型制造，推动我国钢铁工业的可持续发展。

复习思考题

4-1   解释下列缩略词：AWC、CSP、UTSP、MPC、RSU、FSU、CVC、PC、DSU、WRB、WRS、AJC。

4-2   解释下列名词：穿带自适应控制、精轧动态设定、自学习功能、质量分类、模拟轧钢、监控 AGC、尾部补偿、活套补偿、宽展量、宽展率、短行程控制。

4-3   带钢热连轧包括哪些类型的生产线？

4-4   传统带钢热连轧生产线包括哪些部分？

4-5   现代热轧过程计算机控制的主要作用是什么？

4-6   现代热轧过程计算机控制的主要功能包括哪些？

4-7   按照热轧生产过程的不同区域划分，一般将设定计算分为哪几种？

4-8   常规热连轧生产线上一般采用什么形式的加热炉，短流程热轧生产线和超薄板坯连铸连轧生产线采用什么加热炉？

4-9   带钢热连轧粗轧机设定计算的任务是什么？

4-10   带钢热连轧精轧机设定计算的任务是什么？

4-11   带钢热连轧精轧机设定的项目主要包括哪些？

4-12   一般带钢热轧计算机系统参与自学习的参数有哪些？

4-13   现代热轧过程计算机的控制范围包括哪些设备？

4-14   带钢热连轧卷取设定计算的任务是什么？

4-15   带钢热连轧卷取机设定的项目主要包括哪些？

4-16   带钢热连轧轧件跟踪的目的是什么？

4-17   带钢热连轧轧件的形态一般分为哪四种？

4-18   带钢热连轧数学模型按照功能可以划分成哪三大类？

4-19   热轧带钢的厚度控制包括哪两部分，如何实现？

4-20   带钢热连轧生产基础自动化的功能有哪些？

4-21   带钢热连轧自动厚度控制功能的任务是什么？

4-22   带钢热连轧经常采用的厚控方案有哪两种？

4-23   用 P-H 图解释带钢热连轧轧件方面的参数（厚度、硬度）波动，采用什么厚控方案，如何调整辊缝值？

4-24   画图说明带钢热连轧自动厚度控制系统一般有哪三种控制方式？

4-25   热轧带钢宽度自动控制的目的是什么？

4-26   影响带钢热连轧轧件宽展率的因素有哪些？

4-27   热轧带钢宽度波动的原因有哪些？

4-28   带钢热连轧生产线主要检测仪表有哪些？

4-29   带钢热连轧轧制力的测量系统一般由哪些元器件构成？

4-30   带钢热连轧光电测宽仪主要由哪些硬件组成？

4-31   目前带钢热连轧使用最多的是什么形式的测厚仪？

4-32   带钢热连轧凸度的测量方法一般有哪两种？

4-33   热轧带钢的平坦度有哪些测量方法？

4-34   带钢热连轧轧制线上测量移动轧件表面温度采用什么测温仪？

5 带钢冷轧生产自动化

冷轧带钢以其优异的表面质量、精确的尺寸精度、良好的力学性能和工艺性能，广泛应用于各个领域，成为现代工业不可或缺的关键材料。冷轧带钢作为钢铁工业中至关重要的产品，在汽车、家电、建筑、机械等众多领域都有着广泛的应用。随着钢铁工业进入高质量发展阶段，冷轧带钢生产技术不断优化升级，以高精度、高效化、智能化为目标，显著提升了冷轧板带材的产品质量和市场竞争力。

在冷轧带钢生产领域，智能制造的浪潮正以前所未有的速度席卷而来。这一转型不仅仅是对传统生产模式的简单升级，而是对生产全过程进行深度重构与优化的革命性变革。通过深度融合物联网、大数据、云计算等前沿技术，冷轧带钢生产实现了从原材料进场到成品出厂的全链条数字化、网络化和智能化。

智能制造系统作为这一转型的核心，能够实时采集并处理来自生产现场的海量数据，包括设备运行状态、工艺参数、产品质量等。基于这些数据，系统能够运用先进的算法模型进行深度分析，精准识别生产过程中的瓶颈与异常，并自动调整生产计划与工艺参数，以最优化的方式组织生产。这种实时反馈与动态调整，使得冷轧带钢生产更加灵活高效，能够更好地适应市场变化与客户需求。此外，智能制造还推动了冷轧带钢生产向个性化定制与柔性化生产方向发展。通过构建模块化、可重构的生产单元与智能物流系统，企业能够快速响应客户多样化的需求，实现小批量、多品种的生产模式。这不仅提高了生产效率与灵活性，还增强了企业的市场竞争力与盈利能力。

在智能化转型方面，冷轧装备重点在机组自动化、数字化方面开展大量的创新实践。在自动化方面，机组全线实现了自动拆捆带、自动上卷、自动开卷、自动焊接、自动卸卷、自动快速换辊、自动上套筒、自动打捆带等功能，大幅提高机组自动化程度。在数字化方面，机组配置测厚仪、测速仪、磁尺、测压仪、张力计、板形辊、表检仪等大型仪器仪表。酸洗工艺段及轧机段配置二级数学模型，且具备自适应学习功能。2022年，中冶宝钢承建武钢有限冷轧生产智控中心项目开工。武钢有限冷轧生产智控中心建筑面积约1000 m^2，高度约9 m，为两层结构，分为机组集操区、参观区及调度会议室两部分。该中心运用新一代自动化、信息化、智能化的技术及装备，对冷轧厂酸轧机组、镀锌机组、彩涂机组及连退机组共13条生产线进行分区数据采集、信息监控、协同操作、生产协调等。中心建成后，武钢有限冷轧厂可实现3D岗位智能装备全覆盖，有效构建极致效率的机组设置格局，为武钢有限加快绿色发展，推进智慧制造，实现转型升级起到重要推动作用。

5.1 带钢冷轧生产工艺概述

带钢冷轧生产可分为可逆式和连续式两种。近年来，随着国内钢铁企业生产工艺变革及装备升级，对装备智能化、绿色化要求越来越高的同时，对装备的生产成本、成材率、节能降排等方面的要求也越来越高，传统的单机架生产模式已不能满足市场的需求，生产工艺及装备向连轧化方向发展。如在碳钢领域，出现了高强钢冷轧由单机架生产向连轧化生产的转变，超薄带钢（镀锡基板等）生产由单机架生产向连轧化生产的转变。在硅钢领域，中高牌号硅钢冷轧由单机架生产向连轧化生产的转变。在不锈钢领域，同样存在由单机架生产向连轧化生产的转变趋势。

5.1.1 带钢可逆式冷轧生产工艺

可逆式轧制是指带钢在轧机上往复多次地压下变形，最终获得成品厚度的轧制过程。可逆式轧机的设备组成比较简单，是由钢卷运送及开卷设备、轧机、前后卷取机、卸卷及输出装置组成的。有的轧机根据工艺要求在轧前或轧后增设重卷卷取机。

单机架可逆冷轧机各种产品的生产工艺流程图，如图 5-1 所示。

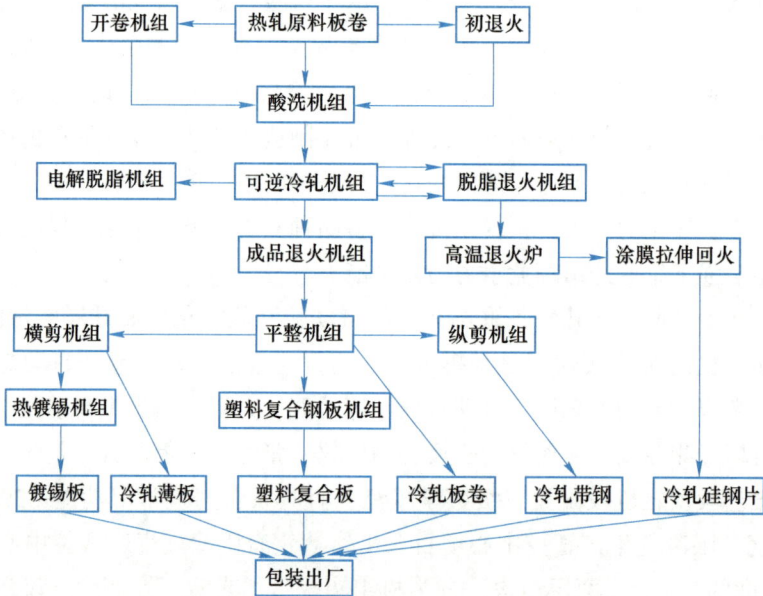

图 5-1　单机架可逆冷轧机各种产品的生产工艺流程图

冷轧原料由热轧机组供给，热轧钢卷的单卷重量较小。钢卷可在拆卷机组上切去头尾，进行焊接拼卷，以提高冷轧工序的生产能力。

热轧带钢在冷轧机前必须经过酸洗，目的在于去除带钢表面的氧化铁皮，使冷轧带钢表面光洁，并保证轧制生产顺利进行。

经酸洗的热轧钢卷由中间库吊放到链式运输机的鞍座上，运输链把钢卷顺序运送到开卷位置上进行开卷。伸出的带头被下落的钩头机引入三辊矫直机，经过活动导板送入辊缝。带头通过抬高或闭合的辊缝到达出口侧卷取机，插入卷筒的钳口中被咬紧，根据带钢厚度缠绕数圈后调整好压下和张力，然后压下轧前压力导板，施加乳液，启动轧机，根据轧制情况升速到正常速度，进行第一道次轧制。

当钢卷即将轧完时，要及时操纵轧机减速停机，使带尾在入口侧卷取机卷筒上停位。卷筒钳口咬住带尾后，轧钢工依照规程分配第二道次压下，操纵员选好张力，给上乳液，轧机进行换向轧制。

根据钢种和规格，每个轧程进行 3~7 道次往复轧制。当往复轧制到奇数道次并达到成品厚度时，根据带尾质量情况，辊缝抬高或闭合地进行甩尾。在卷取机卷筒上把带尾手工焊接到外圈钢卷上或用捆带扎牢，由卸卷小车把钢卷托运出卷筒，然后倾翻到钢卷收集槽上，标写卷号规格，即可吊运到下面工序继续生产。

5.1.2 带钢冷连轧生产工艺

一般连续冷轧带钢的生产工艺包括酸洗、冷连轧、退火、平整、剪切、检查缺陷、分类分级以及成品包装，其生产工艺流程如图 5-2 所示。横切、纵切、平整、重卷等机组属于精整处理线。精整处理线是进一步提高冷轧带钢附加值的重要工序，也是为冷轧产品适用各种用途而进行的深加工处理。

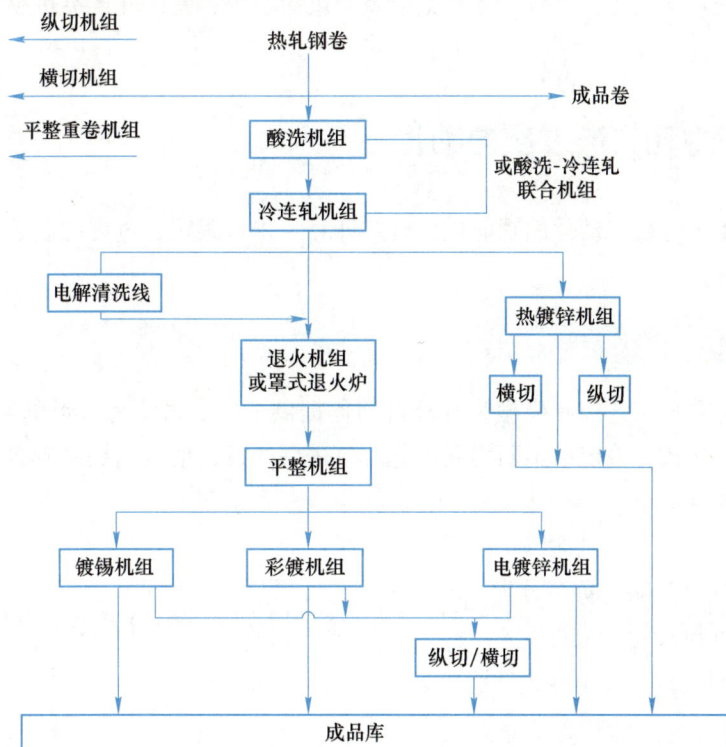

图 5-2　冷连轧生产工艺流程

带钢冷连轧机组的机架数目根据成品带钢厚度的不同而不同，一般由 3~6 个机架组成。当生产厚度为 1.0~1.5 mm 的冷轧汽车板时，常选用三或四机架冷连轧机组；对于厚度为 0.25~0.4 mm 的带钢产品，一般采用五机架冷连轧机组（四机架只能轧制 0.4~1.0 mm 的板带产品）；当成品带钢厚度小于 0.18 mm 时，则采用六机架冷连轧机组，但一般最多不超过六机架（目前趋向于只使用 5 个机架）；对于极薄产品或薄的不锈钢及硅钢板带产品，则采用多辊式（如森吉米尔）轧机进行轧制。

目前，大多数带钢冷连轧机组直接采用酸洗机组与冷连轧联机的无头轧制方式。

酸洗根据机组中部酸洗段是垂直还是水平布置，分为塔式或卧式两类，塔式酸洗效率高，但容易断带和跑偏，并且厂房太高（2~5 m 以上），因此，目前还是以卧式酸洗为主。

由于冷连轧过程中带钢存在加工硬化，根据成品的需求还需要增加退火工序。退火有罩式炉退火（成卷）和连续退火线两种，前者较为灵活、设备投资少，因此应用较为广泛；但对于某些要求表面好的成品，则必须采用连续退火线。

为了获得良好的板形及较高的表面光洁度，平整是一个重要的工序，平整实际上是一种小压下率（1%~5%）的二次冷轧，并实现恒延伸率控制，使带钢板形改善、力学性能提高。

精整处理线包括横切、纵切、平整、重卷等机组。精整处理线是进一步提高冷轧带钢附加值的重要工序，也是为冷轧产品适用各种用途而进行的深加工处理。

镀层处理线包括镀锡、镀锌、镀锌铝以及彩色涂层等，是冷轧产品进一步深加工的主要工序。

5.2 带钢冷轧生产过程自动化

带钢冷轧生产过程自动化的功能包括设定计算、带材跟踪、过程控制数学模型建立和模型的自适应等。

5.2.1 模型设定

冷轧过程计算机工艺控制模型为基础自动化提供了轧制过程和板形的预计算设定值，通过与测量值的比较，设定值不断得到优化。改进后的设定值发送到基础自动化系统，直接对轧机实施控制。

一般过程计算机主要包括以下三项基本功能：

（1）确定轧制策略与负荷分配；

（2）进行轧制过程设定计算；

（3）对轧制过程参数不断进行优化。

5.2.1.1 轧制策略与负荷分配

轧制策略为设定计算准备所需的数据。当过程计算机中物料跟踪模块确认钢卷到达轧机前相应位置后，物料跟踪模块发出传输计算所需数据的请求，物料跟踪数据包、神经元数据和其他相应技术数据经计算后，得到轧制策略部分的最终计算结果，它将作为预计算的输入值发送到下一个计算模块。

（1）物料跟踪数据，包括当前卷和上卷数据、标准轧制指令和相关板形描述、操作者轧制指令和相关板形描述、轧辊数据等。它们分别存储在相应的数据库表中。

（2）技术数据，包含摩擦数据、材质数据、轧机数据等。

（3）最终计算结果，包括当前卷和上卷数据、材质数据、有效轧制指令和相关板形描述、轧辊数据和摩擦数据、平直度预设定策略、轧机极限数据以及常量等。

A 轧制指令简介

轧制指令的确定主要是指压下分配，也可以称之为轧制规程的计算。它是根据原料的厚度、宽度以及钢种、轧辊辊径、电动机容量限制条件、轧制负荷限制条件来设定连轧机各机架的目标厚度，并由此计算各机架辊缝和轧辊速度。

在计算轧制规程时有以下几个基本原则：

（1）在考虑各机架的电动机负荷、机械设备限制等基础上，确定各机架入口和出口的板厚；

（2）轧制过程中为避免断带或机架间产生活套，在速度分配时必须坚持秒流量恒定的原则；

（3）根据轧机自身各机架的参数限制，在考虑轧机变形的同时设定出能够得到目标厚度的辊缝。

事实上，轧制规程的计算是根据给定的入口和出口厚度，制定轧制过程中可行的减薄途径，并由此决定辊缝和轧辊速度。

压下分配具体有绝对压下和分配比压下之分。绝对压下有两种方式，即绝对压下率分配和绝对轧制力分配。对于绝对指令，某个机架的压下值可以直接转化为厚度。这样只要知道机架入口或出口的厚度，则机架另一侧的厚度就可以求得。给出轧制压力的绝对值，以轧制压力为已知条件可以得到压下绝对值，从而可以在已知一侧厚度的情况下求出另一侧厚度。对于分配比压下，几个机架的压下值是为取得总压下率而分配的相互影响的比例值。有三种不同方式的分配比指令，即分配比压下率方式、分配比轧制力方式和分配比功率方式。由于分配比压下给出的是分配比例，若要换算到压下分配率，必须反复迭代直到得到满意解为止。

轧制指令的分配必须遵循以下原则：

（1）绝对指令必须分配在第一或最末机架，即分配比指令的机架间不允许存在绝对指令。

（2）必须有至少两个机架是相对指令，以便预计算能进行由于机架过载引起的压下重新分配。

（3）一个轧制指令中最多只能有一种相对方式。

（4）末机架的轧制力分配不能大于一个临界值（相对于较薄、较硬的轧材）。

当轧材较薄、较硬时，轧辊的弹性压扁会过大，致使带钢两侧轧辊互相接触，此时对应的轧制压力为临界值。

此外，轧制指令还包括：单位张力、附加单位张力（用于减小低速轧制的轧制力，并在整个速度变化范围内得到较平稳的轧制力）、最大压下、最大单位轧制力、厚头值（定义穿带计算的出口厚度）、机架前后的带钢温度、机架前后的冷却因子、最大带钢入口速度、最大轧机出口速度和末架张力控制模式。

有三种结构相同，但是来源不同的轧制指令：自动轧制指令、标准轧制指令、操作者轧制指令。

标准轧制指令分级存储在数据库表中，并根据相应的卷数据从材质跟踪模块中选取。它按硬度、入口厚度、出口厚度和宽度四个指标进行分级，它们可以分别从相应的表中读取。硬度级别大致分为四个等级，即 Ⅰ（软）、Ⅱ（一般）、Ⅲ（较硬）和 Ⅳ（最硬）。对于轧制硬度范围较宽的轧机和某些特种钢轧机，还可以在此基础上进行扩充。入口厚度级别根据热轧带钢厂来料可分为六个等级，即 1.80 ~ 2.00 mm、2.01 ~ 2.20 mm、2.21 ~ 2.70 mm、2.71 ~ 3.50 mm、3.51 ~ 4.30 mm 和 4.31 ~ 6.00 mm。出口厚度级别分为五个级别，即 0.15 ~ 0.30 mm、0.31 ~ 0.70 mm、0.71 ~ 1.00 mm、1.01 ~ 2.00 mm 和 2.01 ~ 3.30 mm。带钢宽度分为三个等级，即 0.90 ~ 1.25 m、1.26 ~ 1.50 m 和 1.51 ~ 1.65 m。

操作者轧制指令是指操作者对轧制指令进行修改，从而获得更好的设定值。

如果没有上述两种指令，则自动建立自动轧制指令。自动轧制指令存储在数据库表中，它仅适用于分配比压下方式；但对末机架可以是绝对轧制力指令。

B 辊缝设定

辊缝设定是轧制过程中最为重要的参数设定。它首先需要各机架负荷分配后的出口目标厚度，由选定的轧制压力模型计算出预轧制压力，在通过各机架弹跳方程计算后可得到辊缝设定值。

C 轧制速度设定

轧制速度设定包括穿带速度的设定、最大末机架出口速度的确定和各机架相对速度设定值的确定。

在计算轧制速度设定值之前，首先要计算出各机架的前滑值、工艺参数和轧制力矩以及由轧制功率所决定的末架最大轧制速度，再使用秒流量相等公式计算出各架速度。

最大末机架出口带钢的线速度 v_{max}，通常由末机架主电动机功率和允许轧制力矩所决定，或由操作员根据经验确定。

机组最大出口线速度的确定应当考虑一定的裕量，此时的主令速度应为最大允许速度的 95%。主令速度是指基准机架的设定速度，它包括穿带、加减速、稳态轧制和过焊缝任何运行状态时刻的基准机架的设定速度。

在得到各机架的目标厚度和基准机架任何运行状态的速度设定值后，就可以得到各机架的轧制速度设定值。

5.2.1.2　轧制过程设定值计算

A　平直度设定值计算

考虑到各种工艺因素对板形的可能影响，用数学模型的方式使板形闭环控制得到最优的设定值和有效因子。与板形预设定相关的数据包括：

（1）板形参考值，包括入口和卷取带钢端面轮廓、边降，而板形目标曲线是板形调节因素计算的目标值。

（2）预设定策略，包括各种调节因子的优先级、初始值和极限值，是进行调节因素计算的基础。

（3）轧辊数据，包括轧辊的尺寸、几何形状、材质等，这些数据都是弯辊模型的输入变量。

（4）道次计算的负荷分配，包括道次计算的厚度分配、轧制力分配，是辊缝和弯辊模型的输入变量。

B　冷轧过程轧制力、力矩和前滑计算

轧制力计算是在前述数学模型的基础上进行的。辊缝中带钢沿轧制方向被分成垂直的小条，由于带钢的加工硬化，其屈服应力逐条增长且逐机架增长。带钢的屈服应力 σ_s 可以认为是累计变形程度 ε_Σ 和三个参数 a_1、a_2、a_3 的函数，即：

$$\sigma_s = a_1(\varepsilon_\Sigma + a_2)^{a_3}$$

这三个参数将会根据化学成分，由神经元网络估算。在这些参数和进一步的过程计算机计算的帮助下，数学模型可计算出轧制力、力矩和前滑。为了得到神经元网络的训练值，首先要根据实测轧制力计算出每个机架的屈服应力，然后由五个机架的屈服应力进行回归，从而得出三个参数。

在上述材质变形抗力神经元网络计算的基础上，还有几种神经元网络为数学模型提供矫正因子。神经元网络将按一定次序训练，首先是材质变形抗力神经元网络，然后它将被冻结，而机架矫正网络开始训练，如此继续下去。每个网络将会修正上一个网络留下的错误。

C　穿带和变规格设定值计算

穿带设定值计算是在轧机压下分配的基础上，由各机架穿带值计算出轧制力、前滑和机架压下（指机架的螺丝压下）。

螺丝压下取决于穿带轧制力、出口厚度、机架变形、温度磨损和压扁、弯辊和轴承油膜浮动。

对连轧机来说，动态变规格计算包括楔形位置和楔形长度的计算。轧制程序是根据计算相对于带钢的运动而改变的，以便各机架在带钢的相同位置利用预计算来调节。焊缝的位置跟踪是贯穿于轧机始终的，实际焊缝位置在程序中被描述为一个楔形区域。计算重置是在楔形位置到达后开始，而在到达下一个机架时终止。

首先，楔形段在第一机架由第一机架厚控的设定值控制产生。后续机架的计算重置是由速度关联决定的，而且带钢的厚度和张力将会与带钢运动成比例地改变。

5.2.2 跟踪功能

跟踪是任何轧制过程计算机控制的基本功能。只有正确的跟踪才能做到各功能程序的正确启动，为设定计算提供正确的带钢数据，为人机界面提供数表和画面显示，使操作人员及维护人员正确掌握生产动态。

冷连轧的跟踪包括物流跟踪、带钢特征点跟踪和带钢段跟踪。

5.2.2.1 物流跟踪

物流跟踪也称为数据跟踪，其主要任务是启动及协调各种功能程序的运行，因此需要知道每一钢卷在轧机内所处的位置。

物流跟踪数据区为每一个跟踪点配置了一个跟踪数据记录，当带钢在轧机区内移动一个位置（跟踪点）时，跟踪数据区内的跟踪数据也随着移动。因此，不同跟踪点上的跟踪数据可以反映带钢在轧机区内的实际位置，也可提供相应功能程序正确的带钢数据。

5.2.2.2 带钢特征点跟踪

所谓特征点，是指带头、带尾、焊缝、楔形段开始位置、缺陷头、缺陷尾和带钢段段头。随着这些特征点到达轧机区内的不同位置，需启动不同的功能或做不同的处理。因此，应根据这些位置将轧机分成 n 段，并根据测厚仪与压力仪设置，确定 m 个测量点。表 5-1 为某厂冷轧机所设置的 44 段及 11 个测量点的位置。

表 5-1 某厂冷轧机的分段及测量点

段号	动作	位 置	测量点	段号	动作	位 置	测量点
0	调 A	C1 前光电管		16	0	C3 前 1350 mm	
1	0	无		17	0		
2	0	无	DM0	18	调 B3		
3	0	C1 前 2600 mm		19	调 C3	C3 前 400 mm	C3
4	调 B1	C1 前 1300 mm		20	调 D3	C3 咬钢	
5	调 C1	C1 前 400 mm	C1	21	0	C3 后 400 mm	
6	调 D1	C1 咬钢		22	0	C3 后 1400 mm C3 后 2250 mm	DM3
7	0	C1 后 400 mm					
8	0	C1 后 1400 mm	DM1	23	0	C4 前 1350 mm	
9	0	C1 后 2250 mm		24	0	无	
10	调 B2	C2 前 1350 mm		25	调 B4	无	
11	调 C2	C2 前 400 mm	C2	26	调 C4		
12	调 D2	C2 咬钢		27	调 D4	C4 前 400 mm	C4
13	0	C2 后 400 mm		28	0	C4 咬钢	
14	0	C2 后 1400 mm	DM2	29	0	C4 后 400 mm	
15	0	C2 后 2250 mm		30	0	C4 后 1400 mm	DM4

段号	动作	位　置	测量点	段号	动作	位　置	测量点
31	0	C4 后 2250 mm		40	调 F	无	
32	0	C5 前 1350 mm		41	0	无	
33	调 B5	无		42	调 G	C5 后 2100 mm	
34	调 C5	无		43	调 G	C5 后 3200 mm	
35	调 D5	无	C5			横向剪切机	
36	0	无				偏转辊	
37	0	C5 前 400 mm				带式输送机	
38	0	C5 咬钢	DM5			卷取机 1 号	
39	调 E	C5 后 400 mm				卷取机 2 号	

注：1. DM0~DM5 为六台测厚仪，C1~C5 为 5 台冷轧机，共 11 个测量点。

　　2. 调 A 为调相应程序以便为 C1 做轧制准备，调 B1~B5 为机架前 400 mm 时执行的功能，调 C1~C5 为带钢咬入机架时需执行的功能，调 D1~D5 为机架后 400 mm 时执行的功能，调 E 为飞剪自动控制，调 F 为偏转辊控制，调 G 为卷取机控制。

A　带头、带尾跟踪

带头、带尾跟踪主要用于传统冷连轧机的穿带及甩尾过程，随着带头到达不同位置来启动程序或投入张力控制，将液压压下位置内环切换到压力内环等工作；而甩尾过程则相反，应切除功能，接通尾部辊缝修正等工作。

B　焊缝跟踪

焊缝跟踪主要用于全连续冷连轧或酸洗-轧机联合机组。焊缝需分清其不同类型。焊缝的类型有：

（1）拼卷焊缝。为了加大冷轧卷卷重，将两个或更多相同的热轧卷拼成一个冷轧卷，对拼卷焊缝，除了当焊缝到达轧机时需减速以使焊缝通过外，不需做任何工作。

（2）酸洗焊缝。为了连续酸洗而焊接的焊缝称为酸洗焊缝。酸洗焊缝和拼卷焊缝都称为内部焊缝，除减速过焊缝外，不需做任何处理。

（3）变规格焊缝。对全连续冷连轧或酸洗-轧机联合机组，都需要进行动态变规格。需变规格的前、后两个钢卷间的焊缝称为变规格焊缝。为了使动态变规格过程中的张力变动不过大，一般对前、后两个钢卷的参数差别有一个限制。变规格焊缝跟踪在入口段是对焊缝跟踪，而进入轧机后将对楔形区起始位置进行跟踪。

5.2.2.3　带钢段跟踪

为了标明测量值所对应的带钢段，引入了带钢段跟踪，即为带钢定义了一些虚拟标记，称为带钢段段头，由计算机进行跟踪。

当带钢头部到达测量点 3 时，表示新的一段（带钢段）开始，各测量点以 0.2 s 为一周期进行采样，每当测量点 3 收集到 8 个测量值时，就可以定义此时进入测量位置为 0 的带钢点为新带钢段的段头。由此可知，带钢段的长度与带钢运行速度、测量周期及各机架延伸率有关。

冷轧过程控制的数学模型包括：轧制力模型、前滑模型、速度模型、张力模型、机架刚度模型、带钢刚度模型、轧辊梭形计算模型、带钢温度模型、冷却液流量计算模型、辊缝模型、弯辊模型、轧辊温度和磨损模型。

(1) 轧制力模型。在冷轧生产过程中，过程计算机使用的关于辊缝设定计算的轧制力模型大体有三种。这三种压力模型是 Bland-Ford 模型、W. L. Roberts 简化的摩擦锥模型（称为 Roberts 模型）和 M. D. Stone 模型。通过大量冷轧生产过程可以总结出，这些模型在带钢小压下量的情况下具有一定精度的近似性。对于三个轧制力模型系数的假定和计算，可总结出以下几点：

1) 对每个模型采用同样的屈服强度计算公式。

2) 对各个模型推导的摩擦方程系数不一样，不同模型中的摩擦系数根据经验公式计算，公式中含有由采集的现场数据回归分析得到的常数，还包括带钢屈服强度、压下率、带钢张力、厚度和给定工作辊及速度等参数。

3) 在不同的模型中采用了不同的工作辊压扁半径公式。可发现，采用 Hitchcock 压扁半径公式的 M. D. Stone 模型，在带钢压下率大于3%且小于5%时能给出好的估算值，建议不要将它用于压下率小于3%的情况。在 Roberts 模型中，需要根据情况选用不同的压扁半径公式，这取决于带钢的压下率和带钢的厚度。当带钢厚度大于0.5 mm 和压下率大于3%时，采用 Hitchcock 压扁半径公式；对于厚度小于0.5 mm 的很薄的带钢和压下率小于3%的情况，建议采用 Roberts 压扁半径公式。在带钢入口厚度不大于5.08 mm 且各机架压下率大于3%的情况下，建议使用 Bland-Ford 模型的 Hill 简化公式。而大部分正在生产的冷连轧机，可满足 Bland-Ford 模型的 Hill 简化公式所要求的条件。

(2) 前滑模型。在轧制模型计算中，用前滑模型来描述带钢速度超过轧辊转速的比例。前滑值可以用理论公式计算，也可以用经验公式计算，还可以取经验值。前滑值的理论计算可根据中性面的位置，从变形区各截面每秒通过的金属体积不变这一条件出发得到。经验公式一般都是由实际数据统计归纳出来的，在实际生产中，前滑值有时直接在某一范围内取值。

(3) 速度模型。速度模型的功能包括机架速度关联和最大轧制速度的确定。机架速度关联是在带钢厚度和前滑的基础上，计算各机架的速度。最大轧制速度是最大旋转速度、机架和卷取最大功率决定速度、轧制指令最大速度中的最小值。

(4) 张力模型。张力包括补偿张力和绝对张力。计算补偿张力可保证在穿带速度和正常生产速度时轧制力恒定。在有效轧制指令的单位张力的基础上计算绝对张力，将张力自动限制在轧机允许的范围内。

(5) 机架刚度模型。机架刚度是轧制力变化量和机架变形量的比值。

(6) 带钢刚度模型。带钢刚度是厚度变化量和轧制力变化量的比值。

(7) 轧辊梭形计算模型。所谓轧辊梭形是指当轧制硬料和薄料时，可能出现带钢外侧上、下轧辊两端互相接触的现象。所有机架都要进行轧辊梭形计算。如果前、后两卷相同或相似，则轧辊压扁、横移、弯辊用原来值，否则重新调用弯辊模型计算。如果末机架的轧辊梭形部分超过一限度，则末机架的压下被限制以限制轧辊梭形。

（8）带钢温度模型。冷轧时，轧件塑性变形热、摩擦热是导致带钢和轧辊温度升高的主要原因，而乳化液的冷却作用和带钢在机架间的热量损失使带钢和轧辊的热传递过程非常复杂。通过带钢温度模型可以进行轧辊和带钢温度的精确计算，为准确进行轧机辊缝设定和轧辊热凸度计算提供了依据。用此模型还可计算带钢温度增加值和机架间带钢温度降低值，温升也可在轧制模型中计算。温降产生的原因是辊与带钢之间的热传导、带钢表面热辐射、带钢与冷却润滑液之间的热交换。操作者可以调整操作者轧制指令中的压下或最大轧制速度，以改变带钢温度。

（9）冷却液流量计算模型。每机架后带钢温度可以由操作者预设定。如果出口温度没有给出，则按照最大流量计算。

（10）辊缝模型。道次计算给出了沿辊缝端面的平均单位轧制力，这一轧制力代表着板形计算的工作点。对于弯辊模型和各调节因子的计算，还需要知道带钢宽度方向的轧制力分配。而辊缝模型正是在入口和卷取带钢断面，在边降、平直度目标曲线和张力分配的基础上得到轧制力的端面分配，并进一步将其作为弯辊和平直度调节因子的计算输入值。

（11）弯辊模型。根据弯辊力矩、辊压扁分配可计算弯辊线形状和辊缝断面分配，而影响弯辊力矩、辊压扁分配的因素有轧制力、弯辊力、辊间压力分配状况、辊与带钢间压力分配状况、辊的几何尺寸等。计算由数值积分完成，实际的压力分配由迭代方法完成。弯辊模型计算中所有决定辊缝的因素如下：

1）工作点的辊缝形状取决于过程计算机计算的轧制力、辊缝模型计算得到的轧制力分配、弯辊力、辊凸度、辊直径、辊长度、辊弹性模量等。

2）轧制力对辊缝的影响系数。

3）辊横移对辊缝的影响系数。

4）轧制力断面分配对辊缝的影响系数。

在上述影响因素的基础上可计算平直度模拟曲线，这一模拟曲线为板形控制系统所需要。

（12）轧辊温度和磨损模型。在各种测量值（轧制力、辊速度、冷却分配、冷却温度）的基础上，可以计算辊的热凸度分配。它是弯辊模型的输入值，并存储起来以供后计算和自适应使用。

5.3 带钢冷轧生产基础自动化

冷轧基础自动化（L1）是指从开卷机入口辊道开始到卷取机控制和卸卷小车运输控制为止整条轧制线上所有动作设备的控制和质量控制，以及数据读入、控制接口、控制值输出、跟踪和顺序控制等。基础自动化系统以 PLC 及多 CPU 控制器为基础，一般采用基于通用工业 VME 总线的系统。

　主传动速度控制和张力控制

拥有一个稳定、可靠的传动系统，是冷轧机成功的前提条件，也是先进的自动化系统的基础。直流电气传动具有调速性能好、控制精度高、线路简单、控制方便、过载能力较强、能承受频繁冲击负荷等优点，因此很长一段时间内，冷连轧机主传动一直被直流调速系统所主导。近年来，新建轧机都采用交流传动系统，如交交变频系统及交直交变频系统。交交变频系统最大的优点是成熟、可靠、过载能力强、效率高、简单（元件少）、对维护要求低、电压突变小（对电动机要求低）。但交交变频方案也有明显的缺点，如交交变频只能在 20 Hz 以下运行，因此对于高速冷轧机，齿轮箱速比必须按电动机转速要求进行增速；交交变频需要动态无功功率补偿（SVG，Static Var Generator），这是因为交交变频在电网和电动机之间只有一级变频，简单、元件少、维护要求低，它不像交直交变频有电容器，因此功率因数低，动态无功功率大，在电网容量小的地区需加装 SVG 系统。

随着轧制技术的不断进步，生产效率越来越高，产品质量也随之提高，主传动速度控制的响应速度和控制精度直接影响到冷连轧的生产效率和质量控制，是对带钢厚度和张力进行精细控制不可缺少的手段。

冷连轧机的主传动速度控制是对冷连轧机各机架的主传动速度进行控制，以确保带钢在轧制过程中各机架的速度匹配（即秒流量）相等，从而确保带钢的稳定轧制。

5.3.1.1　秒流量方程

秒流量方程又称秒流量相等法则或连续方程，其内容为连轧机组中轧件出口处的轧件宽度、轧件厚度及轧件速度的乘积应互相相等，即每秒轧出的轧件体积（秒流量）相等。冷连轧由于采用大张力轧制，机架间不存在活套，因此更适合在张力作用下的秒流量恒等法则，但是在应用秒流量恒等法则时要特别小心。

5.3.1.2　速度级联控制

速度级联控制是通过传送本机架速度波动部分到上游机架，从而保证机架间秒流量相等。速度级联控制包括手动微调、张力控制以及 AGC 系统的速度补偿、下游机架送来的偏移补偿。因此，第 i 机架的速度调节量一般包括：精轧机前机架的手动调节量，一般不超过设定速度的 20%；精轧机前机架与精轧机后机架之间张力调节的速度补偿量；下游机架对本机架的级联量；下游机架对本机架的压下补偿量。

在控制过程中，所有的补偿都采用百分数形式以便于引起注意，每个控制周期都计算偏移量，应按轧线逆流方向计算各机架的速度补偿量，这样才能保证各机架偏移信号无滞后地进入各机架速度输出中。

5.3.1.3　机架之间的张力控制

大张力轧制是冷连轧与热连轧的根本区别，张力轧制是指，带钢在轧辊中轧制变形是在一定的前张力和后张力作用下进行的。张力是冷连轧机轧制过程中最活跃的因素，能否实现高精度的张力自动控制（ATC，Automatic Tension Control），不仅关系到能否按工艺要求成功地完成轧制过程，更直接关系到轧后带材各种性能的好坏。维持机架间张力恒定是冷连轧的一个基本工艺要求，是轧制过程中必须解决的核心问题之一，其意义在于：保证各机架出、入口的带材秒流量相等，这是连轧正常进行的必要条件；张力轧制可以防止带钢在轧制过程中跑偏，减小轧机负荷，改善板形；有利于厚度自动控制和板形自动控制，如果张力波动较大甚至失控，厚度自动控制和板形自动控制将无法获得良好的控制性能，甚至使各控制系统同时产生振荡，其后果将不堪设想。

连轧机处于稳态时，各个参数之间保持着相对的稳定关系。但如果两个机架之间的带钢张力发生微小变化，不仅将会导致本机架平衡状态破坏，而且还会将机架间带钢张力变化的影响"顺流"地传送给后面各机架，并同时"逆流"地传送给前面各机架，从而使整个连轧机组的平衡状态遭到破坏。因此，维持冷连轧机的张力恒定，对保证连轧过程顺利进行与提高成品带钢厚度精度都有十分重要的意义。

现代带钢冷连轧机机架之间的张力控制方式随轧机类型、轧制速度及 AGC 方式的不同而异，一般有按张力偏差值调整下一机架的压下量和控制相应机架速度两种形式。通常情况下，当张力变化超过给定值（±30%）时进行压下量的调整；当张力给定值与实际值之差在给定值（±30%）范围内（称为张力控制误差的不灵敏区）时，可以通过速度控制来调节。

当然，也有依据轧制速度来调整控制策略的。在高速轧制时，ATC 系统的执行机构为液压压下装置，因为这时带钢张力对压下作用的反应比调速更快；但在紧急情况下（张力偏差过大），如果只靠机架压下来调节张力，不仅调节时间过长，而且可能造成事故（严重超张力可能造成断带，严重欠张力可能造成压下超负荷或叠钢），因此这时需要机架压下与机架主传动同时动作，以确保迅速脱离紧急状态，保证安全生产。在低速轧制时，压下对张力的作用效果不够明显，并且会损害板形，因此，这时的控制策略是把第一机架主传动作为执行机构，而机架压下保持不动。当主传动从低速开始加速时，随着转速的增加，机架主传动速度调节量的幅度将逐渐减小，而削弱的速度调节作用将由机架压下调节作用的增强来补偿。当轧制速度达到正常轧制速度时，速度调节器作用消失，仅由压下来调节张力。

带钢冷连轧机在轧制过程中，开始采用低速穿带，待所轧带钢通过各机架并由张力卷取机卷上几圈后，同步加速到轧制速度，进入稳态轧制阶段；在焊缝进入轧机之前，一般要降速到稳态速度的 40%~70%，以防损伤轧辊表面和断带；焊缝过后，又自动升速到稳态速度；在本卷带钢即将轧制完毕之前，应减速至甩尾速度。在加、减速过程中，作为速度函数的摩擦系数要发生变化，从而引起轧制力改变，导致带钢出口厚度发生变化。因此，为使轧制力保持基本恒定，各机架间带钢的张力应随轧制速度的升高（降低）而相应地减小（增大）。

5.3.1.4 开卷机、卷取机的张力控制

带钢冷连轧机除机架之间的轧件承受张力之外，机架与开卷机或卷取机之间的带钢也承受张力。在轧制过程中，张力的波动，特别是带钢冷连轧机末机架与卷取机之间带钢张

力的波动，将直接影响成品带钢的质量。因此，开卷机和卷取机的张力自动控制系统不仅在稳态轧制过程中，而且在加、减速的动态过程中也应保持张力恒定。

冷连轧卷取机张力自动控制一般可分为直接法和间接法两种类型。间接张力控制法包括电流电势复合控制法和最大力矩控制法。直接张力控制法的基本原理是：利用张力计测量带钢的实际张力，并将它作为反馈信号，构成闭环控制系统，使张力达到恒定。

对于轧制较厚带钢，特别是单向轧制的情况，宜采用张力计反馈的直接恒张力控制系统。

5.3.2 自动厚度控制

随着冷连轧机速度和质量要求的不断提高，冷连轧机上都装设了自动厚度控制装置（简称 AGC 系统）。自动厚度控制是通过测厚仪或传感器对带钢实际厚度进行连续地测量，并根据实测值与给定值比较得出的偏差信号，借助检测控制回路和装置或计算机功能程序，改变压下位置、张力或轧制速度，把厚度控制在允许偏差范围内的调节方法。

AGC 系统是由许多直接或间接影响轧件厚度的系统构成的。为了消除各种原因造成的厚差，可采用各种不同的厚度调节方案和措施，具体有如下几种厚度控制方式：

（1）轧辊压下控制方式。调节压下是厚度控制最主要的方式，常用来消除由于轧件和工艺方面的原因影响轧制压力而造成的厚差。调节压下控制方法包括采用测厚仪直接反馈式、厚度计式、前馈式、秒流量法液压式等自动厚度控制系统。

（2）轧制张力控制方式。调节张力控制是指利用前、后张力的变化来改变轧件塑性变形线的斜率，以控制厚度。但目前在冷轧厚度控制时不单独应用此法，往往采用调节压下与调节张力互相配合的联合方法。

（3）轧制速度控制方式。轧制速度的变化可影响张力和摩擦系数等因素的变化，故可通过调速来调张力，从而改变厚度。

冷连轧生产是一个复杂的多变量非线性控制过程，各种因素的干扰都会对带钢的厚度精度造成影响。造成冷轧成品厚差的原因有以下三类。

（1）由热轧钢卷（来料）带来的扰动，属于这类的有：

1）热轧卷带厚不匀，这是由于热轧设定模型及 AGC 控制不良造成的（来料厚度波动）；

2）热轧卷硬度（变形阻力）不匀，这是由于热轧终轧及卷取温度控制不良造成的（来料硬度波动）；

其中，来料厚差将随着冷轧厚度控制而逐架或逐道次变小；但来料硬度波动却具有重发性，即硬度较大（或较小）的该段带钢进入每一机架都将产生新的厚差。

（2）冷连轧机本身的扰动，属于这类的有：

1）不同速度和压力条件下，油膜轴承的油膜厚度不同（特别是加、减速时油膜厚度的变化）；

2）轧辊椭圆度（轧辊偏心，为一高频扰动）；

3）轧辊热膨胀和轧辊磨损。

（3）由于工艺等其他原因造成的厚差，属于这类的有：

1）不同轧制乳液以及不同速度条件下，轧辊-轧件间轧制摩擦系数不同（包括加、减速时摩擦系数的波动）；

2）全连续冷连轧或酸洗-冷轧联合机组在工艺上需要进行动态变规格，因而将产生一个楔形过渡段；

3）酸洗焊缝或轧制焊缝通过轧机时造成的厚差。

第（1）类原因将造成轧制力变动，并通过轧机弹跳而影响厚度；第（2）类原因则主要通过改变实际辊缝值（辊缝仪信号不变）而影响厚度，因此需有不同的控制策略。第（3）类厚差属于非正常状态的厚差，这不是冷连轧 AGC 所能解决的，是不可避免的。由于冷连轧轧件较薄以及加工硬化，纠正厚差的能力有限，因此，高质量的热轧来料将是生产高质量冷轧成品的重要条件。

5.3.2.1　冷连轧自动厚度控制的基本理论

轧机出口带钢厚度是由轧机弹性曲线和带钢塑性曲线的交点来确定的，弹塑曲线是自动厚度控制的理论基础。为了定性及定量地讨论厚度控制，弹性-塑性方程图解（P-H 图）和解析法是两种十分有用的方法。

冷轧的特点是塑性曲线较陡，因此压下变动的效率较差（特别是后几个机架，由于轧件薄又加上加工硬化，压下效率更低），对薄而硬的材料往往在后两架采用张力来控制厚度（张力 AGC）。张力变化后，将通过影响轧制力（影响塑性曲线斜率）而影响厚度。

为了找出 δh（厚差）、δP（轧制力变动）与 δh_0（来料厚差）、δK（硬度变动）、$\delta \tau$（张力变动）、δS（压下变动）及 δv_0（速度变动）之间的解析关系，目前普遍采用"非线性方程线性化"的方法。轧制力（塑性曲线）等公式虽为非线性函数，但考虑到 AGC 所涉及的将是各参数在工作点（设定值）附近的小值变化，为了方便分析又不失工程所需的精度，采用了非线性函数线性化的方法，即将非线性函数用泰勒级数展开后仅取其一次项。

AGC 系统可以采用厚度外环、位置内环方式，也可以采用厚度外环、压力内环方式。两种方式的控制量不同，厚度外环、位置内环方式需算出 δh 与 δS 的关系，将 δS 加到辊缝设定值上，作为位置内环的给定值来消除厚差 δh；厚度外环、压力内环方式需计算出 δh 与 δP 的关系，将 δP 加到压力设定值上，作为压力内环的给定值来消除厚差。

5.3.2.2　冷连轧 AGC 系统概述

冷连轧厚度控制与热连轧相比，不利之处在于带钢较薄以及由于加工硬化使材料硬度加大、压下效率较低，因而增加了调节厚度的困难。而且由于机架间不存在活套，各机架的动作（压下控制或速度控制）都将会通过机架间张力影响到其他机架的参数，使控制更为复杂。但冷连轧 AGC 系统在以下方面却比热连轧有利：

（1）机架间不存在活套并采用大张力轧制，因此考虑张力影响的流量方程比较符合实际。

（2）仪表设置齐全，不仅设有测量成品厚度的测量仪，并且在机架间以及第一机架前设有测厚仪，为精确获得各机架出口厚度创造了良好的条件。

（3）带速激光测速仪的应用，使利用变形区内流量相等准则精确获得变形区瞬时出口厚度偏差变为可能。

以五机架冷连轧机组为例，冷轧 AGC 系统将分为第一、第二机架的粗调 AGC 和第四、第五机架的精调 AGC，第三机架一般作为基准机架。

粗调 AGC 的主要目的是基本上消除来料厚度波动，减少偏心造成的厚度周期波动；而精调 AGC 则根据成品测厚信息，进行成品精度的最终控制。

由于冷连轧机架间采用张力轧制，在稳定状态下能较好地满足含有张力影响的流量恒等法则，因此冷连轧 AGC 普遍采用了以下两个原则：

（1）恒速度比控制。恒速度比控制是指在轧制品种规格确定的条件下（厚度分配已确定后），严格控制各机架速度并使其保持恒定比例，由此来保证各机架出口厚度。在速度比固定的情况下，一旦厚度有变动就会使张力波动。为此，应极力提高各机架主传动的静态、动态品质，特别是静态精度，并使其具有较硬的特性。

（2）通过调节辊缝来保持张力恒定。这与热轧不同，张力控制不是调节速度而是调节下一机架的辊缝，理由是认为破坏秒流量或张力恒定的原因主要来自厚度变动。

冷连轧 AGC 可有多种方案，这主要取决于仪表的配置，主要方案有：

（1）一般都在第一机架前、后以及第五机架后设置测厚仪，但也有些轧机在第二机架后以及第四、第五机架间设置测厚仪，甚至在每个机架的前、后都设置测厚仪，因此可用于更多机架的前馈、监控控制。

（2）每个机架都设有测压仪，在传统 AGC 系统中，第一机架往往采用压力 AGC（有载辊缝反馈控制），压力仪也将用于各机架的压力内环闭环控制。

（3）液压缸位置传感器（磁尺或其他）已用于位置控制，冷连轧一般都同时设有位置内环和压力内环，供操作人员选用。位置内环还将用于穿带前或变规格时的辊缝调节（液压 APC）以及轧机压靠和轧辊调平等方面。穿带后，在 AGC 系统投入前再决定是否切换到压力内环。

（4）各机架前、后都设有测张力装置。

（5）带速激光测速仪是近年来推出的新型仪表，随着激光测速仪的采用（与测厚仪配套设置），冷连轧 AGC 系统普遍采用了流量 AGC 方案（包括扩展型流量 AGC）。

（6）第一机架设有轧辊角度测量，一般采用单脉冲或每转 60～120 脉冲的编码器，以对轧辊角度定位，这主要用于偏心控制（确定偏心信号的初相角）。

应该指出的是，AGC 系统仅从厚度偏差出发来控制厚度是不完善的，应更多地从硬度变动出发来控制厚度。应该说，造成成品厚差的主要原因是硬度波动而不是来料厚度波动。

另外，在设计冷连轧 AGC 系统时应该注意到它与其他质量控制的关系，特别是其与板形控制的相互影响。因为厚度控制、板形控制、张力控制以及轧辊分段冷却等控制手段都将集中作用于五个机架，所以必将通过变形区的工艺参数以及机架间张力相互影响。

5.3.2.3 冷连轧 AGC 系统的组成

根据带钢厚度偏差的测量方法和调节方式不同，各种方案的冷连轧 AGC 系统基本上由以下子系统组成：前馈或预控 AGC 系统、直接测厚反馈 AGC 系统、测厚仪反馈 AGC 系统、张力 AGC 系统、监控 AGC 系统、轧辊偏心补偿、加减速补偿和近年来迅速发展的流量 AGC 系统。

A 前馈或预控 AGC 系统

前馈或预控 AGC 系统简称 FF-AGC 系统。考虑到来料厚差 δh_0 是冷轧带钢产生厚差的重要原因之一，因此冷连轧一般在第一机架 C_1 前设有测厚仪，可直接测量来料厚差，用于前馈控制；机架间也设有测厚仪，可用于下一机架的前馈控制。

前馈就是根据来料扰动 δh_0 计算出需要控制的 δS 量，以消除 δh_0 的影响，减少由其产生的 δh_1。

前馈可完全消除信号检测及机构动作所产生的滞后，必要时还可提前 $\Delta\tau$（机架前张应力变动量）进行前馈控制，使阶跃性 δh_0 得到更好的控制。

前馈的缺点是精度完全依靠计算的正确性，因前馈属于开环控制，不能保证轧出厚度精度，所以前馈控制应和反馈以及监控 AGC 系统相结合。

B 反馈 AGC 系统

反馈 AGC 系统是用测厚仪直接测量带钢厚度的系统，是一种最原始的厚度控制方式。它是在轧机的出口侧装设精度比较高的测厚仪（如 X 射线测厚仪或同位素测厚仪），直接测出带钢实际轧出厚度，并将其与设定的目标厚度值进行比较。当两者数值相等时，厚度偏差的比较环节输出为零；若两者不等而有一厚度偏差输出时，则将该厚度偏差反馈给自动厚度控制装置，经放大并变换为辊缝调节量的控制信号，输出给压下控制结构。反馈属于闭环控制，它将使厚差越来越小，但由于存在滞后，效果将受影响。如何减小滞后是反馈控制成败的关键。

如果用机架后测厚仪进行反馈则滞后十分大，特别是在低速轧制时，从变形区出口运行到测厚仪往往需要几百毫秒。

大滞后的反馈容易使系统不稳定，因此目前普遍采用的方法是利用弹跳方程对变形区出口厚度进行检测，然后进行反馈控制。这将大大减少滞后，但由于弹跳方程精度不高，虽然加上了油膜厚度补偿等措施也不能保证精度，这正是当前推出流量 AGC 系统的原因。当安装了激光带速测量仪后可精确实测前滑，因而流量方程精度大为提高，利用变形区入口及变形区出口流量相等法则，根据入口测厚仪及机架前、后激光测速仪信号，可精确确定变形区出口处的实际厚度，因而提高了反馈控制的精度。

有一些轧机的 AGC 系统为了克服测厚仪信号的大滞后而引入了预测思想，用此预测结果进行反馈控制也可提高控制精度。

压力 AGC 系统是为解决直接测厚反馈式 AGC 系统传递时间的问题而采用的。

C 张力 AGC 系统

张力 AGC（简称 T-AGC）系统是为了进一步提高成品带钢的厚度精度，在带钢冷连轧机的最后几个机架上设置的。

D 监控 AGC 系统

监控 AGC 系统是将测厚仪放置在机架后用于监控，虽存在大滞后，但其最大的优点是可高精度地测出成品厚度。监控是通过对测厚仪信号的积分，以实测带钢厚度与设定值进行比较而求得厚差总的趋势（偏厚还是偏薄）。对于有正有负的偶然性厚差，通过积分（或累加）将相互抵消而得不到反映。如总的趋势偏厚，应对机架液压压下给出一个监控值，对其"系统厚差"进行纠正，使带钢出口厚度的平均值更接近设定值。

为了克服大滞后，一般采用调整控制回路增益的方法，以免系统不稳定；或者放慢系统的过渡过程时间，使之远远大于纯滞后时间。为此，在积分环节的增益中引入出口速度，其后果是控制效果减弱、厚度精度降低。

克服大滞后的另一办法是加大监控控制周期，并使控制周期等于纯滞后时间，亦即每次控制后，等到被控的该段带钢来到测厚仪下测出上一次控制效果后，再对剩余厚差继续监控，以免控制过头。但这样做的后果也将减弱监控的效果。

为此，有些系统设计了"预测器"，通过模型预测出每一次监控的效果，当继续监控时首先减去"预测"到的效果，这样可以使监控系统控制周期加快，并且不必为了担心控制过头而减少控制增益。

E 轧辊偏心补偿

轧辊偏心补偿一直是冷连轧 AGC 系统的一个重要组成部分。采用厚度外环、压力内环方式的目的也是抑制偏心的影响，为了进一步消除偏心，往往在第一机架或第一、第二机架加上偏心控制（或偏心补偿）。由于压下效率随着带钢厚度减薄，硬度变硬而急剧变小，后面机架一般不加偏心补偿。

轧辊偏心将明显反映在轧制压力信号和测厚仪信号中。轧制力信号实际是由轧制力（其中包括来料厚度和来料硬度变动的影响）和偏心信号综合组成的，考虑到这两部分信号在厚度控制策略上是相反的，因此过去在未投入偏心补偿时，必须通过信号处理去掉轧制力中的偏心成分，然后才能将此轧制力信号用于 AGC 系统。在投入偏心补偿时，则需通过信号处理（FFT 技术）将轧制力信号分解成两部分，即从轧制力信号中提取出偏心信息 REC。

F 加减速补偿

从穿带速度加速到稳速轧制速度以及在尾部减速至抛钢速度，由于速度变化较大，会引起工艺参数的波动，具体如下：

（1）随着速度的提高，工艺润滑条件得到改善，使轧制摩擦系数随速度的升高而降低，因而使轧制力变小、带钢变薄。

（2）随着速度的提高，油膜轴承的油膜厚度加大，从而使辊缝变小、带钢变薄。

（3）加减速过程中机架间张力控制的精度降低，动态张力波动大，使轧制力波动而增大厚差。

因此，在加减速过程中需补偿性地抬高辊缝或加大张力，以减小这一动态阶段的厚差。

G　流量 AGC 系统

20 世纪 90 年代，由于激光测速仪的推出使得直接精确测量带钢速度变为可能，因而不仅可精确获得各机架前滑值（用于对轧制摩擦系数的学习），而且通过变形区秒流量恒等法则，有可能精确地计算出变形区出口厚度。

如果对实测厚度为 h_0（入口厚度）的某带钢段进行跟踪，当该带钢段进入变形区时，根据此时实测的 v'（入口速度）及 v（出口速度）即可精确得到此带钢段的变形区出口厚度。

这一技术解决了长期困扰冷连轧 AGC 系统设计的问题，即如果用入口测厚仪信号进行前馈，由于是开环控制，不能保证 $\delta h = 0$；如果用出口测厚仪信号进行反馈，则由于大滞后不稳定，为了保持稳定裕度，不得不减小反馈量；如果用轧制力通过弹跳方程计算变形区出口厚度，虽然不存在滞后，但弹跳方程测厚精度太低。

目前，激光测速仪的采用使上述问题迎刃而解，既可高精度地获得变形区出口厚度，又可没有滞后地进行反馈控制。

现代冷连轧在每个机架的前、后都设置了激光测速仪。测厚仪一般设在第一机架 C_1 前、后，第五机架 C_5 前、后及第四机架 C_4 前。张力仪在每个机架前、后都设置。

5.3.3　自动板形控制

板形是带钢产品的主要质量指标之一。良好的板形不仅是带钢用户的永恒要求，也是生产过程中保证带钢在各条连续生产线上顺利通行的条件。因此，解决产品板形问题、提高实物板形质量，始终是板带生产中重点关注和孜孜以求的目标之一。与此相对应，关于板形理论和板形技术的研究，在近几十年内一直都是本领域的热点课题，并且取得了长足的进步。目前，关于板形理论和板形技术的研究仍呈蓬勃向前的发展态势。

5.3.3.1　板形的概念

A　板形的描述

板形统指带材的横截面几何形状和带材在自然状态下的表观平坦性两个特征，如图 5-3 所示。

板形一般包括凸度、楔形、边部减薄量、局部高点和平坦度五项内容。

（1）凸度。凸度指带材横截面中点厚度与两侧边部标志点平均厚度之差。有时也用到比例凸度，即凸度与横截面中点厚度之比。比例凸度也称为相对凸度。

（2）楔形。楔形指带材横截面操作侧与传动侧边部标志点厚度之差。

（3）边部减薄量。边部减薄量指带材横截面操作侧和传动侧边部标志点厚度与边缘位

(a)

(b)

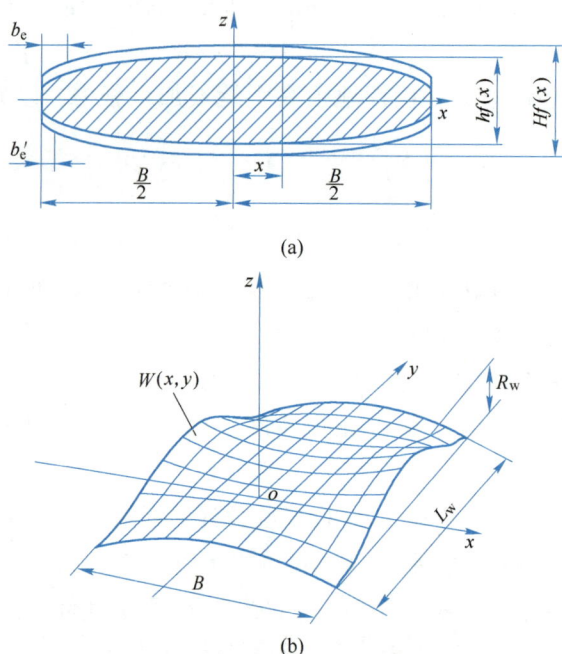

图 5-3   板形横截面几何形状及平坦度

（a）横截面几何形状；（b）平坦度

x—带材宽度方向及其中某一点坐标值；z—带材厚度方向；b_e—带材边部标志点位置；b'_e—带材边缘位置；

B—带材宽度；$hf(x)$—沿宽度方向出口带材厚度值；$Hf(x)$—沿宽度方向入口带材厚度值；

$W(x,y)$—带材曲面函数；R_w—带材波高值；L_w—带材波长值；y—带材长度方向

置厚度之差。

（4）局部高点。局部高点指横截面上局部范围内的厚度凸起。

（5）平坦度。平坦度指板带材表观平坦程度。由于在轧制过程中和成品检验时一直使用着多种平坦度测量手段（方法），所以也就存在着多种平坦度的定义方法，如波高法、波浪度法、纤维相对长度差法和应力（应变）差法。

1）波高法。波高 R_w 是自然状态下带材瓢曲表面上偏离检查平台的最大距离，也可近似为曲面函数 $W(x,y)$ 的最大值。

2）波浪度法。波浪度 d_w 是波高 R_w 和波长 L_w 比值的百分率，d_w 也称陡度（Steepness），定义式如下：

$$d_w = R_w/L_w \times 100\%$$

3）纤维相对长度差法。在自由带钢的某一取定长度区间内，某条纵向纤维沿带钢表面的实际长度 $L_w(x)$ 与参考长度（理想水平长度）L_0 的相对长度差，称为纤维相对长度差 $\rho_w(x)$，所以：

$$\rho_w(x) = (L_w(x) - L_0)/L_0$$

可见，$\rho_w(x)$ 是沿横向的变化量，其单位定义为 I-unit，$1\text{I-unit} = 10^{-5}$。有时用 ρ_w 表示沿横

向的最大纤维相对长度差。

4）应力（应变）差法。当使用测张力式板形仪时，就以实测的在线带材中不均匀分布前的张应力与平均张应力的差值表示平坦度，记为 $\sigma_f(x)$，称为板形检测应力。

B　浪形的生成

当带材卸掉张力作用或离开轧制线后，板形检测应力消失，但带材中仍存在不均匀分布的内应力，称为带材的残余应力。

瓢曲浪形按位置分为单侧边浪、双侧边浪、中浪、四分之一浪、边中复合浪及任意位置局部浪形，板形与应力分布及辊缝的关系见图 5-4。

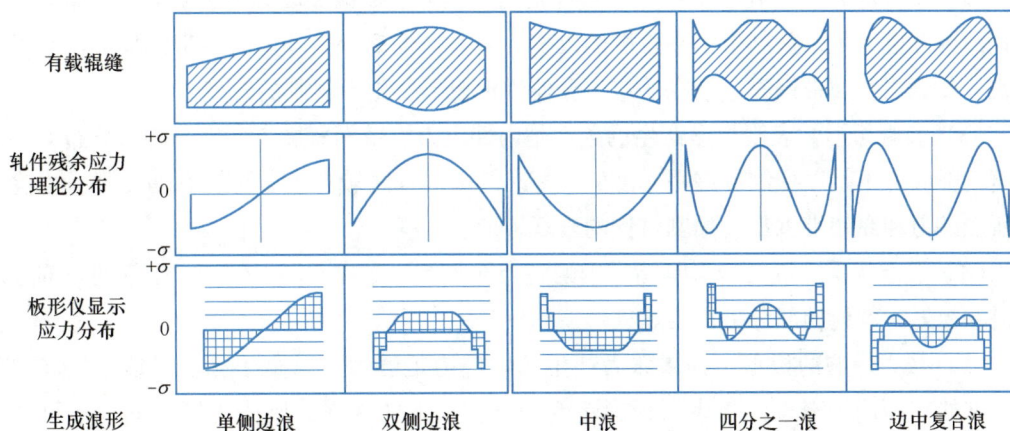

图 5-4　板形与应力分布及辊缝的关系

C　板形平坦度良好的条件

一般认为，如果在轧制过程中塑性延伸率沿带材横向处处相同，则板形平坦度是良好的。由此可以得出，对于平坦来料，保证轧后带材板形平坦度良好的几何条件是比例凸度恒定。

D　凸度与平坦度之间的关系

在板形的各项指标中以凸度和平坦度为主要指标，这两个指标在控制中往往存在矛盾，但它们之间又存在紧密关系。凸度取决于轧辊有载辊缝形状，因此凡是对轧辊有载辊缝形状有影响的因素，如轧制力、弯辊力、热辊形、轧辊磨损辊形以及轧辊凸度（冷辊形及在线可调辊凸度）都将对出口带钢的断面形状有影响。而平坦度则取决于带宽方向各假想小条的均匀延伸，因此将和入口带钢相对凸度及出口带钢相对凸度是否匹配有关。所谓匹配，从板形方程可知，即入口和出口相对凸度（也可称为比例凸度）应相等。

当入口和出口带钢相对凸度不相互匹配时，将使带钢上带宽方向各小条受到不均匀压缩，因而产生不均匀延伸，但实际上带钢为一整体，因此这种带宽方向各点的不均匀延伸将使带钢内部产生内应力，轧制结束后转为残余内应力，当残余内应力超过带钢产生翘曲的极限应力时，带钢将发生翘曲。带钢越薄、越宽，越容易产生翘曲。当带钢轧制具有前、后张力时，带钢内部张应力将由于存在内部应力而分布不均，只要张应力与内应力合成后尚大于零，带钢表面上就不会产生翘曲；一旦张力释放（取一段带钢放平台上），带钢将产生翘曲。正因为如此，轧制时冷轧带钢的平坦度可以用剖分式张力测量辊或其他能测量带宽方向张应力分布的装置来进行在线测量。

E 带钢的板形分类

常见的带钢板形分类如下：

（1）理想板形。理想板形应该是平坦的，内应力沿带钢宽度方向上均匀分布，当去除带钢所受外应力和纵切带钢时，带钢板形仍然保持平直。

（2）潜在板形。潜在板形产生的条件是内部应力沿带钢宽度方向上不均匀分布，但是带钢的内部应力足以抵制带钢平直度的改变。当去除带钢所受外力时，带钢板形仍然保持平直。然而当纵切带钢时，潜在的应力会使带钢板形发生不规则的改变。

（3）表观板形。表观板形产生的条件是内部应力沿带钢宽度方向上不均匀分布，同时带钢内部应力不足以抵制带钢平直度的改变。结果局部区域产生了弹性翘曲变形。去除带钢所受外力和纵切带钢都会加剧带钢的表观板形。

（4）混合板形。混合板形是指带钢的各个部分板形形式不同。例如，带钢的一部分呈现潜在板形，其他的部分呈现表观板形。

（5）张力影响的板形。如果张力产生的内应力足够大，以至于可以将整体的（内部或外部的）压应力减小到将表观板形转变为潜在板形的水平，则张力影响的板形可能是平的。

5.3.3.2 板形控制

板形控制和厚度控制的实质都是对辊缝的控制。但厚度控制只需控制辊缝中点处的开口度精度，而板形控制则必须控制沿带材宽度方向辊缝曲线的全长。

板形方程和板形良好准则构成板形控制的理论基础。

轧制过程中影响辊缝形状的因素很多，其中，力学因素包括总轧制力、单位宽度轧制力分布、弯辊力及辊间接触压力，几何因素包括初始辊形、磨损辊形、变位辊形、热辊形、来料横截面几何形状和平坦度以及轧件宽度等。

在冷轧时由于轧辊的弹性变形、辊温的变化以及轧辊的磨损，导致工作辊辊缝改变，从而影响板带钢轧出的形状和凸度（横向厚差）。为了控制带钢的形状和凸度，提出了各种板形控制方式。不过现有的方法都是通过调整辊形、减小板带钢的横向厚差来实现的。以前控制板形的方法大致可分为两大类型：一类是目测和人工调节来控制板形，另一类是通过改变工艺和设备条件控制板形。但是随着板形检测技术的提高和计算机控制系统的不断完善，目前大部分冷轧机都配置了板形自动控制系统。

A 目测和人工调节控制板形

在尚无可靠的板形检测装置以前，采用目测和人工调节控制方式。在采用大张力轧制的带钢冷连轧机上，操作人员除用眼睛观测板形外，还借助于木棍打击低速轧制的带钢，根据木棍打击带钢的声音和回弹检测带钢张应力的大小来掌握带钢板形情况。有时也用手压撞机架间绷紧的带钢，根据各部分的松紧程度来判别板形的好坏。

目测判断板形的精度很低，只能发现大的"波浪"，对于要求描述板带钢平直度的波状系数的冷轧带钢产品，目测是很困难的。但在缺乏有效板形检测手段的情况下，只能靠目测和人工调节来控制板形。

人工调节控制板形的方法主要有：

(1) 改变压下规程。通过改变某道次的压下率以改变该道次的轧制力，便可改变轧辊的实际挠度。例如，当带钢产生对称边浪时，通过减小压下率以减小轧辊本身的实际挠度，便可得到改善。这种控制方法虽然及时，但改变压下率会影响带钢的轧出厚度，可能使轧制道次增加、降低生产率，显然是不合理的。

(2) 按经验合理分配各道次（各机架）的压下率。根据工人操作经验统计得到的现场资料，直接分配各道次（各机架）的压下率。对于冷轧机来说，一般的规律是：第一道次压下率不宜过大，主要是考虑第一道次后张力太小，且使热轧送来的冷轧原料板带钢得到很好的均整；中间各道次（各机架）的压下率，基本上可以从充分利用轧机能力出发来考虑；为了保证良好板形，最后几道一般采用较小的压下率。

(3) 合理安排产品规格的轧制规程，即采用中宽→宽→窄的轧制顺序。这种轧制顺序显然要限制一些产品的产量。

(4) 通过操作台上的操作开关，控制冷却液的流量或改变弯辊力的设定值来控制带钢的板形。

B 改变工艺参数和设备条件控制板形

通过改变工艺参数和设备条件也可达到控制板形的目的，其方法主要有原始辊形凸度法、冷却液控制法、偏摆控制法、液压弯辊法和新型轧辊控制法等。

(1) 原始辊形凸度法。原始辊形是指轧辊通过车削或磨削加工使辊身所具有的外形，通常用辊身的凸度 C 来表示，当 C 为正值时为凸辊形，反之为凹辊形，当 C 值为零时则为平辊形。为了获得良好的板形，一般四辊式带钢轧机多采用正的辊形凸度，即应使轧辊具有一定凸度的原始辊形，以补偿各种因素平均影响的作用。理论和实践证明，如能正确地选择好辊形和合理地分配各道次（各机架）的压下量，并在轧制中予以补偿，就能使轧制中的辊缝形状满足所轧带钢横向厚差精度的要求。工作辊原始辊形凸度不能过大也不能过小。如果轧辊原始凸度选得太大，不仅会造成中浪，而且还会引起轧件的横窜以及易发生断带事故；反之，不但会造成边浪，还有可能限制轧机能力的充分发挥，因为凸度过小，若实际操作时压下稍给大一点（实际轧制压力还远未达到允许值），带材就会出现边浪而报废。工作辊原始辊形的选定并不完全依靠计算，而主要依靠经验估算与对比。通常在轧制力相同的情况下，所轧板带钢越宽，则所需凸度越小。在有弯辊装置的冷轧机上，除合理选择工作辊凸度外，还应选择合理的支承辊辊形。目前大多采用双锥度支承辊，其辊身中部是平的，两端带有微小的锥度，平辊部分的长度应稍小于最小板宽。另外，还有阶梯形支承辊。

（2）冷却液控制法。冷却液控制法是通过对轧辊热凸度的控制来改善板形的一种传统的控制方法。将冷却系统沿工作辊轴向分成若干区段（一般分为 5 段或 7 段，在板形自动控制时分得更细），每个区段安装有若干冷却液喷嘴。控制各区段冷却液系统喷嘴打开或关闭的数量（在精细冷却过程中，也采用占空比方法控制各区段喷嘴打开或关闭），调节沿辊身长度冷却液流量的分布以改变轧辊温度的分布，从而调节热凸度的大小，达到控制板形的目的。例如，当出现中间波浪时，加大中间段（或减小两侧）冷却液的流量以减小轧辊的热凸度；当带钢两边出现波浪时，减小中间段（或加大两侧）冷却液的流量以加大轧辊的热凸度，使板形得到改善。当冷轧机配备板形测量辊时，冷却系统区段的划分一般与测量辊测量区段的划分相对应，每一个测量区段的检测信号用来控制相应区段的喷嘴。采用冷却液控制法来调节热凸度可补偿一小部分轧辊的磨损量，但存在调节范围小、响应速度慢的缺点，因此只适用于板形的精细调节，可作为板形控制的补充和提高。

（3）偏摆控制法。偏摆（轧辊倾斜）控制方法是借助于轧机两侧压下机构差动地进行轧辊位置控制，使一个工作辊与另一个工作辊相对倾斜，以增加带钢一侧的张力，同时减小另一侧张力。这样，带钢在轧制过程中出现的"镰刀弯"的断面形状可得到矫正。

（4）液压弯辊法。液压弯辊法是 20 世纪 60 年代发展起来的一种控制带钢板形的有效方法。它是通过液压弯辊系统在工作辊或支承辊端部附加一可变的弯曲力，使轧辊弯曲来控制凸度，以矫正带钢的板形。液压弯辊法可使轧辊瞬时凸度量在一定范围内迅速地变化，且能连续完成调整动作，有利于实现板形调整的自动化，因此在现代带钢冷连轧机上被广泛采用。无论是新建的或改建的轧机，只要条件允许，都设置液压弯辊装置。目前，液压弯辊装置主要有三种形式，即正弯工作辊、负弯工作辊和正弯支承辊。正弯工作辊的弯辊装置安装在工作辊轴承座之间，产生的弯辊力与轧制力同向，使工作辊产生的挠曲与由轧制力引起的挠曲方向相反，当在轧制过程中带钢出现对称波浪时，则采用该形式的弯辊装置；负弯工作辊的弯辊装置安装在工作辊轴承座和支承辊轴承座之间，在工作辊轴承座附加一个与轧制力方向相反的作用力，使工作辊产生的挠曲与由轧制力引起工作辊的挠曲方向相同，当带钢横断面出现中间波浪时，则采用负弯辊装置来矫正板形；正弯支承辊是把支承辊两端加长，在支承辊的外伸辊端之间设置液压弯辊装置，弯辊力的作用方向与轧制力方向相同，使支承辊产生的挠曲与由轧制力引起的挠曲方向相反，以减小支承辊的挠度来减小工作辊的挠度。采用液压弯辊装置作为一种无滞后的板形控制手段具有许多优点，在板带钢的板形控制中被广泛应用。在板形自动控制系统中，液压弯辊法是板形调节的有效手段，是板形控制的基础。

（5）新型轧机控制法。HC 轧机、CVC 轧机、VC 轧辊系统、FFC 轧机等新型轧机属于挠曲补偿型的板形控制技术，具有良好的板形控制能力。它们的出现是板形控制的一个突破，可使液压弯辊系统的可控范围大为扩大，实现在最大弯辊力的允许范围内满足工作辊缝更大幅度变化的要求。

C　冷连轧板形自动控制系统

板形控制中的控制量有弯辊力 F、可调轧辊凸度、末机架分段冷却控制。而属于扰动量的有轧制力的变动（由 AGC 或其他原因造成）、轧辊磨损、来料凸度和平坦度、轧辊热辊形。冷轧宽带钢由于厚度薄，其平坦度缺陷比热轧宽带钢复杂。

板形控制的最终目的在于解决板形质量问题，为此需配备完善的板形自动控制环节。要实现对板形的自动控制，必须具备以下几个方面的条件：

（1）完整有效的板形控制数学模型。这将涉及对板形基本理论的各个领域的研究（见图 5-5），即通过对板形生成全过程的研究，揭示板形生成机理，确定所有对板形有影响的因素（包括干扰量和控制量）及其影响作用的大小，建立板形生成过程的定量模型，并且要研究板形检测方法及计算机控制所需的信号处理方法、控制规律和控制算法，最终建立一套能够根据实测板形信号及相关轧制工艺参数分析得出的合理的调控方案，以及板形自动控制系统中各种板形调节机构的设定值的正确算法。

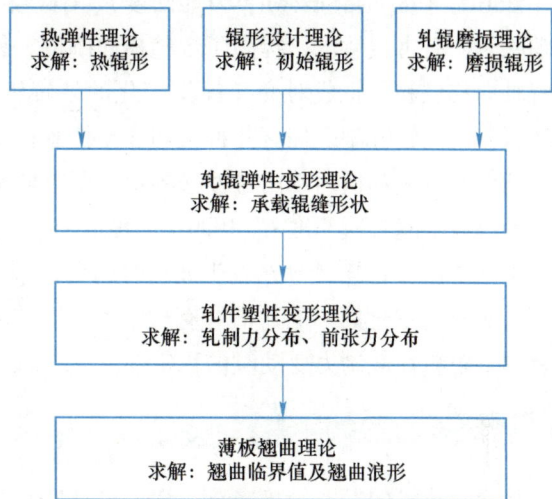

热弹性理论 求解：热辊形　辊形设计理论 求解：初始辊形　轧辊磨损理论 求解：磨损辊形

轧辊弹性变形理论 求解：承载辊缝形状

轧件塑性变形理论 求解：轧制力分布、前张力分布

薄板翘曲理论 求解：翘曲临界值及翘曲浪形

图 5-5　板形控制涉及的理论

（2）板形检测技术。板形检测包括横截面几何形状检测和平坦度检测。横截面几何形状检测装置与测厚仪的原理是相同的，有时称为凸度仪，可分为采用单个测点、横向可移动的扫描仪和采用多个测点、固定位置同时测量的同步瞬态式。凸度仪在热轧上应用较多，在冷轧上才刚刚开始使用。平坦度检测装置（又称板形仪）在冷轧上的应用已经过了相当长时间的发展，形成了特点各异的多种形式（见表 5-2）。对于检测内容不同的板形平坦度检测仪，板形自动控制系统需要采用不同的数学模型。就我国钢铁行业的情况，在冷带钢轧机上使用的都是分段接触检测张应力式。

表 5-2　板形平坦度检测仪

板形仪	工作原理	检测内容	特点
ABB	接触式，压磁传感器	张力分布	冷轧使用量多
VIDIMON	接触式，空气动压轴承		箔材、有色领域使用
PLANICIM	接触式，差动变压器位置传感器		传感器少，结构简单
BFI	接触式，压电石英晶体传感器		使用少
VOLLMER	接触式，钻石探头位移传感器	波高（波浪度）	用于任何小张力生产线
NKK	非接触式，涡流测距		
BLD-91	非接触式，激光测距		
激光式（莫尔波形法）	非接触式，激光测距，扫描式工作	波高（延伸度）	热轧或冷轧精整用
激光式（三角式）	非接触式，激光测距，多点同步式工作	波高（纤维长度）	热轧或冷轧精整用

（3）板形控制手段。板形控制手段有多种，其中工艺手段、压下倾斜、弯辊和工作辊热辊形调节都属于传统手段，而其余均为新的调控手段。从实现控制板形的原理来看，目前的各种板形控制技术都基本遵循两种技术思路：一是增大有载辊缝凸度的可调控范围；二是增大有载辊缝的横向刚度，减少轧制力变化对辊缝凸度的影响。就目前应用最广泛的 HC（含 UC，Universal Crown，万能凸度）、CVC 和 PC 技术而言，HC 技术通过轧辊轴向移位消除辊间有害接触区，提高了辊缝横向刚度，属于刚性辊缝型；CVC 和 PC 技术分别以轧辊轴向移位和轧辊成对交叉提供变化的轧辊辊形，使有载辊缝的凸度在一定范围内可调，属于柔性辊缝型。拥有几种不同板形控制技术的板带轧机的板形控制性能，可用有载辊缝凸度调节域和横向刚度特性来界定。调节域是指轧机各种板形控制技术共同作用所能提供的有载辊缝二次凸度 C_{R_2} 和四次凸度 C_{R_4} 的最大变化范围 $\Omega(C_{R_2}, C_{R_4})$。横向刚度特性是指平均单位板宽轧制力 P 发生波动时的变化量与相应引起的有载辊缝凸度变化量（一般仅指二次凸度变化量）的比值。有载辊缝的调节域表明了辊缝的调节柔性，而横向刚度特性表明了辊缝在轧制力变动时的稳定性。

5.3.4 动态变规格控制

从冷轧技术的发展趋势来看，为了提高产品的产量和质量，冷轧板带生产在不断走向连续化。从最早的单机架轧机到今天最为常见的多机架串联式轧机，机械设备的发展已经为冷轧板带生产的连续化提供了可能。但从生产工艺和生产方式来看，多机架冷连轧机在很长一段时间里采用的是常规式冷连轧，并不是完全意义上的连续化生产。这种连轧生产仍属于单卷轧制方式，这样不但降低了轧机的利用率，而且对于每卷带钢轧制过程中所固有的穿带、甩尾和加减速轧制等过渡阶段所带来的不利影响，常规式冷连轧也不能给予很好的解决，从而限制了高速轧机的生产能力，影响了产品产量和质量的进一步提高。

为了满足市场和技术上的要求，人们提出了全连续轧制（无头轧制）的工艺方案。全连续式带钢冷连轧机虽然消除了常规带钢冷连轧机的穿带、甩尾过程，但却增加了一些新的内容，如动态规格变化、焊机自动化、焊缝检测与跟踪、活套自动控制等。其中，动态变规格对于实现全连续轧制方式有着非常重要的意义，它不仅是全连续轧制的工艺特点，也是实现全连续轧制的技术关键。

5.3.4.1 冷连轧动态变规格的控制方法

动态变规格是全连续冷连轧或酸洗-轧机联合机组所特有的功能。由于采用无头轧制，多个热轧卷顺序通过入口焊机焊接，然后连续进入冷轧机组，通过入口活套的调节保持了轧机的持续高速轧制，省略了每卷钢的穿带、大范围加减速及甩尾工序。这样不仅提高了机组的产量，并且显著提高了产品的质量，但同时也带来了需要动态变换规格的问题。

热轧卷的焊接可以用来增加冷轧成品卷的卷重，也可用于生产不同规格的冷轧成品卷。前者焊缝称为内部焊缝，后者焊缝称为外部焊缝。

对于变换规格的焊缝，其前、后热轧卷可能会是不同钢种、不同宽度、不同厚度，并要求前、后热轧卷生产出不同规格（成品厚度）的冷轧成品卷。当然，也可以是前、后热轧卷的钢种、宽度、厚度相同，而需要产生不同规格（成品厚度）的冷轧成品卷。

根据焊缝前、后两卷钢的不同来料参数（热轧卷的钢种、宽度、厚度）及需要轧出的冷轧成品厚度，利用设定模型可以很容易地算出前、后两卷钢应有的设定值（各机架出口厚度、各机架辊缝设定值、各机架速度设定值及各机架间张力设定值等）。困难在于，这些设定值的变更要在轧制过程中进行，虽然为了进行动态变规格轧机速度将要降低，但是仍然会存在以下问题（以五机架连轧情况为例）：

（1）从一个规格变到另一个规格，必然要存在一个楔形过渡区。这一楔形过渡区的长度最长不应超过最后两个机架之间（C_4 与 C_5 之间）的距离，否则将会有两个机架同时轧制楔形区，使张力的控制更加困难。

（2）楔形过渡区由第一机架（C_1）轧制成型后，随着带钢的运动而逐架咬入第二、第三、第四机架（$C_2 \sim C_4$）直到从第五机架（C_5）轧出。当楔形过渡区进入 C_i 时，$C_{i+1} \sim C_5$ 是在前一规格带钢（称为 A 材）的规程上轧制，$C_1 \sim C_{i-1}$ 则是在后一规格带钢（称为 B 材）的规程上轧制。因此，为了保证 A 材、B 材的稳定轧制，中间的 C_i 就必须工作在一个过渡规程上。而且这个过渡规程的参数的确定必须依据一个合理的原则，尽量保持 A 材尾部的质量（厚差、板形）及 B 材头部的质量。

（3）各机架参数要随着楔形过渡区的移动而逐架变动，并且应保证任一机架参数的变动不影响 A 材和 B 材的稳定轧制，为此，需有一个正确的控制策略和正确的控制时序。

（4）楔形区由第一机架轧出后随着带钢的运动要逐架咬入后面机架，直到从末机架轧出。在这个过程中，各机架的辊缝、辊速等设定值要随着楔形区的移动而逐渐变化，从而造成其与前、后机架间的张力波动。因此，为了使这些设定参数的变动尽可能不影响到前、后带钢的稳定轧制，保证 A 材尾部及 B 材头部的质量，必须有一个正确的控制策略。另外，当 A 材、B 材设定参数变动较大时，应防止过渡区张力波动过大而导致断带。

对于上述问题，有两种不同的解决思路：

（1）在过程控制级解决。由过程计算机分步实施设定值的变动，而由基础自动化级的厚度、张力等控制系统自行实现规格的过渡。例如，A 材辊缝值设定为 $S_{i,A}$，B 材辊缝值设定为 $S_{i,B}$，则需变动量为 $\Delta S_i = S_{i,B} - S_{i,A}$，分多步（$n$ 步）实施，即每次变化 $\Delta S_i = \Delta S_i / n$；同样，对速度设定、张力设定也分步实施，使每次变动的量较小以不破坏 A 材、B 材的稳定轧制，减少轧制过程中张力的波动。由于变动量较小，参数可以采用线性化的增量模型计算。这一方法的优点是过渡平衡，缺点是加大楔形过渡区（应控制楔形区最长不超过两个机架间的距离）。

（2）在基础自动化级解决。过程计算机一次或少分几次下送 $\Delta S_i = S_{i,B} - S_{i,A}$ 以及一次下送速度变动 Δv_i，张力变动 ΔT_i 值，而由基础自动化通过厚度-张力综合控制系统来保证厚度的快速过渡以及张力的波动不超过极限。由于变动量较大，不能再采用非线性方程线性化的方法，即不能采用增量模型，而需采用非线性全量模型进行计算。这一方法有可能缩短楔形过渡区，但要求基础自动化设有专门的动态变规格综合控制器以及采用综合控制算法。

目前，大部分轧机采用的是前一种方法。为了减轻综合控制的难度，也可以采用折中的方法，即不是一次下送变动量而是二次或三次下送；但由于变动量仍然不小，还是要采用非线性全量模型进行计算。

5.3.4.2　冷连轧动态变规格的调节方式

动态变规格时，冷连轧机组内将存在两种规格带钢及两者间的楔形区，楔形区一个机架一个机架地前移，而各机架也随着变规格点（楔形过渡区的起始点）的到达进行辊缝和速度的调节，并改变张力设定值。

为了保持前面带钢（A 材）和变规格后的带钢（B 材）都能按各自的设定位稳定轧制，需控制各机架间秒流量恒定，因此当对变规格机架的辊缝及速度调整时，需同时对上游或下游机架进行级联调整，有两种调节方式：一种是顺流调节，即对下游机架进行级联调速；另一种是逆流调节，即对上游机架进行级联调速。

A　顺流调节

当变规格点到达 C_i 时，一方面要对 C_i 的辊缝、速度进行变更，同时要调节 $C_{i+1} \sim C_5$ 的速度，以保持 $C_{i+1} \sim C_5$ 的张力。

具体来说，当变规格点到达 C_1 时，变更 C_1 的辊缝以适应 B 材的轧制规范，此时不变更 C_1 的速度，为了继续保持 C_1 与 C_2 间以及后面各机架间张力不变，需顺流对 $C_2 \sim C_5$ 的速度进行调节。当变规格点到达 C_2 时，将 C_2 辊缝按 B 材的轧制规范调节，同时变更 C_2 速度，使 C_1 和 C_2 间张力改为 B 材规范的张力设定值，而且还要对 $C_3 \sim C_5$ 进行速度调节，以维持 C_2 与 C_3 以及后面各机架间的张力不变（为 A 材的张力设定值）。当变规格点到达 C_3 时，控制策略可以此类推。

顺流调节法的优点是：

（1）机架变更设定值时，$C_1 \sim C_{i-1}$（已轧 B 材）各机架维持不变，C_i 也只需变动一次；当变规格点到达 C_{i+1} 等机架时，C_i 不需再变动，使 B 材的 AGC 能尽早投入，考虑到 C_1 及 C_2（粗调 AGC）担负着消除大部分来料厚差的任务，因此这种方式对 B 材精度有利。

（2）由于 C_1 速度不变，因而不需对入口侧 S 形布置的张力辊及活套系统进行调节。

但是顺流调节存在以下缺点：

（1）辊缝调节时，后张力变动比前张力大，因此将影响 B 材质量。

（2）C_5 将要被多次调速，这对精调 AGC（A 材的张力 AGC）不利。

（3）如果主传动速度调节系统的响应特性和精度不高，将破坏 A 材尾部的正常轧制。

B　逆流调节

当变规格点到达 C_i 时，一方面要对 C_i 的辊缝（速度）进行调节，同时要调节 $C_{i-1} \sim C_1$ 的速度，以保持 C_1 到 C_i 各机架间的张力。

具体来说，当变规格点进入 C_1 时，变更 C_1 的辊缝以满足 B 材的规范，同时改变 C_1 的速度以维持 C_1 与 C_2 间张力不变（A 材张力设定值），同时使 $C_2 \sim C_5$ 间各机架的轧制过程不受到干扰，保持 A 材能继续维持稳定轧制，使其尾部质量得到保证。

当变规格点进入 C_2 时，对 C_2 的辊缝按 B 材规范设定，并调 C_2 的速度以维持 C_2 与 C_3 间的张力不变（A 材张力设定值），同时调 C_1 的速度以使 C_1 与 C_2 之间建立 B 材要求的张力，以此类推。

逆流调节的优点是：

（1）保证下游各机架按 A 材规范稳定轧制；

（2）对上游机架调速，这对传动系统快速性的要求降低。

逆流调节的缺点是：

（1）C_1 要多次调速，对 B 材的粗调 AGC 的工作不利；

（2）要相应变更 S 形布置的张力辊及入口活套速度。

目前，大多冷连轧在动态变规格时采用逆流调节方式。

5.3.5 冷轧检测仪表

带钢冷轧机测量仪表的配置是十分重要的，它直接关系到过程控制系统的功能实现和控制精度。无论是从设备投资还是从系统性能优化设计角度，都需要认真考虑检测仪表的选型设计。在冷轧计算机控制系统中，主要的过程检测仪表有测厚仪、轧制力和张力测量仪表、线速度测量仪表、直线位移传感器、板形测量装置等。

（1）测厚仪。

1）X 射线测厚仪的原理。射线测厚仪根据射线源的种类，分为 X 射线测厚仪和核辐射线测厚仪（有 γ 射线测厚仪和 β 射线测厚仪）。按射线与被测轧件的作用方式，其又分为穿透式与反射式两种。在冷轧板和有色金属板材的厚度测量中，选用的射线测厚仪多为穿透式 X 射线测厚仪。X 射线测厚仪都是透射式的，用来测量各种板材的厚度。它在射线测厚仪中占有较大的比重。其监测系统的核心是 X 射线源与 X 射线探测器。早期的 X 射线测厚仪采用单光束 X 射线，它要求射线管的电源具有高压（电压为几万伏到几十万伏级）、高稳定性。近代的 X 射线测厚仪采用双光束 X 射线测量方式，它放宽了对 X 射线管的电压与电流的稳定性要求，从而提高了检测精度。

2）接触式电感测厚仪的原理。厚度的连续测量可分为接触式与非接触式测量两种。上述 X 射线测厚仪属于非接触式测厚仪，已被广泛用于冷、热轧板带生产和有色金属板带箔加工行业。但是在钢铁冷轧带钢生产中，在轧制速度不大于 5 m/s 的情况下，可以使用接触式电感测厚仪。

（2）轧制力和张力测量仪表。在自动化程度较高的轧制中，要求对轧制力和张力进行正确的测量，以充分利用设备能力，保证产品质量，实现系统的自动化控制。电阻应变式测压传感器和压磁式测压传感器与采用其他原理的测力仪表相比，具有输出功率大、内阻低、线性度好、抗干扰过载能力强、寿命长和适应在恶劣环境中长期可靠运行等优点，因此在轧制力和张力测量中得到了广泛应用。目前开始发展静电感应电容式轧制力测量仪表，它可使反应时间缩短到微秒级，测量精度达 0.2%，目前已用于薄铝板冷轧的轧制力测量与控制系统中。

1）电阻应变式测压传感器的原理。应变片是利用金属丝的电阻应变效应或半导体的压阻效应制成的一种传感元件。应变片的用途不同，其构造也不完全相同，但一般的应变片都具有敏感栅、基地、覆盖层和引线等部分。按照敏感栅所用材料的不同，应变片可分为金属应变片和半导体应变片两大类。金属应变片又分为金属丝式应变片、金属箔式应变片和金属薄膜式应变片，半导体应变片则又分为体型应变片、扩散型应变片和薄膜型应变片。

2）压磁式测压传感器的原理。压磁式测压传感器是利用铁磁性材料的磁弹性效应，材料受力后其导磁性能会发生变化，将被测力转换为电信号。

（3）线速度测量仪表。线速度测量仪表对于轧制过程中进行高精度控制是十分重要的。尤其当实施流量 AGC 控制功能时，更需要高精度的测厚仪和高精度的测速仪配合。精确的线速度测量可以避免使用的前滑模型不准确，从而可提高控制系统的整体精度。

（4）直线位移传感器。直线位移传感器主要应用于直线运动距离的测量。在冷轧系统中，压下液压缸位移就是这样的运动方式。要想得到高精度的测量结果，一般采用高精度位移传感器，通常称为磁尺。

（5）板带材的板形测量装置。板带材的板形质量已成为厂商推销其产品的一个重要性能指标，因而板形检测仪成为非常必要的仪表。板形检测难度较大，几乎所有能反映板形质量的物理量都被尝试用于对板形检测方法的研究，如测距法、测张法、电磁法、位移法、振动法、光学法、声波法、温度法、放射线法、水柱法等。目前应用最多的板形测量装置是瑞典 ABB 公司的分段辊式与英国 DAVA 公司的空气轴承式。按板形仪与带钢的接触方式，其可分为两大类，与带钢直接接触的板形仪为接触式板形仪，不与带钢接触的板形仪为非接触式板形仪。

5.4　带钢冷轧处理线自动化

在冷轧薄板生产线上，处理线工艺过程包括酸洗线、热处理的连续退火线、平整线、镀层生产线以及包装、重卷、剪切过程。处理线工艺过程十分复杂，设备众多，自动化控制系统所涉及的范围非常广泛，但控制方法和应用的理论并不像冷连轧机那样复杂。各个工艺段存在共同的自动化控制功能，包括带钢跟踪控制、速度控制、带钢张力控制、设备顺序控制、逻辑联锁控制以及数据采集与处理、数据库管理和设定值计算与控制。本节主要简单介绍这些控制功能在酸洗线、热处理的连续退火线、平整线中的应用情况。

5.4.1　酸洗机组自动化控制系统

典型的酸洗-冷轧联合机组中，酸洗部分与冷轧机是全连续无头轧制。酸洗机组自动化控制系统可使用标准三级控制，即 L3 为生产执行控制级，L2 为过程自动化控制级，L1为基础自动化级，包括数字传动、传感器仪表等，还包括一套 HMI 系统，以便于生产人员使用。此外，酸轧机组有其单独的 HMI 系统可供使用。

5.4.1.1　酸洗机组的主要设备

典型的酸洗生产线中，连续酸洗机组由入口段、出口段和酸洗工艺段三部分组成。入口段的主要设备有步进梁、开卷机、矫直机、切头剪、焊机、入口活套和拉矫机等，主要用途是进行带钢开卷、切去不合格头尾、焊接、拉矫等处理。出口段主要有出口活套、圆盘剪、碎边剪等设备，主要进行带钢切边等处理。酸洗工艺段的主要设备有酸洗设备、漂洗设备、带钢干燥器、排酸雾系统等设备，主要进行带钢酸洗、漂洗、烘干等处理。酸洗段有三个酸洗槽，用一对挤干辊及一个排放斗将酸洗槽互相分开。每一个酸洗槽都对应有一个循环罐，向酸洗槽供应酸液。循环罐也作为酸液收集罐，若机组停车，酸洗槽的酸液就排放到循环罐内，并且各槽之间的酸液浓度梯度由循环罐保证。其中，一个酸循环罐作为酸液供给罐，从酸再生站向该罐加入再生酸或新酸，以控制酸液达到所要求的浓度值；废酸从另一个酸循环罐排放到酸再生站的废酸储罐。漂洗段有一个漂洗槽，分为一个预清洗段和五个工艺漂洗段。漂洗段的特点是各自单独循环回流，自带漂洗水收集箱和卧式离心泵。冷凝水用于漂洗槽最后一段的漂洗，借助溢流以相对带钢逆流的方向流到第一漂洗段。用于漂洗带钢的冷凝水从冷凝水收集罐中取出。从漂洗槽第一段循环管路中分出一个回路，用来漂洗最后酸洗槽出口双挤干辊中间的带钢，以保证带钢的湿润。漂洗水排放（即使是在机组停车情况下）到漂洗水罐中，然后再由水泵送到酸再生站。为了避免带钢在机组停车情况下产生表面锈蚀，在漂洗槽中设有一套专用的停车漂洗系统。漂洗系统的漂洗水质是根据离子浓度，通过电导率来控制的。酸洗后的带钢用脱盐水漂洗，以去掉残留在带钢表面的酸液，尽量使带钢表面不产生"停车斑"。带钢干燥器布置在漂洗槽的出口，由两个独立的高压热空气风机组成，对带钢进行烘干处理。酸洗和漂洗段产生的酸雾由排酸雾系统风机抽出，经过净化塔洗涤去掉可溶解气体，纯净的烟雾蒸汽被排入大气中，以避免在酸洗机组区域产生有毒酸雾。

5.4.1.2　酸洗机组基础自动化系统

酸洗机组基础自动化系统可全部采用 PLC 控制，主要控制功能分为顺序控制、带钢跟踪控制、带钢张力控制、带钢速度控制和工艺段控制。

A　顺序控制

酸洗机组的顺序控制内容包括：

（1）钢卷运输，即从1号和2号钢卷小车到入口活套的逻辑顺序控制。

（2）入口段的顺序控制，包括带头自动剪切、带头自动穿带到等待位置、带头自动穿带到焊机、带尾自动剪切、自动甩尾到焊机、带钢焊接的控制。

（3）工艺段从入口活套到出口2号活套的逻辑顺序控制，包括入口活套部分、拉矫机部分、工艺段及酸洗段、出口1号活套、圆盘剪段和出口2号活套的控制。

B　带钢跟踪控制

酸洗入口段带钢定位检测点，见表5-3。

表 5-3 酸洗入口段带钢定位检测点

序 号	定 位 检 测 点	检测点的设备位置
1	1号开卷机剩余带钢长度	1号张力辊
2	2号开卷机剩余带钢长度	1号张力辊
3	带钢甩尾到焊机，在大约2m处建立活套	1号张力辊
4	带头到穿带导板	1号和2号开卷机
5	带头在处理器夹送辊后	1号和2号处理器夹送辊
6	带头到分切剪	1号和2号处理器夹送辊
7	带头剪切	1号和2号处理器夹送辊
8	带尾剪切	废料夹送辊
9	前材带头剪切废料长度	1号处理器夹送辊上辊
10	前材带头到等待位置	1号处理器夹送辊上辊
11	前材带头到焊机	1号处理器夹送辊上辊
12	前材带钢焊缝在焊机内移动到距月牙剪大约2.3m处	1号处理器夹送辊上辊
13	前材带尾剪切	废料夹送辊
14	后材带头剪切废料长度	2号处理器夹送辊上辊
15	后材带头到等待位置	2号处理器夹送辊上辊
16	后材带头到焊机	2号处理器夹送辊上辊
17	后材带钢（焊缝）在焊机内移动到距月牙剪大约2.3m处	2号处理器夹送辊上辊
18	后材带尾剪切	废料夹送辊

带钢跟踪控制内容包括入口活套控制、酸洗出口段焊缝跟踪和酸洗机组的带钢跟踪。

（1）入口活套控制。其内容包括：确定剩余带钢的处理时间，即根据活套小车的实际位置，计算完全充满和完全放空所需的时间；监视活套位置，活套位置在正常情况下分为三种，即紧急停车位置、快速停车位置和计算机监视的运行位置，不在"活套控制"操作方式下的机组速度（如联合点动），也需要进行活套位置监控。控制活套位置的方法有带钢定位控制，根据入口、出口带钢速度和加速度进行计算，实际活套位置应除以带钢股数（如4股），根据入口、出口速度和加速度提供预设定值。

（2）酸洗出口段焊缝跟踪。其内容包括跟踪焊缝到月牙剪位置、跟踪焊缝到圆盘剪位置。

（3）酸洗机组的带钢跟踪。其内容包括酸洗机组材料跟踪，如进行带钢厚度、宽度、钢卷号、延伸率等数据的处理；酸洗机组焊缝跟踪。

C 带钢张力控制

酸洗机组有四种张力控制方式，即额定或操作张力控制、穿带张力控制、临时停车张力控制和酸洗入口段张力控制。

（1）额定或操作张力控制。在入口段应设定足够的带钢张力，以保证带钢绷紧及顺利运送带钢。其张力值仅取决于带钢横断面和材质。张力预设定值将由过程计算机或通过

HMI 传送给开卷机传动系统。在工艺段，带钢张力必须保证带钢正常运行，拉矫机的张力和弯曲辊、矫直辊的压入深度值必须根据带钢横断面、材质及板形来设定，在过程计算机中由单独的数据表格或通过 HMI 由操作工来设定。其他张力值仅取决于带钢横断面和材质，其设定值将由过程计算机或通过 HMI 设定。设定输出将结合带钢跟踪系统来控制张力辊和活套传动系统。

（2）穿带张力控制。在带钢进入和穿出过程中，一般以较小的张力操作，大约是额定张力的 30%。使用此张力值的目的是，保证带钢基本绷紧即可。带钢进入张力值可手动输入或自动输入。

（3）临时停车张力控制。临时停车张力是当机组临时停车时，由控制系统延时后自动给定的。其张力值与带钢进入张力值一样，大约是额定张力的 30%。临时停车张力必须根据带钢张力自动功能投入，并且传动系统在稳定状态下执行，其实际带钢张力可能会大于临时停车张力的设定值。

（4）酸洗入口段张力控制。带钢穿带到焊机时，必须使用穿带张力；焊接完成、机组启动时，张力必须逐渐加大到额定值。张力设定值既可设定单位张力，也可设定总张力。如果手动微调设定值，只允许严格按设定点的百分比调整，并且调整范围只许在 ±10% 内。

D 带钢速度控制

带钢速度控制内容包括：

（1）酸洗入口段的速度设定。当带钢未完成焊接之前、机组未联动启车时有三个速度被设定控制，一是以 1 号纠偏辊压辊、1 号张力辊及压辊为一个速度选择，二是以 1 号开卷机和 1 号处理器为一个速度选择（最大穿带速度为 60 m/min），三是以 2 号开卷机和 2号处理器为一个速度选择（最大穿带速度为 60 m/min）。三个速度选择可以有不同的带钢速度同时运行。当带钢焊接完成、机组联机启动后，只能用同一个带钢速度运行，入口段正常运行速度是以 1 号张力辊速度为基准的，最大速度为 700 m/min。

（2）酸洗工艺段的速度设定。传动转向辊、拉矫机及 4 号纠偏辊为同一个速度设定。在正常运行时，工艺段速度是以拉矫机的 3 号张力辊速度为基准的，其同时也是整个酸洗机组的速度基准。

（3）酸洗出口段的速度设定。圆盘剪的碎边剪和 4 号张力辊为同一个速度基准。在正常运行时，出口段速度是以 4 号张力辊速度为基准的。

E 工艺段控制

工艺段控制内容包括：

（1）拉矫机控制。拉矫机的张力是通过拉矫机前、后张力辊，即 2 号和 3 号张力辊之间的速度差来产生的。其中，3 号张力辊的 3 号辊关联主传动电动机的主令速度。拉矫机有以下三种操作方式，而实际延伸率的测量和显示与操作方式无关。

1）延伸率功能不投入方式。在这种操作方式下，伸长率传动的速度与变形程度一起进行预设定（设为 0）。此时拉矫机的力矩严格控制在正常力矩的 5%。

2）张力方式。在这种操作方式下，伸长率传动的实际力矩恒定。这意味着所得到的实际力矩作为设定力矩的锁定值,以张力传动方式实现负荷平衡控制来保持相应的规定力矩。在焊缝通过的情况下,给延伸率设定值增加一个附加值,用以消除拉矫机中带钢的张力波动。

3)延伸率功能投入方式。在这种操作方式下,延伸率传动的速度应根据所要求的延伸率来预设定,以张力传动方式实现负荷平衡控制来保持相应的规定力矩。

(2)圆盘剪控制。碎边剪速度的设定比机组速度稍大,即包含一个基本设定值加上偏移量,目的是使碎边剪有微量的牵引速度。

(3)出口1号活套控制。在带钢主令速度控制程序中,具有如下功能:

1)确定剩余带钢的处理时间。确定剩余带钢的处理时间即根据活套小车的实际位置,计算完全充满和完全放空所需的时间。

2)监视活套位置。活套位置在正常情况下分为三种,即紧急停车位置、快速停车位置及计算机监视的运行位置。不在"活套控制"操作方式下的机组速度(如联合点动),也需要进行活套位置监控。

3)控制活套位置。带钢定位控制是根据入口、出口带钢速度和加速度进行计算的,实际活套位置应除以带钢股数。控制活套位置为圆盘剪段提供预设定速度和加速度值。

(4)出口1号和2号活套的操作。设置出口1号和2号活套的目的是,吸收连轧机组因减速和停车而产生的带钢剩余套量。过程控制系统提供酸洗工艺段速度、连轧机入口速度、圆盘剪段最大速度以及活套内带钢张力的设定值,并且监视活套位置,以保证活套不会达到极限位置。而且必须以这样的方式控制活套速度,以允许连轧机减速或停车,不影响工艺段的正常速度运行。通常两个活套作为一个装置来操作,即位置差等于零。过程控制系统设定酸洗机组和连轧机的速度,考虑两个活套的充满状态以及任何计划停机(换卷、换辊)等。

F 酸洗与连轧机之间的关键联锁信号

在酸洗和轧机机组的基础自动化系统之间,有实时的关键联锁信号相互交换以保证联机的协调运行,例如:

(1)当出口活套紧急停车或活套下极限信号为真时,连轧机组必须停车。

(2)酸洗输出到连轧机的出口活套就绪信号,其状态用来启动和运行连轧机。出口活套的紧急停车按钮和安全开关硬连接到连轧机紧急停车控制系统,以尽快停止连轧机。

(3)出口活套和圆盘剪段就绪信号,其状态用来启动和运行连轧机。酸洗出口段的实际操作方式是在1号轧机前一个焊缝测量点下达的,也用来计算实际钢卷的减速点。

(4)连轧机输出到酸洗机组的穿带、停车信号。当连轧机以穿带速度运行,并且卷取张力已建立,或整个连轧机已停车,但酸洗机组还在运行,此时连轧机组应当将操作方式传给酸洗机组。

5.4.1.3 酸洗机组过程自动化级的主要功能

酸洗机组过程自动化级的主要功能有:

(1)速度优化。过程计算机根据连轧机组主令速度来决定酸洗机组的最佳速度,其以用最低能量消耗获得最大产量为目标进行速度优化计算。

（2）数据管理。过程自动化系统接收三级生产执行控制系统发送的钢卷基本数据，存入过程自动化系统的数据库中。当热轧钢卷放到酸洗机组入口步进梁的存放位置后，钢卷数据通过操作工在入口操作台手动输入，然后该数据与过程自动化系统中的钢卷数据进行比较。钢卷数据可由操作工在入口操作台终端上确认，再被跟踪到开卷机。钢卷的数据和位置显示在酸洗机组入口和出口操作室的 HMI 监视器上，并且需要校核宽度、重量和直径。

（3）设定计算。在预设定方式下，轧制预计算启动，并且给一级基础自动化系统提供新带钢的速度、张力设定值。利用酸洗机组入口段确认的钢卷数据，自动开始进行第一次预计算。对连轧机的最终设定应通过连轧机前的带钢跟踪系统，进行进一步的预计算。如果出现带钢断带情况，操作工可以要求进行新的计算。在下述情况下，可以由操作工对酸洗机组和连轧机进行新的计算：

1）酸洗机组速度为 0，钢卷位于入口段步进梁上，带头在焊机前的等待位置；

2）连轧机组速度为 0，当前钢卷的最后一次预计算已经用于连轧机。

一旦钢卷已经装到开卷机上，酸洗机组的设定值就下载到基础自动化系统。操作工启动设定值校对功能，确认基础自动化控制系统中现在的操作方向正确。从过程计算机来的相关设定值被封锁，所封锁的设定值既能用于当前带钢，也能用于后面同规格的几个带钢。封锁与释放必须由操作工操作。酸洗机组工艺数据库中具有的设定值有：

1）处理器压入深度设定值。

2）分切剪剪刃间隙设定值。

3）拉矫机设定值，即延伸率及弯曲辊、矫直辊压入深度。

4）圆盘剪剪刃间隙、重叠量设定值。

5）碎边剪剪刃间隙设定值。

6）张力设定值。拉矫机张力与带钢延伸率、弯曲辊和矫直辊的压入深度值等有关，各单位张力值与带钢厚度及材质有关，由于带钢厚度越大，在转向辊上产生的弯曲附加力也越大，会影响整个张力的设定。

7）全线速度设定值。根据全线带钢数据管理原则和全线秒流量相等原理，先由过程计算机计算确定连轧机速度，然后确定酸洗工艺段速度。酸洗工艺段速度受两个条件限制，即最大加热能力和最大带钢速度。带钢跟踪系统及数据管理跟踪系统根据酸洗入口钢卷数据（带钢厚度、带钢宽度及钢卷重量），结合入口活套、出口 1 号活套、出口 2 号活套的具体位置，由活套位置控制系统计算入口段的最大速度以及圆盘剪段的最大速度。

（4）带钢跟踪。酸洗入口段换卷时，入口活套充满以满足焊机焊接时间的要求。带尾停在焊机处，新的带头穿带到焊机，然后带头、带尾在焊机内焊接，焊接完成后入口段加速到设定速度。新带钢将自动输入到带钢跟踪系统中，该跟踪系统负责保证所要求的轧机操作定时启动。带钢参数和状态被显示在主控制台的显示器上。当焊缝到达连轧机时，带钢必须减速。酸洗出口 1 号、2 号活套将被充满，以保持酸洗机组工艺段速度恒定，这时连轧机设定值（如果需要可重新计算）被下载到基础自动化系统。其后，操作工才能以同样的方法对酸洗机组基础自动化系统进行设定值改变。在连轧机出口，焊缝被剪切，新的带头被导向进入空的卷取机卷筒。当卷筒在皮带助卷器的帮助下已经将带钢卷紧并建立张力后，连轧机加速到所要求的轧制速度，这时前钢卷数据将从带钢跟踪系统中取消。轧制后的钢卷从卷取机上卸卷到出口钢卷运输系统，同时其轧制数据由过程计算机收集并整理。一些附加信息，如检查和其他特殊内容的数据，可以通过终端添加进来。钢卷从连轧机出口步进梁上吊走后，其钢卷数据也从钢卷跟踪系统中移走。在适当的时候，所有轧制钢卷的数据将传送到全厂三级生产执行控制系统中。

太钢不锈冷轧厂混合酸洗连退生产线自 1998 年投产运行，目前已运行多年，其中的电控系统急需升级换代。宝武集团要求建设智能化和绿色化工厂，因此提出冷轧厂使用自主集成国产化方案替代原有的软硬件控制系统，即在一二级替代方案基础上自主集成，新增智慧工厂、工业集控、工业机器人以及远程运行维护等内容。改造后的产线实现了全线智能化、绿色化与无人化。

5.4.2 连续退火线自动化控制系统

连续退火线自动化控制系统与酸洗线相同，也应用标准三级控制，即 L3 为生产执行控制级；L2 为过程自动化级；L1 为基础自动化系统，包括数字传动，传感器、仪表系统等，并包括 HMI 系统，以便于生产人员使用。HMI 系统对连续退火生产线的重要信息状态做可视化的监视管理，通过画面直接获得现场信息、输入数据和进行操作控制。

5.4.2.1 连续退火线基础自动化系统

A 连续退火线基础自动化系统的任务

连续退火线基础自动化系统的主要任务包括：对数字传动、工艺功能和仪器仪表数据处理等相关功能的控制，设定与反馈值的处理，入口、出口的自动顺序控制，带钢跟踪，工艺设定值（如张力、延伸率等）的控制，可视化过程的显示与操作。

基础自动化系统可由 PLC 组成。对于不同的功能，每一个控制器可独立地运行。这些自动化装置之间的通信协议可应用高速工业以太网。每个控制器能连接到不同的仪表和传动系统。智能远程 I/O 使用现场总线。基础自动化系统接收来自过程自动化系统的输入数据和经由 HMI 操作员输入的数据，并在 HMI 系统做必要的数据显示。

B 连续退火线基础自动化系统功能

（1）跟踪功能。从带钢到入口步进梁，再到出口吊走为止，对钢板进行位置跟踪，并进行焊缝跟踪。物料和焊接跟踪包含以下功能：

1）钢卷跟踪在操作员上卷之后开始，从钢卷进入运送装置到运送结束，并将自过程自动化系统输入的数据传递给基础自动化系统，同时存入基础自动化系统的钢卷跟踪数据中。

2）将生产的系列钢卷和相应钢卷数据用不同颜色显示在 HMI 终端上。

3）带头和带尾的计算。从开卷到卷取最大钢卷数为 14，最小带钢长度是可调整的，缺省值是 300 m。

4）应用焊缝检测装置进行焊缝同步。

5）当带钢穿过整条线时，设定值和工艺参数要传送到相应的控制单元。

6）初始化带钢检测点位置，例如平整机的机架。

7）带钢缺陷检测跟踪。带钢缺陷数据来源于三处，即过程自动化系统的带钢设定缺陷数据（代码、位置），通过入口 HMI 终端手动输入的缺陷数据和通过出口侧 HMI 输入的缺陷数据（自动输入或手动输入）。

8）对入口焊缝的特例处理。根据过程自动化系统的带钢设定缺陷数据（代码、位置）或通过 HMI 系统，操作工可知道这些特殊信息，经过相应的剪切操作并确认后，基础自动化系统将生成自动加速和焊缝定位命令；操作员也可决定当前工作，如带头剪切、带头和带尾在焊机处的定位。

9）在断带或数据丢失后，进行带钢和焊缝的同步，称为跟踪修正。

（2）主令速度控制。带钢传输过程是由数字传动系统完成的，而它的主令速度控制是连续退火线自动化控制系统的核心功能。主令速度斜坡发生器的作用是统一全线的速度，在速度变化过程中做到平滑无扰。主令速度控制还与全线其他设备的部分动作和速度有关，但始终以主令速度为主。

（3）全线速度联锁控制。全线速度联锁控制是对入口段、工艺段、出口段的每个设备进行与速度有关的控制。它以主令速度为指导，协调全部设备相对带钢的工艺过程和必要的动作，如设定、定位、控制、剪切过程等。全线速度联锁控制的内容包括：

1）决定主令斜坡发生器为作业线速度和加速度的参数。

2）带钢定位控制。带钢定位是闭环控制系统，用来定位特别点，如焊缝处就是设备特定的位置。将 S 形布置的张力辊和夹送辊上的脉冲发生器用作钢板定位点的传感器。带钢定位分为带头定位（如下切剪、焊机等）和带尾定位（如焊机、张力辊等）。

3）带钢张力控制。

4）卷取机自动减速。当板尾将到达入口处时自动减速，确保自动减到甩尾速度；当钢板剪切位置到达出口飞剪时，自动减速到抛尾速度或速度为零；根据目标和当前速度的要求，当减速点到达时设定减速度值。减速度通过一个斜坡函数执行。

5）停机和张力操作的应用。根据生产线的状态和操作工的干预，进行张力的设定和复位。开始运行时，张力沿斜坡升到操作值；停机时，张力保持 3 min 后再降为零。

6）活套自动控制。

7）提供传动的速度设定值。

（4）张力控制。由两个不同的控制策略，在生产线上各数字传动控制器中实现张力闭环控制：一是无张力计的间接张力控制，二是通过张力计的直接张力控制。对于交流电动机传动系统，一般采用直接张力控制。

（5）开卷传动控制功能。开卷传动控制功能主要包括：

1）单个传动转速计算。

2）根据实际卷径变化的速度自适应。

3）实际直径计算。

4）转动惯量计算。

5）来自单个力矩部分（张力、加速度、摩擦力）的力矩设定值计算。

6）直接张力闭环控制。

7）厚度和剩余长度计算。

8）由剩余长度计算开卷锥头涨缩百分比。

9）根据实际转速或频比进行反馈速度计算。

此外还包括：惯性补偿、摩擦力和损失补偿、启动控制、抱闸控制、点动、齿轮频率变化、直径计算控制、断带监视、辅助、急停、显示和诊断的模拟输出。

（6）炉内辊力矩控制。对于连续退火线的炉内带钢张力控制理论和控制环节，有如下要求：

1）在带钢温度提升过程中，要求张力平滑下降。

2）炉辊之间的功率必须进行自适应分配。

3）为了达到带钢表面的高质量要求，必须具有辊子滑动保护。

4）具有断带保护功能。

5）在带钢温度下降过程中，要求张力平滑提升。

（7）活套控制。活套小车定位控制和充满或清空活套策略为：

1）手动方式投入后，以带钢最大速度充满或清空活套。

2）以工艺速度加上速度附加值来充满或清空活套。

3）将剩余的带钢长度以附加速度充满或清空活套。

4）张力控制。在出、入口速度变化的情况下，以直接张力控制保持活套张力恒定。

5）活套控制功能，包括活套出、入口速度和附加速度的计算、绞盘加速度的计算、实际活套车位置的测定、活套内带钢长度的计算和辅助辊转速的设定。

6）传动模式和工艺过程控制，包括直接张力控制、摩擦力补偿、活套钢绳重量补偿、启动控制、抱闸控制、点动、活套车绝对位置重置、钢板断带检测和监视、辅助功能、急停和快停、活套极限控制等。

（8）光整机控制。设置光整机的目的是为提高带钢表面光洁度，提高板形质量，改变带钢的屈服点。光整机控制方法包括液压辊缝 HGC 控制、弯辊控制以及延伸率测量计算和控制。光整机与平整生产线中的平整机工作方式相似。延伸率控制可改变退火钢板的屈服点，以预设定的粗糙度优化带钢表面。轧制力、张力和弯辊控制，是提高带钢板形质量的主要手段。对于粗糙度的优化，主要依据延伸率控制。延伸率控制是通过以下两种方法来实现的：

1）通过液压辊缝 HGC 控制手段，实现轧制力控制而达到延伸率控制的目的；

2）通过轧制力和张力方法进行延伸率控制。

5.4.2.2 连续退火线过程自动化系统功能

（1）设定值计算。设定值计算主要包括：

1）延伸率计算；

2）速度设定计算；

3）在线张力设定计算；

4）焊机设定计算；

5）涂油机设定计算；

6）剪子设定计算；

7）打包机设定计算。

（2）物料控制。物料控制包括：

1）管理功能控制，即对来自生产执行控制系统的生产顺序、钢卷基本数据、无效钢卷处理、钢卷 ID 号进行管理；

2）物料数据处理（分卷、拒绝）；

3）成品钢卷数据（重量、质量数据、缺陷）处理；

4）物料质量管理。

（3）数据管理。数据管理包括：

1）工艺数据编辑；

2）测量值记录；

3）辊数据处理；

4）小停时间记录；

5）自动和手动的报告与记录。

5.4.3 平整机自动化控制系统

5.4.3.1 平整机工艺概述

平整机是炉后的第一道工序，是改善带钢表面质量和金属性能的最后工序，决定着钢板的最终质量。平整机的设备与仪表布置类似于一台单机架可逆轧机，它的控制方法与手段基本与单机架可逆轧机相同，仅在压下控制过程中属于小压下量的延伸率控制，即一般采用恒压力控制方式。

（1）平整的作用。平整有以下几项作用：

1）提高板形平直度；

2）提高带钢厚度精度；

3）提高带钢表面质量；

4）提高和改善带钢的力学性能；

5）生产麻面和抛光带钢；

6）消除低碳钢的屈服平台。

（2）平整的特点。平整的特点是平整压下小、厚度变化小、以延伸率控制为主。老式平整采用干平整法，现在以湿平整法为主，很少采用干平整法。湿平整法能够获得较大的延伸率。

5.4.3.2   平整机自动化系统控制功能

在冷轧生产线上，平整机自动化控制系统也可应用标准四级控制。其主要功能是由基础自动化系统完成的，而过程自动化系统的主要功能是数据库管理、设定值计算，在基础自动化级与生产执行控制级之间起着桥梁作用。平整机自动化控制系统可全部采用 PLC 和多 CPU 控制器来实现各控制功能，主要完成主速度控制、卷取张力控制、延伸率控制、自动顺序控制、电气逻辑联锁等，具体包含如下功能：工作辊弯辊控制，卷取张力控制，机架辊缝控制，液压 AGC 控制，机架延伸率自动控制，钢板主速度控制，主令控制，机架顺序控制，入口顺序控制，出口顺序控制，出口部分特殊功能控制，液压系统控制，乳液控制系统，数据管理、带钢跟踪、楔形跟踪与控制，急停部分。

（1）主令控制系统。主令控制是一级基础自动化系统的重要控制项目，它包括系统的联动运行控制、传动的设定控制信号处理以及基于不同情况下的操作模式的逻辑控制（穿带、甩尾、启车、运行等），并有确保安全运行的监视功能。其主要功能有：生产线操作准备（穿带准备、加速准备、甩尾准备、剪切准备）、设备联动、穿带速度设定与控制、钢板加速速度设定与控制、保持（当前值下的恒定速度）设定与控制、甩尾速度设定与控制、剪切速度设定与控制、机架运行状态信号处理。与主速度控制相关的信号有：运行操作"OK"信号，电气和机械设备的准备信号，电气和机械设备操作准备的监视信号，正常停、快停、急停信号，特殊操作的联动信号，液压辊缝系统的标定信号，机架接手的主轴定位位置信号，传动运行与停止信号，传动的联动控制信号和传动的点动信号。

（2）张力控制系统。张力控制系统根据平整机状态或操作干预来建立或重建带钢张力。当开始运转时，张力必须斜坡上升到设定值。入口、出口张力由卷取电动机的力矩控制完成。当低速时，张力恒定依据卷取电动机的力矩控制方式；当速度升高时，张力控制从力矩控制转换到轧制力或位置控制；当速度下降至低于穿带速度时，张力控制从轧制力或位置控制转回到力矩控制。在停止状态，张力值在短期间保持恒定，然后下降到停止状态下的静态张力。如果速度为零且抱闸已动作，则张力下降为零。张力可以通过主控台手动操作（启动、停止、上升、下降）。在断带时，以最大下降速度停机，并且机架的辊缝打到"快开"位置，卷取机通过内部的慢斜坡停下，通过快停斜坡切断张力。在重新运行前，必须点动抽出钢板并同步进行带钢跟踪。

（3）特殊设备操作。特殊设备操作包括：

1）液压辊缝控制系统（Hydraulic Gap Control，HGC）的标定。零点的顺序标定、位置传感器的标定和 S 形布置辊计数器都是 HGC 的一部分。无钢板标定时，主传动必须以特定速度运转，以免工作辊产生压扁。主传动在换辊前，必须定位在特定位置。

2）主传动惯量计算。根据轧辊的直径计算主传动惯量，以确定惯量力矩。

3）主传动摩擦力计算。主传动摩擦力决定着摩擦力曲线，在延伸率控制中将用到。

（4）数据管理、带钢跟踪、楔形跟踪与控制。

1）数据管理。数据管理的任务是从二级过程自动化系统和 HMI 接收道次数据，按时间数据的不同分配给相应的子控制单元系统，物料跟踪系统接收这些数据并从生产过程中获得数据，搜集的实际数据处理后发送给二级过程自动化系统和 HMI 显示。数据管理处理器最主要的功能是接收道次数据，包括钢板的基本数据（厚度、长度、钢质等），实际钢卷和下一个钢卷的数据，现场设备数据，二级过程自动化系统计算的设定值数据（张力、延伸率等）和一些设备的使能命令、停止启动命令、跟踪同步命令，从 HMI 获得的轧辊数据（直径、凸度等）。

2）带钢跟踪。带钢跟踪的任务是从开卷到卷取进行带钢跟踪，提供给子控制单元相应信息，将这些信息与 HMI 系统信息比较并查看是否一致，在跟踪确认之后提供给控制系统使用，并且通过控制系统网络传送到外部系统。带钢跟踪采取的方法是通过钢板检测器分段获取带钢位置信息，再根据速度计算其他段的钢板位置信息，将分段信息送给 HMI 系统和其他相应控制系统。在 HMI 上设有钢板头、钢板尾、机架和复位等带钢跟踪操作，以供操作者手动进行跟踪修正。

3）楔形跟踪与控制。楔形跟踪与控制是在每一个钢卷开始运行前，对所有设定值进行接收后的验算，并对速度、张力、辊缝进行在线调整。

（5）机架液压辊缝控制系统。机架液压辊缝控制系统包括三个功能，即调整控制、液压调整监视和帮助功能。

1）调整控制功能，包括位置控制、轧制力控制、倾斜控制、轧制力差控制、两个单独的位置控制和两个单独的轧制力控制。

2）液压调整监视功能，包括轧制力极限控制、轧制力差控制、倾斜控制、最小轧制力控制、位置传感器失效控制、压力传感器失效控制和伺服阀寿命控制。

3）帮助功能，包括斜坡函数设定，辊重量、接手重量、弯辊力修正，实际值处理，标定过程支持，辊缝系数调整，诊断值拟合。

（6）弯辊控制。板形控制是由倾斜、弯辊、窜辊、冷却组合控制方法来实现的。其中，弯辊控制是板形控制系统的重要手段，它对于消除二次方差部分的板形效果最佳。弯辊包括正弯和负弯。

（7）自动延伸率控制。自动延伸率控制（AEC，Automatic Elongation Control）方法包括轧制力控制方法、速度控制方法、张力控制方法和联合控制方法。当用轧制力控制方法进行延伸率控制时，使用恒压力控制方式，控制入口、出口张力恒定；当用速度控制方法进行延伸率控制时，通过机组速度变化来完成延伸率控制；当用张力控制方法进行延伸率控制时，通过改变入口张力设定值来完成延伸率控制；联合控制方法就是上述控制方法的组合。

5.5 冷轧生产数字化和智能化案例

冷轧生产具有自动化程度高、产品质量及精度要求高（如汽车板高表面质量要求）等特点，为应对钢铁寒冬，很多冷轧生产企业都在深入推进智能制造，全面提升智能化水平，在冷轧品种、质量、效率、成本等方面获得领先优势。

北京首钢股份有限公司硅钢冷轧厂是首钢集团在国家鼓励和发展的新能源、清洁型能源以及高效节能型产品应用的宏观背景下，以低能耗高效率电工钢新材料提供商为定位，以引导市场需求策略及领先服务商策略为目标的核心发展载体，代表了国内硅钢产销研用一体化工厂的领先水平。硅钢冷轧主要产线包括：1 条酸轧产线，4 条连退产线，4 条重卷产线，2 条包装产线，形成了 4 大系统 29 个产品生产体系，已经建立了较完整的全流程基础自动化系统、过程控制系统、MES 系统、ERP 系统等 4 级体系。在传统数字化工厂基础上进行智能化的提升和改造，重在对物联网、大数据等新技术和智能装备的创新应用，探索智能工厂建设的整体解决方案，提升智能化程度，为智能制造提供持续推动力。

河钢冷轧板表面质量精细化管理系统达到国内领先水平，河钢集团衡板包装产线应用冷轧板表面质量精细化管理系统，对钢材进行自动检测，大幅提高了生产现场的作业效率和产线的质量管理水平，让生产过程可追溯、整体结果可量化评估，极大提升了企业的智能化管理水平和自主创新能力，系统达到国内领先水平。该系统采用嵌入式物联网设备代替传统机架式服务器，无须在现场建设机房，最大限度降低部署成本及运行过程中的系统能耗。同时，基于数据压缩技术的冷数据存储，系统能够最大限度满足生产企业对于长期质量追溯、检测结果按需留存的需求。在实际应用中，该系统中的核心系统"带钢表面缺陷检测系统"的检测精度高达 0.25 mm/pixel，在生产线速度达到 300 m/min 的情况下实现实时检测。基于高精度的缺陷定位，该系统能够自动检测十几种常见的缺陷类型，同时进行精准的分类和分级，并自动生成每卷产品的缺陷质量地图，为生产人员提供最为直观、全面的质量信息。

目前冶金行业冷轧工序中钢卷剪捆带、贴标、喷号及取样、制样等作业为典型的重体力、重复性高、风险性高劳动，对操作人员的体力要求非常高。冷轧工序环境恶劣、作业风险高，容易出现机械伤人、灼伤、辐射伤等问题。采用机器人自动智能作业，从而减少人工作业带来的差错及风险、优化人力资源配置、提高生产效率、降低运营成本及避免发生生产安全事故等多方面因素。安川首钢机器人有限公司结合用户生产工序要求，对冷轧连退机组、酸轧机组和重卷机组进行智能制造自动化改造，增加剪捆带、贴标、喷号及取样制样的机器人系统，已成功投用且效果显著，其中机器人取样制样系统开创了冶金行业内在线取样制样一体的集成模式，为国内首创。

河钢集团衡水板业公司针对冷轧线在智能化升级改造中信息采集不完备、数据互通互联不透明、试错成本高等问题，依托开放式物联网操作系统 MindSphere，结合现有冷轧产线自动化和信息化水平的特点，建设了数字孪生系统。应用后，产品质量、生产效率和生产成本明显改善，为钢铁行业实现数字化生产提供了借鉴。

上海宝信软件股份有限公司提出利用数字钢卷，实现钢卷数据完整查询服务、下工序和下游用户的数字化交付、卷成本管理、在线质量判定管理等；同时通过跨工序过程质量分析，寻找黄金卷，帮助企业优化生产工艺，使之成为提质增效的有效手段，数字钢卷实现了全维度、全尺寸和全对齐的钢卷数据全汇集。马钢冷轧总厂为钢卷赋予数字化特征，将原材料、生产过程、成本以及用户信息等一系列数据集中统一收集，形成数据集合。通过数字化，精准描述某一钢卷特性，建立钢卷的数字化档案。数字钢卷系统将分散的各个系统或单体设备的数据进行统一集中到一个数据平台，对数据进行统一、匹配和分析，再通过分析结果进行对生产工艺参数进行优化设置。

此外，基于机器视觉的冷轧带材跑偏量智能检测方法、不锈钢冷轧带钢质量智能管控、冷轧设备监测系统无线智能压力传感器设计、冷轧变形抗力智能算法模型、冷轧产品在线质量智能判定系统、智能模糊控制技术在宝钢冷轧清洗优化控制系统、冷轧智能无人仓库、冷轧中间库无人行车智能库区管理系统和涟钢冷轧全厂智能高效集控中心等与冷轧生产数字化和智能化相关的研究和应用都取得了较好成果。

复习思考题

5-1　解释下列缩略词：UC、ATC、AEC。

5-2　解释下列名词：特征点、秒流量方程、秒流量相等法则、连续方程、板形、凸度、比例凸度、楔形、边部减薄量、局部高点、平坦度、带材的残余应力、自动延伸率控制。

5-3　一般用途连续冷轧带钢生产工艺包括哪些环节？

5-4　带钢冷连轧机组的机架数目如何选用？

5-5　目前大多数带钢冷连轧机组采用什么方式？

5-6　冷轧带钢退火工序的任务是什么，冷轧带钢退火生产线分哪两种？

5-7　冷轧带钢平整的任务是什么？

5-8　冷轧带钢精整处理线包括哪些机组，冷轧带钢镀层处理线包括哪几种工艺？

5-9　冷轧过程自动化的功能包括哪些？

5-10　冷轧轧制速度的设定包括哪些内容？

5-11　冷连轧的跟踪包括哪些内容？

5-12　冷轧过程控制的数学模型包括哪些子模型？

5-13　冷轧基础自动化包括哪些内容，冷轧基础自动化系统以什么控制器为基础？

5-14　冷连轧机的主传动速度控制任务是什么？

5-15　冷连轧厚度控制方式有哪些？

5-16　造成冷轧成品厚差的原因有哪些？

5-17　根据对带钢厚度偏差的测量方法和调节方式的不同，各种方案的冷连轧自动厚度控制系统基本上由哪些子系统组成？

5-18　冷轧带钢板形一般包括哪五项内容？

5-19　冷轧带钢平坦度的定义方法有哪几种，冷轧带钢瓢曲浪形按位置分为哪些浪形？

5-20　画出冷轧带钢板形与应力分布及辊缝的关系图。

5-21　对于冷轧带钢平坦来料，保证轧后带材板形平坦度良好的几何条件是什么？

5-22　常见的冷轧带钢板形分为哪几类？

5-23　冷轧带钢板形控制和厚度控制的相同点和不同点是什么？

5-24 构成冷轧带钢板形控制的理论基础是什么？

5-25 冷轧带钢轧制过程中影响辊缝形状的因素有哪些？

5-26 通过改变工艺参数和设备条件，可达到控制板形目的的方法主要有哪些？

5-27 目前带钢冷轧机液压弯辊装置主要有哪三种形式？

5-28 实现对冷轧带钢板形的自动控制必须具备哪几个方面的条件？

5-29 从实现控制板形的原理来看，目前冷轧带钢的各种板形控制技术都基本遵循哪两种技术思路？举例说明。

5-30 当对变规格机架的辊缝及速度进行调整时，同时对上游或下游机架进行级联调整的方式有哪两种？目前大多冷连轧在动态变规格时采用哪种调节方式？

5-31 冷轧计算机控制系统中主要的过程检测仪表有哪些？

5-32 按冷轧带钢板形仪与带钢的接触方式，可将其分为哪两大类？

参 考 文 献

[1] 管克智. 冶金机械自动化 [M]. 北京：冶金工业出版社，1998.

[2] 孙一康，王京. 冶金过程自动化基础 [M]. 北京：冶金工业出版社，2006.

[3] 马竹梧. 炼铁生产自动化技术 [M]. 北京：冶金工业出版社，2006.

[4] 蒋慎言，陈大纲. 炼钢生产自动化技术 [M]. 北京：冶金工业出版社，2006.

[5] 蒋慎言. 连铸及炉外精炼自动化技术 [M]. 北京：冶金工业出版社，2006.

[6] 刘玠，杨卫东，刘文仲. 热轧生产自动化技术 [M]. 北京：冶金工业出版社，2006.

[7] 孙一康，童朝南，彭开香. 冷轧生产自动化技术 [M]. 北京：冶金工业出版社，2006.

[8] 陈贺林，韩云峰，温继勇，等. 基于模糊数学的高炉的炉况判定模型 [M]. 北京：电子工业出版社，2001.

[9] 叶宏谟. 企业资源规划 ERP——整合资源管理篇 [M]. 北京：电子工业出版社，2002.

[10] 何霆，刘文煌，梁力平. MES 的计划、调度集成问题研究 [J]. 制造业自动化，2003，25（3）：24-26.

[11] 国内领先，首个钒钛行业 MES 系统在攀钢运行 [J]. 冶金自动化，2022，46（3）：79.

[12] 刘玠，孙一康. 带钢热连轧计算机控制 [M]. 北京：机械工业出版社，1997.

[13] 孙一康. 带钢热连轧的模型与控制 [M]. 北京：冶金工业出版社，2002.

[14] 尹卫平，等. 25 t 转炉全过程温度控制模型研究 [J]. 山东冶金，2003（2）：40-42.

[15] 邬宽明. 现场总线技术应用选编（上）[M]. 北京：北京航空航天大学出版社，2003.

[16] 瞿坦. 计算机网络及其应用 [M]. 北京：化学工业出版社，2002.

[17] 邱公伟. 可编程控制器网络通信及应用 [M]. 北京：清华大学出版社，2000.

[18] 顾洪军. 工业企业网与现场总线技术及应用 [M]. 北京：人民邮电出版社，2002.

[19] 王健全，孙雷，马彰超，等. 5G+工业互联网与工业融合架构及关键技术 [J]. 冶金自动化，2023，47（1）：24-34.

[20] 李华德. 交流调速控制系统 [M]. 北京：电子工业出版社，2003.

[21] 陈伯时. 电力拖动自动控制系统——运动控制系统 [M]. 北京：机械工业出版社，2003.

[22] 邹家祥. 轧钢机械 [M]. 北京：冶金工业出版社，2005.

[23] 路甬祥. 液压气动技术手册 [M]. 北京：机械工业出版社，2002.

[24] 王树青，等. 先进控制技术及应用 [M]. 北京：化学工业出版社，2001.

[25] 马琰，孙瑞，周雪，等. 数据驱动下智慧钢铁的孪生资源管理综述 [J]. 冶金自动化，2024，48（6）：88-97.

[26] 吴昆鹏，杨朝霖，李志友，等. 基于机器视觉的钢铁工业智能装备软件平台研究 [J]. 冶金自动化，2024，48（4）：2-8，32.

[27] 王刚，徐灿，何茂成，等. 基于钢铁流程解析与再造的智能制造模式 [J]. 冶金自动化，2024，48（4）：77-83.

[28] 薛岚双，李凌好，万成. 基于钢铁行业极致能效的知识管理系统 [J]. 冶金自动化，2024，48（S1）：62-64.

[29] 周鸽成. 智能化在钢铁生产过程中的应用与展望 [J]. 冶金自动化，2024，48（S1）：248-250.

[30] 李辉，王蔚林，吴毅平. 钢铁行业数字孪生平台体系架构研究 [J]. 冶金自动化，2024，48（S1）：

438-441.

[31] 马朝丽. 河钢在业内率先发布 WisCarbon 碳中和数字化平台 [N]. 河北日报, 2022-04-25.

[32] 李志伟, 王悦晓, 张军霞, 等. 智能钢轧一体化管控平台研究与应用 [J]. 冶金自动化, 2023, 47 (2): 41-47.

[33] 王新东, 倪振兴, 刘福龙, 等. 唐钢新区基于数字孪生技术的全流程智能化工厂设计与实践 [J]. 冶金自动化, 2023, 47 (1): 112-121.

[34] 高帆, 曹小彬, 黄亮亮. 钢铁企业数字化远程监控及智能化设备运维的应用实践 [J]. 冶金自动化, 2023, 47 (1): 122-130.

[35] 何安瑞, 宋勇, 邵健. 钢-轧全流程数字化进展与实践 [J]. 冶金自动化, 2023, 47 (1): 86-100.

[36] 葛秀欣, 朱志斌. 钢铁行业数字孪生工厂平台的研究与应用 [J]. 冶金自动化, 2021, 45 (6): 37-45.

[37] 高士中, 薛颖健. 钢铁企业数字化工厂建设实践 [J]. 冶金自动化, 2022, 46 (4): 38-45.

[38] 刘然, 赵伟光, 刘颂, 等. 高炉冶炼智能化的发展与探讨 [J]. 钢铁, 2023, 58 (5): 1-10.

[39] 韩哲哲. 基于人工智能的高炉炼铁冶金技术研究 [J]. 冶金与材料, 2024, 44 (11): 62-64.

[40] 刘小杰, 张玉洁, 刘然, 等. 高炉炼铁智能化发展的研究现状与展望 [J]. 钢铁研究学报, 2024, 36 (5): 545-559.

[41] 崔泽乾, 韩阳, 杨爱民, 等. 基于神经网络时间序列模型的高炉铁水硅含量智能预报 [J]. 冶金自动化, 2021, 45 (3): 51-57.

[42] 刘小杰, 邓勇, 李欣, 等. 基于大数据技术的高炉铁水硅含量预测 [J]. 中国冶金, 2021, 31 (2): 10-16.

[43] 尹林子, 李乐, 蒋朝辉. 基于粗糙集理论与神经网络的铁水硅含量预测 [J]. 钢铁研究学报, 2019, 31 (8): 689-695.

[44] 韩阳, 胡支滨, 杨爱民, 等. 高炉铁水硅含量变动量调控决策的智能推荐模型及应用 [J]. 钢铁, 2023, 58 (4): 30-38.

[45] 石泉, 唐珏, 储满生. 基于工业大数据的智能化高炉炼铁技术研究进展 [J]. 钢铁研究学报, 2022, 34 (12): 1314-1324.

[46] 丁利生, 刘建华, 李传瑾. 无料钟布料分布模型在莱钢 3200 m³ 高炉的应用 [J]. 冶金动力, 2013 (2): 57-59.

[47] 杜续恩. 串罐无料钟高炉布料数学模型开发与应用 [J]. 鞍钢技术, 2012 (6): 10-13, 39.

[48] 宋菁华, 杨春节, 周哲, 等. 改进型 EMD-Elman 神经网络在铁水硅含量预测中的应用 [J]. 化工学报, 2016, 67 (3): 729-735.

[49] 王一男, 刘晓志, 孙超, 等. 基于深度神经网络的热风炉烟温预测模型 [J]. 河北冶金, 2021 (1): 34-36, 50.

[50] 谭玉倩. 热风炉煤气消耗量灰色预测模型的开发 [J]. 冶金动力, 2019 (6): 72-75.

[51] 纪天波, 马淑艳, 滕宇, 等. 基于子空间辨识的高炉热风炉模型 [J]. 工业仪表与自动化装置, 2015 (5): 125-128.

[52] 王一男, 刘晓志, 孙超, 等. 基于深度神经网络的热风炉烟温预测模型 [J]. 河北冶金, 2021 (1): 34-36, 50.

[53] 谭玉倩. 热风炉煤气消耗量灰色预测模型的开发 [J]. 冶金动力, 2019 (6): 72-75.

[54]　郝聚显，赵贤聪，韩玉召，等 . 热风炉煤气消耗量中期预测模型 [J]. 中国冶金，2018，28 (2)：17-22.

[55]　袁浩斌，丁洪起，杨春节 . 热风炉混合逻辑动态模型的研究 [J]. 控制工程，2018，25 (1)：131-135.

[56]　杨文仁，熊年昀 . 基于自适应算法的热风炉阶段控制燃烧模型研究与开发 [J]. 工业控制计算机，2017，30 (12)：46-47，50.

[57]　孟凯，刘小杰，伊凤永，等 . 基于 GA-XGBoost 算法的高炉可解释铁水产量预测模型 [J]. 冶金自动化，2024，48 (6)：108-121.

[58]　施有恒，张淑会，刘小杰，等 . 基于 SSA 优化的 XGBoost-BP 融合模型的高炉压差预测 [J]. 钢铁研究学报，2024，36 (8)：1019-1033.

[59]　刘小杰，李天顺，李欣，等 . 基于 KPCA-CNN-LSTM 模型的高炉透气性指数预测 [J]. 冶金自动化，2024，48 (2)：103-113.

[60]　郭云鹏，安剑奇，赵国宇 . 基于冶炼强度分类的高炉煤气利用率时间序列预测模型 [J]. 冶金自动化，2024，48 (2)：60-73.

[61]　郑键，李炜俊，安剑奇 . 基于多时间尺度的高炉透气性指数多步预测模型 [J]. 冶金自动化，2024，48 (2)：114-124.

[62]　雷佳萌，张伟，宋生强，等 . 高炉喷吹氢气的预测数学模型及工业验证 [J]. 钢铁，2024，59 (7)：46-55.

[63]　刘小杰，温梁亦欣，张玉洁，等 . 基于理论分析和智能算法的高炉炉缸活性预测模型 [J]. 中国冶金，2024，34 (2)：83-95.

[64]　周荣宝，王寅，陈鹏飞，等 . 高炉综合炉料熔滴性能及其预测模型 [J]. 中国冶金，2023，33 (8)：33-42.

[65]　段守武 . 基于多模态分数阶 Lévy 退化预测模型的高炉剩余寿命预测 [D]. 上海：上海工程技术大学，2022.

[66]　韩哲哲 . 基于人工智能的高炉炼铁冶金技术研究 [J]. 冶金与材料，2024，44 (11)：62-64.

[67]　朱兆松，周云磊，张胜伟 . 基于人工智能的高炉冶炼焦炭质量预测 [J]. 机电工程技术，2024，53 (9)：47-50，75.

[68]　张天放，张先玲，韩涛，等 . 人工智能图像识别技术在高炉风口监测中的应用 [J]. 冶金自动化，2021，45 (3)：58-66.

[69]　马富涛，张建良，刘云彩 . 基于人工智能算法的高炉布料数值模拟 [J]. 钢铁，2017，52 (6)：18-25.

[70]　许永泓，杨春节，楼嗣威，等 . 钢铁行业数字孪生研究现状分析和综述 [J]. 冶金自动化，2023，47 (1)：10-23.

[71]　陈先中，倪梓明，邓力夫，等 . 高炉料面成像技术与应用进展 [J]. 冶金自动化，2022，46 (2)：34-45.

[72]　金王震 . 基于多层炉料重建和数据驱动的炉喉温度监测研究 [D]. 杭州：浙江大学，2022.

[73]　王昌军 . 高炉料面区域温度特征智能提取方法研究与应用 [D]. 长沙：中南大学，2010.

[74]　张信 . 高炉炉喉煤气流分布检测方法的研究 [D]. 沈阳：东北大学，2014.

[75]　何瑞清，蒋朝辉，刘金狮，等 . 基于凹凸性与密度引导点云分割的高炉炉料粒度检测 [C]. 中国

自动化学会．2022 中国自动化大会论文集．中南大学自动化学院，2022：6.

[76] 张兴良．宝钢高炉煤气和转炉煤气中灰尘成分的测定与分析 [J]．宝钢技术，2005(1)：39-41, 64.

[77] 王季，赵卫东，唐顺杰．高炉风口倾角巡检机器人控制系统设计 [J]．安徽工业大学学报（自然科学版），2022, 39（4）：441-448.

[78] 王充．基于图像识别的高温熔渣流量测量及调节规律研究 [D]．重庆：重庆大学，2019.

[79] 杨奇，尹丽琼，李祥，等．高炉鼓风机和 TRT 集控改造运用实践 [C]．中国金属学会．第十四届中国钢铁年会论文集—14. 冶金自动化与智能化．昆明钢铁股份有限公司设备部，2023：5.

[80] 李永刚，等．450 m³ 高炉主卷扬变频上料系统 [J]．变频器世界，2004, 1：104-106.

[81] 李建中，等．高炉低成本自动化控制系统 [J]．世界仪表与自动化，1999, 3（3）：60-62.

[82] 白凤双，等．鞍山钢铁公司 10 号高炉热风炉优化控制系统 [J]．世界仪表与自动化，2002, 6（5）：51-55.

[83]（日本）Hirose S. AI 系统在水岛厂 3 号高炉的应用 [J]．国外钢铁，1993, 8：42-47.

[84]（瑞典）Braem M，等．瑞典钢铁公司吕勒奥厂高炉过程控制新技术的开发和应用 [J]．国外钢铁，1996, 12：13-22.

[85]（德国）Kowalski W，等．蒂森钢铁公司高炉过程控制技术 [J]．国外钢铁，1997, 1：14-19.

[86]（英国）Warrem P. 高炉过程控制和操作指导 [J]．国外钢铁，1997, 4：17-20.

[87]（印度）Singh H，等．人工神经网络预报焦比 [J]．世界钢铁，1997, 1：68-74.

[88] 刘万山，等．鞍钢 11 号高炉人工智能系统的研制与开发 [J]．鞍钢技术，2002, 4：1-4.

[89] 王建林，等．5 号高炉"TRT"机组监控运行及成效 [J]．武钢技术，2001, 39（5）：10-13.

[90] 徐万仁，等．软熔带模型在宝钢 2 号高炉的应用 [J]．宝钢技术，2002, 1：1-3.